U0694468

鹿鸣心理

西方心理学大师译丛

温尼科特的语言

THE LANGUAGE OF WINNICOTT:
A Dictionary of Winnicott's Use of Words

〔英〕简·艾布拉姆 编

赵丞智 王晶 魏晨曦 郝伟杰 译 赵丞智 主审

DONALD WINNICOTT

重庆大学出版社

献给 John
献给 Tamsin，Zak，Ben
献给 Amy，Max，Chloe，Sarah

以及所有我爱的人

中文版推荐序

精神分析范式的转变

——母亲膝上的婴儿

赵丞智

当读到英国精神分析师Jan Abram这本《温尼科特的语言》时，我被作者对温尼科特精神分析词汇的强大解读能力所吸引，并感到很惊奇。这本书能在很大程度上帮助读者理解温尼科特精神分析的理论。因此，我们决定把这本书翻译成中文。

尽管弗洛伊德精神分析有着一百多年的历史，但真正进入中国也就二十多年，真正学习和研究温尼科特精神分析理论和实践也就六七年的时间。这本书最突出的特点是，能帮助读者从对词汇和概念的演变过程的理解来把握温尼科特的主要思想和理论。这本书实际上不仅仅是一本理论术语词典，它还讲述了温尼科特成熟过程理论中主要概念的演变和发展，而且为读者去构想和发现温尼科特独特的理论提供了充分的空间。

一、温尼科特是一位自由意志主义思想家

温尼科特不仅仅在精神分析领域，而且在文化生活的各个领域，都公开地表现出自由意志主义的心态和思想倾向。

温尼科特曾经强调，西方科学是建立在"几个世纪以来的伟大斗争"[1]所捍卫的"思想自由"基础之上的。他在构建自己理论的过程中始终秉持这

样的理念：在科学思想构建中，自由思想既不能与个人忠诚相对立，也不能与集体忠诚相对立。温尼科特在他的生命最后时刻写道："我早期对西格蒙德·弗洛伊德、梅兰妮·克莱因和其他人忠诚过，但最终我必须要对我自己忠诚……"[2] 由此看来，温尼科特最在意的是对自己的忠诚，对自己在实践中的观察和思考的忠诚，对自己创造性的忠诚。无论在生活和工作中，真正地对自己忠诚是成熟个性的一个标志。

同样，思想自由也体现在温尼科特与一般传统的抗争之中，他说："成熟的成年人在摧毁了古老的、陈旧的和正统的东西之后，通过重新创造，给他们带来了新的活力。"[3] 因此，我们看到了温尼科特成熟个性中创造性和革命性的一面，我们就可以理解为什么温尼科特能够真正地构建出精神分析理论和实践的新范式。

本书作者 Jan Abram 是世界精神分析界中承认温尼科特精神分析范式的研究者之一，她在本书的前言中说道："基于弗洛伊德的观点，以及在谈话和演讲中，温尼科特经常有着与克莱因不一致的观点，他在精神分析性思考中，引入了一种真正的范式转换。"[4]

二、精神分析思想和实践的整体性革命

很多学者认为温尼科特的理论和技术的转变，并不是对弗洛伊德理论的抛弃，也不是对弗洛伊德理论的细枝末节的补存。温尼科特的思想是基于弗洛伊德精神分析的基本假设，从整体上对精神分析思想和实践的一种真正的改良和变革。

温尼科特经历过经典弗洛伊德精神分析的严格训练，他承认经典精神分析的基本假设，同时克莱因的理论对温尼科特也有很多启发。但是，温尼科特不承认弗洛伊德的死本能理论，同时也反对克莱因学派把俄狄浦斯情结理论前移到人类的生命早期阶段，也不同意克莱因学派从心智结构和防御机制的视角来理解人类婴儿生命的早期特点。

从精神分析理论来看，温尼科特的理论更多的是一种对立面的补存。如果我们可以把精神分析看成一个硬币，那么经典精神分析理论实际上是硬币的一面，温尼科特的精神分析是硬币的另一面。从Thomas S.Kuhn的科学革命的理论[5]来看，这实际上是一种科学学科范式的转变。温尼科特的精神分析属于一种对经典精神分析理论的发展性扬弃，它继承了经典精神分析的基础假设，把精神分析拓展到了一个更新的领域和更大的范围，使得精神分析理论和实践变得更加完整。所以很多研究者认为温尼科特精神分析的思想和实践是一个整体性的革命，不是对经典精神分析的一个理论性的补充。

Masud R.Khan是英国一位研究温尼科特的精神分析师，他同时也是很多温尼科特文献集的编辑者，在温尼科特活着的时候，他一直追随着温尼科特，是温尼科特的学术助手。他在为温尼科特去世所写的讣告中写道："他（温尼科特）在临床观点和思想方面是一位真正的革命者，但他的变革并不是想形成一种新的教条主义。"

温尼科特是一位精神分析师，同时也是一位儿科医师，他对研究人类的生命发展过程有着同时代其他人不及的得天独厚的条件。温尼科特在自己的儿科学和精神分析私人执业的经历中，一直想变革经典精神分析对人类人格发展和病理学的描述。可以说，他在后半生一直致力于精神分析理论和实践的一场革命。在20世纪70年代他去世前不久还说过："我呼吁在我们的（精神分析）工作中进行一场变革，让我们重新审视一下我们所做的工作。"[6]这里说的"我们的工作"指的就是经典精神分析的工作，因为当时的英国是经典精神分析的天下。他说在变革前要先审视一下我们做的工作，要仔细研究一下我们现在的工作是怎么做的，这就涉及对经典精神分析理论和工作方式的反思。

经典精神分析主要针对的是病人内在心智结构中力比多驱力（欲望）冲突所引发的神经症性问题，它的理论方式是在力比多性欲发展一般性理论的框架下，或者也是在俄狄浦斯情结理论的指导下，试图通过解释压抑无意识、防御机制、移情和阻抗等经典技术，使病人无意识的内容意识化，以此来解决神经症的问题。温尼科特对这个经典精神分析的问题解决方法以及一般指导理论提出了一个全面的批判式修正，他最后提出了一个新的精神分析范式。

温尼科特一生中一共写了700多篇论文，出版了15本论文集，但他竟然没有写过一本完整的论著来阐述他的理论。就论著来说，温尼科特算起来只写过半本书，英文书名是 *Human Nature*，中文翻译版的书名是《人性》。所以，温尼科特的思想和理论都散落在他的所有出版和未出版的论文当中。有人批评温尼科特没有形成完整和系统的理论，这其实是不正确的。

从20世纪90年代开始，由Zeljko Loparic教授和Elsa Oliveira Dias博士这对夫妇领导的巴西圣保罗温尼科特精神分析研究小组，为温尼科特总结出了一套完整而系统的"情绪成熟过程理论"，并出版了一本专著。这本书的中文翻译版名称为《温尼科特成熟过程理论》，建议感兴趣者买来阅读。

三、温尼科特精神分析范式

温尼科特在自己个人独特的临床实践经验中，撇开了经典精神分析的力比多性欲和心智结构发展线，开辟了一条新的描述人类精神人格的发展路线。他不同意其他精神分析学派认为人类个体从出生开始就理所当然地存在着心智结构和心智机制，也不同意人类生命早期主要是自我心智结构的发展，他也不认为俄狄浦斯情结就是人类生命一开始的议题。

正如本书作者说的那样，温尼科特是以"人性"（human nature）这个主题为基本参照框架，真正从人类生命的开始，来构想人类个体的"精神—躯

体性自体"这一发展的路线。而且温尼科特认为，人类个体的精神—躯体性
自体的发展是"人性在时间轴上的样本"。[7]他认为，人类个体的心智结构和
功能只是整个精神—躯体性自体的一个部分，但它不是也不应该是个体生
命一开始就理所当然存在的部分，它也不是人类个体生命早期发展的主要
任务。他认为人类个体一出生，所面临的主要任务都是围绕着个体生命存在
的意义展开的，也就是个体生命最原初的存在感，真实存在的合法性身份，
即原初身份感的建立至关重要。所以，温尼科特的精神分析思想，从一开始
就根植在了人类个体生命之初的原初身份存在的议题之中。接下来，人类的
新生婴儿的原初身份如何存在，如何持续存在，如何与客体关联，如何使用
过渡性客体，到如何使用客体，直到最后如何发展出统整自体身份，这些发
展和成就都是温尼科特所要描述的人格发展过程。温尼科特把这个过程称
为"情绪成熟过程"。所以，温尼科特是从人类个体的情绪发展路线来描述
个体精神人格成熟过程的，这与经典精神分析从力比多性欲和心智结构发
展路线来描述人格发展是不一样的视角。当然，温尼科特认为性欲和心智
结构是个体情绪成熟和自体身份发展到一定时候才出现的任务和议题，性
欲和心智结构议题包含在情绪成熟过程之中。

温尼科特还特别强调，人类个体在生命早期的情绪发展和原初身份感
的建立，都无法离开母亲（环境）的照护，越靠近生命之初，婴儿对母亲（环
境）的依赖越强烈。他反对那些忽视环境作用，仅仅从内在心智结构和机制
角度进行思考的其他精神分析思想。所以，人类个体在生命开始就处于对母
亲（环境）照护的一种绝对依赖状态，如果母亲（环境）的照护是促进性的，
那么婴儿就会逐渐发展到相对依赖阶段，最终走向相对独立阶段。因此，人
类个体早期生命早期情绪和身份的发展成功或失败的关键因素就在于，母
亲（环境）适应性照护的成功或失败。也就是，在婴儿从依赖走向独立阶段
的整个发展道路上，母亲（环境）起着至关重要的作用。这个观点也是温尼

科特成熟病理学的理论基础。

温尼科特还强调，推动人类个体生命存在和情绪成熟的始动力是人类遗传的整合倾向，即人类个体有一种整合出原初身份和生命存在的倾向。这种整合倾向需要促进性照护环境的支持才能得以实现，也就是需要母亲（环境）的适应和支持。他认为，力比多性欲驱力也是整合过程的结果，也需要在促进性环境的帮助下，在成熟过程的某个阶段，本能冲动就会被整合成为本我驱力，在更复杂的阶段性欲驱力就会出现。在这里，温尼科特不回避临床经验所得，勇敢地把环境作用引入了精神分析性思考之中，这是非常难能可贵的贡献。

温尼科特认为，在人类个体的整合过程中，非常重要的是自体人格中其他部分的整合，特别是精神与躯体之间的整合，相比之下心智机制的发展居于次要地位。也就是说，精神与躯体之间在适应性环境的抱持下，逐渐形成了一种稳固的、统合的联结，我们称之为"精神安住在身体"之中，于是个体便对自己的精神与躯体之间的关系的统合性产生了极强的信任感，个性化的人格就出现了。正是由于个体对自己的这种极强的自信心，当个体在休息的时候，可以允许精神和躯体之间这种联结返回到一种非整合的状态，也就是暂时的去整合状态，或去个性化状态。这两种状态在发展过程中相互协调，共同维持了一种安全的精神与躯体的关系。在此基础之上，心智结构和机制的整合和发展才有真正的意义。

所以，温尼科特对人类个体的健康或不健康的思考是从精神、躯体和心智的整合体的整体角度进行的，这与经典精神分析只从人格的心智结构和机制角度进行思考是不同的。

因此，本书的作者非常精准地把握住了"自体感的中心性"（the centrality of the sense of self）这个概念是温尼科特思想的本质，并认为它也是人际关系的中心。事实上，自体感就是个体生命存在的实质，它还涉及原初身份感和存在体验的真实感，这一成就的达成仰赖于母亲（环境）对婴儿个体自发性冲动和原初创造性需求的理解和满足。这些情感能力的建立和发展是人类生命之初的首要发展任务。

四、精神病和边缘性人格与神经症的不同

温尼科特是儿科医师，他有很好的条件和机会来接触婴儿，他曾经接待了6万多个婴儿和他们的家长，对婴儿及其养育环境进行了大量的观察。温尼科特在观察婴儿的过程中，也不排斥精神病人，他在临床上也研究性地做成年精神病人的分析。温尼科特发现，精神病和边缘性人格（温尼科特统称为精神病人）发病的根源实际是在生命的第一年。他认为，人类婴儿在生命第一年，即消化道喂养时期，如果母亲（环境）养育失败，其后果就是发展出精神病。由于新生婴儿的自体和自我结构完全没有建立，因此在生命的第一年，人类婴儿的一个任务就是首先要构建出自体和自我结构这一过程。经典精神分析认为，人类的婴儿一出生就已经具备了一定的自我结构，具备了投射和投射性认同的概念，具备了分裂的心理机制，有着比较完备的心智功能。

温尼科特不这么认为。他认为新生婴儿一出生，自我和自体都是空虚无形的状态。新生婴儿面临一个很重要的任务，就是在生命的第一年发展出一个统整的自体身份和完整的自我结构。因此，早期焦虑就不再是"阉割焦虑"，而是环境失败所致自体整合部分的"湮灭焦虑"，这与母亲（环境）照护质量有很大关系。尽管婴儿遗传了自我整合的倾向，但单靠他自己无法启动整合过程，无法发展出统整自体。这时候，婴儿需要母亲（环境）的辅助性自我功能的帮助和支持。如果这个母亲不是足够好的话，婴儿就会遭受湮灭的威胁，所以他的典型焦虑是"湮灭焦虑"。临床上我们经常会遇到病人报告很多早期湮灭的恐惧感受。

温尼科特认为，在生命第一年的自体整合过程中，由于自我结构和功能非常脆弱，"压抑无意识"并不是重点，而"解离无意识"才是我们要关心的主要问题。经典精神分析主要针对的是病人的压抑无意识，因为神经症病人的自我已经发展出了足够的结构和力量，已经有能力启动自我防御机制，能够把一些不想要的想法或感觉不好的东西压抑到无意识中，便产生了压抑无意识。压抑无意识的形成是神经症的病因学。温尼科特认为，在生命第一年压抑这一自我功能还没有发展出来或非常脆弱，不足以形成压抑无意识，此阶段存在着一种以"解离"为主的无意识，他称之为"解离无意识"（或无意识解离）。

在自体人格的整合过程中，如果母亲（环境）失败，那么一些生命本能的东西并未能被整合进入自体人格，而是被以一种早期记忆的形式解离在自体之外，但病人和婴儿是不知道的，这种无意识就是解离无意识，它与温尼科特的原初创伤概念有关，也是精神病和边缘性人格的病因学根源。在这个过程中，个体所产生的防御也不是神经症性防御机制，而是一种原始性防御方式。因为心智和自我结构都没有发展出来，不足以形成心智防御机制。主要存在两种早期的原始性防御，即自体瓦解（分裂）性防御和解离性防御，它们都是构成精神病性症状综合征的防御方式。

神经症的发病期在俄狄浦斯期，它是围绕俄狄浦斯情结的一种发展性障碍。这个时期在2—5岁，婴儿已经发展出了基本的统整自体，基本上是一个完整成熟的人了。在这个时期，生殖器首位和俄狄浦斯情结的任务已经完成，自我结构和功能基本建立，本我、超我、自我三个亚结构之间已经有能力产生性欲驱力冲突。所以，神经症的发病是内心冲突所致，主要涉及性欲驱力的动力学，其典型焦虑显然是"阉割焦虑"。神经症是发生在三元人际关系中涉及性欲和生殖的一些发展性问题，主要的心理防御机制是压抑。它的治疗方法是针对压抑无意识的解释技术和谈话疗法，通过严格的中立和匿名设置，在治疗关系中引发移情性神经症，并通过解释发生领悟，将无意识的内容意识化。

由于神经症和精神病的病因学存在着发展性差异，因此针对它们的治疗方法就应该改变。针对精神病或边缘性病人，传统的谈话疗法和解释技术就不再适用了，主要治疗方法变成了照护疗法和管理技术（抱持和处理），也就是温尼科特精神分析范式。需要在温尼科特的扩展性治疗设置中，满足病人早期没有被满足的自我关联性需求，等待病人在治疗关系发生精神病性转移（移情），也就是等待病人退行到依赖状态的出现，提供照护和管理，为病人重新启动被打断的成熟过程提供机会和环境。这是温尼科特论述的精神病和边缘性人格的治疗方法，它与经典弗洛伊德精神分析和神经症的治疗是完全不一样的范式。

由此看来，温尼科特之所以首先要求在传统精神分析临床实践领域有一场革命，其主要原因是：传统精神分析的方法在解决精神病这一大类的健康问题时效率低下。在温尼科特看来，"有许多极好的经典分析通常都是失败的，分析失败的共同之处与隐藏在临床材料背后的病人'解离'有关，而这些临床材料显然与发生在一个看似完整的人身上作为防御的'压抑'机制有关。"[7]

温尼科特主要指出了经典精神分析可能在临床中发生的两种错误。一种是技术性错误，即"在处理压抑无意识时，我们很有可能与病人及其建立的有关防御发生共谋"，致使隐藏在这种无意识之下的成熟性问题被掩盖，病人的整合性需求不能得到满足，最终导致了"无法结束的、代价高昂的和破坏性的分析"[8]。另一种是理论性错误，即在弗洛伊德的"压抑无意识"与另一种类型的"解离无意识"之间缺乏明确的区分。而另一种类型的无意识实际上是温尼科特自己的发现，即人格的解离无意识（或无意识解离），它与病人早期养育环境中的原初创伤有关。

另外多说一句，在精神病和神经症之间是情绪性障碍，典型的代表是反应性抑郁症。反应性抑郁症的发病既靠近温尼科特的理论，也靠近神经症的理论；也就是说，其病因主要是内在心智结构之间的冲突，但也与当下所需要的环境支持失败有关。多年的临床经验发现，中国病人的临床分布是一个偏态分布，纯粹神经症的病人在临床上很少见到，绝大部分来到诊室和求助的人，基本上都属于精神病和边缘性人格的范围。用温尼科特的话来说，纯粹神经症的病人很多时候通过一段好的友谊，或者是通过游戏、文化、宗教等方式，他们自己就能够通过自我处理而自愈。

事实上，临床上大量的病人是精神病人，即精神病和边缘性人格，以及一些反应性抑郁症的病人。但是有很多的精神病人往往以神经症的表现形式出现，即假性神经症，实际上其内核问题仍然是精神病性问题，也就是自体成熟过程不同阶段的障碍。很多时候，他们初来时就是一个神经症的表现，但是经过一段时间的分析，随着治疗的进展，治疗关系建立得比较安全和可靠之后，一些精神病性东西就出现了，典型的表现就是出现了"依赖"的需求，这也是我们很多心理治疗师的共同感受。因此，经典精神分析范式的理论和技术的变革非常重要。

五、Kuhn的理论与精神分析范式改变

为了帮助大家理解精神分析范式转变及其必要性，这里简单地介绍一下Kuhn的科学革命理论。

Thomas S.Kuhn是一位研究科学发展史的学者，他写过一本非常有影响力的书《科学革命的结构》。这本书非常详细地描述了科学学科是怎样发生革命的。

Kuhn认为，一门学科或学问应该由范式来定义，范式就是一种普遍公认的科学学问或科学成就，它在一段时间内能够为一群实践共同者、一个实

践共同体，也就是一个科学社区，提供范例问题和问题解决方法的模型。他认为，一门科学学科由两个范式构成，第一个就是范例问题，比如经典精神分析范式的范例问题就是俄狄浦斯情结的问题。所以很多精神分析学派在建构临床问题的时候都是以俄狄浦斯情结来思考的，因为他们都承认和遵循俄狄浦斯情结这个范式，所以我们称这些学派为经典精神分析学派。第二个范式是必须得有一个相应的学科模型，或者也叫作"理论保证"。这个理论保证至少有两个内容：一是一般指导性理论；二是方法论。所以，科学学科就是在一般指导性理论和方法论的指导下去解决谜题（范例问题）的学问。经典精神分析的一般指导性理论是心智和性欲发展理论，方法论是谈话疗法，也就是言语解释疗法。一些激进的精神分析研究者，就是从 Kuhn 的科学范式理论角度，来理解精神分析变革范式的必要性。

Kuhn 认为，科学就是不断解决谜题的过程。精神分析属于科学，因为精神分析就是一个解决人类精神谜题的过程，也就是在一个范式中解决特定的问题。比方说，在经典精神分析范式中解决俄狄浦斯情结的问题；在温尼科特精神分析范式中解决人类个体"依赖"的问题。

Kuhn 还认为，科学革命实际就是科学范式的转变，从一门学科转变到另一门学科。当一门学问面临着出现了不同于旧范例问题的大量异常问题时，也就是出现了大量的新问题时，旧范式提供的理论保证也就不灵了。这个时候，那些具有革命性的科学家就会努力寻找和发现一种新的科学范式，来解决那些旧方法解决不了的新问题。因此，科学出现革命的原因是出现了用旧方法解决不了的大量新的异常问题。比如地球物理学的范例问题是重力问题，它的一般指导性理论是牛顿的力学定律，但是当天体物理中新问题出现时，就出现了很多不是重力问题的反常问题，这个时候爱因斯坦的相对论就出现了。

正是由于异常问题的不断积累和大量出现，导致了某一科学学科的危机，也就是旧的一般性理论和方法论在解决新问题中失灵的危机。比方说，在临床上积累了大量的精神病性问题和经验，那么针对这些异常与神经症的大量新问题，必须要求出现技术改良和技术理论的变化。其实经典精神分析从它一开始就面临着新问题，随着精神病性问题经验的不断积累，它便出现了学科危机，学科革命也就迫在眉睫，这就需要有新的一般指导性理论和方法论的出现，于是新的基本概念就出现了，那么一门新的科学学科的实证性实践也应该出现，这就是精神分析范式转变的必要性。

温尼科特在精神分析这场学科变革中，就他的个性、得天独厚的职业条件，以及对精神分析的贡献来说，他是当之无愧的最彻底的学科革命者。

六、"母亲膝上的婴儿"——不同的范例问题

众所周知，临床上出现了大量的异常问题就是精神病性问题，它异常于经典精神分析的神经症性问题，所以经典精神分析的范例问题也就无法适应出现的这些新问题，导致了经典精神分析面临着革命的挑战。

我们大家都知道，经典精神分析的范例问题是"俄狄浦斯情结"的问题，Zeljko Loparic教授把它总结为一句更加普通的话："妈妈床上的儿童"问题。从俄狄浦斯期儿童的视角来看，在床上睡着的不仅仅是妈妈和自己，还有第三者——父亲，这实际上是三个完整人在三角关系中争夺床位的问题，争夺谁跟谁睡的权力的问题。重要的是，在这种三元关系中涉及了与强烈的性欲和生殖性相关的杀戮和阉割的幻想，参与处理内心焦虑的自我防御机制就是压抑。所以，我们把俄狄浦斯情结这一经典范例问题，用"妈妈床上的儿童"问题来表述很形象，这就是经典精神分析的范例问题。

现在，临床上新出现的大量的异常问题，就是涉及"早期依赖"的问题，我们现在面对的病人，其病因学发病年龄阶段还不到2岁，那时他们还没有涉及性欲和生殖性问题，他们还根本没有发展到与父母争夺床位的权力竞

争的时期。

Zeljko Loparic教授认为,早期依赖的问题就是"母亲膝上的婴儿"问题,于是精神分析的范例问题变了,就像重力问题被天体物理的失重问题取代了一样。

现在我们面临的病人新问题是"母亲膝上的婴儿"问题。这个"膝上"的英文是"lap",在我们的传统文化中经常见"膝下"这个词,通常说"膝下儿女"。我们在这里强调"膝上","膝上"就是母亲大腿的上面,包括母亲的腹部、胸部、双臂、肩膀所形成的一个圆形臂弯的位置。这个位置是 0—2 岁婴儿生存的环境。生命第一年的孩子,他的生活领地就是母亲的膝上,而不是床上,床上是更大一点儿的孩子(俄狄浦斯期孩子)活动的地方。生命第一年的婴儿,除了睡觉在床上之外,只要他醒来,他就需要生活在母亲的膝上,这就是早期的养育环境。

"母亲膝上的婴儿"这个新范例问题,是基于母亲与婴儿之间一种双重的、主观性的、精神—躯体性关系的互动情境。这种情境从婴儿的出生便开始,逐渐延伸和扩展到创造出母亲、父亲和家庭,在12—18个月时达成了"我是(I am)"成就之后,标志着婴儿的统整自体身份和完整的自我结构的达成,一直持续到幼儿与母亲建立了良性循环的二元关系为止。

一旦我们承认"母亲膝上的婴儿"是一种新的范例问题,那么病人个体便会陷入生命"存在的问题"(a problem of existing)之中。如果我们看一看健康的人所过的生活,"我们便会同意,这样的生活更接近关于存在(being)这个议题,而不是关于'性欲'这个问题"[9]。这个"存在"的问题可以分为许多子问题,诸如:存在的体验;开始存在;赋予存在意义;独处能力的发展;发展出自己的价值观;发展出信任他人的价值观,以及发展出生命的价值观;等等。而这些问题在目前的临床上随处可见。

如果发展一切顺利,人类生活中所有主要问题都是由生命存在的冲动和整合性成熟过程所奠定的。在这个早期发展过程中，婴儿需要在促进性环境（母亲）的照护下，首先从与婴儿的主观性世界接触（全能幻象体验阶段）开始，然后是与外在共享现实世界建立联结的任务需要完成，一直到为此联结负起责任（过渡性阶段），包括发展出为维持或改革社会做贡献的能力（担忧阶段），而这些成就的发展都要在母亲的膝上一一获得解决。这个人类生命早期的发展情境，正是温尼科特精神分析范式的标志。这个成熟过程将个体婴儿从母亲的膝上——生活在绝对依赖或相对依赖的状态中——逐渐地带到了家庭环境之中，之后是其他更加广阔的环境之中。在这些环境中，个体继续完成走向相对独立的旅程，包括社会化的新任务。最终个体通过与社会环境认同而达成完满的成熟。在某种幸运的情况下，某些个体通过与整个人类认同而进入世界历史。

温尼科特精神分析范式极具魅力和震撼力，它从另一个不同于经典精神分析的心理性欲的发展角度，从人性这个根源上思考和回答了人类在早期发展过程，以及在这个过程中遭受的成熟性障碍，并提出了新的治疗技术。温尼科特的成熟过程理论不仅仅是精神分析的一般指导理论，它也是那些涉及人类精神发展、人类养育和成长，以及健康问题相关领域的指导理论。本书的翻译者都是北京温尼科特学研小组翻译团队的成员，我们在漫长的学习和翻译过程中，深入思考，相互讨论，以便寻找到能准确解读温尼科特术语的中文词汇。我们的翻译肯定存在着不尽如人意之处，希望感兴趣翻译的读者与我们联系并提出宝贵意见，让我们共同努力，使温尼科特精神分析的术语能有比较统一的中文翻译，这样便于大家交流和学习。

最后，我想用巴西精神分析师 Vera Regina Ferraz 老师在给我们讲课时说过的一段话结束本文，这是一段非常好的话：

"那些无法在经典精神分析中得到答案，无法通过心理性欲本能理论观点得到解释，或者无法基于俄狄浦斯情结模型得以解决的问题，都是一些发生在生命非常早期的精神障碍，诸如：先天性偏执、假自体问题、伴随分裂性心智的假自体，与身体感觉相关的原初扭曲（认知和感觉的扭曲），等等。诸如此类的问题只能在温尼科特情绪成熟过程理论中得以表述和概念化，并获得疾病形式和意义上的理解。因此，国际温尼科特协会主席 Zeljko Loparic 教授认为，温尼科特的情绪成熟过程理论已经不再是经典弗洛伊德精神分析范式的一种补存性理论，而是作为一种看待人类发生和发展的新范式。这个新范式开辟了一种新的研究领域，它的研究范围更广泛，同时也涵盖了弗洛伊德提出的性本能心理发展理论。"

参考文献

1. Winnicott, D. W. Thinking about Children[M]. London: Karnac. 1996: 236.

2. Winnicott, D. W. Babies and Their Mothers[M]. London: Free Association Books, 1988:193-194.

3. Winnicott, D. W. Therapeutic Consultations in Child Psychiatry[M]. London: Karnac, 1996: 94.

4. Abram, Jan. The language of Winnicott: A Dictionary of Winnicott's Use of Words[M].London: Karnac, 2007: 5.

5. 托马斯·库恩.科学革命的结构[M].4版.北京：北京大学出版社，2012.

6. Abram, Jan. Donald Winnicott Today[M]. London:Routledge. 2007: 312.

7. Winnicott, D.W. Human Nature[M]. London: Free Association Books. 1988: 11.

8. Winnicott, D. W. Therapeutic Consultations in Child Psychiatry[M]. London: Karnac, 1996: 79.

9. Winnicott, D. W. Home is Where We Start From[M]. London: Norton, 1990: 34-35.

中文版序

Jan Abram

　　能够为即将出版的中文版《温尼科特的语言》撰写序，我感到非常高兴与荣幸。感谢赵丞智医师及其翻译团队，以及重庆大学出版社的编辑让此事得以促成。

　　大约在三十多年前，当我刚刚开始学习温尼科特著作时，我常常感到需要找到一本指导书，能够解释和澄清温尼科特对词汇的使用。主要是由于无法找到这类书籍，我决定尝试自己制作一个温尼科特的词汇表。一开始这个工作仅仅是为了方便我个人使用和理解温尼科特的词汇，但很快我便意识到它也许对其他人也有所帮助：不仅包括那些刚刚接触温尼科特著作的初学者，也包括那些有经验的临床工作者——他们可能很熟悉传统精神分析，但是不一定熟悉温尼科特式的精神分析。当时，温尼科特的各种著作和讲稿没有以一种清晰、系统的方式出版，因此人们很难赏鉴到他对精神分析所做出的新的，甚至是革命性的贡献。之后我将再次谈及此点。

　　最初，我只是简单地将我想要在词典中查询的词语罗列出来。例如，"抱持"和"环境"这类在英语中属于稀疏平常，但在温尼科特的语言中却被用来表达特定方面的词语。逐渐地，我认识到他使用的这些特定词语是用来讨论亲子关系，以及情绪发展过程的，而这就形成了精神分析的一种新语言。等我罗列了大概 140 多个温尼科特的词语之后，我便开始了精简过程，这样一点一点形成了这么一本由关键条目及其不同分项组成的词典。最终，每一个条目都组成了一个概念。条目下的分项则呈现出温尼科特四十多年的精神分析实践在这个概念上的演变。

　　此书英文第 1 版在 1996 年出版。1997 年，我很荣幸此书获得了当年的最佳学术图书奖。这告诉我，我组织温尼科特的著作和他的新语言的工作得到了国际认可。之后，这本书被翻译为多国语言，并且在 2007 年出版了英文第 2 版。在第 2 版中，我进行了一些修订，并补充了更多的条目。但我做梦也不敢想的就是，我在 1995 年首次完成这本书的初稿，出版后历时二十五年仍能为人所用。中国的读者能对此书厚爱青睐，让我更加备感荣幸。同时我也想致谢这些年来阅读此书、了解我对温尼科特词语使用和理解的读者们。此书的中文版将会格外令人欣喜，因为对于中国读者而言，精神分析还仍属新鲜事物。

　　现在，请允许我回到之前我提到的一点，即温尼科特的工作具有"革命性"的贡献。这几十年来，我越是深入了解温尼科特的著作，我越能够意识到他不仅仅只是创造出了一种新的精神分析语言，同时更重要的是，他在弗洛伊德工作的基础上，对精神分析的发展做出了极大的贡献。虽然他的工作也受到了梅兰妮·克莱因的影响，但是他对克莱因理论的不同意见，促使他发展出了一种新的精神分析临床范式。在《温尼科特的语言》出版之后，我又汇集了一批温尼科特研究者的论文，这些文章更进一步凸显出他工作的革命性意义。这些论文最后形成了一本论文集，即《今日温尼科特》（*Donald Winnicott Today*），并于 2012 年出版。

　　在此书出版之后，我对温尼科特和梅兰妮·克莱因之间的理论对话更为感兴趣。我认为，两位临床工作者兼理论家都锻造出了新的精神分析临床范式。一方面，克莱因认为过度的内部攻击性扭曲了自体发展；另一方面，温尼科特则强调在婴儿自体形成过程中环境的重要意义。当然，对更早的弗洛伊德而言，儿童的核心问题是其性心理发展的问题。温尼科特虽从未否定弗洛伊德的理论，但他在人天生就有死本能问题上也从未认同弗洛伊德或克莱因的观点（见《今日温尼科特》第14章）。

由于温尼科特的思想是在与克莱因理论的对话（尽管是内部对话）中发展出来的，因此我也感到有必要与当代克莱因学派精神分析家进行一场当代的对话，这就形成了我下一本书——《梅兰妮·克莱因与唐纳德·温尼科特的临床范式：对比与对话》（ *The clinical paradigms of Melanie Klein and Donald Winnicott: comparisons and dialogues* ）。这本书是我和精神分析家 R.D. Hinshelwood 合著的。在撰写此书的过程中，我更加深入地了解到温尼科特是如何在与克莱因对话的基础上塑造了他的理论的。当然，他有时同意克莱因的一些观点，但在某些要点上，他也强烈反对克莱因的看法。

温尼科特工作中最根本的基础假设仍属于弗洛伊德式的。但是，《温尼科特的语言》一书将会向您展示出，温尼科特对情绪发展的强调已经创造出一种新的、不同的语言和一种新的、不同的临床范式，在这个精神分析的新范式中，依赖及其对精神的影响至关重要。我希望本书的中文版能激发中国读者对温尼科特的兴趣，并促进中国产生一代新的温尼科特研究者。如能贡献我的绵薄之力，我将深感荣幸与欣慰。

2019年12月12日

（王晶　翻译）

参考文献

Abram, Jan. Donald Winnicott Today[M]. London: Routledge. 2007.

Abram, J., Hinshelwood, R.D. The clinical paradigms of Melanie Klein and Donald Winnicott: comparisons and dialogues[M].London: Routledge. 2017.

编者简介

　　本书编者Jan Abram是一位私人执业的全职精神分析师, 居住在伦敦。她是英国精神分析学会的会员和埃塞克斯大学精神分析研究中心的客座教授。她也是精神分析伦敦诊所的联络会诊精神分析师、英国精神分析学会科学委员会的前名誉秘书长, 以及课程教育基金会的副主席。她是《国际精神分析杂志》编辑委员会的正式成员和《比利时精神分析杂志》的通讯员。她在全世界进行教学和演讲, 主要是在精神分析研究院和塔维斯托克中心。她现在是"巴黎小组"的成员——"巴黎小组"是欧洲精神分析联盟的一个工作团队。她还曾编辑出版《温尼科特在今天》(*Donald Winnicott Today*, 2013)。

　　本书文献目录整理者Knud Hjulmand是一位在丹麦哥本哈根县儿童治疗中心私人执业的临床心理学家和儿童心理治疗师, 同时为哥本哈根大学门诊的心理治疗师提供教学和督导。他在《儿童心理治疗杂志》顾问委员会任职, 也是儿童和成人精神分析取向心理治疗丹麦学会(DSPBU)和EFPP学会的会员以及丹麦国家儿童案例申诉委员会的联络会诊心理学专家。

第 2 版推荐序

Thomas H. Ogden

在我看来,这本书是迄今为止对温尼科特全部著作的最重要研究之一。文本中传递出的知识非常有价值。最重要的是,在这本书的结构中,反映出了对温尼科特思想轨迹的一种把握。

虽然这本书的英文原书的副标题将这本书定义是一本词典,但这个术语会导致一些歧义。这本书不是一本真正意义上的词典,正如《牛津英语词典》(*Oxford English Dictionary,* 或 OED)不是一本词典一样。如果我们想要通过 Jan Abram 的这本书(或 OED)发现一个词汇或术语的"意义"究竟是什么,这时我们就会既感到挫折,也感到失望。Abram 的这本书和 OED 一样,都没有声称它们掌握了每个词汇或术语的准确意义;反而,它们为读者提供了每个一直被使用的词汇或术语的历史演变路径,以及用法是如何被改变的和进一步变化的过程是什么。读者要离开你自己语言使用的历史,不要在意一个定义,甚或一组定义,而是把语言的意义作为一种鲜活的东西。我相信,这样的一种学习语言的方式,有可能是胜任对温尼科特思想和著作进行研究的唯一途径。在很大程度上确实如此,这是被温尼科特对精神分析最重要贡献的悖论性结构(例如,过渡性客体的概念、独处的能力和客体的使用)所决定的。温尼科特思想的悖论性特质,要求它的表达性语言不断地处于运动变化中,不断地阐释新的和经常是对立发展的可能性。只有一种语言使用的历史,才能够完成它本身正在精细加工和精炼的作品,同时又能在一种最终意义(定义)被动摇的方式中被分解掉。

2

换句话说，我发现阅读温尼科特的著作是一个不断循环的过程。我在花了大量的时间努力阅读之后，才开始能够理解温尼科特要表达的意义。我的努力被以这样的方式充分地回报了，由于体验到了一种与温尼科特思考方式相同的思考方式，所以我发生了改变。但是，久而久之——或许是一个小时或一天或一年——我认识到，温尼科特的词汇"提出了不能构想的构想（理解）——几乎是不能完全构想的理解"（Frost, 1917, p. 692）。而这种性质让读者在阅读温尼科特时会产生大量的强烈体验——词语和想法永远不会静止不变，读者对理解的尝试必须要找到一个新的开始，一个重新出发的起点。恰恰就是温尼科特著作的这种性质，被 Jan Abram 捕捉到了，在某种

xxiv程度上很少有人能做到如此。

（赵丞智　翻译）

第 1 版推荐序

Jonathan Pedder
温尼科特托管基金会[1]前主席

　　《温尼科特的语言》这本书具有创造性，它出自 Jan Abram 在涂鸦基金会（The Squiggle Foundation）的工作体验，以及她主动参与到对温尼科特的研究、讨论和教学活动中的体验，这些活动既属于涂鸦基金会，同时也是很多心理治疗的课程。她的工作经验决定了她需要写一本这样的书。

　　虽然已经有一些著作试图做类似的工作，为了整个精神分析（例如，Laplanche 和 Pontalis），或者是为了其他重要人物（诸如，Hinshelwood 写的关于克莱因的书），但是，在之前没有人为温尼科特写这样的书。或许，这可能是因为，温尼科特在选择日常用语来表达我们自体人格深层根源的概念时，具有非凡的能力。如果我们不仔细地阅读温尼科特，那么我们可能认为他写的东西过于简单了，或者太复杂了（或者这两种感觉会同时出现）；即便是最有经验的温尼科特主义者，有时也可能需要一张地图，以防在温尼科特的思想周围迷路。这本书满足了这种需求，这种做法也非常令人钦佩。

xxv

1　温尼科特托管基金会（The Winnicott Trust），拥有温尼科特所有著作的版权，它是由Clare Winnicott建立起来的，目的是继续编辑温尼科特生前未出版的文章，并促进和发展对温尼科特思想和实践的教育、培训和研究。在1971年温尼科特去世的时候，他的论文大约有一半已经发表了；大约还有100篇论文没有发表过，其中大部分也随后都发表了。

Jan Abram 对这些研究温尼科特所需要的直觉性知识将会被人们感受到，正如她围绕着她讨论的主题所进行深入阅读的那样。她从温尼科特的原创文章中摘录了大量的和恰当的引文，来例证温尼科特工作的关键主题，同时把这些引文放置在一个更加宽泛的历史背景中。她这种直接的写作风格也非常受欢迎，恰恰反映出了温尼科特使用简单词语表达复杂思想的能力。

虽然这本书的写作意图主要不是温尼科特托管基金会发起的，但基金会一直很乐意帮助这样的写作，于是促成了关于这本书写作创意的诞生。当我第一次阅读本书手稿的时候，我正处在于一个有利的位置上，可以定期地观察一位母亲与她宝宝的互动作用。随着在温尼科特的著作中不断地追踪，许多无法抵抗的温尼科特思想和表达，生动地让我想起了母亲与婴儿的交互性影响。反之亦然，随着我对这对母婴的观察，不断地让我回想起温尼科特著作中的阐述。一次又一次地证明，他似乎获得了完全正确的知识，特别是关于母亲和婴儿彼此相互创造对方的方式。温尼科特说过，（孤立地看）从来就没有婴儿这回事儿……也从来没有母亲这回事儿。

我们也可能会说，孤立地看，从来就没有一本书或一个读者这回事儿：每一个人都会从这本书中发现一些不同的事情，这取决于他们带着什么态度去读这本书。

对于还没有遇到过温尼科特的学生来说，这本书是通向等待被发现宝藏之地的一个指路牌；对于私人执业者来说，这本书将是可以被用在临床实践中新洞察力的一个来源；而对于研究者来说，这本书是研究温尼科特著作的一个非常有价值的资源，可以作为参考资料和主题资料。

当考虑到这书可能被使用的方式时，我也想起了涂鸦游戏（Squiggle Game）的相互创造性。在这种游戏中，温尼科特和他的小病人轮流地使用线条勾画出一幅画，每个人所画的线条结构都有一定的意义。因此——仔细思考了一会儿，Jan Abram 在本书的一开始就给我们呈现出了两条引文。其中一条引文让我想起这本书；另一条引文让我联想到了母亲和婴儿——或者还有其他方面吗？……轮到你来思考了…… *xxvi*

（赵丞智　翻译）

致　谢

本书第 2 版的修订和增补内容, 都出自我对温尼科特著作持续研究的成果。我特别感激已故的 Jonathan Pedder, 温尼科特托管基金会的前主席, 因为他的大力支持和他为 1996 年第 1 版做过序言。我也非常感谢温尼科特托管基金会授予的版权和对我工作的大力支持。

我非常感激 Thomas Ogden 为第 2 版书所写的序言, 凭直觉感到他发自肺腑的言语, 非常契合我最初的目标。我也非常感激其他几个同事, 他们一直帮助我理解温尼科特的那些作品。他们是 : 已故的 André Green, Joan Raphael Leff, Michael Parsons, Dodi Goldman, Margret Tonnesmann, Kenneth Wright 和 Nellie Thompson。

我非常感激 Knud Hjulmand, 因为他是本书第 2 版文献目录的整理者, 而且他能确保每条文献的准确性。

非常感谢 Marsh 代理商的 Steph Ebdon 和 Mark Paterson 一如既往的支持 ; 也感谢 Karnac 图书出版公司的 Oliver Rathbone。

我非常感激 Communication Crafts 的 Klara 和 Eric King, 他们对我这些年的所有手稿进行了准确无误的处理, 并且负责本书第 2 版许多艰苦的修订工作。

特别要感谢已故的 Nina Farhi, Rosalie Joffe 和 Christopher Bollas, 大约在 20 年前, 他们就给了我很多的鼓励和支持。

我也很感谢 Harry Karnac, 许多年前他为本书第 1 版提供了参考文献, 以及他最近为准备第二手来源的参考文献列表所做的工作。对于温尼科特的

2

研究者来说，这些工作是无价的研究资源。

　　我非常感激当今英国精神分析学会的许多同道，他们对我的临床工作和精神分析研究工作的影响意义深远，特别是 Donald Campbell, Dennis Duncan, André Green, Anne-Marie Sandler 和 Ignes Sŏdré。

　　我也非常感激当代弗洛伊德学派研究小组的成员们，以及许多其他各种工作小组的同道，这些小组都是我在英国精神分析学会加入的。我也希望向 Harold Stewart 表达我的感谢，他的去世让我非常难过，我曾连续几年向他咨询过各种问题，他表现出的智慧一直对我有着深刻的影响。

　　由于从事临床工作所享有的特殊权益，永远也不能终止我对其产生深刻的印象，所以我也非常感激所有接受过我分析的人，包括过去和现在的病人，因为他们在分析过程中给了我太多的鼓励和信任。我也很感谢今天的学生们和来听我演讲的那些与会者，你们的提问丰富和补充了我的研究工作。

　　我还要感谢 Rosine Jozef Perelberg，他的敏锐和精神分析性才智，促使我"找到了合适的词汇来表达我的想法"（les mots pour le dire），为此我将永远感谢他。

　　我还要给我的丈夫和家庭成员，以非常温暖的和爱的感谢，他们在生活上支持着我，而且对我很宽容。我要特别感谢我的丈夫，他对我准确无误的支持，对我来说是极其无价的，也向我展现出了爱的真正意义是什么。

（赵丞智　翻译）

序　言

　　本书第 2 版增补了几个条目。它们是全新的第 14 条目——（全能）幻象 [illusion（ of omnipotence ）]；以及第 23 条目"过渡性现象"的第 8 节："基本悖论"。前言部分增加了一些内容，提供了有关温尼科特著作的阅读指导和对案例概念化关键点的综述。更新了温尼科特的文献目录，既包含了按时间排序的，也包含了按字母排序的索引。这部分工作是由 Knud Hjulmand 完成的，这是一个非常重要的增补内容，这个工作的宝贵性和无价性将会被所有研究者证实。第 2 版为已经是绝好的索引又增加了 25 个词汇，这是由 Klara King 设计的，这个工作使一些主题（例如，欲望、法语化、魔法般的、口部的爱）更加容易获得。

　　理解每一个条目都是一次旅行，它贯穿了温尼科特横跨几乎 40 年的著作。我的目的一直是想提供公正的指导，以便读者可以对温尼科特思想的发展找到你们个人的发现。与本书的第 1 版一样，我保证所有的条目都属于温尼科特的文本。为了进一步把握住语境、评论和对主题的扩展，我建议读者到参考文献和温尼科特的文献目录部分去搜索词条。

（赵丞智　翻译）

来到了创造性世界，创造了这个世界；你创造出来的东西只对你有意义。

对于大多数人来说，最终的赞美是被发现和被使用。

唐纳德·温尼科特，1968

前　言

唐纳德·温尼科特的著作（1896—1971）

　　唐纳德·温尼科特是一位儿科医师和精神分析师，他的著作是由理论性论文、综述、期刊论文和信件组成的。他出版的第一本书是《关于儿童期障碍的临床注释》（*Clinical Notes on Disorders of Childhood*, 1931a），这是温尼科所写的儿科执业医师系列辅助指导读物中的一本。当温尼科特出版这本书的时候，他作为一个儿科学专家已经工作了7年，而且正在伦敦的精神分析学院接受精神分析师的培训。这就意味着，在儿科医师作为全职工作的同时，他还正在接受 James Strachey 的精神分析性治疗，并且也正在使用精神分析治疗成年病人。因此，虽然他的第一本书是为儿科医师写的，但读者可以看出精神分析对他与儿童和他们家庭工作的影响。在第一本书的序言中，温尼科特写道："我对于弗洛伊德教授有点不诚实，我对不断增加的喜欢研究情绪性因素的能力心存感激。"随后，在这本书的前言中，他写道：

　　　　儿童需要朋友来帮助他完成困难的任务，即查明自己有多少本能性冲动可以被使用，而不会导致与自己的理想冲突。适当的友谊关系是那些在学校中和直接环境中形成的关系，一名医生的友谊亦是如此，而且他的大部分工作是一种专业形式的友谊。

　　　　　　　　　　　　　　（ *Clinical Notes on Disorders of Childhood*, pp. 5–6 ）

这段文字传达出了贯穿于随后全部作品中温尼科特的沟通精髓——一种对人类需求可靠人际关系的敏感性。正是这种对个体需求一种可靠的母亲/他人/环境（m/other/environment）的态度，刻画出了温尼科特对精神分析性理论发展的贡献，他的这种贡献遍及在儿童和成人精神分析的理论和实践中。

1934年，温尼科特获得了成人精神分析师的资格，第二年他成为当时精神分析学院中第一位男性儿童精神分析师。从此开始，一直到30年之后他从儿科医师退休为止，他一直既作为儿科医师，也作为精神分析师私人执业，为儿童和成人提供服务。所以，他对精神分析理论发展的主要贡献，始终受他作为一个儿科医师与各种家庭和孩子的工作体验所影响。我们也一定要考虑到，他接受精神分析的个人体验。他首先是被James Strachey分析，然后，他又接受了Joan Riviere的分析，他的这些个人分析体验对其理论发展极为重要。在他生命的最后几年中，他描述了他是如何被这两位不同的分析师所影响的。[Winnicott, 1965v (1962); 1989f (1967）]

紧接着，温尼科特出版了两本书，《逐渐了解你的宝宝》（*Getting to Know Your Baby*，Heinemann, 1945）和《平凡而奉献的母亲及其宝宝》（*The Ordinary Devoted Mother and Her Baby*，a BBC publication），这两本书都是根据温尼科特在10年期间（1940—1950年）在英国广播公司（BBC）为父母们所做的谈话和讲座的录音整理稿编辑而成。到了1957年，这两本书已经售罄绝版，塔维斯托克出版社把这两本书合成一本重新出版，书名为《儿童和家庭》（*The Child and the Family*）。就在同一年又出版了一本姊妹篇《儿童和大千世界》（*The Child and the Outside World*）；在这些书中，每一篇文章都是写给父母和那些在当时社会与年长孩子工作的专业人员的。在1964年，这四本书中的大部分文章又被编辑成为一本新书——《儿童，家庭和大千世界》（*The Child, the Family and the Outside World*），这本新书成为 20 世纪 60 年代年轻父母们的畅销书，同时也成为教师培训课程、社会工作者和儿童照护者阅读书单上的一本推荐读物。

温尼科特写的第一篇重要的精神分析论文是"躁狂性防御"[1]（The Manic Defence），在 1935 年，这篇论文递交给了英国精神分析学会的一次科学会议。这是许多写给精神分析同行文章中的第一篇，而在 1958 年，这些论文，连同那些写给从事儿童工作的专业人员的文章，被编辑在一起，由塔维斯托克出版社出版成一本论文集——《从儿科学到精神分析》（*Through Paediatrics to Psychoanalysis*）。这本书是温尼科特主要著作的其中一本。而在 1965 年出版的《成熟过程与促进性环境》（*The Maturational Processes and the Facilitating Environment*）也是一本论文集，主要是写给精神分析师的。在同一年，另一本温尼科特的论文集（绝大部分论文发表于 1950—1964 年）由塔维斯托克出版社出版了。这本论文集是《家庭和个体发展》（*The Family and Individual Development*），主要文章是由温尼科特为给家庭和儿童工作的专业人员所做的广播宣传和演讲的内容组成的。

与此同时，温尼科特还在国内外进行教学、督导和演讲，在 1971 年他去世之前，他至少有两本著作正处在编辑之中。《游戏与现实》（*Playing and Reality*）这本书是他全部著作中数一数二有名的，在这本书中，温尼科特探索了与他的过渡性现象这个概念相关的各种主题。他在 1951 年的论文"过渡性客体和过渡性现象"[Transitional Objects and Transitional Phenomena，1953c (1951)] 中，优先发展了他的这个概念。与此相反，

---

1 这是温尼科特为英国精神分析学会正式会员宣读的一篇论文。

《儿童精神病学中的治疗性咨询》（ *Therapeutic Consultations in Child Psychiatry* ）是一本案例研究集，这些案例来自温尼科特作为一位儿童精神病学家所做的工作。这本著作例证了温尼科特如何使用他的精神分析性思考的临床方式，以最小化的干预[1]来促进儿童或青少年的人格发展。书中的许多案例都例证了温尼科特在诊断性访谈中使用的涂鸦游戏的作用（参见，涂鸦游戏）。

在温尼科特快去世时，他留下了许多没有发表的论文、信件和临床笔记，于是在 1977 年，他的遗孀 Clare Winnicott，一位社会工作者，也是一位精神分析师，创建了温尼科特出版委员会[2]（ The Winnicott Publications Committee ），其目的是出版这些大量的作品，在之后的 20 年中，编辑出版了其他 9 本温尼科特的论文集（ Davis, 1987 ），除了这些著作之外，在 1987 年还出版了一本温尼科特的书信选集。迄今为止，一共有 22 本温尼科特的著作出版（参见，温尼科特出版书籍列表）。排在前面的 5 本著作已经绝版了，但它们中绝大部分论文都在 1964 年出版的《孩子，家庭和大千世界》一书中重新发表了。

Clare Winnicott 这一计划的主要目的是出版温尼科特所有未发表过的作品，而且这个目的基本上已经达成。然而，更多研究温尼科特的书籍还没有出版，包括这本书。只有到《温尼科特精神分析作品全集》出版的那一天，温尼科特在儿童健康和精神分析方面所做贡献的全面认识才会得以证明。该全集计划至少出版 12 卷，文章将被按照写作年代排序，

---

1 在这个意义上，温尼科特是使用精神分析的理论和方法去帮助那些还不能承受一个完整分析的人的早期先行者之一。

2 在1984年，就在 Clare Winnicott 去世之前，她为出版委员会起草了一个信托契约，后面该出版社委员会成为温尼科特托管基金会。

从 1919 年到 1971 年。全集将包括一个重要词汇和术语的索引，以及最近
在档案中发现的一些尚未发表过的作品（大部分是短文和通信）。主要的
文献目录将由 Knud Hjulmand 来整理，扩展并增加了每一篇新作品的参
考书目。出版温尼科特作品全集这个项目，由温尼科特托管基金会资助，
已经在 1998 年开始了工作，现在编辑工作正在继续进行。

温尼科特的理论模型

在其他地方，我曾经建议，温尼科特的工作可以被分为四个阶段：
一个基础时期，以及三个深入阶段，每个阶段都标志着一个重要的理论
进展（参见，Abram，2007）：

基础时期：1919—1934 年

第一阶段：1935—1944 年　　从来就没有婴儿这回事儿

第二阶段：1945—1960 年　　过渡性现象

第三阶段：1960—1971 年　　客体的使用

即将出版的《温尼科特精神分析作品全集》（*Collected Psychoanalytic
Works of D. W. Winnicott*）将会非常细致地例证，温尼科特的思想是如何
演变和发展的，以及每一个明显的发展阶段是如何被划分的。然而，在
本书中，我把焦点放在了构建理论模型的关键（成分）概念之上。

人性（human nature）：温尼科特的参照框架

贯穿于温尼科特每一篇文章的核心思想是，一种对人类境况和作为

1　出版日期现在还没有确定下来。

6

一个主体意味着什么的关注。所有他的质疑，从非常早期开始，都与生命的意义有关，也都处于使生命值得过活的范围之内。随着他的工作不断进展，他把精神分析稳固地根植在了人性的框架之中（参见，Green, 1996, in Abram, 2000）。梅兰妮·克莱因的工作对温尼科特有很多的启发，特别是她聚焦于婴儿对自己身体的主观性体验，以及她对早期俄狄浦斯情结的观察，都被温尼科特在自己日常儿科临床工作的观察证实是有意义的。然而，温尼科特强调，在早期个体情绪性发展始终与母亲/他人（m/other）有关。因此，至关重要的是，婴儿发展失败或成功的关键因素在于母亲/他人的贡献，母亲在婴儿整个依赖阶段的发展道路上，起着非常重要的作用。恰恰是这种对主体/客体关系的强调，突出了温尼科特工作的独特性。基于弗洛伊德的观点，以及在谈话和演讲中，温尼科特经常有着与克莱因不一致的观点，他在精神分析性思考中，引入了一种真正的范式转换。

温尼科特的工作模型围绕着一个主要概念而运作：自体感的中心性（the centrality of the sense of self）。这个概念是所有其他概念的本质，也是人际（主体间的）环境的中心。构成这个模型的三个主要概念是亲子关系、过渡性现象和原初精神创造性。每一个概念分别支撑着他的理论性发展的一个重要阶段。

亲子关系

温尼科特认识到，"从来就没有婴儿这回事"[1]，这意味着：他从此不再概念化无法察觉的婴儿对客体的依赖；他始终坚持认为，由于婴儿的

---

1 参见，"Anxiety Associated with Insecurity" [Winnicott, 1958d (1952)]。

依赖状态，母亲/他人的态度将会渲染（colour）宝宝的内在世界，并且影响着孩子的情绪性发展。由于温尼科特与克莱因有过一段共事经历，可能帮助他把注意力集中在了新生儿和发展中儿童的内部世界，这时他终于认识到了，克莱因对弗洛伊德工作的发展还不足以解释母亲/他人，以及在母亲接近她的孩子时的主观心智状态[Winnicott, 1965v（1962）]。温尼科特无法忽视他在日常儿科学临床实践工作中所获得的经验，这似乎揭示了婴儿的情绪发展与母亲的情绪照护之间的相互关系。由于温尼科特锻造了他自己的理论，所以在与克莱因和克莱因学派的讨论中，他越来越多地强调环境的决定性特质，以及它的精神性和躯体性质量是如何影响和塑形主体之精神的。[1]

在 20 世纪 50 年代早期，温尼科特开始提出"环境—个体组合体"（environment-individual set-up）的概念，以此来强调世界中真实客体（母亲/他人）的功效和责任，以及强调母亲心智的主观性状态如何对新生儿的情绪性发展施加影响。温尼科特在他的论文"健康和危机中儿童的供养"[Providing for the Child in Health and Crisis，1965x（1962）]中，发展了这个主题，他在婴儿的年龄与环境失败之间得出了一个清晰的关系，并且展示出了这一现象：环境失败的时间越早，精神疾病就越严重。因此，主体的自体感是由环境（客体）对婴儿（依赖状态）需求的适应所塑形的。

1　当温尼科特在他的理论构想中提及"环境"的时候，他其实真正关注的是，母亲是如何感受她的宝宝的，这包括了她的处理方式，特别是她与她的新生儿状态的同一性。（参见，原初母性贯注）

原初精神创造性

原初精神创造性（primary psychic creativity）是温尼科特的一个概念，它强调婴儿的生物学需求要得到母亲（环境）照护。恰恰就是这种对婴儿生物学需求（在生命的极早期阶段，生物学需求还不能与情绪性需求区分开来）的照护，通过母亲的情绪性响应，将建立起温尼科特在《人性》一书 [*Human Nature*，1988（1954）] 中描述的"首先理论性喂养"（the theoretical first feed）。

> "首先理论性喂养"在现实生活中的代表是，许多早期喂养体验的总和。在首先理论性喂养之后，婴儿便开始拥有可以用以创造的材料了。

> (*Human Nature*, p. 106)

对于温尼科特来说，婴儿出生来到这个世界时，便携带着一种创造性潜能。这种遗传性倾向（基于身体需求和成长冲动的内在素质），与婴儿身体中的各种感觉和绝对依赖状态有着密切的关系。母亲识别其婴儿状态的能力，帮助她自己对婴儿的需求作出适应性响应——也就是说，为婴儿提供她的乳房。[1] 这种在母亲与婴儿之间恰好的首次接触，是逐渐建立婴儿全能幻象（illusion of omnipotence）的开始。全能幻象是婴儿的一种体验：他的需求（饥饿）创造出了乳房（食物）。温尼科特认为这种时刻的体验非常地重要，它们是一切进一步发展的基础。母亲适应自己

---

1 但是，由于温尼科特强调，供养必须涉及母亲有一种欲望：通过其与她的婴儿绝对依赖状态的一种深度认同，来提供婴儿的需求。

婴儿需求的能力促进了全能幻象体验的实现。这就是首先理论性喂养。

> 至少在我们知道得更多之前，我必须要假设：在首先理论性喂养阶段，婴儿具有做贡献的创造性潜能。如果母亲适应得足够好，那么婴儿就会认为，乳头和奶水都是起源于需求的自发性姿态的结果，是在本能张力的波浪冲到了顶峰时产生想法的结果。

> (*Human Nature*, p. 110)

本能张力的波动——也就是说，饥饿——必须要通过母亲对她的婴儿需求的适应（深度认同）来得以满足，而且如果时机掌握得足够好，那么婴儿的本能紧张就会被释放，因此婴儿便开始认识到，他的饥饿可以被他所做的事情充分满足："我哭喊，那么食物就会来到。"婴儿的活动并不仅仅满足了弗洛伊德所说的本能方式的饥饿需求，而且，极为重要的是，它为婴儿提供了他已经创造出了客体的一种幻象："我哭喊，食物就来了，因为我通过我的需求（哭喊）让它到来。"正是这种全能幻象，有助于婴儿发展在"我"与"非我"之间做出区分的能力。为了说明与源自全能幻象的一种自体感发展有关的序列，温尼科特（1967c）写出了下面这段话：

> 当我看的时候，我就被看见了，因此我就存在了。
> 我现在能够去看和看见了。
> 现在，我可以创造性地看了，我也知觉到了我所统觉到的东西。
> 事实上，我小心翼翼地不去看见那些不该在那儿被看见的东西（除非我感到疲倦了）。

> （"Mirror role of mother and family in child development", p. 114）

因此，创造客体的潜能[1]存在于新生儿的身上，由于这种潜能可以发展成为一种能力，因此母亲一定要认同婴儿的绝对依赖状态。温尼科特把这种特别性质的认同，命名为"原初母性贯注"（primary maternal preoccupation）。不够好的母亲（the not-good-enough mother）会迫使婴儿寻找一种方式来保护他的全能幻象（这种体验将转瞬即逝），而保护自体的主体方式将会对（不适当的）环境要求变得顺从。在 1960 年的论文"由真和假自体谈自我扭曲"（Ego Distortion in Terms of True and False Self）中，温尼科特展示了，一种虚假的顺从性自体是如何基于婴儿保护其原初精神创造性需求而发展出来的，而这种原初精神创造性地寄居在真自体之中。

对于有能力提供首先理论性喂养的母亲，她必须要能够在满足新生婴儿对其无情的需求活动中幸存（survive）下来。这种无情（ruthlessness）就是温尼科特在早期命名的"原初攻击性"（primary aggression），而在后期的文献中，他描述为"对客体的必然摧毁"（the necessary destruction of the object），以及他探究了足够好的外在客体是如何幸存于婴儿的原初攻击性（需求）的。这是发生在首先理论性喂养阶段现象的另一个方面，其与婴儿的兴奋状态和母亲认同婴儿沟通的能力有关系。足够好的母亲有能力幸存下来，而不会被婴儿强烈的本能张力的表达所淹没，以及在通过她的共情性关注而努力发现和理解婴儿的需求中，她有能力容忍婴儿的激越状态（agitated states）。然而，一位无法容忍这

1　温尼科特强调了这一点，他"特别地强调对人性的研究这部分"（*Human Nature*，p.111）。另有一种研究方法是只看新生婴儿的投射和内射。温尼科特表示，他想假设：就每一个婴儿来说，在其生命之初，都存在着"创造性潜能"——处在首先理论性喂养阶段的婴儿都能做出个人化的贡献。

种平常要求的母亲，反而很容易就感到被婴儿攻击了，甚至会感到被她投射到婴儿那里的各种压倒性感受所迫害，这样的母亲是无法幸存下来的，[1] 无论她想对她的婴儿做得多么好。事实上她会使她的婴儿感到失望，并且危害到婴儿正在发展中的自体感。

过渡性现象

　　通过温尼科特对婴儿早期状态的观察和理解，他提出了一个理论，来解释婴儿变化着的内在体验和朝象征能力发展的旅程。[2] 温尼科特这个理论的基础在于：弗洛伊德的性感区域（erotogenic zones）理论，以及在早期自体性欲冲动（例如，吸吮拇指）与一个特定客体（诸如一个洋娃娃或一个泰迪熊毛绒玩具）的浮现之间关系中所阐述的阶段性理论。温尼科特把这个特定客体命名为过渡性客体（transitional object）。他把过渡性客体看作一种显著的标志物，标志着过渡性现象 (transitional phonomena) 和功能运作的一个中间阶段。在这个阶段中，婴儿在足够好的母性照护的帮助下，逐渐把内在和外部世界分离开来。如果实际的客体（环境／母亲）能够以这样的一种方式来适应婴儿的真正需求，即增强现实世界提供给婴儿的真实感的方式，婴儿才能将内外世界分离开来。本质上，从外部分离出内部、从非我（Not-me）分离出我（Me）的过程，

9

1　原初精神创造性的这个方面在温尼科特的后期工作中被特别发展了，尤其是在他后期的其中一篇论文中——"客体使用和通过认同的客体关联" [The Use of an Object and Relating through Identifications，1969i (1968)]。

2　压舌板游戏，在温尼科特早期的其中一篇论文中描述过，这篇论文是"在设置情境中的婴儿观察"（The Observation of Infants in a Set Situation，1941b），文章解释了他在20世纪50年代早期是如何发展出过渡性现象这个概念的。

是从即刻感觉到象征意识的一个旅程。温尼科特详细说明了这个过程的各个阶段，并描述了这个过程是如何在婴儿的游戏能力中达到顶点的。

在内外世界的联合与分离之间形成了一个中间区域，这个中间区域既不是个体内部的，也不是外部的。如果个体能够成功地通过这个中间区域，那么创造性游戏的能力就会出现。后来，在《游戏与现实》这本书中，温尼科特详细并深入地阐述了，过渡性体验是如何持续地进入到成年生活中，并且如何对文化性体验（例如，对音乐和／或足球的享受）产生贡献。因此，温尼科特的理论，既对人类发展提供了一种新的理解，也对后来的精神生命提供了一种更加丰富的、较少病理学的解释。在这个潜在空间中，心智（mind）的过渡性状态能够在动力学的关系之间和之内被体验到。（参见，幻象）

从临床的观点来看，这个理论也提供了一种新型的分析性关系，即一种幻象领域中的分析性关系。因此，这种新型分析性关系不足以去分析病人的自由联想，也不足以解释病人的无意识内容。重要的是病人的幻象（游戏）能力，因为只有通过游戏，病人才能发现一种自体感和个人化体验。如果这种能力是缺乏的，那么分析将会成为一种虚假的活动，一种顺从分析师的训练活动。既然是这样，分析师必须要促进发展病人的游戏能力：他必须要耐心地等待，要为病人发展游戏能力留有空间（潜在空间），因而，这就需要出现一种不同类型的新技术。[1] 这是一个更加深入的例子，表明了温尼科特是如何驶入精神分析活动领域的，他作为一位儿科医师在自己的工作中，也同时作为一位被分析的病人，对精神

---

1 正如温尼科特在"客体使用和通过认同的客体关联"论文中讨论过的那样。[The Use of an Object and Relating through Identifications，1969i（1968）].

分析活动进行了亲自的观察。 *10*

自体感

如上所述，温尼科特通过对人性和情绪发展的明确研究，发展出一个重要的概念——自体感（the sense of self），使得温尼科特的工作内容本质上成为一种关于自体的理论。他的问题涉及构成自体感的内容是什么，以及自体感是如何产生和建立的。在温尼科特生命的最后十年中，他探索和研究了这个发展过程的复杂性，以及这个过程是如何赋予个体体验以意义的。

发展地看，自体感始于首先理论性喂养阶段，那时婴儿的内在原初精神创造性也开始被实现了。但是，只有生命发展到了第3或第4个月的时候，自体才能充分地开始形成，到那时候婴儿在我与非我之间才开始能够做出区分。无论这个阶段是否达成，环境（母亲）将要为此负全权责任。在此阶段，环境失败得越严重，婴儿就越发不得不谋取各种方式来保护真自体；于是，一种顺从性假自体将会发展出来。这种环境失败与打断婴儿存在的连续性的严重侵入的概念有关系。那种表面上好的环境，对于特定的婴儿来说，可能未必是足够好的环境。

尽管没有否认所有新生婴儿遗传倾向（inherited tendencies）即内在的生物学特征的重要性，但是温尼科特所聚焦的内容在于，母亲（环境）与自己的婴儿依赖状态发生认同的这个功能。母亲有能力把生物学喂养和情绪性养育结合起来，这是婴儿的自然本性和遗传倾向能够被实现的唯一方式。在这一点上，温尼科特提出的环境概念，受到了达尔文的影响，而且与弗洛伊德和安娜·弗洛伊德的工作是一致的，在本质上是一种精神性环境，在这里婴儿的安康状态取决于母亲对其宝宝的各种感受，以及这些感受引起她对宝宝的反应方式。这个理论必定会考虑到，母亲自己在其婴儿时期有着如何的感受，以及母亲从自己母亲那里接受到抱持的质量如何。

11　　　对于精神分析理论来说，温尼科特针对真自体和假自体的工作是一项重要贡献，这不仅仅是由于这个工作的独创性，还因为它在临床上警示分析师，要注意在移情—反移情背景关系中各种变幻无穷的真和假体验的阴影。[1]

条目和如何阅读参考文献

每一个术语条目都有按顺序编号的目录表，以指明概念相关的主题。这个目录表后面紧跟着词汇或短语的一个简短定义。

所有条目都包含着从温尼科特的文章中摘录的引文，写作时间跨度几乎达 40 年，目的是追踪他的理论演变过程。在每一段引文后，小括号中标明了被引用文献的题目和写作日期。在每个条目的最后，每个条目中所有被引用的文章都列在以写作时间为顺序的参考文献列表中。这个参考文献列表显示了三个日期：第一个日期是写作的历史日期；第二个指的是该文献的发表日期，按这个日期可以找到文章（参见，温尼科特的文献目录）；第三个日期是在温尼科特的文献目录列表中被分配给该篇文章的编码。举一个例子：

1　假自体通常可以掩盖严重的精神障碍，正如温尼科特在"分类学：精神分析对精神病学的分类学有贡献吗？"[Classification: Is There a Psychoanalytic Contribution to Psychiatric Classification?"，1965h（1959）]一文中指出的那样。真自体和假自体的理论也与温尼科特对退行的研究有关[1955d（1954）]。（参见，退行）

书中引文后格式为：

（"Ego distortion in terms of true and false self", 1960, p. 141）

每章条目后的参考文献格式为：

1960　Ego distortion in terms of true and false self. In: 1965b. 1965m

温尼科特出版书籍列表的格式为：

1965b　*The Maturational Processes and the Facilitating Environment.*
London: Hogarth.

温尼科特文献目录的格式为：

1965m [1960]　Ego distortion in terms of true and false self. In: *The Maturational Processes and the Facilitating Environment* (1965b).London: Hogarth, 1965 (140 – 152).

（赵丞智　翻译）

注释

原则上，本书使用女性个体代词（她），但当涉及母亲和婴儿时，指代婴儿则使用"他"（he），仅仅是为了使母亲与婴儿的指代有所区别。

目　录

第 **1** 章

攻击性
Aggression

对于温尼科特来说，个体的攻击性开始于子宫之中，而且与活力和运动性有着同样的意义。在温尼科特的早期文章中，他指的是"原初攻击性"，并陈述：本能攻击性最初是食欲的一部分。

随着婴儿的成长，攻击性改变了它本身的特性。这种改变完全取决于婴儿所处的能够发现他自己的环境类型。在足够好的养育和一种促进性环境的条件下，处于发展中的孩子的攻击性就会逐渐被整合。如果环境不够好，那么攻击性就会以一种破坏的、反社会的方式展现出来。

逐渐地，随着温尼科特工作的不断进展，"攻击性"的概念——在后期是"摧毁性"——最终在他的情绪发展理论中成为一个关键性概念，而且在他那些著名的概念，诸如"反社会倾向""创造性""足够好的母亲""过渡性现象""真和假自体"之中也是关键的内容；在他的职业生涯即将结束之际，以及在他所有概念里很可能是最重要的概念——"客体的使用"中，攻击（摧毁）性也是最关键的内容。

1　精神分析中的攻击性概念

　　一直到 1920 年，弗洛伊德才在"超越快乐原则"（Beyond the Pleasure Principle）这篇论文中，开始承认单独的攻击性驱力。在这篇论文中，弗洛伊德引入了他的生本能和死本能二元化理论，这个理论在精神分析学家中导致了激烈的辩论和不一致意见（参见，Diatkine，2005）。

　　梅兰妮·克莱因与幼儿的工作，导致了她对弗洛伊德本能理论的扩展，她最终把攻击性看作死本能以及它的派生物——施虐狂和嫉妒的表现。因此，按照克莱因学派的理论，攻击性与嫉妒、恨、施虐狂这些概念都有着相同的意义，它们都是死本能的各种表现。因为死本能是天生固有的，所以新生婴儿的嫉妒、恨和施虐狂也都有着天生固有的性质。

　　弗洛伊德对其死本能理论持有谨慎的态度，但梅兰妮·克莱因的死本能观点把这个理论变成了一种确定不疑的事情。克莱因（及其追随者）对死本能大加渲染，成为导致 1941 年到 1945 年在英国精神分析学会中的争论性讨论（King & Steiner,1992）的触发因素之一。在这些"讨论"中，指向克莱因学派的其中一个批评就是，她曲解弗洛伊德的理论达到了如此极端的程度，即她的理论被认为是对弗洛伊德理论的一种抛弃。

　　安娜·弗洛伊德和她的追随者们，连同其他的精神分析师，都不能接受克莱因的死本能概念；他们当中的一些人走得更远，最终连本能理论也一同抛弃了。还是有一些人一直就在批评把德语"Todestrieb"翻译成"死本能"这件事，他们认为这种翻译本身就是一种错误；而死亡"驱力"被认为是更加准确的一种翻译（Pedder,1992）。

　　温尼科特对弗洛伊德学派本能理论的态度不是很明确，尽管他确实使用了"本能"这个词汇来表示一种生物学驱力冲动。然而,他明确地表明,他不同意克莱因学派"死本能"的概念,因为他认为,嫉妒、恨和施虐狂都是婴儿在与精神性环境之间的关系中发展出来的情绪成长的标志性信号。在温尼科特的攻击性理论中,恰恰就是这种具有交互性作用的精神性环境,会影响婴儿处理内在攻击性的方式。在一种好环境中,攻击性被整合进入个体的人格,成为一种与工作和游戏有关的有效能量;相反,在环境不够好时,攻击性有可能会转变成暴力性和破坏性的行为或活动。

16

在英国精神分析学会中,不一致的意见超越了对死本能价值的讨论,最终演变成了不同学派之间的一种政治性议题。在 1959 年到 1969 年,温尼科特写出了 4 篇论文,对自己的思想进行了阐释,并针对争论性讨论(在某种程度上)有继续之态势,提出了自己的观点。在温尼科特去世之后,这 4 篇文章被放在《精神分析性探索》(Psycho-Analytic Explorations, 1989a,pp. 443-464)一书中出版,它们被归在一个统一的小标题"梅兰妮·克莱因:关于她的嫉羡概念"(Melanie Klein: On Her Concept of Envy)之下。这几篇文章的语调充满了激情,而且他恳求出现更加原初的创造性思考。

在我们(精神分析)学会这里,尽管我们遵循科学,但是我们需要不断作出努力,尝试重新思考似乎已经固定了的事情。这不仅在于我们对提出质疑的恐惧的惯性,而且还涉及了我们的忠诚。我们习惯把我们领域的先驱的著名成就与某些特定的理论联系起来。因此,当我们重新考察攻击性的根源时,有两个很特别的概念都必须要被刻意地抛弃掉,以便我们可以看清楚,在没有这两个概念的情况下,我们是不是能够更好地描述攻击性的根源。其中一个是弗洛伊德死本能的概念，这是弗洛伊德假设的一个意外收获。依靠着这个概念，弗洛伊德似乎取得了一个成就，即理论的简单化，这可以与像米开朗琪罗那样的雕刻家在技术中逐渐消失的细节相提并论。另一个概念是梅兰妮·克莱因在突出的位置上设置的"嫉羡"这个概念，这个概念是她在 1955 年日内瓦会议上提出的。

（"Roots of aggression", 1968, p. 458）

温尼科特指的是梅兰妮·克莱因有着巨大影响的论文，"嫉羡与感恩"（Envy and Gratitude），而且他的主要论点是，嫉羡是婴儿与环境相关的情绪发展的结果，因此它不能被描述为某种天生内在的东西。他有一篇论文，1969 年投给了"关于嫉羡与嫉妒的研讨会"，Enid Balint 在他缺席时读了这篇文章。在文章中，他写道：

> 首先，我假设我们不去讨论这个涉及嫉羡和嫉妒的议题，因为这两个词汇在近几年几乎总是出现在克莱因学派的每一篇临床论文之中。我也声明，在当今这两个术语的使用情况中，嫉羡（envy）是一种心智状态（mind），它属于一种非常复杂的心智组织（mental organization），而嫉妒（jealousy）有着这样的特征，即它的使用意味着，这是一个完整的人，已经能够发动报复或偷窃行为了。

17

（"Symposium on envy and jealousy", 1969, p. 462）

在这 4 篇论文的每一篇当中，温尼科特都在恳求要考虑到环境的作用。

我反对的是克莱因女士的这个方面，她完全认同人类婴儿的个

体发展是与婴儿自身相关，而不考虑环境的作用。在我看来，这是
不可能的……

　　朝向成熟的每一种倾向都具有遗传性，而精神分析所关心的是
遗传倾向与环境供养之间的交互性作用。

("Symposium on envy and jealousy", p. 463)

　　尽管从上面的陈述开始，迄今已经过去 40 年了，精神分析的文献也
证实了交互性精神环境（interpsychic environment）对内在精神世界的
影响，但是至今精神分析的不同学派之间对此仍旧争论不休。（参见，环
境）

2 原初攻击性

　　温尼科特对攻击性的最早期陈述，可以在一篇题目为"攻击性"
（Aggression）的论文中找到，这是他在1939年针对教师们的一篇演讲稿。
这篇文章自然地让人们注意到，1939 年标志着第二次世界大战的全面爆
发，尽管在这篇文章中，温尼科特一直都没有提及过外部现实。

　　从这篇文章开始，温尼科特关于攻击性的基本观点就从来没有真正
地改变过。但是，他非常看重攻击性在个体发展过程中所起的作用，这
导致他在这篇首次提及攻击性的文章中，精心地阐述了他的想法，正如
我们将会在这个条目中看到的那样。(特别参见，4, 5, 7, 9, 10, 11)

　　温尼科特为他的教师听众们举了很多例子，以此来说明原初攻击性

是如何在外部关系中展现出来的；同时，他还谈及了在内在世界，攻击性如何通过幻想（fantasy）展现出来。

18

> 有一位我很熟悉的母亲说道："当宝宝醒来找我的时候，他在以一种野蛮的方式攻击我的乳房，用他的牙龈撕扯着我的乳头，不一会儿，血就流了出来。我感觉要被撕成碎片了，而且感到非常恐惧。我需要很长的时间，才能从我的小小乳房受到攻击而激发出的恨的情绪中恢复，而且我认为，这就是她从来也没有发展出对好食物真正信任的重要原因。"
>
> 这里是母亲对展示她的幻想，以及对可能已经发生事情的解释。无论这个婴儿实际上怎样，毋庸置疑的是，绝大多数婴儿并没能够摧毁提供给他们的乳房，尽管我们有好的证据来证明他们想要这样做，甚至他们认为他们通过吸食乳房中的乳汁确实也损坏了它。
>
> （"Aggression",1939, pp. 86–87）

温尼科特引进了审视真正喂养的母亲和婴儿两者内部世界的理念。实际的乳房并没有被摧毁掉；母亲被攻击的感受主要源自她自己的幻想，这与她自己指向婴儿的暴力性感受有关。[8 年之后，在 1947 年，温尼科特研究了母亲指向新生婴儿的恨的感受，发表在他的论文"反移情中的恨"之中（参见，恨：6）] 在 1939 年这篇文章中，尽管聚焦于婴儿自己的攻击性体验，但温尼科特继续探索了涉及原初攻击性的摧毁性幻想，以及对现实摧毁性冲动的抑制。这就在发生于幻想中的摧毁与付诸行动的攻击之间引入了分化和区别。这个概念对于温尼科特的客体的使用理论极为重要，客体的使用理论在 1968 年得到了完善。

此外，如果婴儿具有一种巨大的摧毁能力是真的，那么有一种巨大的保护能力也是真的，他可以保护他所爱的东西免于他自己的摧毁，而且最主要的摧毁一定总是存在于他的幻想中。关于这个本能攻击性重要的事情是，尽管它很快就变成可以服务于恨的东西，但它原初是食欲的一部分，或者是某种其他形式的本能爱。恰恰就是某些事情在兴奋期间增加了，而且这些事情的运动是非常快乐的。

也许，词汇"贪欲"（greed）要比爱和攻击的原初融合，以及其他想法更容易表达其意义，尽管这里所说的爱仅仅局限于口部的爱（mouth-love）。

("Aggression", pp. 87–88)

在温尼科特对"原初攻击性"的描述中，他使用了几个术语："本能攻击性""理论性贪欲""原初食欲的爱"和"口部的爱"。他指出，所有这些新生婴儿的攻击性方面都可以被观察者（或被母亲感受为）看作是"无情的、伤害的、危险的"。但是，对于婴儿来说，他是完全不知情（by chance）的，这一点对温尼科特的理论是至关重要的。这个观点与温尼科特持续地与克莱因和她的追随者们意见相左有关。温尼科特觉得，在观察婴儿的时候，为一种情绪命名，诸如先天的嫉妒，意味着婴儿所表现出的意图。从温尼科特对母亲和婴儿的观察来看，他得出了这样的结论：首先，婴儿不能感受到嫉妒，因为这个能力属于情绪发展稍后阶段的一个成就。

在英国的精神分析争论性讨论发生前2年，以及在克莱因已经认定"嫉妒"为一种明显的先天本能7年之后，温尼科特在有意图与无意图之间做出了这种区分。重申一下，温尼科特认为，婴儿的早期攻击性可能被观察者认为具有伤害性（是嫉妒的或施虐的），但是在最初，婴儿是没有意图去伤害的，因此婴儿的情绪发展还未到达这个能力。

对于温尼科特来说，最早期的攻击性是食欲和爱——"口部的爱"的一个部分。3 年前，在他 1936 年的论文"食欲和情绪障碍"（Appetite and Emotional Disorder）中，温尼科特通过观察婴儿使用压舌板（参见，压舌板游戏），就已经证明了婴儿的食欲与他的情绪发展之间的关联。在观察中他发现，5—13 个月的婴儿与压舌板关联的方式，是他的内在攻击性如何按照他与母亲的关系而发生改变和发展的一个证实。所以，当孩子伸手去拿压舌板、触碰它、把它捡起来、扔掉它，以及放在嘴巴里的时候，孩子的态度将会与母亲抱持他、喂养他、爱他，以及平常对待他的各种方式相符合。在这里，有一个隐含的强调：母亲决定了婴儿的健康；然而，温尼科特实际上强调的是母亲与婴儿的沟通，以及这种无意识交互沟通如何促进婴儿的成熟发展。（参见，沟通：2）

20

3　婴儿的无情性

在 1945 年末，温尼科特关于攻击性的思想已经逐渐成熟了。在他的第一篇开创性文章"原初情绪发展"（Primitive Emotional Development, 1945）中，让温尼科特持续着迷后半辈子的许多主题，就像他后来各种概念化的一副平面图一样被陈列在那里了（Phillips,1988,p. 76）。温尼科特对于生命的开始，提出了三个启动过程。

在我看来，生命的最早开始存在着三个过程：（1）整合，（2）个性化，（3）紧随着，是对时间、空间以及现实的其他特性的理解，即现实化。

我们倾向于想当然地认为许多事都有一个开始，和其发展的一种条件。

（"Primitive emotional development",1945, p. 149）

尽管以上三个过程可能开始于婴儿出生后生命的头 24 小时期间，温尼科特坚持他所命名的"原初无情自体"（primitive ruthless self）。这种无情性发生在婴儿能够感受到担忧之前的阶段，因此"无情自体"的出现要早于"担忧自体"。但是，担忧自体——感受到担忧的能力——取决于在无情自体被允许充分表达的基础上的发展。

如果我们假设，个体正在逐渐被整合和个性化，并在他的现实化中已经取得了一个好的开始，但是对于这个个体来说，在他能够作为一个完整的人与一个完整的母亲发生关联之前，以及他能够对自己针对母亲的想法和行动所产生的影响开始担忧之前，他仍然还有很长的一段路程要走。

我们不得不假设一种早期的无情的客体关系。

……正常的孩子很享受与他母亲之间的一种无情关系，这主要表现在游戏中，以及他对自己母亲的需求中，因为只有母亲才可能被期待来容忍孩子与她之间发生无情的关系，即使是在游戏中，这种关系实际上也是在伤害母亲，以及消耗母亲。没有与母亲的这种游戏，孩子只能把无情自体掩藏起来，并让它生活在一种解离状态之中。

("Primitive emotional development", p. 154)

　　在这篇文章中，温尼科特没有特别地指出，与母亲处于无情关系中的婴儿的大约年龄阶段。然而，正如我们将要看到的那样，婴儿和正在成长的孩子所展示的无情，是生命头两年的事情。与无情自体相关的游戏指的是6个月之后孩子的事情——这时婴儿（幼儿）已经能够玩游戏了。（参见，游戏：3）

　　然而，游戏的无情方面是早期无情自体的一种行动活现（enactment），在那个阶段，客体关系还没有建立起来。这里是温尼科特思想的一个演进点；在1945年的论文"原初情绪发展"中，温尼科特谈到了一种无情的客体关系（a ruthless object relationship），这种关系存在于生命的开始阶段。在1952年的一篇短文"与不安全感相关的焦虑"（Anxiety Associated with Insecurity）中，温尼科特提出了一个"母亲和婴儿合并"的阶段，这个发展阶段处于客体关系建立之前。这种"合并"（merger）发生在婴儿绝对依赖的阶段。（参见，存在：3；依赖：2；恨：5；幻象：5,6）

　　我们应该牢记，这是一个被温尼科特称之为"前同情"（pre-ruth）或"前担忧"（pre-concern）的阶段。换句话说，婴儿此时还不能意识到他的无情性。只有婴儿发展到开始能意识到无情性之时，他才能往回看，并说："那个时候，我是无情的。"（参见，担忧：6）

　　内在攻击性是如何影响成长中婴儿的情绪发展的，其至关重要的方面在于，这个无情自体是如何被母亲响应的。（参见，攻击性：2）

　　如果婴儿不得不掩藏起他的无情自体，其原因是有一种无法容忍攻击性的环境，那么婴儿将不得不处于一种解离状态——换句话说，一种没有被整合的、未被认可的和分裂的状态。而且温尼科特在1947年的一篇原创性论文中，探索了这种解离现象，论文的题目是"反移情中的恨"（Hate in the Countertransference）。（参见，恨：1）

4   分析师被唤起的恨

1947 年的这篇论文谈及，在与边缘性或精神病性病人进行工作时，分析师被唤起了原初攻击性的感受，而这些案例被温尼科特称作"研究案例"。（参见，恨：3）

与这个条目相关联的是，温尼科特引用了弗洛伊德的论文"本能及其变迁"（ Instincts and Their Vicissitudes，1915c ），其目的是澄清和阐明，为什么他认为体质（原发）性的恨、施虐狂，以及嫉妒的观点是站不住脚的。

> "在紧要关头，我们可以说，爱这个客体是出于本能……所以我们意识到，爱和恨的态度是不能用来描述本能与其客体之间的关系，但可以用来描述作为一个整体的自我与客体之间的关系……"
>
> ……就这一点来说，我认为是正确且重要的。这难道不意味着在说，婴儿在可以恨之前，他的人格必须是要完成整合的吗？然而，早期的整合可能是实现了——整合可能最早发生于兴奋或愤怒的鼎盛时期——存在一个理论上的早期阶段，在这个阶段中无论婴儿做出了什么样的伤害，他都不是出于恨。我曾经使用"无情的爱"（ ruthless love ）这个术语来描述这个阶段的特征。这是可以接受的吗？当婴儿能够感知自己是一个完整的人的时候，对他来说，恨这个词才发展出了意义，才能被用来描述他的某一组感受。
>
> （ "Hate in the countertransference"，1947, pp. 200–201 ）

温尼科特继续与克莱因对话，他坚持认为，嫉妒、恨和施虐狂，其实都属于那种暗含着意图的情绪，而且未成熟的婴儿还没有达成能意识到意图的能力。对于温尼科特来说，一个完整的人是这样的一个个体，他已经达成了"单元体状态"，以及能够在"我"与"非我"之间，内部世界与外部世界之间做出区分。（参见，自我：3；抑郁：3）

从 20 世纪 50 年代初开始，正如我们所看到的那样，温尼科特把攻击性作为一个概念，对其思考有了进一步的发展，并为精神分析提供了一种可以选择的观点，并以此来看待克莱因的早期情绪发展理论。

5　攻击性在儿童发展过程中的演化

1950 年的论文"与情绪发展相关的攻击性"（Aggression in Relation to Emotional Development）是由三篇小文章组成，在这篇论文中，温尼科特详细地阐释了自己对攻击性作用的理解。

23

温尼科特一开始就划分了攻击性在自我发展的三个不同阶段：

一个完整的研究应该追踪攻击性在自我发展过程中各个不同阶段的表现

早期	前整合阶段 没有担忧的意图
中期	整合阶段 有了担忧的意图 罪疚

续表

完整的人	人际关系
	三角关系情景，等
	意识或无意识的冲突

("Aggression in relation to emotional development",1950, pp. 205–206)

一定要注意到，尽管温尼科特后来对自我（ego）与自体（self）专门进行了区分，但在他的所有著作中，这两个术语的使用有时还是模糊不清的，或/和矛盾的。[1]（参见，自我：1；自体：1）

温尼科特曾明确地表示，他希望替换掉克莱因的术语"抑郁位置"（depressive position），而同时他详细地阐述了他对攻击性的发展路线的观点：

担忧阶段

接下来是被梅兰妮·克莱因称为情绪发展中的"抑郁位置"（depressive position）的阶段。而我更愿意将其称为"担忧阶段"（stage of concern）。此时个体的自我整合已经非常充分，以至于他能够领会和理解具有母亲形象的人格了，而这就导致了极其重要的结果，即他很关心自己本能体验（包括身体和想法的）所带来的后果。

发展到担忧阶段，伴随而来的是感受罪疚的能力。自此以后，一些攻击性在临床上便以悲伤、罪疚感或某种躯体性等价现象（如呕

---

1 在弗洛伊德和克莱因的著作中，自我（ego）与自体（self）这两个术语是可以互换的。

吐）的形式表现出来。这种罪疚指的是个体，在兴奋性的关系中，感到对所爱的人施加了伤害。在健康的状态下，婴儿能够把握住罪疚，因此，只有在一位有个性和活力的母亲（她体现了一种时间因素）的帮助下，婴儿才能够发现他自己去给予、去建设和去修复的个人化冲动。就是以这种方式，婴儿的大部分攻击性就被转化成了各种社会功能，并将照此形式出现。当婴儿感到无助时（比如，没有人接受他的礼物，或者承认他为修复所付出的努力），这种转化就会失败，那么攻击性就会以原来的形式重新出现。社会活动永远无法令人满意，除非它是基于一种与攻击性有关的个人化罪疚的感受。

愤怒

　　接下来我要描述的是对挫折的愤怒。在某种程度上，挫折在所有体验中是不可避免的，这鼓励我们将其一分为二：（1）指向挫败性客体的无辜攻击性冲动，（2）指向好客体的产生罪疚感受的攻击性冲动。挫折可以作为一种诱惑，让我们避开罪疚感，并促进发展出一种防御机制，也就是，沿着两条分开的路线方向去发展爱与恨。如果将客体分裂成为好和坏，那么这就成了可以缓解罪疚感的一种方式；但其代价是：爱就丧失了其本该有的一些很珍贵的攻击性成分，而恨则变得更具有破坏性。

("Aggression in relation to emotional development",1950, pp. 206–207)

　　上面引文的最后一段彻底颠覆了克莱因的理论。在克莱因的理论中，婴儿从生命的一开始（偏执分裂位置）就分裂出了好的和坏的；然而在这里，尽管在温尼科特视角下的婴儿也将会达到分裂出好和坏的位置，但这是作为挫折的一种结果而出现的。克莱因的关注点在于婴儿的内部世界；对于温尼科特来说，婴儿内部世界的建立绝对取决于他与外部世界的关系。（参见，存在：5；环境：1；原初母性贯注：1）

　　正如上面已经陈述的那样，温尼科特从来就没有接受过克莱因的（生和死）本能理论；相反，在他自己的临床工作中，他发现了他所描述的两种不同的本能生命根源：攻击性根源和性欲的（erotic）根源。让温尼科特感到震惊的是：

> ……当一个病人参与到了寻找攻击性根源的活动中时，与病人正在探寻本能生命的性欲根源时相比较，不管怎样，前一个过程会更加让分析师感到精疲力竭。

("Aggression in relation to emotional development", p. 214)

　　温尼科特暗示，在两种本能生命根源的探索活动中，存在质的不同，但是他并没有说清楚"性欲的"意义是什么。在温尼科特的所有作品中，他很少使用词汇"性欲的"，而且他的理论经常被视作"逃离了性欲"（Phillips, 1988, p. 152）。似乎，在温尼科特与他的英国精神分析学会的同行们进行的讨论中，同行总是把他看作是正常的事情病态化了，这让他备受挫折：

> ……当我们使用攻击性这一术语时，有时指的是自发性（spontaneity），这会令人产生混淆。

("Aggression in relation to emotional development", 1950, p. 217)

　　温尼科特总是偏好寻找个体中健康的那一部分，然后再把它与病理学相对照，但是他对弗洛伊德学派术语的异质性使用（idiosyncratic use），同时还混杂了一些病人的术语，这就使得他这篇写于 1950 年的文章的某些段落令人感到困惑和难懂。与攻击性相关联的四个关键领域：

- 融合的任务；
- 对抗的需求；
- 对感到真实的外部客体的现实性需求；
- 对客体而不是快乐的需求。

6　融合的任务

融合（fusion）是弗洛伊德在他的本能理论中所使用的一个术语。温尼科特认为，性欲的成分与攻击性成分的融合不应该被看作是理所当然的；相反，它应该作为一种达成的发展成就：

> 我们假设在健康的状况下，攻击性成分与性欲的成分是相融合的，但我们并不总是能够给予前融合时期和融合的任务以足够的重视。我们太过轻易地将融合视为理所当然，而在这种情况下，一旦脱离了对实际情况的考量，我们就会陷入一种无用的争论。
>
> 我们必须承认，融合是一项严峻的任务，即使在健康的状态下，个体也无法彻底完成这个任务；我们经常发现，大量未被融合的攻击性成分，使得被分析个体的精神病理学变得更加复杂。

26

　　……在接近融合任务失败的严重障碍中，我们发现病人与分析师的关系轮流地具有攻击性的和性欲的。在这里我想声明的是，在这两部分性关系中，前者要比后者更有可能让分析师感到劳累。

　　("Aggression in relation to emotional development",1950,pp. 214–215)

　　温尼科特正在提及，在分析中退行的病人与新生婴儿之间的平行状态。如果由于早期环境失败导致个体融合的任务还没有发生，那么它将不得不在移情性关系中重新达成。（参见，退行：5，6，7）

　　温尼科特没有阐明他说的"病人与分析师的关系轮流地具有攻击性和性欲的"的准确意义，但我们可以假设："攻击性"与确实让母亲感到厌烦的婴儿无情性有关。与此相反，（性欲）性与处于一种未整合状态中婴儿"感觉上的共存性"（sensuous co-existence）有关，而此时婴儿需要旁边的母亲处于一种原初母性贯注状态之中。

　　这两种单独的本能生命根源，可能也与温尼科特一篇关于"担忧阶段"的论文有关，这篇论文写于1962年，差不多是以上引文发表了10年之后写成的。正是在"担忧能力的发展"（The Development of the Capacity for Concern）这篇文章中，温尼科特详细阐述了这样的概念，即婴儿有两个母亲：客体—母亲和环境—母亲。前者是婴儿处于兴奋状态时体验到的母亲，而后者是婴儿处于宁静状态时体验到的母亲。这两种母亲最终在婴儿的心智中集合在一起是一种必然的发展成就，这种成就使得婴儿发展出了一种担忧感。因此，"融合的任务"可以被看作温尼科特的一个先驱理论，其在1962年演进成"把两个母亲集合在一起的任务"。（参见，担忧：3）

　　此外，我们可能会假设，母亲养育着正在经历融合任务的婴儿时所感受到的厌倦，以及分析师治疗着也正在为融合两种本能生命根源任务而努力挣扎的退行病人时所感受到的厌倦，分别与婴儿引发了母亲的恨，以及病人引发了分析师的恨有关。尽管是令人痛苦的，但确实是必要的。（参见，恨：3，7）

27

7　对抗性的需求和外部客体现实性的需求

……除非存在着对抗性，否则攻击性冲动不会带来任何满足的体验。这个对抗性必须来自环境，来自那个逐渐与"我"区分开来的"非我"。……在正常发展过程中，恰恰是来自外界的对抗性，为婴儿带来了其攻击性冲动的发展。

（"Aggression in relation to emotional development",1950,p. 215）

在温尼科特早期的论文中，他所特指的"原初攻击性"，现在称作"生命活力"（life force）——"组织的活力"——他说，这种生命活力在每一个个体胎儿中几乎是一样的：

复杂之处在于，一个婴儿攻击性潜能取决于他所遇到对抗的总量。换句话说，对抗性影响着生命活力向攻击性潜能的转化。而且，过度的对抗性会使情况变得更为复杂，它会让攻击性潜能无法与性欲潜能达成融合，从而让这个个体无法存在。

（"Aggression in relation to emotional development",p. 216）

上一段落最后一句话指的是，由于个体对侵入（impingement）产生了反应，从而打断了他的情绪性发展过程（参见，环境：7）。如果外部的对抗太过于侵入，那么婴儿只能做出反应，而不是去响应。在温尼科特的术语学中，对侵入（冲击）做出反应意味着：婴儿的自体感和存在的连续性都被打断了。因此，融合的任务就被阻止。这就构成了一种对自体的侵害。（参见，环境：7；沟通：10）

温尼科特强调，现在被他称为"攻击性潜能"的数量：

> ……并不取决于生物学因素（生物学因素决定着运动性与性欲），而是取决于早期环境性侵入的偶然性；因此，它往往取决于母亲的精神病理学的异常情况，以及母亲的情绪性环境状态。
>
> ("Aggression in relation to emotional development",1950,pp. 217–218)

这篇文章的第三部分，标题为"客体的外部性质"，最初是在1954年的一个私人团体中宣读的，温尼科特在此文中构想出了由三个自体组成的人格：

> ……人格由三个部分组成：一个真自体，其中"我"与"非我"早已清晰地被建立，其中攻击性元素与性欲性元素已经得到了某种程度的融合；一个是很容易沿着性欲体验这条路线被诱惑导致最终丧失真实感的自体；还有一个是完全且无情地致力于攻击的自体。这种攻击甚至不是一种有组织的破坏，而且它对于个体是有价值的，因为它能够带来一种真实感和一种关联感，但是，只有积极的对抗，或者（后来的）迫害，才能够形成这种存在感。
>
> ("Aggression in relation to emotional development",p. 217)

温尼科特并没有在他后续的文章中进一步明确提及这三个自体。然而，到了 1960 年，他对于自体感发展相关的"解离"的思考逐渐成熟，并发表在了他的论文"由真和假自体谈自我扭曲"之中。（参见，自体：4）

在弗洛伊德的本能理论中，快乐原则在婴儿对客体的需求当中起着主要的作用——换句话说，当婴儿急切地寻求客体时，婴儿寻求的是一种快乐。温尼科特其实并不同意这个观点，尽管他从来也没有直截了当地说过，他不同意弗洛伊德。但是，他曾说过，他不同意克莱因的观点：

> 当遇到了对抗之时，（自发性）冲动的姿态就会出现，并变成了攻击。这种体验很真实，它很容易与新生儿即将产生的性欲体验相融合。我的意思是：正是这种冲动性，以及由其发展出来的攻击性，使得婴儿需要一个外在的客体，而不仅仅是需要一个令人满足（快乐）的客体。

("Aggression in relation to emotional development", p. 217)

在一篇文章的最后一段预见了温尼科特的概念是最难懂，也或许是最具独创性的。这一篇文章就是——"客体使用和通过认同的客体关联"，几乎直到他去世那天，他仍然还在修改这篇文章：

29

> 在成人和成熟的性交活动中，需要一个特定的对象（客体）来获取满足，其实这并不是一种纯粹性欲的满足，这个观点也许是正确的。恰恰就是融合性冲动中的攻击性或摧毁性元素，将客体固定下来，并且确定了要感受到伴侣的实际存在、满足，并幸存下来的需求。

("Aggression in relation to emotional development", 1950, p. 218)

温尼科特的"客体使用和通过认同的客体关联"这篇文章，写于1968 年，发表在 1971 年出版的《游戏与现实》一书中。在这篇文章形成之前，尽管 1954 年以前，温尼科特关于"攻击性"的主题出现在许多不同的文章中，特别是那些与抑郁和抑郁位置、罪疚感和修复、创造性，以及担忧能力有关的文章。（参见，反社会倾向：10；担忧：8；创造性：5；母亲：8）

8 无情的爱

在温尼科特 1954 年写的文章"正常情绪发展中的抑郁位置"（The Depressive Position in Normal Emotional Development）一文中，正如他主张的那样，开始对梅兰妮·克莱因"抑郁位置"的概念进行其个人理解的陈述。（参见，担忧：2）

他反复地说，在生命的开始阶段，婴儿"本能的爱"（instinctual love）是"无情的"。当他陈述到在生命开始阶段，婴儿无情的爱，有助于"把客体置于自体之外"时，寥寥几句，他就引入了之后在文章"客体的使用"和《游戏与现实》一书文章中发展出的理念。

属于"担忧能力"和两个母亲（客体—母亲和环境—母亲）理念的"良性循环"（benign circle）的概念，就是在这篇文章中被引入的，并且在 20 世纪 60 年代被进一步发展了。（参见，担忧：3，5）

两年之后，即 1956 年，温尼科特提交给庆祝弗洛伊德诞辰 100 周年纪念会的一篇文章中指出，"无情性"（ruthlessness）肯定与艺术家的创

30

造性有关系。在一篇标题为"具有创造性的艺术家"（The Creative Artist）的神秘短文中，温尼科特为艺术家的"无情自体"喝彩！（参见，担忧：3，5）

　　　　一般具有负罪感受的人对此会感到困惑；然而，他们也会偷偷摸摸地留意无情和冷酷，事实上他们也偷偷摸摸地做一些无情无义的事情，以此获得比只靠罪疚感驱动的劳动更多的成就。

　　　　　　　　　　　　　　　("Psycho-Analysis and the sense of guilt",1956,p. 26)

　　在1960年5月，温尼科特为"进步联盟"做了一次演讲，题目为"攻击、罪疚和修复"（Aggression,Guilt and Reparation）。在这篇演讲稿中，温尼科特继续探索生命早期无情的爱，及其必要的摧毁性质：

　　　　我希望利用我作为一名精神分析师的经验，来描述一个主题，这是一个在分析性工作中反复不断出现的主题，而且常常十分重要。它与建设性活动的根源之一有关系。它和建设与摧毁之间的关系有关。

　　　　　　　　　　　　　　　("Aggression,guilt and reparation",1960,p. 136)

　　就这个主题，温尼科特表达了对梅兰妮·克莱因贡献的致敬，他说，克莱因"开始接纳存在于人性中的摧毁性，并且开始从精神分析的角度来理解它"。

9　容忍摧毁性导致了担忧

温尼科特在 1960 年写的这篇文章中指出，对于每一个人来说，理解原初摧毁性冲动属于生命早期的爱是多么重要。

> 或许这种说法是正确的，人类无法容忍在他们生命的非常早期的爱之中具有摧毁性目的。然而，如果个体有了摧毁性目的，同时也就有证据提示他也已经具有了一种建设性目的，那么这种摧毁性的想法就可以被容忍。
>
> ("Aggression,guilt and reparation",1960,p. 139)

他说，这种建设性目的是罪疚感的一个方面：

> 我们正在处理罪疚感的这个方面。它来自个体对原初的爱之中摧毁性冲动的容忍。个体对摧毁性冲动的容忍导致了一件新的事情，一种享受这种想法的能力，甚至这种想法中带有摧毁性，以及享受附属于这些想法的身体兴奋，或者属于身体兴奋的想法。这种能力的发展为担忧体验提供了活动空间，因为这是各种建设性事情的基础。
>
> ("Aggression,guilt and reparation",1960,p. 142)

当温尼科特论述"摧毁性"的价值时，他特别提及了发生在无意识幻想中的摧毁，这与明显进行的摧毁截然不同。从他 1963 年写给一位同事的信中，我们可以看到，他在他自己的内心之旅中一直构想着无意识摧毁性的意义，为的是理解这种摧毁性与客体关联和客体使用的相关性。温尼科特描述了他的一个梦，这个梦可以分成三个部分：在第一部分中，他是正在被摧毁的世界的一个部分；第二部分，他是正在实施摧毁的特工；而第三部分，他从梦中醒来了：

> ……而且，我知道我做过一个正在被摧毁的梦，在梦里我还是一个正在实施摧毁的特工。这里不存在解离，因此三个"我"在一起，并彼此联系。虽然要完成的工作对我提出了极大的要求，但这让我感受到了巨大的满足。

> ("D.W.W's dream related to reviewing Jung",1963,p. 229)

对于温尼科特来说，这个梦具有"特别重要"的性质，因为他开始意识到了攻击性在情绪发展的各个阶段不同的意义，客体—使用便替换了客体—关联。"原初攻击性"和"无情性"都是同一种原初摧毁性（primary destructiveness）的各个部分，如果客体（环境）在摧毁中幸存下来，那么原初摧毁性将会让主体有能力去看到和理解真实世界的本来面目。

> 在梦的第三部分中，我产生了一种敏锐的觉察，而当时我就被唤醒了，醒悟到摧毁性实际上涉及对客体的关联，而这些客体是外部客体，是超出了主观性世界或全能领域之外的客体。换句话说，首先，存在着一种附属于生命活力的创造性，而且此时的世界只是一种主观性世界。然后，出现了一种客观知觉性世界，将其所有细节完全摧毁。

> ("D.W.W's dream related to reviewing Jung",1963，p. 229)

起初，婴儿还没有能力从"非我"中区分出"我"，而且所有的客体（环境）都是被主观统觉到的——客体—关联。随着婴儿的发展，依靠一种促进性环境和足够好的母亲，他终于能够客观地知觉世界了——客体—使用。

温尼科特觉察到，让人们接受摧毁性理念将会有多么困难。

> 为了帮助大家理解，我愿意指出，我正在把这类事情指称为一种"渴望"（eagerness）。
>
> （"Comments on my paper 'The Use of an Object'",1968,p. 240）

> ……我们可以很好地使用从龙的嘴里面喷出火焰的想法。我引用自 Pliny 的说法，他（称赞这种火焰）说："谁能说火焰本质上是建设性的，还是摧毁性的？"的确，我首先指的是生理学基础，然后是呼吸，外在的呼吸。
>
> ("Comments on my paper 'The Use of an Object'",p. 239)

这就令人回想起了关于呼吸的语言学灵感起源；共谋就是一起呼吸，在犹太—基督教文化中，呼吸（灵魂）是神圣的。

> 我已经报告的论文，为精神分析提供了一个重新思考这个主题的机会。在这个极其重要的生命早期阶段，个体的"摧毁性"（烈火或其他什么）活力仅仅是生命鲜活存在的一种征象，它与个体在现实原则下遇到挫折时产生的愤怒没有任何关系。
>
> 我已经设法陈述，驱力具有摧毁性。客体的幸存导向了客体使用，而且导向了以下两种现象的分离：

1.幻想；

2.把客体现实地置于各种投射物的领域之外。

因此，这种非常早期的摧毁性驱力具有一种至关重要的积极功能（当客体幸存时，这个功能就会起作用），该功能被称为："客体（移情中分析师）的客观化"。

("Comments on my paper 'The Use of an Object' ",p. 239)

过些时候，温尼科特说，他称之为"摧毁性驱力"（destructive drive）的东西，本来也可以被称为一种"爱—争斗组合的驱力"（combined love–strife drive）——它们不是生和死两种本能，而是在生命开始时的一种"合二为一"的本能。

33

10　幸存：从客体—关联到客体—使用

当谈及"摧毁性驱力的命运"时，温尼科特强调了在主体的摧毁中幸存下来的环境的重要作用。这将涉及个体如何到达客体—使用的问题：

如果不考虑环境，就无法描述这种驱力组合体的命运。驱力具有潜在的"摧毁性"，但它是否具有破坏作用，这取决于客体是什么样的。客体能幸存吗？换句话说，客体能保持住它的品质吗？或者客体只是能产生反应吗？如果是前者，那么驱力就没有破坏这回事，或者破坏也不会太多，于是随之而来就会出现一种时刻，此刻婴儿可能会意识到，以及确实会逐渐意识到：存有一种被（驱力）贯注的客体（a cathected object），同时还存有关于被摧毁的、被伤害的、被损害的，或者被激怒的客体的一种幻想。在这种极致的环境供养条件下中，婴儿便继续处于一种发展个性化攻击性的模式之中，而这种个性化攻击性为一种持续的（无意识）摧毁性幻想提供了一种背景。这里我们可以使用克莱因的"修复"（reparation）概念，这个概念把建设性游戏和工作与摧毁和挑衅（或许更恰当的词汇还没有被发现）的这种（无意识）幻想的背景联系在一起。但是，摧毁一个有能力幸存下来的客体（它没有产生反应或消失），其结果就导致了客体的使用。

("The use of an object in the context of *Moses and Monotheism*",1969,p. 245)

能够客观性知觉世界的婴儿，已经有了客体能幸存于摧毁性（原初攻击性）的体验。这就意味着客体或多或少还保持着原样，其并没有以拒绝或惩罚进行报复性反应。不够好的母亲，以及不能响应婴儿自发性姿态的母亲，不可能在婴儿的摧毁性中幸存下来，结果就会出现母亲侵入婴儿情绪发展的情形。这种侵入情形的一种后果就是，婴儿处于一种发展出顺从性假自体的危险之中，或者更加糟糕的危险之中。（参见，环境：4，7；母亲：6）

在一些写于1965年，出版于1984年的注释中，温尼科特通过一个文字性描述的例证，来说明实际的摧毁性行动与摧毁性幻想之间的差异。

例如：一位进入美术馆的反社会者，猛砸一幅老绘画大师的画，这个行为并不是由于热爱画作而激发出来的，事实上这并不是一种与艺术热爱者一样的摧毁性，后者会把画作保存下来，并充分地使用它，在无意识幻想中一次又一次地不断摧毁它。然而，那些文化艺术破坏者的这种实际上故意破坏文物的行动会对社会造成影响，社会必须要保护它自己。这个相当简单的例子就可能有助于说明：在客体—关联所固有的摧毁性与源自个体不成熟的破坏性之间，其实存在着巨大的差异。

("Notes made on the train",1965,p. 232)

换言之，对于温尼科特来说，人类存在着一种健康的摧毁性，还有一种病理性摧毁（破坏）性。健康的摧毁性是无意识的，并且存在于幻想中，而且它意味着人格整合和情绪性成熟。病理性摧毁性个体，会把摧毁性付诸行动，展现出的攻击性，还没有被整合进入人格，并且人格处于一种分裂的状态——这种现象属于情绪不成熟。

在多次被引用的文章"客体使用和通过认同的客体关联"中，温尼科特举例阐明了个体如何通过无意识摧毁性来达成从客体—关联到客体—使用的旅程。

这个变化（从关联到使用）意味着主体摧毁了客体。此处引起了一位不切实际的哲学家的争论，他认为在客体使用的事实上并不存在这种过渡情况：如果客体是外在的，那么客体就已经被主体摧毁过了。假如这位哲学家能从他坐的椅子上站起来，与病人一起坐在地板上，无论如何他都将会发现，在"主体关联到客体"之后，"主体才能摧毁客体"（因为此时主观性客体才变成了外部的）；然后才可能出现"客体在被主体的摧毁中幸存下来"这件事。但是，客体有可能幸存也有可能无法幸存。因此，一种新的特性就出现在了客体—关联的理论中。主体对客体说"我要摧毁你",而客体在那里接受了这个沟通。从现在起,主体说:"喂,客体!""我要摧毁你。""我爱你。""你对我是有价值的,因为你在我对你的摧毁中幸存了。""当我爱你的时候,我一直还在(无意识)幻想中摧毁着你。"此时,对于个体来说,幻想才开始出现了。现在,主体才能够使用那个幸存下来的客体了。我们要注意到,不仅仅是主体摧毁了客体,因为客体还被主体放置在了自己全能控制的领域之外,这一点非常重要。从相反的方向去陈述这个问题也有同样重要的意义。我们可以说,正是主体摧毁客体的这个过程,才把客体置于了主体的全能控制领域之外。通过这样的过程,客体发展出了它自己的自主性和生命,并且(如果它能幸存)根据它的自有属性就会对主体做出贡献。

("The use of an object and relating through identifications",1968,pp. 89–90)

温尼科特与克莱因的观点还有一个根本的区别,也非常值得注意:被摧毁的客体不会被主体修复,相反,由于客体的幸存,它使得主体的知觉具有了完整性、独立性和外在性等特征:

在传统的精神分析理论中,一直就存在着一个假设:攻击性是个体在遭遇现实原则时的一种反应,然而,在这里摧毁性驱力创造出了具有外在性的特质。这是我的论据结构的关键点……在我所指的对客体的摧毁中,其实并不存在愤怒,虽然客体幸存可以说是一件令人欢喜的事情。

("The use of an object and relating through identifications",p. 93)

在这篇论文的最后,温尼科特澄清了他对术语"使用"(use)的含义：

　　我愿意在这里通过解释"利用"（using）和"使用"（usage）来得出结论。对于"使用"（use）这个术语，我并不指它有"剥削"的意义。作为分析师，我们都知道有可能被病人"使用"是什么意思，这也意味着我们可以看到治疗的终止和结束，即使治疗还可能会持续几年。我们的许多病人在他们来的时候，这个问题已经得以解决了——他们有能力使用客体、他们能够使用我们和能够使用分析，就像他们已经能够使用他们的父母、他们的兄弟姐妹和他们的家庭一样。然而，也还有许多病人，他们需要我们能首先给予他们使用我们的能力。在满足这类病人需求的时候，我们必须要知道，我在这里讨论的关于分析师在病人的摧毁性攻击中幸存的问题。在治疗中，（病人需要）建立起一个对分析师进行无意识摧毁的背景，而且分析师还要在病人的摧毁中存活（幸存）下来；或者也会出现另外一种可能，即分析师甚至会卷入一种无止境的、没完没了的分析之中。

（"The use of an object and relating through identifications", p. 94）

　　在温尼科特生命的最后几年中，他所关注的重要主题是：在客体—关联和客体—使用中，摧毁性驱力所起的作用。人类健康发展的终极性目标是发现和使用客体的能力。并且对温尼科特来说，能够被其他人使用是一种值得称赞的事情。

36

　　对于绝大多数人来说，最终值得称赞的是被发现和被使用，因此我猜想，以下这些话能够代表婴儿与母亲的沟通。

我发现了你；

当我最终认识到你是非我时，你便在我对待你的方式中幸存
下来；

我使用你；

我忘记你；

但你记得我；

我一直都不记得你了；

我失去你了；

我很悲伤。

("Communication between infant and mother,and mother and infant,compared
and contrasted",1968,p. 103)

如果说有一篇文章，能够把温尼科特对攻击性相关主题的四十余年
全部的思考归纳在一起，那么这篇文章非"客体使用和通过认同的客体
关联"一文莫属，这篇文章首先在美国的纽约精神分析学会1968年的年
会上被宣读。就像从前面论述中所看到的一样，这篇文章的主要宗旨是，
攻击性（aggression）——在文章中他使用了术语"摧毁性"（destruction）
——是个体一般情绪发展的本质方面。然而，温尼科特对悖论的使用、
对日常词汇诸如"摧毁"和"幸存"的创造性使用，以及对新合成词诸
如"客体—关联"和"客体—使用"的发明，使得那些不熟知他工作的
人们很难理解这篇论文。纽约精神分析学会最初对这篇义章的反应有一个
它自身的痛苦故事（参见，Goldman,1993,pp. 197-212；Kahr,1996,pp.
118-120）。

就纽约精神分析学会对温尼科特的体验缺乏理解这件事，让他写了
两篇与客体—使用概念相关的短文章（*Psycho-Analytic Explorations*,

1989a,pp. 238–246）。其中第二篇文章的题目是"在摩西和一神教背景中的 客 体 使 用"（ The Use of an Object in the Context of *Moses and Monotheism* ），这篇文章写于 1969 年 1 月，异乎寻常地突出了父亲的重要性（ *Psycho-Analytic Explorations*,pp. 217–218 ）。

11 死本能和父亲

温尼科特去世之后，"在摩西和一神教背景中的客体使用"这篇文章出版了。在这篇文章中，温尼科特针对弗洛伊德的死本能进行了评论。温尼科特在文章的最后陈述了婴儿攻击性的发展方式，他研究了与此相关的两个要点：

· 就婴儿整合能力的发展方面来看，现实父亲所起的作用；
· 在精神病的病因学中，环境所起的作用。

温尼科特说，他想解除本能理论带给弗洛伊德的负担，他还认为与精神病患者的工作必然会得出一种不同的结论：

为了提醒读者，我要说：我从来就没有热爱过死本能这一理论，如果我能够解除弗洛伊德一直扛在他那"阿喀琉斯"肩膀上的这个负担，那么这将会让我感到很幸福……死本能是弗洛伊德接近全面表达而又未能做到全面表达的地方之一。尽管弗洛伊德知道关于人类心理学可以退回到对与贯注客体有关的本我的压抑，我们所有人也都知道，但他不知道在他去世后的三十年中，那些边缘性个案和精神分裂症患者所教会我们的这些东西。

("The use of an object in the context of *Moses and Monotheism*",1969,p. 242)

然后，温尼科特提到了父亲角色的重要性。就温尼科特关于父亲功能的思想来看，并没有什么真正的新观点。他一直就强调父母伴侣关系的重要意义，以及这种关系对成长中孩子的影响（参见，母亲：6,7,8,9）。然而，在他去世前一年多所写的这篇文章中，他强调父亲作为第三方的作用——不仅在于他是父亲和作为一个与母亲有关系的人，还在于在母亲养育的过程中这个父亲其实就一直保存在母亲的心智中。

38

……父亲实际上就在那里存在着，而且他在他与孩子之间以及孩子与他之间关系的体验中所起的作用是什么？这对于婴儿来说起到了什么作用？按照父亲是否在那里，父亲是否能够与孩子建立起一种关系，父亲是否是理智的，以及父亲的人格是自由的或僵化的这些事实，父亲所起的作用各有不同。

如果父亲死了，以及恰好就在婴儿的生命（活）中，父亲死了，这个事情具有极其重大的意义，而且还会出现大量需要考虑的情况，这些情况与父亲在母亲内在世界中的无意识意象及其在那里的命运有关系。

("The use of an object in the context of *Moses and Monotheism*",1969,p. 242)

温尼科特假设，父亲始终存在着，因此父亲对于婴儿就是一个完整的客体。

……作为第三方发挥着一种重大的作用，或者至少对我是这样。父亲可能或不可能一直是母亲的替代者，而是从未来某个时刻起，他开始被婴儿感受到以一种不同的角色待在那里，而且我认为，就在这个时候，婴儿有可能把父亲作为一个蓝图来使用，目的是他（她）自己的整合，这个时刻正是婴儿间或成为一个单元体的时候……

以这样的方式，我们就可以看到，父亲可能是第一眼看见整合的和具有了个性化完整性孩子的那个人……

我们很容易就做出了这样的假设，由于母亲是作为一个部分客体或部分客体的一个聚集体而存在，父亲也是以同样的方式被孩子领会并进入到自我之中。但是，我认为，在顺利的情况下，父亲是以一个完整的人出现的（也就是作为父亲，而不是作为母亲的替代物），稍后一段时间，父亲才被赋予了一种有意义的部分客体，而且父亲开始作为一种整合体形式进入了婴儿的自我组织之中，也开始作为一种整合体形式进入了婴儿的心智概念化之中。

("The use of an object in the context of *Moses and Monotheism*",pp. 242–243)

温尼科特的意思是，足够好的环境取决于一个母亲对她的婴儿需求的适应，以及父亲，或第三方，也要始终出现在母亲的心智之中，同时父亲要拥有自己的权利去既能关联到母亲，也能关联到婴儿。[1]（参见，环境：8）

39

（赵丞智　翻译）

1　André Green 在他的随笔 "关于第三性"（On thirdness）一文中扩展了这个概念。（参见，Green,1996,in Abram,2000）

参考文献

1939   Aggression. In:1984a. 1957d

1945   Primitive emotional development. In:1958a. 1945d

1947   Hate in the countertransference. In:1958a. 1949f

1950   Aggression in relation to emotional development. In:1958a.1958b

1952   Anxiety associated with insecurity. In:1958a. 1958d

1954   The depressive position in normal emotional development. In:1958a. 1955c

1956   Psycho-analysis and the sense of guilt. In:1965b. 1958o

1960   Aggression,guilt and reparation. In:1984a. 1984c

1960   Ego distortion in terms of true and false self. In:1965b. 1965m

1962   The development of the capacity for concern. In:1965b. 1963b

1963   D.W.W.'s dream related to reviewing Jung. In:1989a. 1989zr

1965   Notes made on the train. In:1989a. 1984d

1968   Comments on my paper "The Use of an Object". In:1989a. 1989zq

1968   Communication between infant and mother,and mother and infant, compared and contrasted. In:1987a. 1968d

1968   Roots of aggression. In:1989a. 1989zza

1968   The use of an object and relating through identifications. In:1971a. 1969i

1969   Contribution to a symposium on envy and jealousy. In:1989a. 1989zy

1969   The use of an object in the context of *Moses and Monotheism*. In:1989a. 1989zs

独处（的能力）
Alone（the capacity to be）

独处的能力以他人在场时独处的悖论为基础，这种能力意味着健康和最终的情绪成熟。

在他人在场时独处的体验，根植于早期的母婴关系之中，温尼科特称之为"自我—关联性"（ego-relatedness）——后来在他的著作中也称之为"客体—关联"（object-relating）。在这个阶段中，母亲处于一种原初母性贯注的状态，婴儿处于绝对依赖的时期。

独处能力不应该与退缩状态（with-drawn state）相混淆。

另外，孤独感表明，缺乏在一个重要的母亲（他人）在场时独处的一种体验。

1　自我—关联性

"独处的能力"这篇论文在1957年首次出现于英国精神分析学会的年会上，随后在1958年首次发表于《国际精神分析杂志》（*International Journal of Psycho-Analysis*）。尽管许多温尼科特的主题对这篇论文的论点都有所贡献，但"独处的能力"这个主题只有在这篇文章中被探索和研究。

独处的能力基于一个悖论。

> "尽管许多种体验都对独处能力的建立有所贡献，但有一种体验却是最重要和最基础的，如果没有这种充分的体验，独处能力就无法产生；这种体验就是：母亲在场的情况下，婴儿和幼儿独处的一种体验。因此，独处能力建立的基础就是个悖论；也就是说，它是有其他人在场时，一个人独处状态的一种体验。"
>
> （ "The capacity to be alone",1957,p. 30 ）

婴儿独处能力的发展，取决于他是被如何抱持的，特别是在生命的头两年。（参见，抱持：4，5）

1956年，上面这篇论文写作前一年，温尼科特在他的两篇论文中引入了术语"自我—关联性"（ego-relatedness）。这两篇论文的题目分别是"原初母性贯注"（Primary Maternal Preoccupation）和"反社会倾向"（The Antisocial Tendency）。"自我—关联性"指的是母亲与婴儿合并（merger）在一起的那个阶段。在这个合并阶段中，当婴儿看见母亲的时候，他就看见了自己，而当母亲看见她的婴儿时，她就（无意识地）想起了她自己生命的早年时光，这就使她能够识别出婴儿的需求，以至于好像她看见了她自己一样。这就是处于原初母性贯注状态中的母亲。这些生命极早期的每个时刻、日日夜夜，对于个体的健康情绪发展来说，都是至关重要的起始点。（参见，存在：4，5；原初母性贯注）

在上面这篇 1957 年写的论文中，温尼科特在已经建立的弗洛伊德学派"原初情景"（the primal scene）的理论背景中，以及克莱因学派"好的内在客体"（the good internal object）的理论背景中，探索和研究了"自我—关联性"的性质。

在弗洛伊德的"原初情景"理论中，独处的能力意味着，婴儿（学步期）已经能够容忍父母亲性交这个事实了。而在克莱因的"好的内在客体"的理论中，独处意味着，好的内在客体已经被内化，并且已经在婴儿的内在世界中被建立起来了。

把温尼科特关于独处能力的思想，同时放在弗洛伊德学派和克莱因学派的理论中考量，我们发现温尼科特使用了与前两者（俄狄浦斯情结和内在客体关系）不同的要点，来强调他自己的观点。同时，温尼科特舍弃了"陈旧的精神分析用语"，目的是要强调母亲与她的新生婴儿相关联的心智状态的重要特性。（参见，幻象：4，5，6；原初母性贯注）

2　我是孤单的

在研究短语"我是孤单的"的文章中，温尼科特指出了情绪发展的三个不同阶段，并且一直在强调环境的重要性：

首先是"我"（ I ）这个词的出现，意味着个体已经达成了更多的情绪成长。个体已经被构建成为一个单元体（ unit ）。整合已成事实。外部世界被拒斥，内部世界已成可能……

接下来出现的是"我是"（ I am ）这个术语的描述，它代表着个体成长的一个新阶段。这个阶段的个体，不仅拥有了自我的组织形态，而且还拥有了生活（ life ）。在"我是"阶段的初期，个体是原始的（ raw ）、无防备的、脆弱的，并且有潜在的偏执倾向。为了让个体成功地达成"我是"阶段，必须要有保护性环境；这个保护性环境指的就是母亲，而这个母亲必须全神贯注（专注）于她的婴儿，并且有能力通过认同自己的婴儿，来适应婴儿的自我发展需求。在"我是"（ I am ）这个发展阶段，就婴儿来说，他们已经能够意识到（外部）母亲的存在。

之后就是"我是孤单的"（ I am alone ）这句话。根据我提出的理论，在这个更高级的阶段，就婴儿来说，他们能够感受到母亲的持续（继续）存在确实是极好的体验。这并不意味着婴儿一定要在意识心理上有这种感觉。然而，我认为，"我是孤单的"这个阶段是从"我是"阶段发展而来的，这种发展取决于婴儿对可靠性母亲持续存在的感知。意识到可靠性母亲的持续存在，有可能让婴儿能够在一段有限的时间内独处，并且享受这种独处的体验。

（"The capacity to be alone",p. 33）

"我"（ I ）阶段代表着从环境—个体组合体 [environment-individual set-up(the time of merger)（合并的时期）] 已经浮现出了自体（ self-emergence ），在这个时候，婴儿开始能够区分开"我"与"非我"了（参见，存在：3）。"我是"（ I am ）阶段的开始出现于3到6个月，并且与

43

克莱因的"抑郁位置"和温尼科特的担忧阶段（参见，担忧：6）的发展成就有关。因此，"我是孤单的"可能开始出现于婴儿 6 个月之后，但母亲可靠的在场必须要持续到婴儿独处能力完全建立之后。

温尼科特想要强调自我—关联性的决定性方面。

　　　大家可能注意到了，我对这种关系十分重视。我认为"自我—关联性"是构成友情（友谊）的基石。"自我—关联性"也可能成为未来个体移情的基质……
　　　我认为大家基本都能同意这样的观点，那就是：本我—冲动（id-impulse）只有被容纳在自我生活（ego living）中才会有意义。各种本我—冲动，要么（会）毁掉一个弱的自我（weak ego），要么（会）加强一个强的自我（strong ego）。所以我们可以说，当处于自我—关联性的框架之内时，所发生的那些本我—关系（id-relationship）才会加强自我。如果我们接受了这个观点，那我们对于独处能力重要性的理解也就随之而来。也就是说，唯有在（有他人在场的）独处时，婴儿才能够探索和发现他的个性化生命（personal life）。反之一个建立在疲于应付外部刺激的各种反应上的虚假生命是病理性的。只有在独处时，而且唯有在我们前面所描述的真正意义上的独处时，婴儿才能体验到等同于成年人的"放松"状态。此时，婴儿才能够允许自己处于一种非整合状态，处于一种无方向状态，才能够尽情地折腾，或者才能够让自己处于一种这样的时间状态当中：自己既不用成为一个外界侵入刺激的应付者，也不用成为一个具有某种兴趣或运动导向的活动者。此发展阶段是专门为本我体验（id-experience）而设置的。随着时间的推移，会到达一种感觉或冲动的体验阶段。只有在这种设定之中，这些感觉和冲动才算得上是真实的感受和真切的个人体验……

只有在这种（些）条件下，婴儿才能拥有一种感受真实的体验。大量的这种真实体验便构成了个体生命的基础，这样的生命才具有现实性意义，而不是无聊和无意义的。已经发展出独处能力的个体，能够不断地重新发现自己的个人冲动，而这种个人冲动也永远不会落空和废弃，因为独处状态其实就意味着（尽管看似矛盾）总有一个他人在场。

("The capacity to be alone", pp. 33–34)

温尼科特所说的"本我—体验"（id-experience）指的是一种生理冲动（就像是饥饿），因为母亲有能力认同婴儿，所以母亲能够对婴儿的这种生理冲动作出响应。由环境满足婴儿需求而作出响应的质量转变了本我—体验，从而增强了婴儿的自体感。母亲满足婴儿需求活动无数次重复的累积效应，能够使婴儿感受到真实和创造性地活着。（参见，沟通：2；创造性：4；自我：2；抱持：2；自体：5）

温尼科特并没有说清楚，为什么他非常愿意把早期母亲与婴儿之间的关系称为"自我—关联性"，而且在他的论文"总结"部分，实际上他确实说过，这个术语有可能是暂时使用。确实，在温尼科特的后期著作中，他舍弃了这个术语；取而代之的是术语"客体—关联"（object-relating）——它是"客体—使用"（object usage）的前体。（参见，攻击性：10）

3   退缩和孤独

独处能力一定不能被误解为是一种退缩的状态。在温尼科特的理论中，不得不从与他人的关系中退缩的个体，从生命一开始就已经有过环境粗野侵入的经历，并且为了保护核心自体不被侵害，个体已经不得不退缩（参见，沟通：12）。退缩造成了与能促进真实感的主观性客体的一种关联状态，而且温尼科特指出，还存在着一种健康的退缩情形。然而，退缩也是一种孤立，就像是自闭状态一样，并不利于自体感的丰富和发展，即使是感受到了真实感的存在。因此，有些个体经常孤单地消磨大量时间，他们看起来好像已经获得了独处的能力，但就温尼科特论文的观点来看，有充分的理由显示，退缩状态表明不具备独处的能力。（参见，沟通：9，11；环境：9；退行：10）

45

同样地，那些体验到强烈孤独感的个体，也曾经有过环境性侵入的经历，其原因是缺乏与一位有能力可靠的母亲在场让其产生自我—关联性的体验，而且这位母亲必须要有能力认同婴儿。

> 需要强调的是，事实上的独处并不是我正在讨论的内容。一个人可能被单独拘禁，而他仍然不能独处。这时他所遭受的巨大痛苦是无法想象的。

> ("The capacity to be alone", p. 30)

温尼科特也把在精神分析过程中，另一个人在场时的独处能力看作是一个必然的发展成就。

　　几乎在所有精神分析治疗当中，都会出现某个时刻，此刻独处能力对于病人来说显得尤为重要。在临床上病人可能表现为一段时间的沉默，或者病人在整个会谈中都表现为沉默。我认为这种沉默不仅不是阻抗的一种表现，反而是由病人达成的某种能力。很可能从这个时刻开始，病人才在人生当中第一次能够真正地独处了。

("The capacity to be alone",p. 29)

　　因此，病人与分析师同时出现在一次治疗中就是一种成就。处于未整合状态、自由联想、屈服、挣扎，全部都是各种征象，它们表明独处的能力正处在一种被达成的过程之中。（参见，存在：7；自体：11）

（赵丞智　翻译）

参考文献

1957　The capacity to be alone. In:1965b. 1958g

第 3 章

反社会倾向
Antisocial tendency

反社会倾向与剥夺（deprivation）紧密相关。反社会行为（偷窃、尿床等）是一种行动活现（enactment），它意味着一种发生在相对依赖时期的环境性失败。

在温尼科特的论文中，反社会倾向表明：婴儿曾经在其生命的绝对依赖期体验过一种足够好的环境，但随后这种环境丧失了。因此，反社会行为实际上是一种希望的征象，个体对重新找回丧失发生之前的好体验还抱有一种希望。

反社会倾向不应作为一个诊断，儿童和成人都可以出现反社会倾向。

温尼科特把反社会倾向与行为不良（delinquency）做了明确的区分，尽管它们都有着相同的根源——剥夺。

1   疏散的经历

温尼科特发现反社会倾向是一种希望的征象，源自他在第二次世界大战期间的工作经历。在那个时期，温尼科特成为英国政府战争疏散计划中的精神科会诊医师，在伦敦之外的一个接待室工作。这种工作经历对温尼科特产生了很大的影响，致使他在战争期间和战后一段时期进行了很多谈话，在广播电台做了很多节目，深入地探索和研究了与家庭分离和被剥夺相关的一些主题。在他去世之后，这些谈话的某些内容，连同他在战后一段时间写的其他论文一并出版了，这本论文集的题目是《剥夺与行为不良》(*Deprivation and Delinquency*，1984a)

在那个时期，Clare Winnicott 第一次遇见了温尼科特，并且与温尼科特一起工作。在这本论文集的引言中，Clare Winnicott 记述了，温尼科特在与遭受剥夺的儿童和青少年工作的同时，是如何发现这个结论的。

> 虽然温尼科特亲自发现这个结论的环境是不正常的，因为那时处于战争时期，但是从体验中获得的知识具有普遍的适用性，这是由于遭受过剥夺并表现出行为不良的孩子都有一些基本问题，无论在什么样的环境中，这些问题都能在可以预见的方式中被证明。此外，温尼科特负责的那些孩子，都是一些需要特殊照顾的孩子，因为他们无法被安顿在平常的家庭中生活。换句话说，这些孩子早在战前在他们自己的家庭中就已经出现了问题……
>
> 这种战争疏散时期的经历给温尼科特的思想带来了深刻的影响，因为他不得不以一种全神贯注的方式，去面对由于严重的家庭生活破裂所导致的混乱，而且他还得体验分离和丧失，以及破坏和死亡

的影响。温尼科特和他所在团队的工作人员不得不在当地的条件下，去处理和容纳那些个性化的奇怪反应，以及随后的不良行为，并且要逐渐地理解它们。与温尼科特一起工作的孩子们已经走投无路了；再也没有任何地方可以让他们容身，而且如何抱持住他们，就变成了所有那些试图帮助他们的办法当中的一个当务之急的主要问题……

　　毫无疑问，与被剥夺过的孩子进行工作，为温尼科特的思想和他的临床实践打开了一个全新的局面，并且对他关于情绪成熟和发展的基本概念产生了影响。于是，温尼科特关于反社会倾向背后驱力的相当早期的理论便开始成形，并且开始被表达出来。

(Clare Winnicott,1984,pp. 1–3)

48

Clare Winnicott 还描述了他们的联合协作是如何被记录下来，并随后作为至关重要的信息对 1948 年《儿童法案》的通过产生了积极的作用。

Clare Winnicott 在《剥夺与不良行为》引言中最后的话语是非常有益的。反社会倾向作为一个概念，不仅与战争期间的疏散人员有关，而且与平常社会有关，与那些在情绪性发展的关键阶段未曾体验过强有力抱持环境的所有个体都有关。

　　虽然这些文章出于对历史的兴趣，但是它们并不属于历史，我们经常都能遇见温尼科特在文章中所描述的现象，它们常见于社会中的反社会成分与寻求抗议和恢复曾经失去好环境的健康和明智的力量相遇之时。照顾者与被关怀者之间的相互作用点，一直是这个领域或工作中的治疗焦点，而且它要求相关专家持续不变的关注和支持，以及来自负有责任的管理者明智的支持。今天，一如既往，实用的问题是如何维持一种足够人性的、足够强大的环境，来容纳照

顾者和那些极度需求照护和容纳的被剥夺者和行为不良者，而且当
他们发现了这种环境时，他们将会竭尽全力地摧毁它。

（Clare Winnicott,1984,p. 5）

2　行为不良和正常的反社会行为

在 1946 年，第二次世界大战结束后仅仅一年，温尼科特与一位地方
法官有过一次谈话。谈话内容被整理成一篇文章，题目是"行为不良青
少年 的 一 些 心 理 学 面 向"（ Some Psychological Aspects of Juvenile
Delinquency ），温尼科特在文章中把青少年不良行为的起源归咎于生命
早期的情绪性剥夺。通过介绍弗洛伊德学派的无意识概念，温尼科特希
望向这位法官传达这样一个思想，即反社会行为是无意识沟通的结果。

在研究和探索行为不良者所遭受剥夺的各个方面之前，温尼科特
例证了在情绪发展中，甚至在一个好的家庭之中，反社会行为的常
态性。

正常的孩子是什么样的？他仅仅是吃饭、成长和甜美地微笑吗？
不，那不是正常孩子的样子。一个正常的孩子，如果他对爸爸和妈
妈有信心，那么他会使出浑身解数来调皮捣蛋。在一段时间之内，
他会尝试他的各种力量，去破坏、去摧毁、去吓唬、去磨损、去耗费、
去骗取，以及去侵占。能把人带到法庭（或收容所，如此之类）的
每一件事情，在婴儿期和儿童早期，在儿童与他自己的家庭的关系

之中，都有它的正常等价物。如果家庭能够经得起孩子所有的折腾和破坏，那么孩子就会安定下来专心于游戏；但是，首要的事情是，孩子一定要去测试环境，如果孩子对父母亲的组合和家庭（我的意思不只是房子）的稳定性产生了一些怀疑，那更是要使劲地测试。如果孩子能感受到自由，以及如果孩子能够游戏，能够画出他自己的图画，能够成为一个不背负责任的孩子，那么从一开始起，孩子就需要意识到有一个框架存在。

（"Some psychological aspects of juvenile delinquency",1946,p. 115）

温尼科特解释了为什么孩子是这个样子的，以及指出了一个强有力和爱的环境的本质特征。父母对婴儿的原初攻击性（primary aggression）的响应，是这个理论的一个至关重要的成分。（参见，攻击性：3，4，6）

为什么孩子应该是这样的？实际上，在生命早期的情绪发展阶段中，充满了潜在的冲突和摧毁性。个体与外在现实的关系还没有坚实地扎根；人格还没有被充分地整合；原初的爱（primitive love）具有一种摧毁性目的，而且小孩子还没有学会如何去容忍和应对他们的本能。如果孩子的环境一直是稳定的和个性化的，那么他就能够管理这些事情，或者更多的事情。在一开始，他绝对需要生活在一个由爱和力量（随后是容忍）组成的环境圈之中，只有这样，他才不会太过于恐惧自己的各种想法和想象，以至于能够在情绪发展过程中不断取得进步。

（"Some psychological aspects of juvenile delinquency",p. 115）

以上这段话描述了一个孩子所拥有的一种足够好的生命开始——促进

性环境。父母对婴儿攻击性的容忍是婴儿发挥成长能力的关键。只有这样的环境才能促使个体发展出一种自由感。没有被给予过边界（框架）的孩子，将不会感受到自由——正好相反，他将会感到极度地焦虑。

> 如果在孩子获得一种框架（边界）的理念作为他自己的人格特质之前，家庭功能失败了，那么现在这个孩子会出现什么情况呢？普遍的想法是，由于发现他自己很"自由"，他继续自我享受。这种现象距离真相就很遥远了。一旦孩子长大后发现他的生命框架是破碎的，他就不会再感到自由了。他就会变得非常焦虑，而且如果他还有希望，他就会继续在其他地方而不是自己的家里寻找一个框架。不能在自己家庭中获得安全感的孩子，就会在自己的家庭之外寻找四堵墙；他仍然存有希望，他会指望（外）祖父母、叔叔舅舅和姨妈姑母、家庭的朋友们，以及学校。他要寻求到一种外部的稳定性，否则他可能会发疯……
>
> 反社会的孩子只是期待得有点遥远，他们指望社会，而不指望他们自己的家庭或学校。他们希望社会能提供一种他们需要的稳定环境，只有这样，他们才能渡过情绪发展过程中非常关键的早期阶段。
>
> ("Some psychological aspects of juvenile delinquency",1946,pp. 115–116)

如果反社会行为的无意识沟通不能被环境所理解，那么孩子的反社会行为就处在一种正在发展成行为不良的危险之中。温尼科特把行为不良与反社会倾向做了区分。对于行为不良者来说，治疗来得可能已经太迟了。

> 到了男孩或女孩由于沟通的失败已经变得态度强硬的时候，反

社会行为就不能再被认为是包含着一种求救信号的现象了，而且当
继发性获益已经变得很重要，以及他们在某些反社会活动中已经获
得了极好技巧的时候，要想在反社会男孩或女孩当中再看到（尽管反
社会行为还在，然而）预示着希望征象的求救信号，就非常困难了。

("Delinquency as a sign of hope",1967,p. 90)

很有可能成为一名罪犯的个体，已经失去了跟原初剥夺感的关联，
而且其反社会的生活方式让其饱受精神痛苦，并陷入困境。然而，正如
温尼科特指出的那样，如果犯罪行为的根源得到确认，恰当的治疗和康
复方法应更深入地被思考，这些完全不同于惩罚，而惩罚只会进一步加
强反社会个体的防御。

51

问题在于，惩罚和武力强制只能导致反社会个体的顺从和靠假自体
生存。在 1962 年写的一篇题目为"道德和教育"（Morals and Education）
的文章中，温尼科特举例阐明了他的想法：

教授 Niblett 在这个系列讲座的开幕演讲中提到，校长 Keate 对一个
孩子说："到下午五点你要是还不相信有圣灵的话，我就会打到你信服
为止。"教授 Niblett 由此引出一个概念，就是用强制和暴力的方式进行
价值观和宗教教育是无用的。我准备进一步展开这个重要的主题，并且
考查其替代方法。我的主要观点是确实存在一种好的替代方法，而这种
好的方法不是在越来越难以捉摸的宗教教育中找到的。这种好的替代方
法与提供给婴儿和孩子的条件有关，以便能让信赖、"对……的信赖"，
以及是非观念经过个体儿童的内在加工过程而发展出来。

("Morals and education",1962,pp. 93–94)

在同一篇文章(1963年版)中——最初提供给伦敦大学教育研究所——温尼科特简短地提及了"恶劣"（wickedness），并认为其是反社会倾向的一个表现。

> "恶劣"属于由反社会倾向引起的临床情况……简单来说，反社会倾向代表着一个绝望的、不幸的且无恶意的孩子身上的希望，孩子有反社会倾向的表现意味着，这个孩子已经发展出了一些希望感，希望能找到一种方式来跨越那个缺口。这个缺口是在环境供养的持续性上出现过断裂，并在相对依赖阶段被孩子体验到了。每个个案中都有环境供养持续性断裂的经历，这种断裂会导致孩子成熟过程的阻滞，以及孩子出现痛苦混乱的临床表现……只要缺口被桥接上，"恶劣"就消失无影踪了。这么说虽然过于简单化，但确实也足以说明问题了。强迫性恶劣大概是最不可能被道德教育治愈，甚至制止的事情了。孩子骨子里就知道，希望是被锁闭在恶劣行为里面的，而绝望总是与顺从和虚假的社会化联系在一起的。对于反社会或恶劣的人来说，道德教育者们才是站在了错误一边的人。

（"Morals and education",pp. 103–104）

在处理所有婴儿和孩童的反社会成分当中，与抱持性环境有关的父亲功能是一个重要的因素。早在1946年，温尼科特就写下了"行为不良青少年的一些心理学面向"的文章。从这篇文章中就可以看出，与父亲权威有关的坚不可摧环境的议题，在20世纪60年代，特别是1968年被温尼科特十分关注（"客体使用和通过认同的客体关联"的文章中就有体现），后面形成客体的使用和主体需要客体幸存而获得心理健康的理论。（参见，攻击性：10）

当一个孩子偷拿食糖的时候，实际上他正在找寻好母亲，他有权利从她那里拿回就在那里的，且属于他自己的甜蜜。事实上，这种甜蜜本来就是他的，因为他凭借他自己爱的能力，凭借他自己的原初创造性，发明和创造出了母亲和她的甜蜜……孩子也在找寻属于他自己的父亲，也可以说，父亲是一位能够保护母亲避免遭受孩子对她攻击的男人，而这种攻击产生于原初爱的体验之中。当一个孩子在自己的家庭之外偷窃的时候，他仍旧是在找寻他的母亲，然而他是带着更多的挫折感在找寻，同时他找寻父亲权威的需求也会不断地增强，因为父亲的权威能够和将会给他的冲动行为的实际效应限定一个边界或框架，以及把他处于兴奋状态时所产生的想法付诸行动限定一个边界或框架。在充分发展了的行为不良个案中，我们很难只是作为一个观察者，因为我们所遇到的是孩子对严厉父亲的急切需求，当母亲被孩子发现时，这位父亲将会担当起保护母亲的责任。由孩子所激发出来的严厉父亲，也可以是有能力去爱的，但他首先必须是严厉的和强有力的男人。只有当严厉的和强有力的父亲形象明显存在的时候，孩子才能重新获得原初爱的冲动、他的罪疚感，以及重新获得他的修复愿望。除非他陷入了困境，行为不良者只能逐渐地越来越抑制自己的爱，因此变得越来越抑郁和失去个性，最后无法感受到所有事情的现实感，唯一有现实感受的事情就是暴力行为。

（ "Some psychological aspects of juvenile delinquency", pp. 116-117 ）

在这方面，不知悔改的罪犯（惯犯）可能需要这种暴力的生活方式，这是他们唯一能感受到真实的生活方式。反社会行为本质上是拥有暴力行为的个体还抱有希望的一种征象。这种希望就是，丧失的边界（父亲的权威）将会被重新找回来。

个体正在寻找一种会说"不"的环境，但这种环境一定不是用一种惩罚的方式，而是以一种会创造出安全感的方式。在温尼科特关于客体使用的论点中，客体必须能够幸存下来，这样婴儿才能发展出一种自体的真实感。

> "行为不良"表明个体还存留一些希望。你将会看到，当一个孩子表现出反社会行为的时候，并不一定就是孩子得病了，有时候反社会行为只不过是孩子发出的一种求救信号，他们在寻求有力量的、有能力爱的、自信的人来管控他们。然而，大部分行为不良者在某种程度上确实是生病了，而"疾病"这个术语对他们很贴切，这是由于在许多情况下，安全感没能足够地进入到孩子的早期生命中，也未能被合并进入他们的信念中。然而在强有力的管理之下，反社会的孩子似乎是没什么问题的；但是，一旦给予他们自由，他们很快就感受到了疯狂的威胁。因此，为了重新建立来自外界的管控，他们便会不断地违反社会规范（他们不知道正在干什么）。
>
> （"Some psychological aspects of juvenile delinquency",1946,pp. 116–117）

温尼科特的"环境失败导致行为不良"的论点意味着，行为不良者需要接受治疗的一种想法。温尼科特相信，每一个婴儿都有权利获得一种足够好的环境。因此，那些从来就没有过这种权利的儿童和青少年，需要通过心理治疗，如果必要的话，还需要通过管理，来补偿这种丧失。

> 除了被忽视之外（在这种情况下，他们作为行为不良者被送到了青少年法庭），他们还可以接受以下两种方式的处理。他们可以被

给予个人心理治疗，或者可以为他们提供一种强有力的稳定性环境，其中包含着个性化照顾和爱，以及逐渐增加的自由程度。事实上，没有后一种处理方式，前面的那种处理方式（个人心理治疗）也不可能成功。并且随着一种合适的替代性家庭环境的供给，心理治疗可能逐渐变得不那么必要了，能够享受心理治疗是幸运的，因为它实际上非常难以获得……

个人心理治疗的目标直接指向让孩子完成他或她的情绪发展任务。这就意味着要做许多事情，包括需要建立一种好的能力来感受真实事情的现实性，既包括外在的，也包括内在的；还包括需要建立个体人格的整合。

("Some psychological aspects of juvenile delinquency", p. 118)　　*54*

在所有温尼科特的著作中，他始终没有停止强调环境性质的重要性，包括对情绪和躯体两方面。然而对于正在发展中的孩子，特别在他们生命的一开始，正是环境促成建立起一个内在的预期模式。那些表现出反社会倾向的儿童和青少年，已经丧失掉了环境的封闭性和包容性边界，而且他们被无意识地驱动着去寻找这种边界。

反社会倾向具有一个特征性元素：迫使环境变得重要。病人借由无意识驱力迫使某个人去照顾和管理他。而心理治疗师的任务也要卷入到这种病人的无意识驱力中，治疗师通过管理、容忍，以及理解来完成这种治疗性工作。

("The antisocial tendency", 1956, p. 309)

从温尼科特的早期著作来看，有一点非常清楚：他总是强调环境连续性和稳定性在奠定心理健康基础中的重要性（参见，环境：1）。温尼科特在第二次世界大战结束后所写的文章中，强烈推荐要为那些有家庭照护需求的孩子提供一种连续性管理，或者因为他们未曾有过家庭，或者因为他们的家庭未能满足他们：

> 在和平时期，孩子们可以被分为两大类：一类是那些家庭不存在了，或者父母无法为其发展提供一个稳定环境的孩子；另一类是家庭还存在，却有一个罹患精神疾病的父亲或母亲的孩子。这两类孩子出现在和平时期我们的临床门诊，并且我们发现这些孩子所需要的只是被安置在一种环境中，因为他们很难找到一个适合他们成长和发展的地方。他们自己的家庭环境已经失败了。我们可以说，这些孩子所需求的是环境的稳定性，个性化管理，以及管理的连续性。我们提出了一个身体照护的一般标准。
>
> ("Children's hostels in war and peace",1948,p. 74)

温尼科特随后强调，管理的连续性和环境的稳定性取决于相关人员承受情绪负担的能力，而这些情绪负担是由处于困境中的孩子所引发的。

为了确保个性化管理，少管所必须拥有充足的全体工作人员，而看护人员必须要有能力承受和容忍属于常规照顾任何孩子的情绪性张力，特别是要有能力为那些自己家庭无法承受这种张力的孩子提供照顾。由于这样的情况，看护工作需要来自精神科医师和精神病学社会工作者经常的支持。这些孩子（不自觉地）寻找少管所，或者在宽泛意义上的社会性失败，其目的都是为了给自己的生命寻找（提供）框架，因为他们自己的家庭早已无法给予他们框架了。如果

少管所的工作人员不充分，不仅不能够实施个性化管理，而且还会
导致工作人员的不健康状态和崩溃状态，因此就会干扰个性化关系
的连续性，而它是这种工作的本质。

（ "Children's hostels in war and peace", 1948, p. 74 ）

强调环境对个体的躯体性和心理性健康的心理学贡献，是温尼科特
全部工作（著作）的特征。因此，个体的"存在"（being）感取决于抱
持性和促进性环境——以及抱持的能力来自照护者本人曾经被抱持过的无
意识记忆（参见，抱持；环境；原初母性贯注）。

3　偷窃的需求

1956 年 6 月 20 日，温尼科特向英国精神分析学会成员宣读了他的文
章 "反社会倾向"。在这篇文章中，温尼科特对发生在相对依赖期的剥夺
主题已经有了明确的陈述，并且也提出了治疗建议。

从这篇文章开始，温尼科特着手例证，如何在极端付诸行动的个体
中识别出反社会倾向，同时如何在从那些大家看起来有好的家庭，但由
于经历过剥夺而有偷窃需求的个体中识别出反社会倾向的个体。在第一个
案例的例证中，温尼科特的青少年病人最终被送进了少管所（工读学
校），因为心理治疗的设置并不足以容纳这个病人；在第二个案例中，
温尼科特在吃午饭的时候给一个朋友提建议，来帮助这个朋友有偷窃行
为的儿子，这个朋友回家后给自己儿子做了一个简单的解释，帮助儿子

56　熬过了有偷窃行为的一段时间。这种做法不仅仅帮助了被母亲担心的儿子，同时还帮助了那个焦虑的妈妈，即温尼科特的朋友。

> 在思考这个案例的时候，我必须告诉大家，我和这个案例中的妈妈在她青春期时就是熟识了，在某种程度上，我见过她自己经历了反社会阶段。她是一个大家庭中的长女。她的家庭很好，但父亲家教甚严，尤其是在她很小的时候。因此，我所做的事情起到了治疗两个人的效果，既可以让这个年轻的女人帮助自己的儿子，又能让这个年轻的女人借此深入地了解自己的问题。我们协助父母去帮助他们的孩子，我们实际上也是在帮助他们自己。
>
> ("The antisocial tendency",1956,p. 308)

温尼科特正在指明，如果心理治疗性干预考虑到，孩子希望能寻找回被自己感受到丧失的环境是一种无意识沟通，那么在反社会倾向的早期阶段，同时帮助孩子和他们的父母，就是一种相对简单和明确的事情。

那些行为上表现出反社会的被剥夺的孩子，实际上要比那些不能表现出坏行为的孩子有更多的希望。对于后者来说，希望已经死去了，孩子已经被彻底击败了。

> 反社会倾向意味着一种希望。缺乏希望是被剥夺孩子的基本特征，当然，他们平常不总是处于反社会的状态。恰恰就是在有了希望的时候，孩子就会表现出反社会倾向。这也许会让社会感到很难堪，而且如果是你的自行车被偷了，你也会觉得很棘手，但那些没有亲自卷入的人，可以看到孩子的偷窃冲动背后实际上藏匿的希望。也许，我们常常倾向于把治疗行为不良少年的工作留给其他人，其

原因之一是我们害怕遭到偷窃吗？

（ "The antisocial tendency",p. 309 ）

因为反社会行为可以唤起绝大多人如此强烈的恨和愤怒，所以温尼科特强调对其理解的重要性，它是一种意义深远需求的表达，因此成年人需要有能力认识和理解它的意义。

> 我们要理解：反社会行为是一种希望的表达，对于有反社会倾向的孩子来说，这种理解在治疗中起着至关重要的作用。我们一次又一次地目睹，由于管理不当或不能容忍，导致希望在出现的那一瞬间就被浪费或枯萎了。这是用另一种方式在说明，反社会倾向的治疗不是精神分析而是管理，是去迎接和把握希望出现的那个瞬间。
>
> ("The antisocial tendency",p. 309)

温尼科特充分地意识到，反社会行为是如何引起人强烈的恨的情绪的。在这种意义上，对精神病性病人的管理问题与对具有挑战行为的儿童和青少年的管理问题是相同的。（参见，恨：2）

温尼科特清晰地区分开了匮乏（ privation ）与剥夺（ deprivation ）这两个概念。"匮乏"意味着孩子从来就没有体验过任何好的事情；而"剥夺"指的是个体曾经在某个发展阶段有过好的感受，也就是说，在无意识的记忆中曾经被爱过。

> 如果孩子有反社会倾向，那么他一定经历过一种真正的剥夺（不是一种简单的穷困导致了匮乏）；换句话说，某样好东西在孩子生命中某个阶段一直起着积极的作用，但之后某一天突然丧失了，而且

57

一直处于一种撤走的状态；撤走的时间持续得太久，以至于超过了孩子维持这种鲜活感受的记忆期限。对剥夺的全面理解，必须包括以下几个维度：早期和晚期的，短暂性创伤和持续性创伤状态，以及接近正常和明显不正常的。

("The antisocial tendency", p. 309)

在环境失败方面，婴儿（儿童）所遭受的经历将会影响被剥夺感受的严重程度。因此，在病因学和行为表现方面，反社会倾向是一个连续谱系。

4 两种态势：摧毁性和寻找客体

然而，沿着反社会倾向这个连续谱，存在着两种态势，每种态势都有它们各自的目的。

反社会倾向总是有两个发展态势，尽管两者发展有时候并不平衡。一个态势的典型代表是偷窃，另一个态势是摧毁。第一个态势是孩子在某处寻找某物而找不到，于是就在有希望的时候，到别处去寻找并拿取。另一个态势是孩子在寻找和探测总体上稳定的环境，看其是否能够承受住来自冲动行为的张力。孩子在寻找那种已经丧失的供养环境，寻找一种人生态度，因为它能够让个体依靠，可以给个体以自由，让其去前进、去行动、去获得兴奋。

在研究接近正常的孩子，以及（就个体发展而言）反社会倾向的早期根源时，我希望将这两个态势谨记在心：寻找客体和摧毁性。

（"The antisocial tendency",p. 310）

正是这种**摧毁性态势**（the destructive trend），让个体无意识地寻求母亲的身体和双臂——婴儿的最早环境。

特别是由于第二种态势，孩子激活了整个环境的反应，似乎是在寻找一个不断扩大的框架，一个臂弯圆环的形状，就像是在最初母亲的臂弯中或身体里感受到的那样。我们可以发现一个找寻的顺序——母亲的身体、母亲的臂弯、父母亲的关系、包括亲戚在内的家庭、学校、有警察局的当地、有法可依的国家。

这就令人想起了温尼科特的婴儿生命早期的环境—母亲，是婴儿处于宁静状态时的未整合婴儿的母亲（参见，存在：1）。然而，婴儿处于兴奋状态时的母亲——客体—母亲——是婴儿最早体验到有着与环境—母亲分离和不同感受的另一种母亲。这两个母亲在婴儿的心智中集合在一起，促成了向个体担忧能力阶段的发展（参见，担忧：3）。遭受剥夺的儿童，不仅仅是经历过一种真实的环境性剥夺，而且还被剥夺了把这两种母亲集合在一起的机会，因此个体还未能达成重要的担忧阶段（参见，抑郁：4，6）。所以，偷窃一个物体（客体）可以被视为个体同时在寻求客体—母亲和环境—母亲的一种行为。

偷窃是反社会倾向的中心，与之相伴随的是说谎。

偷东西的孩子其实并不是在寻找偷那个东西，而是在寻找他有权支配的母亲。（从孩子的角度来看）这种权利来自"母亲是由孩子创造出来的"这一事实。母亲已经满足了孩子的原初创造性需求，因此变成了孩子准备要找寻的那个客体。

（"The antisocial tendency",p. 311）

上段引文的最后一句指的是母亲的客体—呈现（object-presenting）功能。足够好的母亲提供了能促进婴儿全能体验的环境——也就是说，婴儿就是上帝，是创世者。（参见，创造性：2；依赖：9；母亲：12）

那些表现出反社会倾向的儿童（青少年），已经丧失掉了全能体验，以及能够把"攻击性运动根源"（本能）与力比多根源（客体寻求）相融合的必要环境。（参见，攻击性：6）

在原初剥夺的那段时间中，当攻击性（或运动性）根源与力比多（性欲）的根源有某种融合的时候，按照孩子情绪发展状态的具体细节，孩子借由偷窃、伤害和搞乱周围等各种方式来要求拥有母亲。当这种融合程度比较低的时候，孩子的客体寻求与攻击性彼此更加分离，那么孩子就处于一种高度解离的状态。这就引出一个议题：反社会儿童的阻扰价值（nuisance value）是一个基本特征，也是处于最佳状态的一个有利特征，其再一次表明了一种从力比多和运动性驱力的融合丧失状态中恢复的潜力。

（"The antisocial tendency",p. 311）

在生命的开始时期，反社会倾向是情绪发展的一条正常海岸线，通常并不引人注意。"阻扰价值"（nuisance value）意味着有一种来自婴儿的沟通，需要由母亲来确认和响应。

　　在日常婴儿照护中，母亲一直在处理孩子的阻扰价值。比如，母亲在喂奶的时候，孩子经常会把尿撒在母亲的腿上。当孩子大一点之后，又表现出在睡梦中或醒来时的一种暂时性退行，以至于又尿床了。如果婴儿的阻扰价值表现出了任何过度的现象，那么都可能意味着存在某种程度的剥夺和反社会倾向。

　　反社会倾向的表现包括偷窃和说谎，失禁和制造不大不小的混乱状态。尽管每个症状都有其特殊的意义和价值，但是我尝试着描述反社会倾向的目的，是为了讨论这些症状的共同因素，即症状的阻扰价值。这种阻扰价值是由孩子发掘出来的，并非是一种偶然事件。阻扰价值的动机在很大程度上是无意识的，但也不尽然。

("The antisocial tendency", p. 311)

　　反社会倾向的根源来自母亲—婴儿关系背景下的生命之初，而且"剥夺的最初征象是如此普遍，以至于我们对其常常熟视无睹"。贪吃（greediness）就是剥夺的最初征象之一，它表明了"一定存在某种程度的剥夺，就会出现某种强迫性寻求治疗，想要通过环境来治疗这种剥夺"（"The antisocial tendency", pp. 311-312）。这就意味着，环境对婴儿感受到被剥夺是负有责任的，被剥夺感又逼迫婴儿从环境中寻求一些补偿。

　　在情绪发展过程中的某一时刻，婴儿需要把运动性本能根源与力比多本能结合或融合在一起，婴儿一定需要来自母亲的自我—支持功能，因为在这个发展阶段，婴儿的自我还太虚弱，还不能独立执行整合的任务。如果母亲在这个关键时刻不能提供其自我—支持功能，那么婴儿便会得不到支持，并对环境感到失望，于是便体验到了被剥夺。这就是那个"原初剥夺的时刻"（time of the original deprivation）。

我想说明一个特殊点。一个已经丧失掉的好早期体验，是反社会倾向形成的基础。当然，孩子已经达成了一定程度的理解能力，可以知觉到这种灾难的原因在于一种环境失败，这是一个基本特征。抑郁症或瓦解是由一种外部的原因，而非一种内部的原因所造成的，这种正确的知识将会承担起修正人格扭曲的责任，以及承担起激励寻求一种通过新的环境供养进行治疗的责任。正是这种一定程度的自我成熟的状态，赋予了孩子这样的知觉，并决定了其发展出反社会倾向，而非精神病性疾病。幼儿在早期也会表现出大量的反社会强迫性冲动，而且它们几乎都被父母成功地治愈了。

（"The antisocial tendency", p. 313）

对于温尼科特来说，精神病的病因学在于绝对依赖期的早期环境失败。这个时期的环境失败意味着，母亲一直不能认同她的婴儿，因此母亲一直无法进入婴儿强有力发展所必需的原初母性贯注状态。但是，反社会倾向的根源所涉及的发展阶段在绝对依赖期之后。恰恰就是在这个依赖需求的阶段，婴儿开始能够觉察到他的依赖了，而且如果在这段时期让婴儿感到了失望，那么他将会体验到剥夺。当事情发生变化的时候，如果他觉察到有一个他可以恢复丧失的抱持性环境的机会，那么他就会感到希望。恰恰就是这个希望，促使他产生了反社会行为。（参见，依赖：1，2；攻击：7）

5　有希望的时刻

温尼科特提供了一个清单，列出了在婴幼儿或儿童有希望的时刻正在发生的一些事情：

> 在有希望的时刻，孩子就会做以下的事情：
> · 知觉到一个其中有些可靠的成分的新的设置（环境）。
> · 体验到一种驱力，被称之为客体—寻求（object-seeking）的驱力。
> · 认识到一个事实：无情性即将成为一个特征，并且在不断发出危险警告的努力中，去激发直接环境，并有组织地去容忍烦恼。
> 如果这种有希望的情景维持不变，那么环境就要反复接受孩子的检验，孩子会测试环境：承受住他们攻击的能力，阻止和修复破坏的能力，容忍烦恼的能力，识别出反社会倾向中的积极成分的能力，提供和保护所追寻的和发现的客体的能力。
> 在有利的情况下，当没有太多的疯狂，或者无意识强迫，或者偏执性结构等问题的时候，随着时间的推移，那些有利的条件有可能让孩子找到并爱上一个人，从而不再继续向已经失去象征性价值的替代物进行索求。
> 在下一个阶段中，孩子需要能够在一段关系中体验到失望，而不只是体验希望。只有这样，对于孩子来说，一种真正的生活才有可能出现。如果监狱长和收容所的工作人员带领着这些孩子经历过所有这些过程，那么他们绝对是做了一种与分析性工作差不多的治疗。
>
> ("The antisocial tendency", p. 314)

62

1967年，也就是在温尼科特写下"反社会倾向"一文十一年之后，他为英国少管所助理理事会议写了另一篇文章，题目是"行为不良是希望的一个征象"（Delinquency as a Sign of Hope）。这篇文章着重例证了温尼科特思想的演变过程，文章并没有那么强调个体对丧失客体的寻求，反而强调了寻求客体和触及客体的能力。这种能力包含了在深层次水平上的确信，即确信有一些东西一定能被找到。就情绪发展来说，这种能力与寻求自体感有关。（参见，自体：11）

> ……有必要看到，我们正在讨论这件事情（反社会倾向）的两个方面。我很愿意把其中一方面关联到孩子与母亲之间的关系，而把另一方面关联到儿童后期发展过程中与父亲的关系上。第一方面与以下事实有关，即母亲在她适应孩子需求的过程中，能使孩子创造性地发现客体。母亲启动了孩子对世界的创造性使用。当母亲在这方面失败时，孩子就丧失掉了与客体的联结，就丧失了创造性地发现任何事情的能力。在希望出现的时刻，便是孩子触及了一个客体，并偷窃了它。这是一种强迫性行为，并且孩子并不知道他或她为什么会做这种事情。通常情况下，孩子会感觉自己发疯了，因为有一种强迫性冲动要去做（偷）些什么，但自己不知道为什么要这样做。逐渐地，孩子不满足于从商店里偷拿钢笔了：那不是他真正在寻求的客体，不管怎样说，孩子正在寻求发现客体的能力，而不是真的要那些偷来的物品。
>
> ("Delinquency as a sign of hope",1967,pp. 92–93)

温尼科特警告说，让警察以调查和惩罚的方式来处理这些年轻人的偷窃行为，只能使得问题恶化，因为这样做并不能产生真正的沟通。他赞成一种来自社会的、管理和治疗同时进行的双重响应。未成年犯罪者需要一种恰到好处的安全的和有组织的（管理）设置，同时要求一对一的（心理）治疗。治疗是康复过程中一个重要的组成部分，因为反社会行为是青少年或孩子发出的一种无意识请求，他们要求返回到剥夺发生时刻之前的那种状态。反社会行为意味着某些好事情的一种潜在性复原。

　　问题是，这是一种什么希望？这样的孩子希望做什么？我们很难回答这种问题。孩子其实也不知道，他们希望能够找到这么一个人，这个人将会倾听他们过去被剥夺的遭遇，或者倾听他们在那个时期所经历的不断增强的剥夺，直到剥夺成为一个无法避免的现实。这些男孩或女孩希望能够与作为心理治疗师的这个人建立一种关系，在其中重新体验被剥夺后所产生的强烈痛苦反应。孩子利用治疗师给予的支持……重现剥夺之前的记忆，借此，孩子会重新获得已丧失的发现客体的能力，或者重新达成所失去的框架性安全感。这时孩子就与外在现实重新达成了一种创造性关系，或者重新返回到了感觉自发性是安全的时期，尽管这种自发性只与攻击性冲动有关。这时候，孩子已经重新获得了本该属于他们自己的能力，不再需要偷窃了，也不再依靠攻击了，因为孩子已经到达了以前无法容受的那些对剥夺的痛苦反应状态，所以这些事情就自然发生了。所谓的这些痛苦反应，我意指：严重的混乱，人格的瓦解，永无止境的坠落，与身体联结的丧失，彻底迷失方向，以及具有这种性质的其他状态。一旦我们能够把孩子带到这个领域，以及孩子能够成功地记住它们和之前所发生的事情，那么我们无论如何也就不难理解，为什么反社会的孩子们不惜花费他们生命的一段时间来寻求这种帮助了。他们无法过活好他们自己的生命，一直到某个人出现并能够重新与他们在一起，并且能够通过重新体验剥夺的直接后果来促使他们记住那些经历。

("Delinquency as a sign of hope", pp. 98–99)

换句话说，剥夺的时刻必须要在移情关系之中重现。治疗师有能力迎接和应对有希望的时刻，意味着她（治疗师）有能力提供一种抱持性环境，这种环境最终将促使病人有能力整合。

6 反社会倾向与精神分析

在精神分析的情绪发展理论中，反社会倾向的概念开辟了一个新领域。迄今为止，弗洛伊德把犯罪行为归咎于一种与俄狄浦斯情结相关的无意识罪疚感：罪犯之所以犯罪，是为了缓解无法忍受的无意识罪疚感——于是，他的罪疚感就被附着在一种外在的犯罪行为之上了。因此，外在的犯罪（反社会行为）就成为一种转移注意力的方式，或者幻想性内在犯罪的一种行为活现，诸如杀害父母和／或乱伦的幻想，从行为活现和随后的惩罚之中得以缓解自己的内在犯罪焦虑（Freud, 1916d）。

正如上面阐明的那样，温尼科特强调，外部环境对于实施犯罪的人起到了一种关键的作用，并且其病因学根植在早期的母亲—婴儿的关系之中。对于温尼科特来说，在相对依赖阶段，当婴儿必需的自我—支持丧失的时候，剥夺随之就发生了。

　　……迫使环境变得重要。病人借由无意识驱力迫使某个人去照顾和管理他。

("The antisocial tendency",p. 309)

　　Masud Khan 在为《从儿科学到精神分析》（*Through Paediatrics to Psychoanalysis*，1958a）一书写的引言中指出，对于弗洛伊德来说，"每一个症状之中都携带着愿望满足"，然而，"温尼科特进一步扩展了这个思想，指出了每一种反社会行为，如何在其根源上表达了未被满足的需求"。

　　对于 Masud Khan 来说，温尼科特的反社会倾向这一概念的贡献重要性，在于它对接受精神分析的病人是有价值的。Khan 最终认识到，起初在治疗中被他当作阻抗或负性治疗反应的那些现象，事实上可以更加积极地理解为是病人关于剥夺的一种沟通。

　　如果分析师能识别出病人遭受过剥夺的经历，并且能够"迎接和应对有希望的时刻"，那么随后就会出现一个机会，病人将会重新发现他已经丧失掉的好体验。

　　那些在分析性关系中展现出强烈反社会倾向的病人，在象征化能力方面存在着困难，他们被迫以行为来活现他们的痛苦。如果分析师能读懂反社会行为其实是希望的一种征象，那么病人的沟通最终将会被分析师所接受，而且会出现一个机会，行为活现终将导致病人象征化能力的出现，因此病人才变得有能力使用过渡性空间。（参见，过渡性现象）

（赵丞智　翻译）

参考文献

1946　Some psychological aspects of juvenile delinquency. In:1984a.1946b

1948   Children's hostels in war and peace. In:1984a. 1948a

1956   The antisocial tendency. In:1958a. 1958c

1962   Morals and education. In:1965b. 1963d

1967   Delinquency as a sign of hope. In:1984a. 1968e

66   1968   The use of an object and relating through identifications. In:1971a. 1969i

第 4 章

存在（持续地）
Being（continuity of）

存在的持续性可以被描述为，由婴儿与足够好的母亲合并在一起的主观性体验所导致的一种状态或感受。温尼科特也把这种"存在"感描述为"重心"，它必须出现在婴儿绝对依赖状态的最初几周之中，而且它只能发生在那些能够处于原初母性贯注状态母亲的孩子中。

存在属于真自体，它是一种遗传潜能。存在与未整合状态相关联在一起，它是放松和享受能力的前体。"存在"的能力源自在生命极早期的一种抱持性环境的体验。从"存在"体验中，可以发展出"创造性地活着和游戏"的能力，这是整合的几个方面，并且由此导向"行动"（doing）。

温尼科特把"存在"的体验与女性元素放在一起——而且他还陈述道："存在的中心，坐落着文化。"

67

1　重心

在温尼科特生命和工作的最后十年，他对词语"存在"（being）和短语"持续性存在"的使用已经成熟。这并不是说这种用法是一种新的想法，而只是说它特指和定位于一种内在的主观性（an internal subjectivity）。这种描述婴儿内部存在状态的方式，给温尼科特的工作带来了一种存在主义的味道，尽管他不希望他的理论转向存在主义的领域。在 1966 年温尼科特有过一个谈话，主题是"平凡而奉献的母亲"（The Ordinary Devoted Mother），同年这个谈话发表了。在这篇文章中，温尼科特阐述了他的思想与存在主义之间的不同。

> 万物皆有源头，它赋予了像"存在"（being）这种非常简单的词汇一种意义。
>
> 我们可以使用一个法语词汇"存在"（existing）来谈论实际存在（existence），而且我们可以从哲学角度去理解存在，称之为存在主义（existentialism）。但是，莫名其妙的是，我们喜欢从词汇"存在"（being）开始，然后再使用短语"我是"（I am）。重要的是，短语"我是"意味着：除非我一开始就是与另一个人类在一起，这个人类还没有与我区分开来，否则一切都不会有。出于这个原因，谈论"存在"（being）要比使用词汇"我是"（I am）更加真实，而"我是"属于下一个发展阶段。我们不能过分强调"存在"是一切事情的开始，但没有"存在"，"行动"（doing）和"完成"（being done）就没有任何意义了。

（"The ordinary devoted mother",1966,pp. 11–12）

温尼科特显然抛弃了存在主义哲学的价值，他把自己强调的"存在"（existence）放在了早期母—婴关系之上。然而，恰恰是温尼科特工作的这个"法语化"的"存在"维度，精确地扩展了精神分析的理论，以及间或彻底地改变了精神分析的理论（伴随着它技术的改良）；无论温尼科特想或不想，他的情绪发展理论确实对所探究的哲学领域做出了重大贡献。

1952 年，温尼科特提交给英国精神分析学会一个短篇论文，题目是"与不安全感相关的焦虑"。在这篇论文中，温尼科特提出了"存在"（being）这个概念的核心意义。"存在"发源于"重心"这个概念。这里是温尼科特理论与克莱因理论之间的重大区别之处。克莱因说客体关系从生命之初就开始了，而温尼科特认为在生命早期几周浮现出来的只是客体关系的起源点，此时母亲和婴儿还是处于一体——一个环境—个体的组合体（an environmental-individual set-up）。

那么，在最初客体关系形成之前又是什么呢？对我个人来说，我曾经为这个问题内心斗争了很长时间。这个斗争始于当初我发现我在这个学会上讲话的时候（大约十年以前），而且我当时颇为兴奋和热情地说出："从来就没有婴儿这回事。"我听到自己清楚地说出这句话时，我也吓了一大跳。我试图证明自己的观点，于是我指出，如果你让我看一个婴儿，你必然也同时让我看到了某个照护婴儿的养育者，或者至少能看到一辆有人盯着、有人关注着的婴儿车。我们看到的是一对养育伴侣（nursing couple）。

今时今日换用一种更低调的方式，我想说在所有客体关系形成之前，事情是这样的：单元体并非是个体，单元体是环境—个体组合体。存在的重心并非从个体开始，而是从整个组合体开始。凭借着足够好的

68

儿童照护、技巧、抱持，以及综合管理，生命的外壳逐渐被照护环境接管了，而生命的内核（在我们看来，这个内核一直都好像是一个人类婴儿）就能够开始成为一个个体了。这一切的开始很可能是非常糟糕的，一方面是因为伴随着我提到过的那些焦虑，另一方面是因为在首次整合出现之后，以及首次本能出现的时刻之后，紧紧跟随着的一种偏执状态。正如这些焦虑和偏执状态的糟糕感觉，它们也带给婴儿一种指向客体关系的全新意义。足够好的婴儿照护技巧可以中和来自婴儿内部和外部的种种烦扰和迫害，也防止了婴儿产生瓦解的感受，以及精神和躯体之间联结丧失的感受。

　　换句话说，得不到足够好的婴儿照护技巧的照料，对一个新新人类来说，无论如何都太不幸运了。得到了足够好的照护技巧的照料，在环境—个体的组合体中，生命存在的重心就能经得住被安置在核心的位置，而且是被安置在内核中而不是外壳上。如此一来，现在这个人类生命就能从核心位置发展出一个实体，并且使它可以安住在婴儿的身体里，并同时可以开始创造一个外部世界，因为这个人类生命已经获得了一个界膜，以及一个内在世界。按照这个理论，一开始是没有外部世界的，作为观察者，我们好像看到了处在环境中的一个婴儿。

("Anxiety associated with insecurity",1952,pp. 99–100)　　*69*

　　就像许多弗洛伊德学派的术语一样，温尼科特按照自己对理论的解释和使用，改变了原始自恋（primary narcissism）这个术语原本强调的意义。温尼科特很少使用这个术语，但当他使用的时候，他指的是客体关系形成之前母亲和婴儿的早期关系状态。

　　处于原初母性贯注状态的母亲，全身心地投入到了对其婴儿的关注当中，因为她强烈地认同了婴儿的发展困境。母亲的这种状态使其能够

为她的孩子提供一种心理和躯体上的保护。(参见,原初母性贯注:1,2,3,4)

对于温尼科特来说,合并(merging)意味着母亲和婴儿成为一体,尽管健康的母亲能够意识到她自己,以及她代表着她的婴儿(参见,自我:4)。对于婴儿来说,这种合并状态意味着,他还不能区分出我(Me)和非我(Not-me)。婴儿看着母亲的脸,相信母亲的脸就是他的脸。母亲与婴儿之间的这种沉思遐想(reverie)状态与以下的温尼科特理论紧密相关:交互作用(mutuality),幻象的必要性,以及与主观性客体沟通。(参见,沟通:9,依赖:1;母亲:4,自体:3)

在生命早期,温尼科特把"存在"状态描述为一种未整合的状态,并且阐述了他在1948年为一个谈话做准备而写下的一些注释的意义。

在安静的时刻,内部与外部是没有分界线的,只有处于分割状态的许多东西,就像是透过密密麻麻的树叶看天空一样,一些与母亲的眼睛有关的东西全部都进进出出,漫游在周围。这个时刻没有任何整合的需求。

这是一种极其有价值的状态,是能够保留住的:没有这种安静的状态,我们会错过一些东西。这种状态与平静、宁静、放松有关系,当周围没有刺激的时候,我们会感觉与他人和事物是融为一体的。

("Primary introduction to external reality",1948,p. 25)

以这种方式放松和(把自己)交出去的能力完全取决于一个环境—母亲的臂弯,这个臂弯能够被绝对信任才行。回到未整合状态和放松的能力是整合和成熟的一个悖论性标志。(参见,独处:2)

在 1960 年，由于温尼科特与婴儿和他们母亲的工作经验积累，他写出了这篇文章，"亲子关系的理论"（The Theory of the Parent-Infant Relationship）。在这篇文章中，他重点讨论了一种足够好的环境影响婴儿持续性存在的几个重要方面。温尼科特阐述了父母照护的各种细节，以及父母如何为孩子实现其安康状态（well-being）有所贡献。（参见，抱持：4；自体：5）

> 有了"从它母亲那里所得到的照护"，每个小婴儿就能够拥有一种个性化的存在，因此就能开始构建所谓存在的持续性。在这种持续性存在的基础上，遗传潜质逐渐发展成为一个婴儿个体。假如母性照护不够好的话，那么婴儿其实也不会真正开始存在，因为没有存在的连续性；相反，人格就会建立在对环境侵入作反应的基础之上。

("The theory of the parent-infant relationship",1960,p. 54)

建立在对侵入之反应的累积效应之上的生活，结果是一种虚假—自体的生存，这种虚假的生存完全没有真正的生命。（参见，自体：7）

然而，有一种健康的假自体，其存在是为了保护真（核心）自体。

2 真正的非沟通性自体

温尼科特假设，在生命之初就存在一个核心自体。这个核心自体只能形成于一种真实的和鲜活的方式之中，前提是它要受到保护，以及被允许保持孤立。温尼科特在他的"亲子关系的理论"论文中，一开始就研究了这个孤立自体的概念。

在这一阶段，我们还需要考虑另一个现象，那就是人格核心会隐藏起来。我们来考查一下核心自体（central self）或叫真自体（true self）的概念。核心自体可以说是一种遗传潜质，它需要体验存在的持续性，并以自己的方式和速度来获取个人精神现实和身体图式。我们似乎有必要认可一个概念，即健康的特征之一就是这个核心自体的孤立状态。在早期发展阶段，威胁到真自体孤立状态的任何事态都能引起巨大的焦虑，而婴儿最早期出现的防御就与母亲（或母性照护）的失败有关，即母亲没能抵挡住那些可能干扰到婴儿孤立状态的侵害性因素。

71

（"The theory of the parent-infant relationship",p. 46）

1963 年，温尼科特在一篇非常重要的文章中，阐述了真自体孤立方面的主题，这篇文章的题目是"沟通与非沟通导致某些对立面的研究"（Communicating and Not Communicating Leading to a Study of Certain Opposites）。（参见，沟通：12）

我就要提出并强调个体的永久孤立性的理念，并且主张：在个体的中心，与非我（not-me）世界没有任何方式的沟通……

个体是一个孤立者的这个主题，在对婴儿期和精神病的研究中有其重要性，同时，在对青少年的研究中也有其重要意义。青春发育期的男孩和女孩可以用各种方式来描述，但其中一种描述方式的关注点是，青少年是一个孤立者。这种对个人孤立性的保持，是探索自我身份同一性的一个部分，也是探索建立不会导致对核心自体侵害的个人沟通技能的一个部分。这可能就是为何青少年基本上远避精神分析治疗的一个原因，即使他们对精神分析的理论很感兴趣。他们觉得自己将会被精神分析强奸，不是性意义上的强奸，而是精神意义上的强奸。在临床实践中，分析师可以避免在这方面确证青少年的恐惧，但是青少年的分析师必须要预料到被青少年充分地考验，并且一定要准备好使用间接的沟通方式，以及要识别出单纯性非沟通。

（ "Communicating and not communicating leading to a study of certain opposites",1963,p. 190 ）

在这篇文章的靠前部分，温尼科特认为，精神分析的社会性恐惧与对自体的侵害有关。

我们可以理解人们对精神分析的恨了，因为精神分析已经穿透了一段很长的路径，进入了人类人格的中心，并且对人类个体想处于一种私密孤立状态的需求造成了一种威胁。问题是：如何不必非得在隔绝的状态下，处于一种孤立的状态？

（ "Communicating and not communicating leading to a study of certain opposites",p. 187 ）

这个矛盾的和重要的问题与自体被侵害和退缩状态的主题有关。（参见，独处：3）

尊重和珍惜病人对不沟通的需求，是精神分析中一个比较激进的概

72   念，而传统精神分析认为病人必须要谈出任何事情。

3 创造性统觉

创造性统觉是温尼科特给婴儿的主观性体验的命名，从生命一开始，婴儿的母亲和环境都是一种主观性体验。

> 恰恰是创造性统觉，而不是任何其他东西，让个体感受到了生命是值得过活的。与之相对的是另一种与外部现实的关联，而这种关联是一种顺从，外部世界及其细节都能被个体认识到，但它们只是作为一种需要个体适应的或要求个体适应的规则而存在。
>
> ("Creativity and its origins",1971,p. 65)

从生命重心开始发展的婴儿，因此便可以把自己安住在自体的核心（他拥有了自体感），而不是停留在外壳上（他的母亲渴望自己被看见的自恋性需求）；这样的婴儿就具有了统觉性创造能力。正是这种方式，也只有这种方式，才能带给婴儿自体感和真实感。这样的感受便赋予了生命意义，同时让个体生命变得有价值。这是温尼科特在他的过去十年期间专注研究的主题。（参见，创造性：6；自体：11）

在温尼科特看来，从统觉到知觉存在着一个顺序。一个婴儿，假如他会说话，他就会说：

当我看的时候，我就被看见了，因此我就存在了。

我现在能够去看和看见了。

现在，我可以创造性地看了，我也知觉到了我所统觉到的东西。

事实上，我小心翼翼地不去看见那些不该在那儿被看见的东西（除非我感到疲倦了）。

("Mirror-role of mother and family in child development",1967,p. 114)

就"存在"（being）来说，上一段落中最重要的句子是："当我看的时候，我被看见了，因此我就存在了。"婴儿的存在取决于被母亲看见（一种被适应的需求），为的是感受到有活力。看和被看见是原初身份认同的中心。从存在感（sense-of-being）和被看见（being-seen）当中浮现出了一个空间，这是一个梦想和游戏的空间。（参见，创造性：1；母亲：4，9；游戏：1；过渡性现象：5）

温尼科特上面说的那个顺序与健康个体的发展进程有关，这个发展进程与静默沟通（silent communicating）和关联到主观性客体的发展相重叠。这种类型的自体关系建立和丰富了自体的真实感。（参见，沟通：4，9）

73

4　存在和女性元素

温尼科特有一篇文章"创造性及其起源"(Creativity and its Origins)，这篇文章实际上是由他在生命最后几年中写的两篇论文结合而成的。在这篇文章中，温尼科特提到了"男性和女性元素"。他把"行动"（doing）与男性元素联系在一起，而把"存在"（being）与女性元素联系在一起。用这种方式，他的情绪成熟理论就把父亲和第三领域的重要特性包括了进去。（参见，过渡性现象：7）

> 我想说的是，就主动关联或被动被关联方面来说，我称之为"男性"（male）的元素确实与它们是有联系的。
>
> ……我的建议是，相比之下，纯粹的女性元素与乳房（或者母亲）有关，在婴儿变成了乳房（或母亲）的意义上，在客体就是主体的意义上……在这里，这种纯粹女性元素与"乳房"的关联性，是主观性客体这个概念的一种实际应用，而这种应用的体验为客观性主体的出现铺平了道路——也就是说，自体的概念和真实感都源自个体拥有一个身份感。
>
> 无论自体感心理学和身份建立心理学有多么复杂，随着婴儿的成长，它们最终都会达成的，而自体感只有在与存在感相关联的基础上才能浮现出来。这种存在感是"合二为一"（being-at-one-with）的想法出现之前的一些东西，因为那时除了身份，还没有什么其他的东西。两个单独的人可以感到合二为一，但此时，在这个地方，我研究的是婴儿与客体合二为一。术语"原初认同"或许就是被用来命名我正在描述的这个情景。我想展现的是，这种首次体验对于随后所有认同体验的启蒙是多么重要。
>
> 投射性和内射性认同都起源于这个地方，在此处，彼此都是相同的。
>
> （"Creativity and its origins",1971,pp. 79–80）

在生命发展的最早阶段，温尼科特指出，主体和客体处于一种原初合并的状态（a primary merged state），而此时的客体实际上是一种主观性客体。(参见，幻象：6)

> 在人类婴儿成长过程中，随着自我开始进行组织，这种被我称之为纯粹女性元素的客体—关联，建立起了或许是所有体验中最简单那个体验，存在的体验。在这里我们发现了一种真正的世代连续性，"存在"（being），它通过男人和女人的女性元素，以及男性婴儿和女性婴儿的女性元素，把这种"存在"代代相传下去……这是一个关于在男性和女性中女性元素的问题。
>
> ("Creativity and its origins",1971,p. 80)

74

温尼科特指出，精神分析一直在忽视被他称之为女性元素这个方面，即存在的能力。

> 精神分析学家也许特别关注客体—关联的这种男性元素或驱力方面，但却一直忽视我在这里强调的主体—客体同一性（身份）问题，它是存在能力的基础。男性元素负责"行动"（doing），同时女性元素负责"存在"（being）。在希腊神话中，那些试图与至高无上的女神合二为一的男性就出现了。这也是一种表述男人根深蒂固嫉妒女人的方式，男人理所当然地认为女人就具有女性元素，其实有时候也不尽然。
>
> ("Creativity and its origins",p. 81)

上面引文中最后一句话与温尼科特的女人论题有关。男人对女人的嫉妒（envy）基于女人拥有女性元素的幻想，这与"女人恐惧"相关联。女人恐惧，既存在于男人中，也存在于女人中，这种恐惧情绪起因于一个很难被承认的事实：我们都曾经完全依赖过一个女人。（参见，依赖：2，3，4）

对温尼科特来说，没有一个能够提供促进性环境的足够好的母亲，要想讨论女性元素是不可能的事情。

> 现在，我返回到对生命最早阶段的思考，在这个阶段中，基于母亲对待或处理婴儿的各种微妙方式，形成了养育模式。我必须在细节上提及环境性因素这个非常特殊的例子。母亲必须有一个存在的乳房，那么当婴儿与母亲还没有在婴儿的原初心智中发生分离的时候，婴儿才能够存在；否则，母亲没有能力在养育中做出贡献，在这种情况下，婴儿不得不在没有存在能力的状态中发展，或者不得不在存在能力严重缺陷的状态中发展。
>
> （"Creativity and its origins",p. 81-82）

这一段话显然是针对克莱因学派的，他们认为"嫉妒"是天生固有的，温尼科特希望强调他长期以来与梅兰妮·克莱因的理论性争论，并指出"嫉妒"其实源自环境的失败。一个逗弄的母亲（tantalizing mother）——一会儿是好的，一会儿是坏的，但永远不是足够好的——是最坏的一种母亲。（参见：母亲：12）

> 有能力做我指的这种非常细微照护工作的母亲，不会生出一个"纯粹女性"自体嫉妒乳房的孩子，因为对这个孩子来说，乳房就是自体，同时自体也就是乳房。嫉妒是一个术语，它可能适用于描述

一种逗弄性乳房失败的体验，而这种乳房之类的东西本来是应该存在的。

（"Creativity and its origins",1971,pp. 81–82）

就纯粹女性元素来看，客体—关联（自我—关联性）与本能或驱力没有任何关系。

对纯净的、未被污染的女性元素的研究，把我们导向了"存在"（being）这一概念，而且这就形成了自体发现和现实存在感的唯一基础（于是就转向了发展出一个内部世界的能力，成为一个容器的能力，并拥有了使用投射和内射机制的能力，以及就内射和投射来说，关联到世界的能力）。

（"Creativity and its origins",p. 82）

5　人生真谛是什么？

温尼科特似乎无法充分地强调，存在（being）是生命中任何后续体验的中心。事实上，如果个体不能拥有简单存在的机会，那么就他的生活情绪质量来说，他的未来就不是个好兆头。这个个体很可能在未来感到空虚。

……我发现，在客体—关联的背景中，女性元素的特征是身份，它为孩子提供了一种存在的基础，到后来，它也是形成自体感的基础。但是，我发现，正是在这里，婴儿在对特殊质量母性供养的绝对依赖中，我们可以寻找到存在体验的基础，而这种特殊质量指的是母亲具备或不具备女性元素最早期的功能运作。

……现在，我想说："存在之后，才是行动，以及完成行动。但首先必须要，存在。"

76

("Creativity and its origins",pp. 84–85)

然而，行动（to do）的能力，基于存在（to be）的能力。在治疗情境中，自体感的探究和发现都是为了发现一个身份。

1967 年，温尼科特在他的文章"文化体验的位置"（The Location of Cultural Experience）中，提出了一个问题，这是一个哲学家比精神分析师更加熟悉的问题：

我们必须解决"生命的真谛是什么？"这个问题。我们的精神病人促使我们去关注这类基本问题……当我们谈到一个人的时候，我们谈论的是他和他的文化体验的总和。整体构成了一个单元体。

我一直使用术语"文化体验"作为过渡性现象和游戏这些概念的一种延伸，但不确定我能否定义"文化"一词。真正要强调的是正在发生的体验。当使用词汇"文化"的时候，我就想起了遗传性传统。我想到的是人文学科池中共有的一些东西，人文学科池中所有个体和人群做出的贡献，我们可以从中抽取一些东西，如果我们有地方放置我们所发现的东西。

("The location of cultural experience",1967,pp. 98–99)

对于温尼科特来说，文化在生命的一开始属于母亲和婴儿合并一体体验的核心，伴随着可能发生的事实——母亲在其中发现她自己的环境。（参见，创造性：3）

但是，没有过足够好的母亲养育体验的婴儿，"存在"能力的发展和发现被阻止。这样的婴儿将会遭受温尼科特所说的无法想象的焦虑，即原初极端痛苦，以及湮灭。（参见，环境：6）

在亲子关系中，这些早期阶段的焦虑与湮灭（annihilation）威胁有关，而且非常有必要解释一下 "湮灭" 这个术语的意义是什么。

在这个以一种抱持性环境的基本存在为特征的地方，"遗传潜能"正在变成它本身的"存在连续性"。代替"存在"的另一种可能是反应，而反应则打断了存在，并导致了湮灭。存在和湮灭是两种相互排斥的可能性。因此，抱持性环境的主要功能是，把那些婴儿不得不去反应，会造成个人存在湮灭的侵入降至最低水平，以至于婴儿的个性化存在不被湮灭。在一切顺利的条件下，婴儿建立起了现实存在的连续性，然后开始发展各种复杂的能力，这才有可能把各种侵入聚集在全能体验的范围之内。

("The theory of the parent-infant relationship",1960,p. 47)

在足够好的抱持下，婴儿就存在了，这就关联到了健康、整合，以及"存在"的能力；如果抱持不够好，婴儿就无法拥有足够的供养，以至于无法促进一个存在的机会，他只能产生反应。这种原初的反应便构成了创伤，并引发了原初极端痛苦，一种无休止的坠落感，最后导致无法在内部与外部、我与非我之间做出区分。"良好的条件"可能是在精神分析中、移情关系之内，个体可以拥有一次机会开始"存在"。（参见，

自体：11）

（赵丞智　翻译）

参考文献

1948   Primary introduction to external reality：The early stages. In:1996a. 1996o

1952   Anxiety associated with insecurity. In:1958a. 1958d

1960   The theory of the parent-infant relationship. In:1965b. 1960c

1963   Communicating and not communicating leading to a study of certain
opposites. In:1965b. 1965j

1966   The ordinary devoted mother. In:1987a. 1987e

1967   The location of cultural experience. In:1971a. 1967b

1967   Mirror-role of mother and family in child development. In:1971a. 1967c

1971   Creativity and its origins. In:1971a. 1971g

第 5 章

沟 通
Communication

　　温尼科特沟通理论的核心是一种悖论的理念，即一种非沟通的、不愿被打扰的、孤立的自体。从生命的一开始，母亲与婴儿之间的感受状态就构成了"沟通"和"交互作用"（mutuality）。母亲对她未出生的婴儿的感受，从她在自己的婴儿期的想象中就开始了。所有的婴儿在子宫中就能感觉到母亲对他们的感受。

　　温尼科特按照婴儿发展的各个不同阶段，区分了几种沟通特质之间的差异。

　　在健康状态下，不愿被打扰的（incommunicado）的自体必定是绝不能沟通的，一旦沟通"渗透"进来，一种侵害就发生了，并且个体必须建立一种防御系统来密封和保护核心／真自体。

1　非言语性象征

在温尼科特生命的最后十年中，他探索和研究了"沟通"
（comunication）的意义，这在他的许多工作领域中都有阐述——早期母
亲—婴儿关系，客体—关联，从主观知觉性客体到客观知觉性客体的过
渡，以及过渡性区域的创造性沟通。（参见，存在：2，3；创造性：2，3；
抱持：4；母亲：12；原初母性贯注：2）

温尼科特非常关注无意识沟通，他认为个体最初的沟通能力并非依
靠语言，而是依靠通过"交互作用"发生在前语言期的一种互动作用。
因此，婴儿游戏和使用象征能力的出现要早于他开始使用词汇的时间。

> ……母亲有可能对着小婴儿说话，也可能不对着小婴儿说话；
> 这没有多大关系，语言其实并不重要。
> 在这里你们可能想让我说一些关于句型变化的事情，描绘一下
> 跟婴儿说话时语言的特征，甚至一些最复杂的句子。所谓的分析师
> 在工作中的情形，就是病人在进行语言表达，而分析师在做解释。
> 这不仅仅是一种口头言语交流的问题。分析师感觉到病人材料需要通
> 过言语表达出来，这称之为"言语化"（verbalisation）。这在很大
> 程度上取决于分析师使用言辞的方式，因此也就取决于解释背后的
> 态度。一位病人在感受到紧张时，把她的指甲抠进了我的手部皮肤。
> 我的解释是："哎哟！"这个解释几乎完全涉及不到我的智力活动，
> 但它非常有用，因为它来得很及时（而不是经过反思的停顿之后才来
> 的），而且还因为，对于病人来说，它意味着：我的手是活着的，
> 被抠的皮肤是我手的一部分，以及我就在那里可以被使用。或者，

我应该这样说，如果我能幸存下来，我就能被使用。

("Communication between infant and mother,and mother and infant,compared and contrasted",1968,p. 95)

1968 年，温尼科特发表了他的论文"婴儿与母亲，母亲与婴儿之间的沟通：比较和对照"。在写这篇论文的时候，他已经构想好了客体—使用的理论，并在同年发表了这个理论。客体—使用（object-usage）来自并基于客体的幸存。(参见，攻击性：10)

这篇论文的讽刺语气，以及精神分析的另外一种激进观点，都将不容被人忽视。这里不是说语言不重要，但它们有时可能是无关紧要的。

80

虽然适合主体的精神分析基于一种言语化的解释，然而每一个分析师都知道，随同解释的内容的变化，态度会出现一些细微差别，它们反映在解释的时机上，也反映在就像各种各样的诗那样的许多种表达方式中。

("Communication between infant and mother, and mother and infant,compared and contrasted",1968,p. 95)

诗人济慈指出，诗就像医药一样，具有治愈作用。温尼科特非常看重在分析性设置中传递出意义的方式：

例如，非说教（道德）的方法是心理治疗和社会工作的基础，但这种方法是不用语言来沟通的，它依靠的是工作人员本身非说教的才能。这首音乐厅歌曲的积极之处在于它的副歌是这样唱的："她说的那些话无所谓，她的说话方式真令人讨厌。"

就婴儿照护来说，在孩子可以理解"恶劣的、不道德的"这些词汇的意义之前很早，母亲就可以或喜欢展现出一种道德说教的态度。母亲可能很喜欢用一种看似友好的方式说"该死的，你这个小混蛋"，以至于母亲感觉很好，而孩子回报以微笑，似乎很高兴被母亲唠叨。或者，更加微妙的情景还有母亲哼这样的儿歌："宝宝入梦乡，睡在树顶上。"这些话在语言上非常不友好，但难道这不是一首非常甜美的摇篮曲吗？

("Communication between infant and mother, and mother and infant,compared and contrasted",p. 96)

1947 年，温尼科特在他的论文"反移情中的恨"（Hate in the Countertransference）中观察到，每一个母亲从一开始都恨她的孩子，并且他提出了恨的 18 种原因。温尼科特关于恨的论点是，婴儿对母亲的恨和爱的主观性体验是必要的。（参见，恨：6）

一位母亲甚至有可能会让她那还不会说话的宝宝知道，她有这样的意思："我刚刚给你洗干净，如果你敢把你弄脏了，上帝会打死你"，或者是完全不同的意思："你不能再像以前那样做了！"这就涉及了一种对愿望与人格的直接对抗。

("Communication between infant and mother, and mother and infant,compared and contrasted",pp. 95–96)

2   交互作用的体验

原初母性贯注——足够好的母亲对她婴儿的调谐（ tuning-in ）——
被温尼科特称之为"交互作用"——这类似于 Daniel Stern 的"情感协调"
（ affect attunement ）的概念（ Stern,1985 ）。对于温尼科特来说，"交互
作用"属于一种前语言期的沟通。

从一出生，婴儿就被母亲看着吃奶。比如说，婴儿发现了乳房，
吸吮乳头，并摄取了足量的奶水，以满足本能和成长的需求。无论
婴儿的大脑是否将来能发育成为一个好大脑，或者婴儿的大脑事实
上就有缺陷或被损伤了，以上的喂养过程都可以是一样的。我们需
要知道的事情是与喂养过程相关或不相关的沟通。通过婴儿观察的方
法很难确定这些事情，尽管似乎有一些婴儿在出生后头几周就会以
一种有意义的方式观察母亲的脸部。在 12 周大的时候，婴儿就可以
给我们信息，根据这种信息沟通，我们能比单靠猜测沟通做得更多。

例证说明1：
虽然正常婴儿在发展速度上有很大的差异（尤其是通过可观察的
现象来测量），但可以这样说，12 周大的婴儿就能够做这样的游戏：
在稳定的（乳房）喂养时，婴儿看着母亲的脸，手向上触摸，把手
指伸入母亲的嘴里，玩耍着喂养母亲的游戏。
也许母亲在这个游戏细节的创建中起到了一定的作用，但即
使真的是这样，也不能否定我从这类可以发生的事实中得出的
结论。

　　我由此得出的结论是：由于所有的婴儿都能摄取食物，所以在
婴儿与母亲之间并不存在一种沟通，除非发展出一种交互喂养的情
形。婴儿喂食和婴儿的体验包含着这样的想法，即母亲知道被喂食
是怎么回事。

　　如果所有的人都能在婴儿 12 周大时看到发生的这种情形，那么
在某种程度上，这种情形在生命的更早期可能（但不一定）以某些
不清楚的方式真的出现了。

("The mother-infant experience of mutuality", 1969, p. 255)

因此，母亲与婴儿之间的无意识沟通和感受状态，跟母亲认同（合
并）她的婴儿的能力有着本质上的关系。如果母亲能够投入到这种与其
婴儿发生高度认同的状态中，那么这个婴儿就能感受到被理解，并从这
种体验中获益。（参见，存在：3）

82

温尼科特认为，交互作用的体验，既取决于母亲，因为她认同婴儿；
也取决于婴儿，因为他有着成长的内在潜能。对于婴儿来说，这就构成
了一种成就。

　　这样，我们就见证了一种交互作用，这就是母婴两个人沟通的
开始；这（对于婴儿）是一种发展成就，一种取决于婴儿的遗传过
程导向情绪成长的成就，它同样也取决于母亲和她的态度，以及母
亲让婴儿准备好了去触碰和拿取、去发现、去创造的那些事情变成
真实的能力。

("The mother-infant experience of mutuality", 1969, p. 255)

如果婴儿发展得很好，事实上，他确实需要依赖一个母亲，这个母

亲会促进他发展出创造这个世界的能力（参见，创造性：2）。

在这一点上，温尼科特在一个脚注中把他的评论与 Sechehaye 关于"象征性实现"（symbolic realization）的工作联系在一起。"象征性实现"意味着：在一种专业的设置中，让一个真实的事情变成一种有意义的交互性象征（"The Mother–Infant Experience of Mutuality"，p.255）。这项工作的实施对象是那些由于早期环境失败而造成了创造世界的休验曾经被剥夺的病人。（参见，环境：3，4；自体：8）

温尼科特接下来探讨了母亲和婴儿在他们相互沟通任务各个水平上的不同个体体验。

此时此刻，很有必要提及一个显而易见的事实，即母亲和婴儿以不同的方法达到了交互作用的地步。母亲曾经也是一个被照护的婴儿；她也曾经玩过婴儿和母亲之间的游戏；也许她曾经在她自己的家庭或其他家庭中体验过兄弟姐妹的到来，照护过更小的婴儿；也许她曾经学习或阅读过有关婴儿照护的书籍，她可能对婴儿管理中什么是对的和错的有着她自己坚定的想法。

另一方面，婴儿第一次成为一个婴儿，之前从来没有过妈妈，当然也没有接受过任何指导。婴儿通关的唯一凭证就是他携带着的全部遗传特征，以及朝向成长和发展的先天倾向性。

因此，母亲能够认同婴儿，甚至能够认同还未出生或正处于出生过程中的宝宝，而且还需要以一种非常复杂和精细的方式去认同婴儿。婴儿在这种情形中只带来了一种发展的能力，在体验交互作用这一事实中，他可以达成交叉认同的成就。这种交互作用是母亲适应婴儿需求的一种能力。

（"The mother–infant experience of mutuality",1969,p. 256）

"交叉认同"（cross-identifications）是温尼科特在他后期文章中出现的一个术语。它出现在《游戏与现实》（*Playing and Reality*，1971a）这本书的三篇文章中——"创造性及其起源""青少年发展的现代概念及其对高级教育的启示"（Contemporary Concepts of Adolescent Development and Their Implications for Higher Education）和"就交叉认同而非本能驱力方面的相互作用"（Interrelating apart from Instinctual Drive and in Terms of Cross-identifications）——这个术语还出现在他去世后出版的论文集《精神分析性探索》（*Psycho-Analytic Explorations*，1989a）一书中。这个术语的基本意义指的是，在关系中调谐和共情他人的一种能力。（参见，创造性：7）

对于上面引文的最后一句话——"这种交互作用是母亲适应婴儿需求的一种能力"——温尼科特增加了一个脚注：

> 词语"需求"（need）在这里的意义与"驱力"（drive）在本能满足领域中的意义一样。词语"愿望"（wish）在这里是不适合的，因为它属于更加复杂的发展阶段，而我们正在讨论的这个不成熟的阶段，不能假设存在"愿望"的概念。
>
> （"The mother–infant experience of mutuality",1969,p. 256）

"需求"和"愿望"的区别与情绪发展的相应阶段有关，它们明确地应用在与已经退行的病人和那些在分析中向依赖退行的病人进行的精神分析性工作中。（参见，依赖：1，4；退行：9）

从这里开始，温尼科特希望"进入到'交互作用'的深水区域，而这个区域与驱力或本能张力没有直接关系"。他顺便提及了交互作用的两种明确的类型，一种属于需求的交互作用，另一种属于愿望的交互作用。

84

没有本能张力的交互作用属于病人的需求，也属于病人"向依赖退行"的区域。

　　就像我们了解如此多的那些婴儿期的体验一样，这个例子来自与稍大一点的儿童或成年人已经完成的分析性工作，那时候病人处于一个时期，这个时期或长或短，期间病人向依赖退行是移情的主要特征。这种工作总是有两个方面，第一个方面是在早期类型体验的移情中有积极的发现，在病人过去的成长历史中，在与母亲非常早期的关系中，这些早期类型的体验都是被错过的或扭曲的；第二个方面是病人对治疗师在分析性技术失败时的使用。这些失败让病人产生了愤怒，而这种愤怒是非常有价值的，因为正是这些愤怒把病人的过去带到了现在。在生命初期失败（或相对失败）的时候，婴儿的自我组织（ego-organisation）还没有充分地组织起来，还没有成熟到足以能够针对一个具体事情产生愤怒的复杂程度。

（ "The mother–infant experience of mutuality",1969,p. 257 ）

　　1962 年，温尼科特在他的一篇论文"婴儿照护、儿童照顾和精神分析性设置中的依赖"（ Dependence in Infant-Care,in Child-Care,and in the Psycho-Analytic Setting ）中，进一步探讨了需要分析师在移情中犯错误和失败的这个组成部分。（参见，依赖：7 ）

3　在治疗中触摸病人的争议

在 1969 年，温尼科特在"母亲—婴儿的交互作用体验"（The Mother–Infant Experience of Mutuality）一文中，给出了一个临床举例，他针对那些"有着不允许触摸病人这种僵化分析性道德的分析师"，进行了彻底的批评。温尼科特指出，在某些情况下治疗师触摸病人有着非常重要的意义，这些情况指的是，病人的母亲在病人婴儿期的关键发展时刻，对婴儿的照护持续不断地失败：

例证说明 3：

这个例子来自对一位 40 岁女性（结婚，有两个孩子）的分析过程，她与另一位女性分析师同事进行了 6 年的分析，但并不能完全恢复健康。我同意了我的分析师同行的建议，看看这位女病人与一位男性分析师进行工作会产生什么情况，于是我与这位女病人展开了第二次治疗。

我选择描述的细节与这位病人的绝对需求有关，她时不时地与我有身体接触。（她曾经害怕与那位女性分析师迈出这一步，因为她们身体的接触具有同性恋的意义。）

我们尝试了各种各样的亲密行为，主要是那些属于婴儿喂养和管理的行为。一些有关身体力量的发作性事件（violent episodes）也发生了。最终呈现的行为是，她和我靠在一起，我双手抱着她的头部。

我们两个人谁都没有采取任何有意的行动，最后发展出了一种摇摆的节律。这个节律有点快，大约每分钟 70 次（相当于心率），

85

我不得不做一些调整来适应这个速率。尽管如此，我们两个人还是以一种轻微的且持续性摇摆运动进行交互式表达，彼此不用言语来沟通。这种沟通发生在一种发展水平之上，这个发展水平不要求病人的成熟度超过她在分析期间向依赖退行过程中发现她自己所拥有的成熟度。

这种体验，通常是重复性的，对于治疗至关重要，而且导致这一切的身体力量事件只有现在才被看作是一种准备工作，以及对分析师满足婴儿早期各种沟通技能需求的能力的一种复杂测试。

这种共享式的摇摆体验，例证了我希望在婴儿照护的早期阶段中所指的内容。此时婴儿还没有明确地涉及本能驱力的问题。此时主要的事情是婴儿与母亲之间，就鲜活身体的形态学和生理学意义上的一种沟通。这个主题能被很容易地阐述，而且这些重要的现象将是生命的原始证据，诸如：心跳，呼吸运动，呼吸的温暖，一种表明需要位置交换的运动等。

("The mother–infant experience of mutuality",1969,p. 258)

在与病人的这种互动之中，温尼科特似乎变成了一个助产士，帮助母亲向前推进，也帮助婴儿向前运动。

然而，在经典精神分析中，这种对身体的触摸是临床治疗工作中有争议的区域。有些人认为，任何形式的身体触摸都会使病人有强烈的性唤起。但是，也有很多人一直在研究如何对特定的病人适应性地应用这种触摸技术，这类病人是已经退行的，或者在移情关系中变得退行的。

在治疗中分析师是否应该触摸病人，这确实是分析中的一大困难。86 独立学派的两位分析师Jonathan Pedder 和 Patrick Casement，分别写了一篇文章来论述这个问题。在 1976 所写的文章中，Jonathan Pedder 解释了为什么他会坚定地认为，对于他的病人来说，触摸是最恰当的干预方式；
而 Patrick Casement 在他 1982 年所写的文章中，解释了为什么他拒绝了
病人要握住他手的请求。

在 1969 年，像许多与极度被剥夺和退行的病人进行工作的临床医师
一样，温尼科特认为他正在适应病人的一种需求，在他 1969 年的那篇文
章所引用的案例中，他选择了以一种他认为是最适合的方式触摸了他的
病人。在现代精神分析中，在这里被温尼科特所描述的任何形式的躯体
性触摸，都将不被认为是精神分析性治疗的恰当方式。（参见，退行：9）

4 两种类别的婴儿

温尼科特提到了两种类别的婴儿——一种是那些体验过可靠环境的
婴儿；另一种是那些未曾体验过可靠环境的婴儿。那些知晓环境可靠性的
婴儿能从他们妈妈的抱持中接收到一种"静默沟通"（silent communication），
而那些无法获得母亲抱持的婴儿则会接收到一种创伤性沟通，这就构成了
一种"严重的侵入"（gross impingement）。 （参见，环境：7）

我在其他地方尝试过发展出婴儿发展过程的主题，为了使这些
主题变成现实，婴儿需要母亲的抱持。"静默沟通"是一种可靠的沟通
方式，事实上，这种沟通方式能够保护婴儿，免受来自外部现实的侵
入产生的各种自动化反应（automatic reactions），而正是这些反应打断
了婴儿的生命发展线，并构成了创伤。创伤指的是一个个体无法组织起

防御，以至于一种精神混乱的状态随后就发生了，紧接着可能就是一种防御的重组，重组起来的防御是一种比创伤发生之前那些足够好防御更加原始的防御。

对被抱持婴儿的研究表明，沟通要么是静默的（可靠性是不言而喻的），要么就是创伤性的（产生无法想象的或原始性焦虑的体验）。

这就将婴儿的世界分成了两种类型：

那些在婴儿期没有明显感到"失望"的婴儿，他们对环境可靠性的信念导致他们获得了个人化可靠性，这是"朝向独立"状态的一个重要组成部分。这类婴儿拥有自己的生命发展线，并且保持着一种前进和后退的（发展性）能力，而且能够承担所有的生命风险，因为他们拥有了良好的可靠性保证。

另一种类型的婴儿，曾经一直处于明显"失望"状态或环境失败模式之中（与母亲或母亲代理人的精神病理性状态有关）。这些婴儿携带着无法想象的或原始性焦虑的体验。他们知道处于急性混乱或瓦解性极端痛苦状态中是一种什么滋味。他们也知道被抛弃的滋味是什么，永无止境坠落的滋味是什么，或者精神—躯体分离性分裂的滋味是什么。

换句话说，这些孩子曾经体验过创伤，而且他们的人格不得不围绕着遭受创伤之后重新组织的防御来构建，而这种重组的防御必定保持着原初性特征，诸如人格分裂（personality splitting）。

（"The mother-infant experience of mutuality",1969,pp. 259-260）

这种"分裂"（splitting）指的是真自体与假自体之间的防御性分裂。温尼科特在1963年的文章中，提出了孤立的核心自体的"静默沟通"，这篇文章的题目是"沟通与非沟通导致某些对立面的研究"，这种"静默沟通"指的是一种必要的分裂，它是第一类健康婴儿的特征。对于这类健康婴儿来说，在沟通与非沟通的权利之间存在着一种选择，而"非沟通"（not to communicate）与遭受自体侵害的那些婴儿的病理性分裂有关系，其结果就导致了这种选择的受限。（参见，沟通：10）

5 沟通或非沟通

温尼科特对于沟通的重要陈述是：每一个个体都是孤立的，因此非沟通的权利必须要得到尊重。这一观点基于温尼科特的著名悖论其中之一："把自己隐藏起来是一种快乐，但自己不被发现却是一种灾难。"（Communicating and Not Communicating Leading to a Study of Certain Opposites，p. 186）

"沟通与非沟通导致某些对立面的研究"这篇文章发表于 1963 年，那一年温尼科特 67 岁。这篇文章标志着他最终所关注的内容，这也是他四十年情绪研究、观察和母—婴关系分析的结果，它也被认为是分析师—被分析者关系的一种范例。

对在生命的开始阶段，与个体所有关系中最重要关系相关的那些主题的扩展和阐述，打开并进入了个体自体—沟通这一主题领域，这是一个"不与外界交流"的、私有的、秘密的自体所必需的领域。正是这个隐秘的自体，不仅仅有权利不沟通，而且，本质上来说，"它绝不能与外界现实发生沟通，或者绝不能被外界现实所影响"（Communicating and Not Communicating Leading to a Study of Certain Opposites，p. 187）。

温尼科特引用了济慈的一句诗来开始他这篇文章："思想的每一个要点都是理智世界的中心"，紧接着他陈述道，他的这篇文章"只包含一个想法"。这唯一的想法在文章的第二段有所暗示，而且无疑与温尼科特所呈现的主观性体验有关。

> 在我准备这篇文章的时候……刚开始我并未抱着清晰的目的，但让我惊讶的是，我很快就提出我自己的主张，我声称我有权利不与大家沟通和交流。这是我内心深处，对于那种被无休止盘剥的恐惧性幻想的一种抗议。换句话说，这是有关被吃掉或被吞没的幻想。用这篇文章的语言来说，这是一种被发现的幻想。
>
> （"Communicating and not communicating leading to a study of certain opposites",1963,p. 179）

之后，为了探索有权利不沟通的主题，温尼科特提到了情绪发展的早期阶段，重温了他对客体—关联（迄今为止是自我—关联性）的构想。这为他提供了一个机会，再一次展现出婴儿创造客体的理念。这篇文章是他在发表"客体使用和通过认同的客体关联"的文章之前五年写的。在这篇文章中，温尼科特研究了从客体—关联到客体—使用之间的旅程。（参见，攻击：10）

89   在促进性环境的保护下，体验到全能感受的婴儿，可以创造并再创造客体，同时这个过程逐渐在内部建立起来，并且聚集为一种记忆背景。

毋庸置疑，最终那些变成理智（the intellect）的部分，确实会影响着未成熟个体完成这种非常困难转变的能力，这种能力指的是从关联到主观性客体，转变为关联到客观知觉性客体的能力……

　　在健康状态下，婴儿创造出了那些实际上闲散在周围等待被发现的东西。但是，在健康状态下，客体是被创造出来的，而不是被发现的。正常客体—关联的这种迷人的面向，已经在许多文章中被我研究过了，包括在那篇"过渡性客体和过渡性现象"文章中。除非客体是被婴儿创造出来的，否则好客体对婴儿来说没什么益处。恰恰是由于需要，婴儿才创造出了客体，我可以这么说吗？然而，为了创造出客体，客体必须被婴儿发现。这是一个不得不被接受的悖论……

（"Communicating and not communicating leading to a study of certain opposites",1963,pp. 180-181）

婴儿的攻击性力量需要被环境（母亲，扩展的家庭和社会）以一种非报复性方式来响应。恰恰就是这种响应，会决定婴儿发展到一个情绪成熟阶段的能力，以及在"我"与"非我"之间做出区分的能力。（参见，攻击性：5）

沟通和非沟通是两种倾向，温尼科特认为它们是一种两难困境，尤其是对于艺术家来说，更是如此。

　　在所有类型的艺术家中，我认为可能会发现一个内在的两难困境，这个两难困境有两个共同存在的倾向，急切地需要沟通的倾向和更加迫切地需要不被发现的倾向。

（"Communicating and not communicating leading to a study of certain opposites",p. 185）

6 不满足的功能

为了达成区分"我"与"非我"的能力，婴儿不得不达成一种在知觉方面的发展性任务。温尼科特认为有两种类型的知觉：一种是主观性知觉，另一种是客观性知觉。主观知觉性客体对应的时间是，当婴儿看见母亲的脸时，婴儿相信这时他所看见的就是他自己本人（那就是"我"）。随着婴儿逐渐能意识到他自己的身体与外部客体（那就是"非我"）之间存在着差异，他便开始出现客观性知觉了。

然而，在主观知觉性客体（那就是"我"）到客观知觉性客体（那就是"非我"）的旅程（这两种知觉类型之间发展的一段时期）上架起一座桥梁是必要的。因此，在达成能够客观性知觉世界的发展阶段之前，需要建立起一种无所不能的幻象（由于我的需求，我创造出了这个客体，因此我就是神）。（参见，幻象：5，6；母亲：8）在这个发展的中间阶段，其中一个关键方面是不满足的体验：

> 如果我们考虑到客体的定位，那么还有一点也很重要。客体从"主观知觉性的"到"客观知觉性的"变化过程缓慢而平稳地进行，并且婴儿的那些不满足情境要比满足的情境对这个过程有效得多。就客体—关联的建立这个方面而言，源自喂养的满足，可以说相比较于客体在满足婴儿方面而言，后者的效应价值更大。本能—满足给予婴儿一种个人的体验，但它确实对客体位置的变化没起到多大作用；我曾经有个案例，对于这个精神分裂样的成年病人来说，满足了他，客体就被消除了，以至于他都不能躺在躺椅上进行治疗。对他而言，躺下就重现了他在婴儿期获得满足的情境，在那些曾经得到的满

足中，他的外部现实或客体的外在性都被消除了。我换一种方式来谈
这个事情，婴儿感到被一种过度满足的喂养欺骗了，而我们可以发现，
哺乳母亲的喂养焦虑可能是出于某种幻想性恐惧。这种幻想就是，如
果婴儿没有被满足，那么母亲将会受到攻击或被毁灭。喂养之后，母
亲认为被满足了的婴儿在几个小时内就不是危险的了……

相反，婴儿体验到了攻击，这种攻击属于肌肉的性欲冲动
（ muscle erotism ），属于肌体的活动，以及属于一种无法抗拒的力
量去迎击固定不动的客体。这种攻击性，以及与其紧密相连的想法，
有助于安放客体位置的过程，有助于从自体中把客体分离出去，以
至于由此自体开始作为一个实体浮现出来。

（ "Communicating and not communicating leading to a study of certain
opposites",1963,p. 181 ）

婴儿必须要有一种感觉，这是由于他的努力——他精力旺盛的吸
吮——他获得的奶水（创造出了客体）。这种类型的满足为婴儿带来的是
一种真实感受，而不是那种不经过他的努力就会得到满足的类型，那是
一种欺骗性满足。

那种能够促使婴儿发展出与这个世界相关联自体感的满足类型的功
能，也与温尼科特著作中所说的"幻灭过程"（ process of
disillusionment ）相关。（参见，母亲：11）

7　拒绝好客体的需求

温尼科特提请大家关注健康发展进程中间阶段的另一个方面：从主观性"我"的体验到客观性"非我"的体验的旅程——也就是说，说"不"的能力：

> 在健康的发展进程中有一个中间阶段，在这一阶段，病人与好的或潜在的满足性客体相关的最重要体验就是它的拒绝。这种被客体拒绝的体验是创造客体过程的一个部分。
>
> （"Communicating and not communicating leading to a study of certain opposites",1963,p. 182）

这种在遭受客体拒绝的过程中创造出客体的悖论，带来了整个旅程中沟通目的的不同：

沟通理论：

尽管我已经就客体—关联方面开始了我的陈述，但是这些事情确实看起来会影响对沟通的研究，因为随着客体从主观性存在转变成客观知觉性存在，自然而然地就会发生沟通的目的和手段的变化，以至于在这个变化过程中，幼儿作为一个具有生活体验的存在，逐渐离开了全能体验的领域。如果说客体是主观性客体，那么与主观性客体的沟通就没有必要是清晰和明确的。如果说客体是客观知觉性的客体，那么沟通要么是清晰明确的，要不然就是无言无反应的（dumb）。那么这里就会出现两个新的事情：一个是个体使用和享受的沟通模式；另一个就是个体的非沟通性自体，或者处于真正孤立状态的个人核心的自体……

("Communicating and not communicating leading to a study of certain
opposites",p. 182)

　　能够从可靠环境中获益的健康婴儿，有着沟通和不沟通的选择权利。做出这种选择的能力是从早期母—婴关系中浮现出来的，并且与温尼科特的研究论文"担忧能力的发展"中两类母亲合二为一有关系——环境—母亲和客体—母亲。（参见，担忧：3）

92

8　沟通的两个对立面

　　在建立了婴儿的沟通与进一步情绪发展中的沟通在质量方面的差异之后，温尼科特描述了非沟通的两种形式：

　　沟通的两个对立面是：

　　（1）单纯性非沟通；

　　（2）主动性或反应性非沟通。

　　在沟通的这两个对立面中，第一种状态很容易被理解。单纯性非沟通（ simple not-communicating ）就像是在休息。这是一种拥有自己权利的状态，这种状态会过去，然后进入到沟通状态，而这种单纯性非沟通状态会自然地重现。

（ "Communication between infant and mother, and mother and infant, compared and contrasted",1968,p. 183 ）

单纯性非沟通指的是未整合的宁静时刻，存在于母亲与婴儿之间，它是放松的前体。（参见，存在：4）

"主动性非沟通"属于健康状态，来自个体的选择。"反应性非沟通"属于病理状态，源自不够好的环境，从而无法促进个体成长。

> ……在精神病理学中，这种促进性环境在某些方面和某种程度上已经失败了，就客体—关联方面而言，婴儿便发展出了一种分裂。借由分裂的一方，婴儿联接到了正在呈现的客体，并且为此，发展出了我称之为的一种假自体或顺从自体。借由分裂的另外一方，婴儿联接到了主观性客体，或者关联到了只不过是基于躯体体验的现象上，而这一切几乎不会受到客观知觉性世界的影响。（例如，在临床上，难道我们没有在自闭症患者的摆荡运动中看到这一点吗？在自闭症患者的抽象化图画中这是一种死胡同般的沟通，难道这些就没有普遍的效用？）

（ "Communicating and not communicating leading to a study of certain opposites",1963,p. 183)

遭受严重侵入的婴儿，不得不建立起一种分裂人格的防御性结构。温尼科特认为这种分裂性结构是环境创伤性侵入的必然结果。他在 1960 年写的 "由真和假自体谈自我扭曲" 一文，补存了他研究的与真沟通和假沟通相关的几个方面，这些沟通分别源自真自体和假自体。（参见，自体：6，9）

9　真实感

温尼科特的这篇论文提到了病理性"死胡同"沟通（反应性非沟通）的概念——例如，以"退缩状态"为例证——实际上能帮助个体感受到真实，然而属于假自体的沟通不会有真实感，因为它与真自体是脱离或分裂的，因此实际上没有发生与主观性客体的沟通：

> 毋庸置疑，从观察者的立场来看，尽管"死胡同"沟通（与主观性客体的沟通）是无效用的，但这种沟通却携带着所有的真实感受。相反，那种发生于假自体与世界的沟通却感觉不真实；这不是一种真正的沟通，因为它并不能涉及自体的核心，也就是可以称之为真自体的部分。
>
> （"Communicating and not communicating leading to a study of certain opposites",1963,p. 184）

从观察者的立场来看，某个体可能在世界上是成功的，但基于假自体的成功会导致一种强烈的空虚感和绝望感。温尼科特在 1960 年指出，这种情况与理智性假自体有关。（参见，自体：8）

温尼科特提出了一些非常新颖的建议：属于明显病理学状态（退缩）的分裂或解离，在健康的个体中有着相应的类似状态——甚至，它们就是健康的一部分。

> 在更加轻微的精神疾病的案例中，也就是那些存在部分病理和部分健康的案例中，显而易见的是，一定会意料到一种主动性非沟

通（临床性退缩），这源自一个事实，即沟通是如此容易地与某种程度的虚假或顺从性客体—关联连接在一起；那么，与主观性客体进行无声或秘密的沟通，携带着一种真实感，这种主动性非沟通必须要周期性地进行，以此来恢复内在的平衡。

　　我正在假设，在健康的（也就是在客体—关联方面的发展是成熟的）人当中，他们有一种与处于分裂状态人的需要相一致的需要，即分裂的一部分需要与主观性客体进行静默沟通。"有意义的关联和沟通都是静默的"，这一理念有其存在的空间。

（"Communicating and not communicating leading to a study of certain opposites",1963,p. 184）

　　正是这种特别的、与主观性客体的静默沟通，让温尼科特把它与"真实感的建立"联接在一起。这是创造性统觉和存在能力不可或缺的重要部分。（参见，存在：3）

10　自体的侵害

　　在健康状态下，建立不沟通与沟通之间一种自体—分割（self-division）能力的复杂概念，与温尼科特"自体的侵害"（violation of the self）理论有关系。当他在 1963 年的论文"沟通与非沟通导致某些对立面的研究"中提出"侵害"（violation）这一主题时，他简单地列举了两个女性病人的临床案例。

　　病人说，在她童年（九岁）的时候，她有一本偷来的学校笔记本，里面她收集了诗歌和谚语，并且她在本子上写上"我的私人笔记"。她在扉页这么写道："一个人在他的心里想做什么样的人，那他就是什么样的人。"实际上，她的妈妈曾经问过她："这句谚语是你从哪里找来的？"这就很糟糕了，因为这意味着她的妈妈肯定读过她的笔记。如果她妈妈曾经读过她的笔记，但是什么都没说，那就还算都好。

　　这就展现出了一幅图像，即儿童建立起了非沟通的私人自体，同时这个私人自体也想沟通，并且也想被发现。正是在那个捉迷藏的复杂游戏中，儿童体验到这样的感受：把自己隐藏起来是一种欢乐，但自己不被发现却是一种灾难。

（"Communicating and not communicating leading to a study of certain opposites ",1963,p. 186)　　*95*

　　温尼科特其中一个病人的这种记忆，是通过她回忆起自己的一个被侵犯的梦。她的童年记忆向温尼科特展示了，她一直感受到母亲在侵入她的核心自体（那本秘密的笔记所代表的），这种自体的侵犯让她感到非常地不舒服。

　　第二个临床例证为温尼科特描述了，他的病人需要通过写诗的方式关联到主观性客体，不管她的诗是否会被其他人读。

　　当她需要与童年期的想象力建立沟通桥梁的时候，这座桥梁不得不体现在诗中，像结晶一样被析出。她可能会对写自传感到无聊。她没有出版她的诗歌集，甚或都没有展示给其他人看过，因为尽管她对每一首诗都会喜欢一阵儿，但她很快就对那首诗失去了兴趣。

比起她的朋友来，她总是能更容易地写出更多的诗，因为她似乎天生就有写诗歌的技能。但是她对下面这些问题却不感兴趣：这些诗歌真的好吗？还是不好呢？也就是说：其他人会认为这些是好诗歌吗？

（"Communicating and not communicating leading to a study of certain opposites",1963,p. 187)

这个例证把温尼科特带到了这篇文章的核心，可以说这篇文章代表了他毕生全部工作的中心。

我认为，健康的人具有一个人格核心，也就是分裂人格中的真自体那部分；我认为，这一人格核心从来就不与知觉性客体世界发生沟通，并且作为个体的人都知道，其人格核心一定永远不能与外在现实沟通，或者不能被外在现实所影响。这是我的主要观点，它也是理智世界的中心，也是我文章的核心。尽管健康的人都是能沟通的，并且是享受沟通的；另一个同样真实的事实是，每一个个体都是孤立的，长久非沟通的，永远是未知的，实际上是一个未被发现的人。

在生活和生存中，这一铁的事实被整个文化体验的共享所柔化了。在每个人的人格中心都存在着一个无法沟通的部分，而这个中心部分是神圣的，并且是最值得保护的。暂时忽略那些更为早期的和碎裂的，且源自环境—母亲失败的体验，我想说的是，那些导致原始性防御组织的创伤性体验，可以产生对孤立的人格核心的威胁，对其被发现的威胁，对其被改变的威胁，以及对其被沟通的威胁。这种原始性防御主要在于对秘密自体的一种更进一步的掩藏，甚至主要在于对其进行投射和无止境播散的另一个极端……

96

……强奸，以及被食人族吞食，这些事情与对自体核心的侵犯相比来说，以及与通过沟通渗透进入防御从而改变自体的中心部分相比来说，那都只是琐碎小事。对我来说，这就是对自体的冒犯和侮辱。此时，我们可以理解人们对精神分析的恨了，因为精神分析已经穿透了一段很长的路径进入了人类人格的中心，并且对人类个体想处于秘密的孤立状态的需求造成了一种威胁。问题是：如何不必非得在隔绝的状态下，人类还能够处于孤立的状态？

（"Communicating and not communicating leading to a study of certain opposites",1963,p. 187）

说对自体的心理侵犯远比强奸和吃人肉糟糕，这是一个有待进一步讨论的问题，但这似乎是温尼科特想要强调的方式，他认为这种类型的侵犯是十分强大的。

随后，温尼科特假设了健康发展的三条沟通线。

在可能达到的最好条件下，成长就会发生，而此时儿童拥有三条沟通线：永远静默的沟通；明确的、间接的、愉快的沟通；以及第三种沟通或沟通的中间形式，即在游戏中出现并渐渐沾染上每种文化体验的沟通。

（"Communicating and not communicating leading to a study of certain opposites",p. 188）

11 精神分析技术的意义

"如何不必非得在隔绝的状态下，人类还能够处于孤立的状态？"这个至关重要的问题，对个体健康和创造性生活有着重要的影响，同时也对心理治疗的技术和实践有着重要的影响。这是温尼科特对精神分析性技术的重要贡献之一。

> 那么，在临床实践中，存在着某些事情是我们必须要在工作中所考虑的，即作为一种对病人康复具有积极贡献的非沟通状态。我们必须要问问自己，我们的临床技术为病人以他们的非沟通方式进行沟通留有空间了吗？为了让这种情况发生，作为分析师的我们一定要对这样的信号有所准备——"我正在非沟通"——并且能够把这种信号与沟通失败相关的呼救信号区分开来。这种情况可以与"有人在场时独处"的理念联系起来，起初，这是儿童早期生命中的一种自然事件，然而到后来它就逐渐发展成为一种退缩的能力，并且在退缩发生时不会丧失身份认同。这种情况可以表现为全神贯注于一项任务的能力。
>
> （"Communicating and not communicating leading to a study of certain opposites",1963,p. 188）

这就改变了精神分析的概要，因为弗洛伊德主张病人要自由联想和"谈出所有"，在这里温尼科特主张，母亲（分析师）应该尊重婴儿（病人）的个人自体不要"谈出所有"的需求和不沟通的需求。

温尼科特详细阐述并强调了这种差异，因为在他看来，如果病人保持沉默的权利不能得到分析师的尊重，那么精神分析中那些固有的危险就会出现。温尼科特这种极不寻常性质的预言与他对能够使用语言（和因而处于过渡区域）的病人与对言语不起作用的病人之间差异的理解有关，因为后者还没有发展到象征化能力的阶段。（参见，过渡性现象：3）

　　在纯粹的精神—神经症案例中，分析没什么困难，因为整个分析过程都是通过言语化的中介去完成工作。病人和分析师都希望分析如此进行。然而，这太容易让一场分析（被分析病人的人格中有被掩藏着的精神分裂样成分）演变成一种无限延长的共谋，就是分析师与病人对非沟通的否认。这样的一种分析会变得冗长而乏味，因为这种分析没有什么结果，尽管分析工作看起来做得很好。在这样的分析中，一段时间的沉默可能是病人能够做出的最积极贡献了，于是分析师便被卷入了一场等待的游戏之中。当然，分析师可以解释动作、姿态和各种各样的行为细节，但依我看来，在这种情况下，分析师最好还是要等待。

（"Communicating and not communicating leading to a study of certain opposites",p. 189）

　　温尼科特力劝分析师要耐心等待，给病人一些空间，让他们达成自己的解释，尤其是当分析师（在病人的体验中）正处在向客观知觉性客体转变的过程之时。

98

　　……在那个地方，当分析师还没从主观性客体转变成一个被客观知觉到的人时，做精神分析是危险的；但是，如果我们知道了如何恰当地运作我们自己的行为，那么这种危险是可以被避免的。如果我们能够等待，我们就成为病人自己时间中的客观知觉性客体，但是如果我们不能以一种促进病人分析进程（相当于婴幼儿的成熟过程）的方式来运作我们的行为，那么对于病人而言，我们就突然变成了一种非我的东西，于是我们知道得就太多了，而且我们就是一种危险，因为我们在与病人自我—组织中寂静和沉默的中心点的沟通太过接近了。

出于这个原因，我们发现，实际上在简单明了的精神—神经症案例中，避免分析师与病人在分析之外的接触是方便和实用的。在精神分裂样或边缘性病人的案例中，我们如何管理超出移情之外与病人接触这件事，变成了我们与病人工作中非常重要的一部分。

（"Communicating and not communicating leading to a study of certain opposites",1963,p. 189)

这就关系到在分析性关系中提供一种安全框架的必要性。

温尼科特使用了弗洛伊德学派解释（这意味着分析师是知道的）的一种悖论性反转，主张分析师是不知道的，因为对于病人来说这是一种很有用的体验。

这里我们可以讨论一下分析师做解释的目的。我一直认为，解释的一个重要功能是确立分析师的理解局限性。

（"Communicating and not communicating leading to a study of certain opposites",p. 189)

病人就像是婴儿一样，也需要达成对分析师的一种幻灭，这是通向象征和自我觉察旅程中的一个部分。

12 孤立和青春期

在重申个体是孤立的这个议题时，温尼科特以青少年作为主要例子，来说明每个个体的孤立性。

99

个体是一个孤立者这个主题，在对婴儿期和精神病的研究中有其重要性，同时，在对青少年的研究中也有其重要意义。青春发育期的男孩和女孩可以用各种方式来描述，但其中一种描述方式的关注点是，青少年是一个孤立者。这种对个人孤立性的保持，是探索自我身份同一性的一个部分，也是探索建立不会导致对核心自体侵害的个人沟通技能的一个部分。这可能就是为何青少年基本上远避精神分析治疗的一个原因，即使他们对精神分析的理论很感兴趣。他们觉得自己将会被精神分析强奸，不是性意义上的强奸，而是精神意义上的强奸。在临床实践中，分析师可以避免在这方面确证青少年的恐惧，但是青少年的分析师必须要预料到被青少年充分地考验，并且一定要准备好使用间接方式的沟通，以及要识别出单纯性非沟通。

在青春期，当个体正在经历着青春发育期的变化，而还没有充分地准备好成为成人社会的一分子时，他们就会加强防御来对抗被发现，也就是说，要防御准备好在那里被发现之前而被发现。在那里，那些真正私人的东西和那些感到真实的东西，必须要不惜一切代价地被防御，纵使这意味着对妥协的意义价值保持暂时性无知也在所不惜。青少年往往容易形成集合体（aggregate）而不是团体（group），并且他们通过外表看起来是一样的，来强调每个个体本质上的孤独感。至少，在我看来是这样的。

（"Communicating and not communicating leading to a study of certain opposites",1963,p. 190）

妥协与顺从之间的差异，是青少年必须要学会的重要内容（参见，自休：11）。温尼科特在这篇文章中的主要观点是每个个体都存在孤立性。

（赵丞智　翻译）

参考文献

1951　Transitional objects and transitional phenomena. In:1958a.1953c

1963　Communicating and not communicating leading to a study of certain opposites. In:1965b. 1965j

1968　Communication between infant and mother,mother and infant,compared and contrasted. In:1987a. 1968d

1969　The mother-infant experience of mutuality. In:1989a. 1970

100

第 6 章

担忧（阶段）
Concern (stage of)

当婴儿开始为他的母亲感到担忧（concern）时，"担忧阶段"（stage of concern）就临近了；而在此之前，婴儿一直指向母亲的是一种无情的爱。这种对母亲感到担忧的能力，标志婴儿从前同情（pre-ruth）到同情（ruth）旅程中的一个发展性成就。

与温尼科特"担忧阶段"这一概念有重叠特征的概念包括两价性、良性循环、贡献，以及先天性道德。

1　抑郁位置

1935 年，当温尼科特成为一名认证精神分析师时，梅兰妮·克莱因正在发展她最为主要的理论之一，即之后被称为"抑郁位置"的概念。这一术语成为克莱因学派词汇表中的一条，其理论重要性不亚于弗洛伊德的俄狄浦斯情结。与其他许多理论家一样，温尼科特一方面意识到这个理论的一些元素与情绪发展有着密切联系，但另一方面又并不太喜欢这个术语，并且对于这一发展阶段，他有其自己的描述。

101

从温尼科特 20 世纪 50 年代的诸多论文中可以看出，他此时正在发展他个人的理论，以扩充与婴儿相对依赖期有关的这一情绪发展阶段的概念，尤其体现在他 1954 年的论文"正常情绪发展中的抑郁位置"（The Depressive Position in Normal Emotional Development），以及 1956 年的论文"精神分析与罪疚感"（Psychoanalysis and the Sense of Guilt）之中。这两篇文献中发展的理念，最终在1962年的论文"担忧能力的发展"（The Development of the Capacity for Concern）中成型。至此，温尼科特已经准备好了用他的"担忧阶段"的概念，来替代克莱因的"抑郁位置"概念。

2　关于抑郁位置的个人观点

在"正常情绪发展中的抑郁位置"一文中，温尼科特着手对克莱因

"抑郁位置"这一概念提出他的个人观点。他强调这个概念中的"正常性"，并指出抑郁位置是发展中的一个成就。

这篇文章一开始，温尼科特就批评了这一术语，并提出了一个可以替代它的术语，用以强调健康而非疾病。

> 对于一个正常发展过程而言，抑郁位置并非一个好名称，但至今却也无人找到一个更好的术语来替代它。我个人的建议是，这个阶段应被称为"担忧阶段"。我相信这个术语可以很轻易地引入这个概念……
>
> 经常有人指出，一个用来暗示疾病的术语，不应该被用来描述一个正常的发展过程。抑郁位置这一术语似乎意味着，健康的婴儿会经历一个抑郁阶段，抑或心境疾病。但事实上，这不是这个术语的本意。
>
> （"The depressive position in normal emotional development", 1954, pp. 264–265）

温尼科特强调，抑郁是一种不健康的症状，它与正常健康的发展，以及抑郁位置没有任何关系（参见，抑郁：1）。因而，"抑郁"一词的使用便构成了一个谜题——温尼科特则希望从婴儿对母亲无情的爱（原初攻击性）角度，去探索在一种促进性环境中，婴儿是如何发展出同情和担忧能力的。（参见，攻击性：3，8）

102

> 最开始，（从我们的角度看）婴儿是无情的；因为本能爱（instinctual love）的缘故，婴儿没有任何担忧。这种爱最初是以冲动、姿态、接触和关系的形式，它带给婴儿自体—表达的满足感，帮助婴儿释放本能紧张。而且，它置客体于自体之外。

需要指出的是，婴儿并不能感觉到自己的无情，但当他长大后回溯过去时（这的确会在退行中发生），个体能够说：我那时很无情啊！这个阶段即是"前同情"（pre-ruth）阶段。

（"The depressive position in normal emotional development",1954,p. 265）

温尼科特认为，婴儿从前同情过渡到同情阶段的旅程，是情绪发展中最为重要的一个方面。正是这个旅程描绘了担忧阶段的特点：

在每一个正常人类个体发展历史中的某个时刻，都会出现一个从前同情到同情阶段的转变。没有人会质疑这一点。但唯一的问题是，它是什么时候发生的？怎么发生的？又是在什么条件下发生的？抑郁位置这个概念正尝试回答这三个问题。根据这一概念，从无情到同情的转变是在特定母性养育条件下逐步发生，大约发生在五到十二个月。这个转变的真正完成还要更晚一些。而在精神分析中可能发现，某个人从未经历过这种转变。

因此，抑郁位置是一个复杂的问题，它是一个并无争议现象中的固有元素。这个现象就是，每一个人类个体都是在从前同情阶段到同情阶段或担忧阶段的转变中形成的。

（"The depressive position in normal emotional development",pp. 266–267）

从前同情到同情阶段的旅程中，婴儿需要做大量的工作。一旦婴儿有能力认识到母亲是与自己不同的人时，这个工作就开始了。温尼科特描述其为形成了"单元体状态"（unit status），即婴儿到达了可以开始区分"我"和"非我"的时刻。

3 母亲的两个方面

达成"单元体状态"的婴儿就会开始觉察到，他幻想中的两个母亲其实是同一个人。在这篇 1954 年的论文中，温尼科特把这两种母亲称为"宁静时相"的母亲（the mother of the quiet phases）和"兴奋时相"的母亲（the mother of the excited phases）。[直到1963年，这两种母亲分别被命名为"环境—母亲"(environment-mother) 和"客体—母亲"(object-mother)]。

在这一时期，母亲的功能对婴儿仍然至关重要，因为她必须适应婴儿的需求，认识到无情攻击她的婴儿，其实没有意图要伤害她。恰恰是本能，一种像饥饿一样的生物学驱力，促使婴儿变得无情。（参见，攻击性：2，3）

> 这时的婴儿，作为一个完整的人，已经开始有能力认同母亲，但还仍然无法清楚地区分有意想做的事情和真正发生的事情。各种身体功能及其想象性精细加工（imaginative elaborations）还不能被区分是事实还是幻想。婴儿在这一时期要完成的发展成就着实令人惊诧。
>
> ("The depressive position in normal emotional development",1954,pp. 266–267)

接着温尼科特举了一个例子，来解释婴儿的任务：

> 我们现在不妨假设某一天，母亲正抱持着环境，假设这一天早些时间，婴儿有了一个本能体验。为了简洁起见，我当它是一次喂食，因为确实喂食也是整个事情的基础。这时出现了一个嗜血性

（cannibalistic）的无情攻击，部分表现在婴儿的躯体行为上，部分
则是婴儿对这种躯体功能的想象性精细加工。婴儿把两个母亲放到一
起，开始认识到她们其实是一个母亲，而非两个母亲。那个依赖关
系（情感依附）中的母亲同时也是本能（生物学驱动）爱的客体。

（"The depressive position in normal emotional development",1954,pp. 267–268）

4　两种类型的焦虑

这种生物学驱动的本能，一方面使得婴儿在无意图情况下变得无情，
另一方面也让他产生了焦虑。在这篇 1954 年的论文中，温尼科特提到了
两种类型的抑郁性焦虑（depressive anxiety）。（1963 年起，他不再使用
"抑郁性"来修饰"焦虑"，而是直接使用"焦虑"。）

第一种类型的焦虑与婴儿的这种知觉有关，即喂食之后的母亲和他
"嗜血性的无情攻击"（cannibalistic ruthless attack）之前的母亲不一样了。
温尼科特用这样的语言来描述婴儿所体验到的这第一种焦虑：

如果我们愿意，可以用下面的语言来描述婴儿的所感所言：这
里现在出现了一个空洞，但是之前这里是一个丰满的身体。

（"The depressive position in normal emotional development",1954,p. 268）

第二种类型的焦虑与婴儿对他的内心感受有着不断增长的意识和觉
察相关，因为恰恰是在这一发展阶段，他正努力在"我"与"非我"之

间做出区分。这两种类型的焦虑，让婴儿陷入到了一种发展的挣扎之中。

　　……这个婴儿，在喂食之后，除了对母亲身体上那个被想象出来的空洞感到担心之外，同时也陷入了自体之内的挣扎。这是在那些感到良好的，也可以说是自体支持的（self-supportive）感受，与那些感到坏的，也可以说是迫害自体（persecutory to the self）的感受之间的一种挣扎。

　　　　　　　　　（"The depressive position in normal emotional development",p. 269）

婴儿这种挣扎的成功与否，将取决于（1）他的母亲如何抱持他，和（2）母亲接受他的"礼物"的方式。（参见，抱持：2）

　　母亲自始至终适时地抱持着环境。这样，婴儿度过这一天，躯体上消化食物，与此同时，精神上展开了相应的修通（working-through）。修通需要时间，而婴儿只能被动地屈从于内部的活动，等候最终结果。健康状态下，这个个人的内在世界成为自体无限丰盛的核心。

　　任何一个健康的婴儿生命中的这么一天要结束的时候，由于内部工作已经完成，婴儿既有好的，也有坏的要奉献。母亲既取走好的，也取走坏的，而且她也应该知道奉献物中哪些是好的，哪些是坏的。这里就产生了第一次给予，而没有这种给予，也就无所谓真正的接受。所有这一切都是婴儿日常照料中非常实际的问题，同时也的确是分析中非常实际的问题。

　　　　　　　（"The depressive position in normal emotional development",p. 269）

这些"实际的日常问题"，即母亲和婴儿之间的给予和拿取，对婴儿把两个母亲（宁静 / 环境和兴奋 / 客体）在他的心智中放在一起至关重要，这是整合（integration）工作的核心。（参见，自我：3）

温尼科特强调，在这个阶段，母亲在这种互动中所起的作用将会促成不同的结果。

> 那些幸运地有一个能幸存的母亲的婴儿，有一个能理解馈赠姿态（a gift gesture）的母亲的婴儿，现在就准备好为那个空洞——那个在乳房或身体上的空洞，那个在最初的本能时刻中被想象出来的空洞——做些什么了。这里就有了补偿（reparation）和修复（restitution）这样的词汇。在恰当的语境中，这些词汇含义丰富，但如果随意使用，又很容易成为陈词滥调。如果母亲做好了她自己的那部分，馈赠姿态则可能会到达那个空洞。

> （"The depressive position in normal emotional development",1954,p. 270）

5　良性循环

婴儿努力在两个母亲之间做出区分的奋争，这涉及了他在构建一种连续并需要持续重复的动力学过程中是如何感受的。温尼科特称这一现象为"良性循环"，并提供了一个关于它各个方面的有用列表：

> 现在就形成了一个良性循环。在各种负责的情况之中，我们可

以辨认出：

- 婴儿与母亲之间的一段关系，因本能体验而变得复杂；

- 对效用（空洞）的模糊知觉；

- 一个内在的修通过程，体验被梳理的结果；

- 一种给予的能力，由于梳理了内部的好与坏；

- 补偿。

日复一日地强化这一良性循环的结果，就是婴儿逐渐变得能够容受那个空洞（本能爱的结果）。这里就开始有了罪疚感受。这是唯一真正的罪疚，因为植入的罪疚感对于自体而言是虚假的。罪疚开始于把两个母亲放在一起的时刻，把宁静时的爱和兴奋时的爱放在一起，把爱和恨放在一起；而这种感受逐渐发展为关系活动中健康和正常的源泉……

通过良性循环的运作，婴儿变得可以容受担忧，因为婴儿懵懂地认识到，只要有足够的时间，就可以做些什么来修复那个空洞，以及本我冲动对母亲身体造成的各种影响。

("The depressive position in normal emotional development",1954,p. 270)

在其后的论文中，特别是在"精神分析与罪疚感"（1956）和"担忧能力的发展"（1962）两篇文章中，良性循环的各个方面得到进一步阐述。

在1956年，温尼科特强调的是婴儿开始对母亲产生的责任感，同时也指出了婴儿达到这一发展阶段的年龄段：

……这一重要发展阶段由分布在一段时间内的无数次重复所组成。存在一个良性循环，其中包括（1）本能体验，（2）接受责任，被称之为罪疚，（3）一个修通过程和（4）一个真正意义上的修复姿态……

我认为，我们谈论的是婴儿生命第一年里的事。事实上，是婴儿和母亲有了明确的二元关系之后整个发展阶段内的事情……婴儿六个月大的时候，可以说已经有了相当复杂的心理，因此，理论上可以认为，抑郁位置的开始就在这个年龄段。

("Psychoanalysis and the sense of guilt",1956,p. 24)

在 1962 年的论文"担忧能力的发展"中，温尼科特已经开始用自己的理论来取代克莱因的理论。在这篇文章中，他对这一重要阶段的情绪发展提出了结论性的陈述，这也是他对整个精神分析理论做出的一个原创性贡献。文章所强调的主题是，婴儿健康和正常的成熟过程始终与他所处的环境有关。

到了1962年，这一阶段的婴儿与母亲之间的相互关系，就被称为"摧毁"，而非"无情的攻击"。而在 20 世纪 60 年代，温尼科特在其论文中越来越多地提及这种"摧毁"。在这篇论文中，我们可以辨认出他的原初攻击性理念的演变历程，一直到他 1968 年的论文"客体使用和通过认同的客体关联"，都在发展这个理念。（参见，攻击性：10）

"担忧"这个词汇被用来以一种积极的方式描述一种现象，而"罪疚"这个词是以一种消极的方式来描述这种现象。罪疚感是与两价性概念相关联的一种焦虑，它意味着个体的自我已经具备了一定程度的整合，使其能够同时留存好客体意象（good object imago），以及伴随的摧毁这一意象的念头。担忧则意味着更进一步的整合，更进一步的成长，以一种积极的方式与个体的责任感相关联，这种责任感尤为突出地体现在本能驱力进入的关系方面。

("The development of capacity for concern",1962,p. 73)

6　两价性

意识到自身的两价性是一项发展成就，这意味着承认在同一时间内既爱着又恨着另一个人。这一两价性促成婴儿觉察到，宁静时刻的母亲和兴奋时刻的母亲其实是同一个母亲。

当婴儿懵懂地开始意识到，他心智中的两个母亲与他自己的两价性情感有关时，他是特别脆弱的。他的母亲必须能放手，允许他分离。温尼科特联想到了"蛋壳人"（Humpty Dumpty）：

> 这种态势起先是岌岌可危的，可以被昵称为"蛋壳人"阶段（humpty-dumpty stage）。蛋壳人摇摇晃晃地站在墙头上，此时母亲已经不再为他提供膝上环境了。

（"The development of capacity for concern",p. 75）

从温尼科特在1954年的论文中概括了同一个母亲的两个方面之后（参见，担忧：3），现在他找到了描述这两个方面的术语，与此同时，他希望这些术语听起来不是那么地教条：

> 假设一个不成熟的孩子有两个母亲，这是有帮助的——我应该称她们为客体—母亲（object-mother）和环境—母亲(environment-mother)吗？我并不想创造出一些可能会变得越发僵化、阻碍理解的术语。但是，对于一个婴儿来说，婴儿照护存在着两个非常不同的方面，一方面是作为客体的母亲，也就是说，她拥有能够满足婴儿各种急迫需求的部分客体（part-object）；另一方面是作为抵挡不可预

测因素的母亲，她主动地通过处理（handling）和普遍意义上的管理（management）来提供照护。在这种情况下，似乎使用"客体—母亲"和"环境—母亲"这两个术语来描述这两种母亲确实是有可能的。

从语言来看，环境—母亲接受所有那些可以被称为感情（affection）和感官（sensuous）刺激共存的东西；而客体—母亲则成为由粗鲁的本能张力所支撑的兴奋性体验的目标。我的论点是，出现在婴儿生命中的"担忧"其实是一种极为高级的体验，它来自婴儿在心智中把客体—母亲和环境—母亲合在一起的结果。环境供养在这个阶段仍然十分重要，虽然婴儿已开始有能力拥有一定程度的属于朝向独立发展的内在稳定性。

（"The development of capacity for concern",1962,p. 76）

温尼科特的意图是想拆分这个涉及断奶和分离发展阶段的成分。他更加关注于婴儿的摧毁性（早先被称为"原初攻击性"），而这一摧毁性之后导致了罪疚感、责任感和担忧感受的产生。对于婴儿来说，这种（幻想中的）摧毁性，既涉及对占有的需求，也涉及了对保护的需求。

这种伴随着血脉偾张的本我—驱力（id-drives）的幻想内容包含着攻击与摧毁。婴儿不仅仅是想象自己吃掉了客体，而且他也想要占有客体的内含物。如果客体没有被摧毁，这是因为客体本身的幸存能力很强，而非婴儿对客体的保护。这就是这幅画像的一面。

这幅画像的另一面则关乎婴儿与环境—母亲的关系。从这个角度讲，婴儿可能会极力保护母亲，以至于让自己变得抑制或逃离。这是婴儿断奶体验中的一个积极因素，也是为何一些婴儿自行断奶的原因。

（"The development of capacity for concern",p. 76）   *109*

保护的理念非常重要，也具有本质上释（解）放的意义，因为它在主体的责任与客体的责任之间做出了明确的区分。譬如说，如果母亲感到被婴儿的哭声所迫害，那么这不是婴儿的责任。但是，如果母亲出于自身的困难，的确感受到持续地被其婴儿的需求所迫害，那么婴儿很可能就会抱着一种信念而长大，即他需要为母亲的感受负责任。

7　贡献的功能

温尼科特描述了婴儿处理两价性的技巧，尤为强调足够好的环境：

在顺利的环境中，婴儿会创建出一种解决这种两价性复杂形式的技巧。婴儿体验到了焦虑，因为如果他吃（消耗）掉了母亲，他将会失去她；但是，婴儿可以通过为环境—母亲做些贡献，来缓和这种焦虑的强度。婴儿逐渐会变得有信心，相信会有做出贡献的机会，相信会有给予环境—母亲贡献的机会，而这种信心能让婴儿抱持住这种焦虑。以这种方式抱持住的焦虑会在性质上发生变化，并且变成一种罪疚的感受……

当对这种良性循环的信心，以及对这种机会期待的信心被建立起来的时候，与本我—驱力相关的罪疚感受得到进一步的修正，于是我们就需要一个更加积极的术语，诸如"担忧"，来描述这种发展情形。现在婴儿变得有能力担忧了，也有能力为其自身的本能冲动及其功能的后果负责任了。这就为游戏和工作提供了一项基本的建设性元素。但是，在发展过程中，恰恰是有了贡献的机会，才能把担忧掌控在儿童能力的范围之内。

（"The development of capacity for concern",1962,pp. 76-77）

温尼科特再一次明确指出，母亲不仅要能在婴儿对她无情的需求中幸存下来，同时也要能在那里接受婴儿的"馈赠姿态"——即"自发性姿态"（spontaneous gesture）。正是她接受馈赠的能力，造就了她的幸存能力。而母亲接受婴儿馈赠姿态的能力则基于她对婴儿沟通的情感性理解。她接受馈赠的质量对婴儿开始把焦虑转化为担忧至关重要。这也是温尼科特的论文"客体的使用"（The Use of an Object）中的一个重要主题。（参见，攻击性：10）

110

如果母亲在接受婴儿的自发性姿态方面存在困难，那么婴儿就不太可能发展出整合的担忧能力：

简言之，客体—母亲幸存的失败，或环境—母亲提供可靠修复机会的失败，都会导致个体担忧能力的缺乏。取而代之的是原初的焦虑感，以及对其原初的防御，例如分裂或瓦解（disintegration）。我们常常谈论分离性焦虑（separation-anxiety），但这里我想要描述的是母亲和她们的婴儿，或者父母和他们的孩子之间还没有发生过分离，儿童—照护的外在连续性没有被打断时会发生什么。我想要讲述的是当分离被避免时，事情会怎样发展。

（"The development of capacity for concern",1962,p. 78）

温尼科特在这里的论点，如同他的其他许多理论一样，都是一种悖论性的。对他而言，分离性焦虑并不关乎分离恐惧，而是不能够进行分离的困难。

8   时间维度

母亲的抱持功能责任其中的一个部分，就是要照顾好时间：

> 也许可以指出一个特点，尤其是论及被"抱持"的焦虑这一概
> 念，即在时间中的整合现在被纳入到生命早期阶段更为静态的整合过
> 程中。时间因母亲在场而维持着流逝，而这也是她的辅助性自我—功
> 能（auxiliary ego-functioning）的一个方面；但是，婴儿也开始有了个
> 性化的时间感，这种时间感在一开始仅仅持续很短。
>
> ("The development of capacity for concern",1962,p. 77)

时间维度同时也促进存在的连续性（continuity of being）——这是
婴儿为了成长必须拥有的一种关键性体验。温尼科特在 1967 年一篇论文
"文化体验的位置"（The Location of Cultural Experience）中，详细阐
述了母婴关系中的时间特点。（参见，创造力：3）

9　先天性道德

　　1962 年，伦敦大学教育学院举办了一个名为"家庭与学校中的儿童"的系列讲座。温尼科特在讲座中向听众阐述了他关于道德教育的想法。随后，演讲被收录在《变革社会中的道德教育》（*Moral Education in a Changing Society*, Niblett, 1963）一书中，之后又于 1965 年被收录在《成熟过程与促进性环境》（1965b）一书中，题目为"道德与教育"（Morals and Education）。

　　在温尼科特看来，道德和不道德与真自体生活（true self living）和假自体生活（false self living）密切相关。（他的论文"由真和假自体谈自我扭曲"恰好于两年前，即 1960 年完成。）

　　　　最凶猛的道德是婴儿早期的道德，一直持续存在于人性之中，是贯穿个体一生可以辨认出的特质。对于婴儿来说，不道德就是以牺牲个性化生活方式而去顺从。例如，任何年龄的儿童都可能会感到进食是不对的，甚至为了这个原则会不惜去死。顺从能带来即刻的回报，而成人又太容易把顺从当作儿童的成长。成熟过程可以通过一系列认同而绕过，因此临床上便显现出一个虚假的、具有表演功能的自体，有可能是对某个人的仿效或照搬；而可以称之为真自体或核心自体（essential self）的东西则被隐藏起来，并且生命体验也被剥夺了。

　　　　　　　　　　　　　　　　　（ "Morals and education", 1962, p. 102）

　　温尼科特这篇论文的中心思想，乃至他全部作品其中一个观点就是，如果儿童自身没有首先发展出内在的担忧感，那么道德教育就毫无意义。换言之，婴儿时期的担忧能力是成人道德感、伦理感的基础，而伦理道德感则是情绪成熟与健康的组成部分：

> ……道德教育很自然地紧随着儿童道德成就的达成而来，而后者是在良好照护的促进下的一种自然发展过程。

("Morals and education",1962,p. 100)

10 邪恶

如果婴儿没有贡献的机会，也就无法发展出担忧的能力，他可能就会因此变得"邪恶"。在这种背景下，邪恶与反社会倾向是有联系的。（参见，反社会倾向：2）

> 强迫性邪恶（compulsive wickedness）可以说是道德教育根本无法治愈或无法阻止的问题。儿童从骨子里就知道，被邪恶行为封锁住的是希望；而绝望则是与顺从和虚假的社会化相关联的。对于反社会或邪恶的人来说，那些道德教育者站在了错误的一边。

("Morals and education",1962,p. 104)

温尼科特关于道德的论述，典型地体现出他对于在平凡、照护的父母支持下，婴儿展开发展倾向的信心和全部态度。

温尼科特对担忧阶段的理论性贡献，进一步发展了克莱因的抑郁位置理论，而前者强调的是环境所承担的作用。这一理论的中心点在于，母亲要承认婴儿的馈赠姿态，以及要具有接受馈赠的能力。

这一范式也被扩展到了精神分析性设置中，涉及分析师接纳被分析者"礼物"的能力。Christopher Bollas 在他的论文"精神分析师对其分析者的庆祝"（The Psychoanalyst's Celebration of the Analysand, 1989b）中，进一步阐述了这一主题。

（王晶　翻译）

参考文献

1954　The depressive position in normal emotional development. In:1958a. 1955c

1956　Psychoanalysis and the sense of guilt. In:1965b. 1958o

1962　The development of the capacity for concern. In:1965b. 1963b

1962　Morals and education. In:1965b. 1963d

113

第 7 章

创造性
Creativity

温尼科特的创造性理论的核心是"原初精神创造性"（primary psychic creativity）的理念，也就是，一种遗传的朝向健康的驱力：一种创造性驱力。母亲适应婴儿需求的能力促进婴儿感受到，他出于自身的需求而创造出了客体。从这个起始点，自体感才开始得以发展。

原初精神创造性与温尼科特后期作品中提出的"女性元素"（female element）有关联，此时他的关注点在"文化的位置"（location of culture）上。他提出，这是"创造性生活"（creative living）和"感受真实"（feeling real）的基础。

创造性生活的能力要与创造性行为（绘画、舞蹈等）区分开来。

1 原初精神创造性

温尼科特的创造性理论与弗洛伊德和克莱因的那些理论不同，温尼科特把创造性的根源，放置在生命的最开始阶段和母婴关系的核心之中。简言之，弗洛伊德对于成人创造力的观点与他的升华（sublimation）理论有关联，而梅兰妮·克莱因关于创造力的看法则与她的抑郁位置（出生后几周后或者几个月后）理论中的修复方面相关联。

20 世纪 50 年代，温尼科特对于母亲在与出生前和出生后婴儿关系中所承担主要功能的思想逐步完善，并且把原初精神创造性这个理念，放置在人类最早关系的中心和生命的最开始阶段。1953 年，温尼科特与 Masud Khan 一起综述了 W.R.D. Fairbairn 的著作《人格的精神分析研究》（*Psychoanalytic Studies of the Personality*）。在这篇综述中，温尼科特关于原初精神创造性的主题开始浮现出来。在谈到 W.R.D. Fairbairn 的著作时，他写道：

> 在他的理论中，原初精神创造性并非是人类的固有属性；一系列无穷无尽的内射和投射形成了婴儿的精神体验。W.R.D. Fairbairn 的理论在这里与梅兰妮·克莱因的理论相一致，因为他们也没有关注到原初精神创造性的重要性。

> 在严格的弗洛伊德学派理论中，这一主题也可以说没有出现过，这是因为原初创造性在临床工作中的地位还没有得到认识和考量。分析师所关注的是与人际关系相关的现实与幻想的全部领域，以及在这些关系中本能元素逐步获得的成熟。但是，并没有人主张，这些问题就覆盖了全部的人类体验。只是在最近，分析师们才感到有必

要提出一个假设，顾及那些与本能冲突基本无关的婴儿体验和自我发展的领域，这个领域中存在着一个固有的精神过程，比如我们这里所提出的"原初（精神）创造性"。

（ "Review of Psychoanalytic Studies of the personality",1953,p. 420 ）

对于温尼科特，原初精神创造性从本质上讲是一种朝向健康的天生驱力，这一概念与他的几个重要主题有着紧密的联系：

- 婴儿在生命最初几天和几周内与母亲的关联中，需要体验全能幻象。（参见，幻觉：5, 6; 存在：3; 抱持：4; 原初母性贯注：2）
- 母亲响应婴儿自发性姿态的能力，会促进源自真自体 (true self) 的自体感的发展。（参见，自体：5）
- 原初攻击性 (primary aggression) 的作用，以及婴儿需要一个能够幸存于其无情的爱(ruthless love)的客体（既是客体—母亲，也是环境—母亲）。（参见，攻击性: 2, 3, 8, 9; 担忧: 3, 4; 母亲: 3, 4; 过渡性现象: 3）

115

2　作为世界创造者的新生儿

1951 年，在论文"过渡性客体和过渡性现象"中，温尼科特指出，婴儿创造性能力的活动创造出了乳房：

……由于婴儿爱的能力或（也可以说是）需求，乳房被婴儿一次又一次地创造了出来。婴儿发展出了一个主观性现象，我们称之为母亲的乳房。

这里增加一个脚注：

[这里我囊括了母性养育(mothering)的全部技巧。当人们说到第一个客体是乳房的时候，"乳房"这个词就被使用了。我认为，这个词既代表了母性养育的技巧，同时也代表了事实上的肉体。]
母亲恰好在婴儿准备好去创造的正确时机，把现实的乳房送到了婴儿能触碰到的地方。

("Transitional objects and transitional phenomena",1951,pp. 238–239)

在恰当的时间、恰当的地点，母亲把客体呈现给婴儿，只有那些处于一种原初母性贯注状态的母亲，才能够做到这种事情。这意味着母亲有能力认同自己的婴儿，因此母亲也能够在深层次上尝试发现婴儿的需求。(参见，母亲：8)
在这篇论文中，温尼科特聚焦于婴儿的主观性与他挣扎着的客观性感知世界之间的关系：

因此，从一出生起，人类就关注着客观性知觉的（objectively perceived）与主观性构想出的（subjectively conceived of）东西之间关系的问题。在解决这个问题的过程中，如果母亲不能提供足够好的开始，那么这个人就不会有健康。我所指的这个中间区域（the intermediate area）正是应允给婴儿的，处于原初创造性与基于现实检验的客观性知觉之间的那个领域。过渡性现象代表着使用幻象的早

116

期阶段，如果缺乏这种幻象，那么对于人类来说，他与被其他人知觉为外部存在的一个客体建立关系的理念就没有了任何意义。

("Transitional objects and transitional phenomena",1951,p. 239)

十七年后，即 1968 年，温尼科特通过解释母亲在行使客体—呈现（object-presenting）任务时所传达给婴儿的信息，澄清了婴儿全能体验的意义和价值：

我们得说，婴儿创造了乳房，但假若母亲没有在恰当的时机呈现乳房，婴儿也就无法创造出乳房。与婴儿的沟通信息是："创造性地来到这个世界吧，创造出这个世界吧。只有你创造出来的东西，对你才有意义。"接下来的信息是："世界为你所掌控了。"从这种最初的全能体验出发，婴儿才能够开始体验挫折，甚至有一天能够到达无所不能的对立面，即，感受到自己只不过是宇宙中的一粒尘埃，在婴儿构想它之前，在一对相互吸引的父母构想（孕育）他之前，这个宇宙就已经存在了。难道人类不恰恰是从先感受到自己是神，而后逐渐发展出了与人类个性（human individuality）相匹配的谦卑吗？

("Communication between infant and mother,and mother and infant,compared
and contrasted",1968,p. 101)

3 文化体验及其位置

　　1967 年，温尼科特探索了他称之为"文化体验"（cultural experience）的主题。温尼科特在其人生和工作的这个阶段，尤为典型地追寻"文化体验的位置"，这也正是他某篇论文的题目。在这篇论文中，温尼科特的"客体的使用"（use of an object）理论已经准备好了，而一年之后，即 1968 年，72 岁的温尼科特发表了"客体使用和通过认同的客体关联"。

　　就本质而言，文化体验开始于早期养育组合这一隐蔽的关系。只要环境具有促进性并且足够好，婴儿就会产生一种"神一样"的幻象，基于这种体验，他会继续发展，并修通一个幻灭的过程，认识到他其实不是"神"。为了帮助自己从幻象过渡到幻灭这个旅程，健康的婴儿或幼童会使用一种过渡性客体。父母双方对这个过渡性客体的态度是至关重要的。（参见，过渡性现象：3，4）

117

　　我曾经提出，当我们目睹婴儿使用一个过渡性客体，即第一个非我所有物（the first not-me possession）时，我们实际上看到的，既是婴儿首次使用象征，也是婴儿的首次游戏体验。在我关于过渡性现象的构想中，一个重要的部分就是我们都同意，绝不要问这样的问题来挑战婴儿：到底是你创造了这个客体，还是你恰好发现它就在你旁边？也就是说，过渡性现象和过渡性客体的一个本质特征就是：当我们观察它们时，我们所持态度的性质。

　　过渡性客体是婴儿与母亲（或母亲的一部分）结合的象征。这个象征可以被定位。它所处的空间和时间位置就在，从母亲（在婴儿的心智中）与婴儿合并状态，到母亲被体验为一个被知觉而非被构想的客体的过渡和转换之中。使用一个客体象征了两个现在是分离的事物的联合——婴儿和母亲，而发生的时间和地点恰是他们分离的开始状态。

（ "The location of cultural experience",1967,pp. 96–97 ）

在这里，温尼科特指的是，婴儿不断增长的区分"我"（ Me ）与"非我"（ Not-me ）的能力。这可以通过对时间元素的强调而加以例证：

也许有必要以一种强调时间因素的方式来表述这个问题。母亲存在的感受能够持续 x 分钟。如果母亲离开的时间超过了 x 分钟，那么母亲的无意识意象（ imago ）就消退了，与此同时婴儿使用联合象征（ the symbol of the union ）的能力也就停止了。婴儿处于痛苦之中，但这种痛苦很快便得到了修复，这是因为母亲在 $x+y$ 分钟后返回来了。在这 $x+y$ 分钟之内，婴儿没有被改变。但是，在 $x+y+z$ 分钟之内，婴儿的精神就会受到创伤。即使母亲在 $x+y+z$ 分钟后返回来，也无法修复婴儿已经被改变的状态。创伤意味着婴儿在生命连续性上经历了一次断裂，因此原始性防御现在就要被组织和调动起来，以防止再次重复经历"无法想象的焦虑"，或者防止再回到那种属于初期自我结构瓦解（ disintegration ）的严重混乱状态。

我们必须假设，绝大多数婴儿从未体验过 $x+y+z$ 分钟量级的剥夺。这意味着绝大多数儿童不会在他们的生命中携带着那种由曾经亲身经历而得知的疯狂。在这里，疯狂仅仅意味着，在个性化连续性存在感（ personal continuity of existence ）的时间维度上有可能存在着断裂。从 $x+y+z$ 分钟的剥夺中"恢复"后，一个婴儿不得不重新开始建

118

立永久性丧失掉的根基，而这个根基能够提供个性化生命开始的连续感。这意味着有一个记忆系统和一个记忆组织的存在。

("The location of cultural experience",1967,p. 97)

温尼科特所要强调的是，母亲必须要代表她的婴儿行事，以保护婴儿避免经历连续性存在的断裂。（参见，担忧：5；环境：1，2）

相比之下，遭受了 $x+y+z$ 分钟量级剥夺影响的婴儿，事后因其母亲的局部宠爱（localized spoiling）修复了婴儿的自我结构，因而得到了持续的疗愈。这种自我结构的修复，重新建立起了婴儿使用联合象征（a symbol of union）的能力；于是婴儿也就可以再次允许与母亲分离，甚至可以从分离中获益。这是我想要去探索的领域，这种分离不是一种分离，而是一种联合的形式。

("The location of cultural experience",pp. 97–98)

如果婴儿逐渐习惯了与母亲分开不超过 $x+y$ 分钟，那么他就能够记住母亲，并把她保留在心智中。这与温尼科特的婴儿独处能力（capacity to be alone）的概念紧密相连（参见，独处：2）。但是，它如何与文化位置相联系呢？

温尼科特的文化理论所强调的重点，在于婴儿对其母亲来来去去的主观性体验，以及他所感受到的母亲的风格（idiom），这都与他的遗传倾向相关联。遗传倾向指的是他（婴儿）的风格：也就是，他人格和性情中独特的基本特征。而实际的风俗、语言，以及他的每个具体社会相关方面，都是从这种早期文化中浮现出来的：

119

　　我使用了"文化体验"这个术语作为过渡性现象和游戏概念的延伸，尽管我并不确信我能够定义"文化"这个概念。事实上重点在于体验，之所以使用文化一词，我想的是人类继承的传统。那些人类共同共享的事物，如果我们有地方放置我们发现的东西，那么所有人类个体和团体都可为此做出同样贡献，也可以从中受益或吸取教训。

　　这里，就需要依靠某种记录方式。毫无疑问，早期文明很大一部分都已丢失，但作为口述传统产物的神话，却可以说是记载了人类共同文化六千年演变的历史。贯穿神话的历史一直持续到今天，尽管历史学家们努力做到客观公正，但他们永远无法达到这个标准，尽管他们必须努力而为之。

("The location of cultural experience",1967,p. 99)

　　在这里，温尼科特所指的是从上一代传递给下一代的东西，它不仅包括某个特定社会的习俗和传统，还包括它们的象征和情感意义。当然，每个家庭基于其所处的各自社会背景，都有着各自的神话和故事，这些也会对每个婴儿的个人精神产生影响：

　　……在任何一个文化领域（cultural field）中，除非根基于传统，是不可能做到完全原创的。相反，在文化贡献者的行列中，除了有目的的引用，没有谁只是重复前人，而文化领域中最不可原谅的原罪就是抄袭。原创性和接纳传统之间的相互作用构成了创造发明（inventiveness）的基础；在我看来，这只是另一个例子，一个非常让人兴奋的例子，一个在分离与联合之间相互作用的例子。

（"The location of cultural experience",p. 99）

温尼科特不断地想要从活着（living）、鲜活有力（being alive）和感受真实（feeling real）的角度去强调创造性的本质：

120

> ……生活的本质是什么呢？你也许可以治愈你的病人，但你可能并不知道是什么让他（她）持续地活下去。最重要的是，我们必须要公开承认，没有精神神经症性疾病也许是健康的表现，但这并不是真正的生活。精神病性病人随时随地处于活着与未活着之间，这迫使我们要正视这个问题，这是一个并不真正属于精神神经症的问题，而是一个属于全人类的问题。我想表达的是，对于我们的精神分裂样或边缘性病人，这些问题都是关乎生与死的相同现象，它们也会出现在我们的文化体验之中。正是这些文化体验给予了人类种族一种超越个人存在的连续性。我假设，文化体验与游戏之间存在着直接的连续性，这些游戏是那些还未听说过什么是有规则游戏（games）的人的一种游戏（play）。
>
> ("The location of cultural experience",1967,p. 100)

温尼科特的文化体验的定位的理论中心点是，主体无意识地"记住了"（remember）生命早期母亲的保护和她良好的客体呈现能力。这一体验被婴儿内化了，因而创造出了一种内在资源，可供一个人有创造性地生活。

4　创造性生活就是行动

正如"游戏和存在"都属于早期的母婴关系一样，"创造性生活"也发源于这里。温尼科特很晚期的一篇论文，写于他去世前不久的1970年，进一步阐述了创造性和创造性生活的主题：

> 无论我们得到什么样的定义，根据创造性是否是一个个体生活体验的一部分，我们都必须要考虑生命到底是不是值得过活这个问题。
>
> 一个人要具有创造性，他必须要存在，并且要拥有存在感，这不仅仅是一种意识层面的觉察，而且还是一个人运作的基本场所。
>
> 因此，创造性是源自存在的一种行动。这表明，有能力存在的人是活着的。冲动也许可以平息下来，但当"行动"恰当地出现时，则创造性就已经有了。
>
> ……那么，创造性贯穿整个生命之中，它保留了完全属于婴儿体验的那个部分：创造世界的能力。

("Living creatively",1970,pp. 39–40)　121

正是基于这种创造了世界的感觉，其他一切才变得有意义。如果最初没有体验过幻象，之后也就不会有幻灭（disillusionment）；如果最初没有好的喂养，之后也就没有断奶可言；如果最初没有存在，之后也就无行动可言。创造性生活的基础是创造性统觉，它们基于婴儿与母亲曾经合并的体验。恰恰是这种"牢记着妈妈"的体验，之后发展成为记忆的能力，并成为放置文化体验的场所。在这里，个体与其内在世界中的主观性客体进行静默沟通。这就是每个人格中不与外界发生沟通的那个部分，这个部分是至关重要的，它能让个体感受到生命是有意义的，而且是值得过活的。（参见，存在：2；沟通：9）

5　创造性与艺术家

创造性生活既与艺术家有关，又与艺术家无关。

我必须明确指出，创造性生活与艺术性创造（being artistically creative）之间的区别。

创造性生活会让我们感到所做的每一件事，都会增强我们活着的感受，以及我们就是我们自己的感受。一个人可以观赏一棵树（并不一定是一幅画），并且可以具有创造性地观察。如果你曾经经历过精神分裂样类型的抑郁阶段（大多数人都有过），你就会知道它的相反面。经常有人告诉我："我窗外有一株金莲花，而且阳光明媚。我理智上知道如果有人看见的话，一定会觉得这一切看起来美极了。但对我而言，这天早上（周一）没有任何意义。我无法感受这种景象。这让我强烈地意识到，我无法真实地体验到我自己。"

虽然与创造性生活有关系，但是书信作者、作家、诗人、艺术家、雕塑家、建筑家、音乐家的主动创作是与此不同的另一回事。你应该会同意，假如一个人从事某种艺术创作活动，我们希望他（她）

能有些特殊才艺。但是对于创造性生活而言，我们不需要特殊才艺。　*122*

("Living creatively",1970,pp. 43-44)

　　这个理念在温尼科特一篇题为"游戏：创造性活动和找寻自体"（"Playing : Creative Activity and the Search for the Self"）的文中被进一步阐述。在此文中，温尼科特提出，艺术家创作性渴望的实质是寻找那种和文化位置，以及母婴融合体验相捆绑的创造性统觉。这是因为只有在这种感受之上，真正的自体感才能开始成长。

　　　　在找寻自体的过程中，相关的人也许能够制造出有艺术价值的东西，但是一个成功的艺术家，虽然可以获得举世赞誉，却无法找到他（她）正在找寻的自体。自体并非真正地能从这些身体或心智的创造物中去发现，无论这些建构从审美、技巧，以及影响力上看是多么有价值。如果艺术家（无论以何种方法）正在找寻自体，那么可以肯定地说，这个艺术家在普遍的创造性生活领域中已经有了某种失败。完成的艺术作品永远无法疗愈潜在的自体感缺失。

("Playing : Creative activity and the search for the self",1971,pp. 54-55)

6　寻找自体

　　在"游戏：创造性活动和找寻自体"一文中，温尼科特对弗洛伊德自由联想技术的意义进行了评论和重新评价。对他而言，正是抱持性环境和设置的稳定性，促使病人找寻自体。但是，这种找寻必须要发生在病人自己的时间之中，自然而然地从无形状态中浮现出来：

> 我们正努力帮助的那些人，需要在一种专业性设置中获得一种新的体验。这是一种非目的性状态的体验，有人可能会说这是一种未整合人格的缓慢运转状态。我称其为是一种无形状态（formlessness）。
>
> ……我想要提到的是，那些能让放松成为可能的最基本的东西。就自由联想来看，这意味着沙发上的病人或在地板上的玩具堆中的儿童病人，必须被允许表达一系列毫无关联的念头、想法、冲动和感觉，除了那些从某种意义上看可能具有神经或生理联系，却无法探测到有联系的东西。换言之，只有在那些有目的，或者存在焦虑感的地方，或者因需要防御而缺乏安全感的地方，分析师才能够辨识并指出自由联想材料中不同部分之间的某个（或某些）联系。
>
> 只有在属于信任和接纳的职业可靠性治疗设置（无论精神分析、心理治疗、社会工作、建筑等）的基础上产生的放松状态中，才会为毫无关联性想法序列的出现腾出空间；而分析师只需接受即可，无须假定其中存在着某个有意义的线索。
>
> （"Playing：Creative activity and the search for the self",1971,pp. 54–55）

然后，温尼科特引入了一个对精神分析而言不寻常的主题——"无意义言语"的价值（the value of nonsense）。他主张分析师应在分析性治疗的结构之内向一种无形的和无时间的状态臣服。其中的含意是，通过向不确定性臣服，病人将会被促进并找到与他自己的创造感相关的事情。

这两种相关状态的区别，也许可以通过举这样一个病人的例子来说明：一个病人，他工作之后能够休息，但他无法达到那种宁静的放松状态，而只有在宁静的放松状态中才可以发生创造性尝试。根据这一理论，能够揭示出某个连贯主题的自由联想已经被焦虑所影响，而连贯的想法是一种防御组织。也许要接受的一点就是，有些病人有时候需要治疗师注意到，这种无意义言语属于一个放松个体的心智状态，病人无须去沟通这种无意义言语，也就是说，病人无须去组织它们。被组织的无意义言语已经成为一种防御，正如被组织的混乱（chaos）是对混乱的一种否认一样。无法接受这种沟通的治疗师，会徒劳地努力从这些无意义言语中找到一些结构，其后果就是：病人离开了无意义言语表达的领域，因为病人无法跟随治疗师的意愿去沟通这种无意义言语而感到了绝望。这样，在治疗中一种放松休息的机会就被错失了，其原因是治疗师需要在无意义言语中找到意义。因为环境供养的失败，病人无法得到休息，这就损害了病人的信任感。治疗师在不知情的情况下，放弃了专业角色，恰恰是因为费尽心思地想要做一个聪明的分析师，想从混乱中找到秩序。

124

("Playing : Creative activity and the search for the self",1971,pp. 55–56)

为了例证他的这个论点，温尼科特大篇幅讲述了他与一个病人在两次长时间治疗中的临床工作。病人最终想到要问一个问题。长时间的沉默之后，温尼科特打断了平静。

她此前问了一个问题，而我说，回答这个问题可以把我们带入一个漫长而有趣的讨论中，但我对你提这个问题更感兴趣。我说:"提这个问题，你是有想法的。"

　　这之后，她讲出了能够表达我的意思的话。她带着深深的感受缓慢地说："是的，我明白，一个人能从这个问题中假设一个'我'（Me）的存在，正如在找寻中可以假设一个'我'的存在一样。"

　　此时，她做出了本质性的解释，即问题源于可以被称之为她的创造性；这种创造性是放松之后的一种聚集（a coming together），而放松恰是整合（integration）的对立面。

("Playing : Creative activity and the search for the self",pp. 63–64)

　　温尼科特从这次治疗中得出的结论，让他的工作具有了一种笛卡尔主义的味道：我问，故我在（I question, therefore I am）。对自体感的觉察需要出自一种"散漫的无形"状态（desultory formlessness），这就是第三领域（the third area），而温尼科特在他的论文中称之为"中性区域"（the "neutral zone"）。（参见，自体：11；过渡性现象：5，7）

7　男性和女性元素

　　在 1966 年温尼科特提交给英国精神分析学会的论文"创造性及其源泉"（Creativity and Its Origins,1971）中，温尼科特讨论了"男人和女人都可发现的男性和女性元素"。

　　在一段简短概述中，温尼科特描述道，当他正在倾听一个男病人时，他突然觉得自己听到的是一个女人在讲话。温尼科特与这位病人分享了他的这个反移情感受。

分析师的发现渐渐浮出了水面，即这个男病人虽然从各方面都感到自己是一个男人，但是，在他生命的早期，他的母亲曾经把他当作一个女孩。这就是在分析性移情关系中正在重复的事情，这就是温尼科特（作为母亲）听到了一个女人在说话的原因。但是，这与男性元素和女性元素有何关联呢？

温尼科特详细描述了他与这个男病人的体验，并解释了这种体验对他的影响。此时，正如他写到的那样，他自己也开始了自由联想：

> 当我给自己一些时间去仔细思考到底发生了什么时，我感到很迷惑。这里并没有新的理论概念，这里也没有新的技术原则。事实上，我与我的病人曾经经历过这些感受。但这次有了一些新的东西出现，我的态度中出现了一些新的东西，他在使用我的解释性工作的能力上也出现了一些新的东西。无论这对我意味着什么，我决定让自己臣服于其中，而其结果就呈现在我正在报告的论文中。
>
> **解离**
>
> 我注意到的第一件事就是，此前我从来没有完全接受男人（或女人）与异性人格面向之间的完全解离这个问题。但是，在这个男病人身上，我看到了几乎是完全解离的过程。

("Creativity and its origins",1971,pp. 75–76)

温尼科特的病人"分裂出女性元素"（split-off female element）的这个现象，可以追溯到当病人的母亲看到她的这个男婴儿时，她确信（大概是自己的一种愿望）自己看到的是一个女婴（她的第一个孩子是个男婴）。尽管这种情况并不会发生在每一个人身上，但这的确促使温尼科特反思和重新思考弗洛伊德曾经提出的每个人都有"双性"（bisexuality）

的说法。

> ……我发现自己的一支旧武器上安装上了新利刃，而我也开始思考这将会如何影响我与其他病人的工作，无论男人、女人、男孩、女孩。于是，我决定研究这种类型的解离（分裂），暂且把其他类型的分裂搁置——但绝非遗忘。

126

（"Creativity and its origins", p. 76）

这篇论文的困难之处在于，论文中的临床材料跟温尼科特一个病人解离的性别身份（gender identity）有关，这引发他开始思考男人和女人的男性和女性元素。尽管这些概念有重合之处，性别身份和每个人的男性、女性元素还是有所不同。性别身份这一问题是一个广阔的研究领域，在温尼科特这篇论文之后，这个问题的研究也获得长足发展——而他想要探索的男性、女性元素是元心理学，尽管它们根植于人生命最初几周的母婴关系的现实之中。

温尼科特关于男性和女性元素论述的主要观点是：自体感的浮现取决于，在恰当的发展阶段中这两种元素浮现出来并紧密地结合在一起。

8 纯粹女性元素

女性元素被放置在生命的起始阶段，那时母亲和婴儿合并在一起，他们无法感受到是一体的，但是他们就是一体的（参见，存在：1）。如果自体感要有存在的可能性，那么"一体存在"（being-at-oneness）的建立必须首先要发生。

> ……只有在与这种存在感（sense of being）关联的基础上，自体感才能够浮现出来。这种存在感要早于"合二为一"（being-at-one-with）的概念，因为这时除了身份（identity[1]），其他什么都不存在。两个独立的人可以感受为（feel）一体的，但在我这里所考察的阶段中，婴儿与客体本来就是（are）一体的。原初认同（primary identification）这个术语可能一直被用来指代我正在描述的这件事，而我努力想要展示出，这一最早的体验对于后续所有认同的体验而言是多么地关键。
>
> ("Creativity and its origins",1971,p. 80)

温尼科特认为，女性元素根植于婴儿与母亲合并的体验之中。在这种原初认同的状态中，婴儿体验不到他与母亲有任何区别，这也是之后所有进一步发展的前提和根基。

127

就这样，温尼科特把女性元素放置于一种环境—个体组合体的中心位置，同样也把它放置在了文化和创造性的位置之中。

温尼科特认为，女性元素根植于母亲与处于合并和非整合状态的婴儿之间的存在（being）之中。从这个原初认同的根源开始，发展出了与区分"我"和"非我"相关的投射性（projective）和内射性（introjective）认同的过程。

1　这里指原初身份。——译者注

投射性和内射性认同，都是从任何一方都还是对方的这个地方开始发展出来的。

在人类小婴儿的成长中，随着自我开始逐渐组织，这个"我"在称之为"与纯粹女性元素客体关联"的过程中，建立了也许是所有体验中最简单的体验，即存在（being）的体验。这里你会发现代际之间真正的连续性——上一代通过男人和女人、男婴和女婴的女性元素传递给下一代的"存在"体验。我想这个观点曾经被提出过，但总是从女人和女孩的角度来谈，而让这个议题变得混淆起来。因为这是一个关于男人和女人都有的女性元素的议题。

("Creativity and its origins",1971,p. 80)

9　纯粹男性元素

随着婴儿开始挣扎着区分开"我"与"非我"时，男性元素便开始起作用了。它是分离过程的一部分，并与担忧阶段相关。在这个阶段，环境—母亲和客体—母亲被放置在了一起，但这种结合还处于非常不稳定的时刻。（参见，担忧：3）

相比之下，男性元素与客体进行客体—关联是以分离为前提条件的。一旦发展出了一个自我组织（ego organization），婴儿就允许客体拥有"非我"或"分离"的性质，并体验到包括与挫折相关的愤怒在内的本我满足（id satisfactions）。

("Creativity and its origins",1971,p. 80)

因而，纯粹男性元素代表了基于分离和自我发展的一种分化能力（capacity for differentiation）。

128

创造性生活与男性和女性元素的结合在一起有关系，这带来了"*存在*"（be）和"*行动*"（do）的能力，而这个过程需要有一定的展开顺序：

> *存在之后，才是行动，以及完成行动。但首先必须要，存在。*
>
> ("Creativity and its origins",1971,p. 85)

温尼科特指出，男性或女性元素的解离，阻碍了个体生命的创造性发展（尽管这要与性别身份区分开来）。

（王晶　翻译）

参考文献

1951　Transitional objects and transitional phenomena. In:1958a. 1953c

1953　Book Review. & Khan,M. Fairbairn's *Psychoanalytic Studies of the Personality*. In:1989a. 1953i

1967　The location of cultural experience. In:1971a. 1967b

1968　Communication between infant and mother,mother and infant,compared and contrasted. In:1987a. 1968d

1968　The use of an object and relating through identifications. In:1971a. 1969i

1970　Living creatively. In:1986a. 1986h

1971　Creativity and its origins. In:1971a. 1971g

1971　Playing : Creative activity and the search for self. In:1971a. 1971r

129

第 8 章

依 赖
Dependence

　　婴儿依赖其环境这一现实，决定了他的情绪发展。温尼科特假设了三个依赖时期："绝对依赖"（absolute dependence）、"相对依赖"（relative dependence）和"朝向独立"（towards independence）。婴儿前两个时期的成功和顺利的通过，有赖于一开始就有足够好的环境的供养。正是在这些阶段有了扎实的基础，才会促进被称之为"朝向独立"的这一成熟阶段的发展。

1 依赖的旅程

温尼科特从 1945 年开始才真正确认了"婴儿的依赖这一事实"，他当时指出"从来就没有婴儿这回事"（见前言）。但是，他是在 20 世纪 60 年代开始构建依赖阶段序列的理论，标志性论文是"亲子关系的理论"（The Theory of the Parent-Infant Relationship,1960c）、"健康和危机状态中儿童的供养" [Providing for the Child in Health and Crisis，1965x（1962）]，以及"个体发展中从依赖朝向独立" [From Dependence towards Independence in the Development of the Individual，1965r（1963）]。

从本质上看，温尼科特认为个体情绪发展是一个从"绝对依赖"[他在其 20 世纪 50 年代的论文中也经常称之为"双重依赖"(double dependence）] 到独立的旅程。这个旅程的最后阶段被他命名为"朝向独立"，意味着没有谁能够获得完全独立。这些发展阶段与个体的内在世界有着动力性联系，因此尽管成年生活的主要特点是负有责任的相互依赖（interdependency with responsibility），但成年人有时候，例如患病时，也会被迫退回到一种绝对依赖状态。

在"亲子关系的理论"一文中，温尼科特简要定义了这三个依赖阶段：

依赖

在抱持阶段，婴儿处于最大限度的依赖状态。依赖可以分为：

1）绝对依赖（absolute dependence）。在这种状态下，婴儿还完全没办法理解母性照护，此时的母性照护更多起到的是预防作用。婴儿自己没办法控制养育的好与坏，他只能处在一个被动获益或遭受扰乱的位置上。

2）相对依赖（relative dependence）。这时的婴儿开始变得能察觉到自己对母性照护细节的需求，也能够越来越深地把这些细节与个人的冲动联系在一起，长大以后，在精神分析性治疗中，还能在移情中重现它们。

3）朝向独立（towards independence）。没有实际照顾也能去行动的能力和手段。这种能力和手段是通过婴儿发展出了曾经被照护经历记忆的积累、个人需要的投射，以及对照顾细节的内射，并且发展出了对环境的信心而达成的。这里也必须加入理智性理解的元素，以及它所蕴含的巨大的影响。

("The theory of the parent–infant relationship",1960,p. 46)

两年后，在"健康和危机状态中儿童的供养"一文中，温尼科特根据需求和供养，进一步细分了不同依赖程度的阶段。这里他对环境供养的强调越发明显。环境失败发生得越早，对个体精神健康造成的后果就越具有灾难性。如果在早期发展不稳固的阶段中，婴儿的需求得到了满足，那么他就具有了更强大的潜力，能在之后的环境失败中幸存下来。

131

5. 我们讨论儿童的供养——以及对成年人内心中儿童的供养。事实上，成熟的成年人也参与了供养。换句话说，童年期是一个从依赖走向独立的过程。随着依赖逐渐向独立过程的变化发展，我们需要研究不断变化的儿童需求。这就将我们引向了针对幼儿和婴儿非常早期需求的研究，以及对依赖的极端状态的研究。我们可以把依赖的各种程度看作一个序列：

(a) 极端的依赖。此时环境条件必须是足够好的，否则，婴儿将无法启动他与生俱来的发展倾向性。

　　环境失败会导致：非器质性精神缺陷；儿童期精神分裂症；日后易感那些需要住院治疗的精神障碍。

　　(b) 依赖。此时环境条件的失败实际上会导致精神创伤，但此时已经是一个"人"在经受着精神上的创伤。

　　环境失败会导致：易感各种情感性精神障碍；反社会倾向。

　　(c) 依赖——独立的混合状态。此时儿童正在尝试进行着独立，但需要能够重新体验到依赖的机会。

　　环境失败会导致：病理性依赖。

　　(d) 独立——依赖状态。这个状态与 c 类似，但更偏向于独立这一端。

　　环境失败会导致：违抗；暴力性发作。

　　(e) 独立。这意味着有了一个被内化的环境：儿童表现出了自我照顾的能力。

　　环境失败会导致：不一定会造成伤害。

　　(f) 社会意识。此时意味着个体能够认同成年人，并且能够认同一个社会团体，或认同整个社会，同时也不会丧失太多的个人冲动性和独创性，而且也不会丧失太多的摧毁性和攻击性冲动，这大概是因为个体在替代形式中找到了满足的表达。

　　环境失败会导致：个体可以作为一个母亲或父亲，或者可以作为社会中的父母角色，来承担他（她）的部分责任。

　　　　　　　　　　("Providing for the child in health and crisis",1962,pp. 66–67)

　　温尼科特不倾向于划定这些阶段的具体年龄范围。但是从其著作中可以发现，"绝对依赖"阶段及其各种程度存在于六周到三四个月；"相对依赖"阶段紧随其后，直到十八个月或两岁前后。"朝向独立"阶段在婴儿／学步期幼儿完成前面两个阶段任务后开始。

2 依赖的事实

温尼科特经常指出在生命开始阶段依赖这个"事实"。

认识到依赖的这个事实是有价值的。依赖是真实的。婴儿和幼儿无法自理这件事是如此明显，以至于依赖这一简单事实很容易就被忘记了。

> 我们可以说，一个孩子成长的故事，就是这个孩子如何从绝对依赖状态稳健地过渡到程度逐渐下降的相对依赖状态，并摸索着朝向独立的故事。
>
> ("Dependence in child care",1970,p. 83)

婴儿在生命开始阶段必须依赖他人这一事实，也意味着他处于一个抱持阶段（the holding phase）。为了强调环境对婴儿发展所起的作用，温尼科特指出，婴儿的绝对依赖这个事实构成了亲子关系理论的一半内容。

> 亲子关系理论的一半内容都关注于婴儿依赖，它是关于婴儿从"绝对依赖"，经过"相对依赖"，再到独立的发展旅程的理论。平行于经典精神分析理论：婴儿从快乐原则到现实原则，以及从自体

133　　性欲到客体关系的发展旅程。亲子关系理论的另一半内容则关注于母性照护，也就是说，母亲适应婴儿、满足婴儿特定发展需求的那些性质和变化。

("The theory of the parent–infant relationship",1960,p. 42)

温尼科特特别使用"绝对依赖"这一术语来表述婴儿生命早期所处的困境——他需要母亲的子宫来发展，而当他出生时，他需要母亲"完美适应"（ perfectly adapt ）他的需求。如果母亲处于一种原初母性贯注状态（强烈认同其婴儿），那么婴儿就更有可能在身体和情绪上发展得更好。

温尼科特也指出了新生婴儿所处困境中包含的悖论：

　　……就心理学来看，我们需要承认婴儿同时既是依赖的，又是独立的。我们需要考察这一悖论。这时所有一切都是遗传来的，包括成熟过程，甚至一些病理性遗传倾向，这些都有其各自的现实，无人能加以改变；与此同时，成熟过程的演变则依赖于环境供养。

("From dependence towards independence in the development of the
individual",1963,pp. 84–85)

接着他得出了一个重要的结论：

　　我们可以说，促进性环境让成熟过程的稳步展开成为可能。但是，环境并不能造就孩子。它最多能让孩子实现其自身的潜能。

("From dependence towards independence in the development of the
individual",1963,p. 85)

　　父母并不知道婴儿的遗传倾向到底是什么，但父母正是要去适应和响应孩子的个人风格。他们所能做的一切就是提供适合的环境（适应需求），因为他们不可能把婴儿变成他们幻想中的那个婴儿。

　　婴儿所处的绝对依赖期与温尼科特的其他许多主题都有关系——持续性存在或连续性存在、对侵入的反应、原初母性贯注、合并、主观性知觉的客体、沟通，以及抱持。（参见，存在：1；创造性：1；自我：2；环境：4；母亲：11，12；游戏：9；自体：5）

134

　　从婴儿的视角来看，绝对依赖的主要特征是他完全意识不到母亲的照护和他对母亲的依赖。婴儿的母亲就是他自己，而当婴儿得到了他需要的东西时，他感到是他自己创造出了这一切，因为他是神。这就是"全能幻象"（illusion of omnipotence）。（参见，幻觉：5，6）

3　对女人的恐惧

　　厌恶女人（misogyny）不是温尼科特使用的一个词语；但是，他在1950年的一篇关于女人恐惧的文章中，顺便提到了厌恶女人的根源。这篇文章的题目是"关于'民主'一词含义的一些想法"（Some Thoughts on the Meaning of the Word "Democracy"），发表在1950年的《人类关系》（*Human Relations*）杂志上：

　　　　在精神分析以及相关工作中发现，所有个体（男人和女人）都留存有对女人一定程度的惧怕。有一些人对女人的恐惧更甚于其他人，但总体而言，可以说这种女人恐惧具有一定的普遍性。这和说一个人害怕某个具体女人还是相当不一样的事情。对女人的恐惧是社会结构中的一个强大动因，这也是为何只有些极少数的社会才允许一个女人掌握政治权力。同时这种恐惧也解释了，为何残酷对待女性的方式广泛存在于几乎所有文明都接受的习俗中。

这种对女人恐惧的根源是已知的。它与这样一个事实相关：在每一个发展良好、精神健康，并能发现自我的个体生命最早期，都有一个女人对这个还是婴儿的个体无微不至地照护，而这种照护对于他的健康发展至关重要，这也让他感到亏欠了这个女人许多。人们并不记得最原初的依赖，因此这份亏欠也并未得到承认。但对女人的恐惧可说是试图承认这份亏欠的第一个阶段。

135   ("Some thoughts on the meaning of word 'democracy'",1950,p. 252)

温尼科特在脚注中又补充：

尽管在此详尽讨论这一话题略显突兀，但如果能循序渐进地考察这一理念，就能达到最好的效果：

·童年早期对父母的恐惧；

·对组合人物形象——一个其能力中具有男性力量的女性（女巫）——的恐惧；

·婴儿在生命早期对具有绝对权力母亲的恐惧，她能供养婴儿的存在，或者供养可能会失败，这些都会决定一个个体是否在生命早期具备构建自体的基本要素。

("Some thoughts on the meaning of word 'democracy'",1950,p. 252)

在接下来的两段中，温尼科特做出了一个革命性的（尽管有争议）陈述——首次从精神分析角度去理解，为什么男权在社会中占据优势。

　　一个个体的精神健康在生命最早期建立根基，那时母亲只是简单地献身于自己的婴儿，而婴儿处于双重依赖状态，因为他并不知晓自身的依赖性。与父亲的关系中并不包含这种特性，而也正是因为这个原因，一个在政治上身居要职的男人要比一个同一级别的女人获得大众更客观的赞美。

　　女人经常宣称，如果由女人来掌管事务，就不会再有战争。这是否是最终的真相仍值得商榷。但是，即使这一断言有充分根据，也无法解释为何男人或女人能去忍受掌握最高政治权力的女性所展现的基本原则。（女王因其处于政治之外而不被这些考虑所影响。）

（"Some thoughts on the meaning of word 'democracy'",1950,pp. 252–253）

在接下来的两段中，温尼科特则把这一理念延伸至独裁统治，以及需求控制型领袖的人类群体的原因上：

　　……可以考虑一下独裁者的心理，独裁代表了"民主"一词所有含义的对立面。需要成为独裁者的一个根源在于，试图通过包围住女人和替代女人行事的强迫性方式，来处理对女人的恐惧情绪。独裁者不仅要求人们对其绝对服从、绝对依赖，并且还要求人们"爱"他们——这些心理特征都来自这一根源。

　　此外，群体接纳的倾向，甚至找寻现实性控制的倾向，都来自被幻想中女人（fantasy woman）主宰的恐惧。这种恐惧致使他们去寻找，甚至欢迎一个已知的人的统治，特别是那种承担了化身为幻

想中魔法女性重任的独裁者，并因此给人们灌输都欠了这个幻想的
魔法女性人物巨大的人情债。独裁者可以被推翻，而且早晚都会死
掉；但是这个原初无意识幻想中的魔法女性却无处不在，其影响力
无穷无尽。

("Some thoughts on the meaning of word 'democracy'",1950,p. 253)

"女性恐惧"是温尼科特对所有社会中对女性持有贬损态度现象的
理解。

1957 年，温尼科特在其广播演讲稿集"母亲对社会的贡献"（ The
Mother's Contribution to Society ）的后记中强调，每个人承认依赖这个
事实的重要性，以及这种承认将如何减轻恐惧感。

让我再一次强调，对依赖的承认并非只是出于感恩甚或赞美。
这种承认的结果将会减轻我们的恐惧。如果我们的社会迟迟不能充分
认识到这种依赖性，而这种依赖却在每一个人生命开始阶段就是一
个历史性事实，那么无论是前进，还是退行，都会存在阻碍——来
自恐惧的阻碍。如果不能真正地认识到母亲的功劳，那么就会一直
存在着一种对依赖模糊不清的恐惧。这种恐惧有时会表现为对女人的
恐惧，有时则是针对某个具体女人的恐惧，而有时又是一些更加不
易辨别的恐惧形式，但都包含了对被主宰的恐惧。

("The mother's contribution to society",1957,p. 125)

在文章中，他再次提到了独裁者要统治别人的需求，以及人们要被
统治的需求——这恰恰是人们无法承认依赖这个事实的后果之一。

不幸的是，对被统治的恐惧并不会让群体避免被统治；相反，这会

让他们更倾向于选择某种特定的或被迫选择的统治形式。事实上，如果真的去研究独裁者的心理，我们很可能会发现，除了其他的因素之外，独裁者自己的个人挣扎正是想要去控制他无意识恐惧的那个女人的主宰，努力地想要通过包围她、替代她行动，并由此要求她绝对地服从和"爱"他来控制住她。

许多社会历史的研究者都曾认为，对女人的恐惧是人类群体一些看似不合逻辑行为背后的一个强有力动因，但很少有人对这种恐惧追根溯源。如果追溯每个人的个人历史，这种对女人的恐惧其实就是对承认依赖这个事实的恐惧。

("The mother's contribution to society",1957,p. 125)

几年之后，即 1964 年，在一篇递交给进步联盟的论文中，温尼科特简要地发展了这个主题，他定义"女人"（WOMAN）意味着"每一个男人和女人生命最早期的那个未被承认的母亲"（"This Feminism"，1964，p. 192）。

这就引出了温尼科特区分男人与女人之间不同的个性化方式。每一个女人的内心都存在着三个女人：

……我们也许可以发现一种新的陈述男女区别的方式。女人们通过对自己内心中女人的认同，来处理她们与女人的关系。对每一个女人而言，她内心中总是有三个女人：（1）小女孩；（2）母亲；（3）母亲的母亲。

在神话故事中，经常会出现三代女人，或者是具有三种不同功能的三个女人。无论一个女人有没有孩子，她总是处于这种无尽的心理序列中；她是婴儿、母亲和祖母，她是母亲、宝贝女儿和宝贝的宝贝……而男人从一开始就怀有强烈的愿望要成为一体。一体就是唯一的、完全孤独的一个人，并且将来永远如此。

男人做不到女人能做到的这一点，即与整个种族合并为一体，同时又不会违背他完整的本性。

……对于男人和女人而言，就会有这种尴尬的事实，即每一个人都曾经依赖过女人，如果要达成人格的完全成熟，无论如何这种恨就得转变为某种形式的感恩。

("This feminism",1964,pp. 192–193)

温尼科特认为，男人嫉妒（envy）女人在分娩中所冒的风险，这让男人们去寻求危险的运动，这样他们就不得不去冒风险。但是，他神秘地指出："一个男人死了，他这个人就是死了；而女人们过去一直存在，并且将会永远存在。"（"This Feminism"，1964,p. 193）

4　相对依赖

在婴儿开始区分"我"（Me）与"非我"(Not-me)的阶段，包含了五个重要的，并且相互重叠的特征。它们都与断奶过程有关，而断奶过程既发生在母亲身上，也发生在婴儿身上，以及母亲与婴儿之间的关系之中。

温尼科特估计这个阶段大约从六个月起一直持续到两岁左右。他指

出，断奶的目的是，"使用婴儿日益发展出来的放弃能力，让乳房的丧失
不会变成只是一件偶然发生的事情。"

相对依赖阶段的五个主要特征是：

- 母亲响应婴儿的发展而逐渐失败和去适应；
- 婴儿开始有了理智性理解（intellectual understanding）；
- 母亲可靠地、稳定地把世界呈现给婴儿，这有赖于她做她自己的能力
（客体—呈现）；
- 婴儿逐步觉察到自己的依赖性；
- 婴儿的识别和认同能力。

5　去适应和失败

此阶段，母亲开始从原初母性贯注状态中逐渐撤出，并回想起她是
这个世界上的一个独立个体，有着自己的身份。从怀孕、生产到在与绝
对依赖的婴儿认同中合并这一系列过程中，她的身体、情感都正在慢慢
从最后一个重要阶段中恢复过来。

婴儿需要他的母亲"去适应"，而去适应的体验也留存于母亲儿时自
己的记忆中。母亲的"失败"把"现实原则"（reality principle）介绍给了
孩子，这就是幻灭过程（the disillusioning process）的一部分，并且与
断奶有关，尽管并不等同于断奶（参见，母亲：11）。通过这样的"失败"，
母亲不知不觉地允许婴儿去感受和体验他自己的需求。这种"失败"也促进
婴儿发展自体感的——一个是"我"而不同于母亲的自体。

可是，如果母亲不能"失败"(我们可以说相当于不能放手让婴儿成长)，那么婴儿自体实现（self-realization）的驱力就会受到阻止。

> ……已经开始与母亲发生分离的婴儿，无法获得对所有正在发生的好事的掌控。创造性姿态（creative gesture）、哭喊、抗议，所有这一切理应让母亲有所响应的小信号，都起不到应有的作用，因为母亲已经满足了他的需求，就好像婴儿还在与她合并为一体，她也还在和婴儿合并为一体一样。这样的母亲，虽然看似是一个好母亲，但却做了比阉割婴儿更糟糕的事情。这时，婴儿只剩下两个选择：要么永久性地处于一种退行的、与母亲合并一体的状态，要么完全拒绝母亲，即使这个母亲看似是一个好母亲。
>
> 因此我们可以看到，在婴儿期以及对婴儿的管理中，以下两种状态之间存在着一种微妙的差别：母亲是基于共情（empathy）而理解婴儿的需求，还是她转换到基于婴儿或幼儿指明某种需求的某些信号而理解婴儿的需求。这对于母亲们来说尤为困难，因为孩子们就是在两种状态之间摇摆不定；前一分钟他们还与母亲合并，要求母亲的共情；后一分钟他们就与她分离了，而这时如果母亲提前知道了他们的需求，那么母亲就是一个危险的来源，就是一个女巫。

("The theory of the parent–infant relationship",1960,pp. 51–52)

很有必要澄清温尼科特对"失败"（failure）这个词汇的使用。小的失败（失误）与去适应的需求相关。这种小失败是健康的，因为它是婴儿发展必不可少的一部分——之所以必不可少，是因为它（在无意识中）通过母亲／女人做她自己（继续发展和过活她自己的生命）促进幻灭的过程。

没有能力做自己的那些母亲，以及在婴儿到了适当年龄仍不能放手的那些母亲，都会妨碍婴儿达成担忧阶段的成就，以及使用过渡性空间（transitional space）的能力。（参见，担忧：7；过渡性现象：3）

另一方面，那些确实让婴儿失望，导致婴儿持续性存在发生突然中断的母亲所造成的失败是一种真正的失败（failure）。反社会倾向的病因就来自这类环境的失败。（参见，反社会倾向：2，3）

在这个相对依赖期当中的一个关键成分是，婴儿要让母亲知道他的需求。婴儿向母亲发出了"信号"，这也可以平行地应用到病人与分析师的关系中。

> ……到了合并阶段结束时，也就是当孩子开始与环境发生分离时，一个重要的特征就是婴儿要发出一个信号。在我们的分析性工作中，会看到这种微妙的情况明显地出现在移情中。非常重要的一点就是，当病人退行到婴儿早期阶段，退行到合并状态时，分析师一定不能知道答案，除非病人会给出线索。
>
> （"The theory of the parent–infant relationship",p. 50）

在 1962 年的一篇论文"婴儿照护、儿童照顾和精神分析性设置中的依赖"（Dependence in Infant-Care,in Child-Care,and in the Psychoanalytic Setting）中，温尼科特探讨了发生在治疗关系中的依赖。这篇文章与他 1954 年的另一篇论文"精神分析性设置中退行的元心理学及临床面向"（Metapsychological and Clinical Aspects of Regression within the Psychoanalytical Set-Up）有联系。在 1954 年的这篇论文中，他指出婴儿照护的相关方面与分析性关系之间的联系。两篇文章都提到了病人可能会在治疗关系中发展出的依赖阶段。

在 1962 年的论文中，温尼科特描述了在移情关系中分析师发生错误

的重要性。如果错误过早发生，那么它们可能会对病人造成一个重复性
创伤。但是，在治疗关系的正确时机发生的错误，则将会促进必要的幻
141　灭阶段，这与母亲的去适应和小的"失误"相平行。

6　智力理解的开端

　　婴儿智力的开端起源于绝对依赖期的抱持阶段，它在相对依赖阶段
发展为婴儿智力理解的能力。温尼科特提供了一个例子：

　　　　想一想一个期待喂食的婴儿。会出现这样一个时刻，婴儿可以
　　等待几分钟时间，因为厨房里传来做饭的声音预示着食物马上就要
　　出现了。婴儿现在不再是简单地因为声音而兴奋了，现在婴儿可以
　　使用这个声音信息而进行等待了。

("From dependence towards independence in the development of the

individual",1963,p. 87)

　　这个婴儿能够等待的例子，也揭示出了母亲可以如何利用婴儿思考
的能力。在整个绝对依赖期，她不得不以其自我辅助（ego auxiliary）的
功能来代替婴儿思考。而在相对依赖期，她则可以允许婴儿自己开始思
考。婴儿这个逐渐发展出的智力思考能力，让母亲有可能从原初母性贯
注中解脱出来，现在母亲可以恢复自己的自体感，与婴儿发生分离了。

可以说，在一开始，母亲必须几乎完全适应婴儿的需求，以便使婴儿的人格不会扭曲地发展。但是，母亲能够在适应中有些小失败，并且能够越来越多地失误，这是因为婴儿的心智和智力过程能够理解，并且允许适应的失败。以这种方式，婴儿的心智功能就能配合母亲，成为母亲的帮手，能够逐渐代替她完成一些功能。在婴儿的照护中，母亲依赖婴儿的智力过程，正是它们让母亲能够逐渐重新获得了自己的生活。

("The first year of life : modern views of emotional development",1958,p. 7)

在这一发展阶段，如果母亲指望婴儿的智力其实有着固有的危险性。那些被迫进入照顾（解放）其母亲位置的婴儿，不得不过度地使用自己的智力，这样就可能发展出一个分裂的理智性假自体（ an intellectual split-off false self ）。（参见，自体：8 ）

142

婴儿思考的能力，有赖于他的母亲如何给他呈现这个世界：

婴儿早期使用智力理解的能力自然参差不齐，并且经常由于现实呈现的方式存在着混乱，致使本来应该有的智力性理解能力的发展被滞后了。这里有一个观点需要强调，即整个婴儿照护程序的最主要特征就是，要逐渐稳步地把世界介绍给婴儿。这不是仅仅通过思考就能达成的，也不是机械性管理的结果。这只能由一个有能力坚持做她自己的人类来持续管理而完成。这里不存在"完美"这个问题。完美只属于机器；婴儿所需求的就是他通常应该得到的，即一个能够持续做她自己的人类母亲所提供的照顾和关注。当然，这一点也适用于父亲们。

("From dependence towards independence in the development of the individual",1963,pp. 87–88)

母亲的客体—呈现（object-present）能力是她的一项重要功能。（参见，母亲：8）

接着，温尼科特区分了那些"扮演"父母角色的家长与那些有能力做父母和同时能做他们自己的父母之间的差异，并引入了真父母（true parents）和假父母（false parents）的概念。

> 关于"做她自己"的这个特殊点，还需要特别说明一下，因为要把这个人与那些扮演角色的男人或女人，母亲或护士区分开来。扮演父母角色，也许有时还能装得不错，因为这是从书本或课堂上学到的扮相。但是，这种表演性父母角色不是足够好的。婴儿只能通过被一个献身于他，致力于婴儿照护任务的人类养育，才能对外在现实的呈现产生清晰的认识。母亲之后将逐渐摆脱这种从容献身的状态，届时她会回到她的办公室，或者回到她的小说写作上，或者与丈夫一起参加社交活动，但目前她暂时被照护婴儿的任务所缠身。
>
> ("From dependence towards independence in the development of the individual",1963,p. 88)

小的"失败"（失误）一词在文章此处再次出现。温尼科特指出母亲"做她自己"的意思就是她要"做一个普通的人类"，而普通人类会犯错误，也会失误。这里又是一个悖论，温尼科特强调，恰恰是母亲的失败（失误）向婴儿传达了她的真实可靠性：

> 随着发展进程，婴儿已获得了一个内在世界和一个外在世界，而环境可靠性成为一种信念，这种信念是在对人类的可靠性（而非机械性完美）体验的内射基础之上而形成的。

143

　　这难道不是母亲已经与婴儿开始沟通了吗？母亲已经说："我是可靠的——这不是因为我像是一台机器，而是因为我知道你现在需要什么；并且我会照护你，我想要提供你需求的东西。这个东西就是在你现在所处发展阶段中所需要的，我称之为爱。"

　　但是，这种沟通是静默的。婴儿并没有听见什么或是在大脑中记下了这次沟通，他只是体验到了可靠性的效果；这种可靠性在持续发展过程中被婴儿记了下来。婴儿并不知道这种沟通，除非他感受到了可靠性失败的影响。这里就可以看出机械性完美与人类之爱的区别。人类会失误，也会一再失误；在日常照护工作中，母亲在一直不断地修复着她的失误。毫无疑问，这些立即就能得到修复的相对失败最终会被添加到沟通中，因此婴儿最终就知道了何谓成功。如此一来，成功的适应就提供了一种安全感，一种一直被爱着的感受。

("Communication between infant and mother,and mother and infant,compared and contrasted",1968,pp. 97–98)

正是因为这些人类的失误得到了"立即的修复"，所以才对婴儿是有意义的——正是这些"被修复的失误"（failures mended）促成了婴儿的安康感受（sense of well-being）：

　　正是这无数个失误之后，紧随着的那种修复的照护，建立起了一种爱的沟通，传达出有一个关怀的人类在场的事实。而当失误没有在必需的时间内，必需的秒、分钟、小时之内被修复时，那么我们就要使用剥夺（deprivation）这个术语了。一个被剥夺的孩子，在他已经知道什么是被修复的失误后，又体验了未被修复的失败。

那么这个孩子一生的功课就是要去激发出一种环境，在此环境中之前照护的失败得以再次修复，因而找到曾经拥有过的生命模式。

("Communication between infant and mother,and mother and infant,compared

and contrasted",1968,p. 98)

144

被修复的失误这一主题也需要发生在分析性关系中，相对应的是分析师在治疗中所犯的错误。

7   觉察——朝向独立

绝对依赖期的特点是婴儿缺乏对母亲依赖的意识。而到了相对依赖期，婴儿开始逐渐觉察到他对母亲的依赖。当婴儿与他的母亲发生分离时，这种觉察会让他感受到一种焦虑；表现出焦虑这一现象表明婴儿已经知道了母亲的照护和保护：

在下一个发展阶段，婴儿以某种方式感受到了一种对母亲的需求，这时，婴儿已经在他的心智中开始意识到母亲是必要的了。

逐渐地，（在健康状况下）对实际母亲的需求变得凶猛而可怕，致使母亲们的确恨并想要离开她们的孩子。她们牺牲了很多，以避免造成孩子的痛苦，但同时也在这个特殊需求的时期，她们产生了恨和幻灭。这个阶段可以说（大致）从六个月一直持续到两岁。

("From dependence towards independence in the development of the individual",1963,p. 88)

　　婴儿在与母亲分离时体现出来的焦虑，也表明他开始区分"我"与
"非我"。

　　身份（identity）也是这个发展过程的一部分。那些能够认同他的母
亲，并且能够认识到母亲与自己是不同的婴儿，已达到了一个重要的发
展阶段，这个成就被温尼科特描述为"单元体状态"（unit status）。婴
儿本身现在已经是一个完整独立的人了（"The theory of the Parent–Infant
Relationship",p. 44)。

　　　　我想要提及一种发展形式，它尤为影响婴儿进行复杂认同的能
　　力。这与这样一个阶段有关，在这个阶段中，婴儿的整合倾向使得
　　婴儿成为一个单元体（a unit），成为一个完整的人（a whole
　　person），并有了内部与外部之分，也成为一个居住在自己身体里
　　的人，以及或多或少感受被皮肤束缚的人。一旦外部世界意味着"非
　　我"，那么内部世界也就意味着"我"了，而与此同时一个婴儿也就
　　有了容纳各种事情的地方。在儿童的幻想中，个人精神性现实位于
　　内部世界。假如它被置于了外部世界，一定有充分的理由。
　　　　现在婴儿的成长采取了一种内在现实与外在现实之间持续性交换
　　的形式，并且内外现实相互丰富着对方。
　　　　　　　　　　（"From dependence towards independence in the development of the
　　　　　　　　　　　　　　　　　　　　　　　individual",1963,pp. 90–91）

145

　　正是这种"内在现实与外在现实之间持续性交换的形式"让"知觉
几乎等同于创造"。这就是单元体状态的框架。

现在，孩子不仅只是一个潜在的世界创造者，而且已经能够用他或她的内在生活样本来渲染和填充这个世界了。这样逐渐地，孩子就能够"覆盖"（cover）几乎所有的外界事件，因而知觉就几乎等同于创造。

("From dependence towards independence in the development of the individual",1963,p. 91)

这和温尼科特的创造性统觉（creative apperception）的概念相关联，这一概念又与主观性客体（subjective objects）和创造性生活中幻象（illusion）的必要性有关。（参见，存在：3；沟通：9；创造性：2；母亲：4）

在"亲子关系的理论"一文中，温尼科特如下描述"朝向独立"的发展阶段：

……婴儿发展出了没有实际照顾也能去行动的能力和手段。这种能力和手段是通过曾经被照护经历记忆的积累、个人需要的投射，以及对照顾细节的内射，并且发展出了对环境的信心而达成的。这里也必须加入智力性理解的元素，以及它所蕴含的巨大意义。

("The theory of the parent–infant relationship",1960,p. 46)

温尼科特的意思是，如果前两个依赖时期已经足够好地度过了，那么幼儿（学步期孩子）现在基于其体验已经建立起了一个坚实的内部世界。这个阶段的发展预示了之后一生所有的发展。

幼儿逐渐发展的独立性与其持续的依赖性共同存在。这种必要的矛盾性在青春期表现得最为激烈：

在管理那些处于青春期、不断探索不同社交圈子的孩子时，非常需要父母的帮助。因为当这些孩子从有限的社交圈朝着无限的社交圈快速扩展的时候，父母有能力比孩子看得更远，或许是因为街坊邻里中存在危险的社会元素；抑或是因为属于青春期和性能力快速发展阶段孩子的反叛。父母之所以被需要，恰恰是因为此时孩子的本能张力和重现的模式最早是在学步期打下的基础。

("From dependence towards independence in the development of the
individual",1963,p. 92)

温尼科特的工作强调婴儿在前两个依赖时期的奋斗，因为从此之后的情绪发展正是根基于这一开始的成就。成为一个成年人，并不意味着情绪成熟也已达成。成年生活开始于个体已经：

　　……通过工作找到了自己在社会中合适的位置，并且……建立起了某种生活模式，这是在复制父母与对抗性建立个性化身份之间的一种妥协性模式。

（"From dependence towards independence in the development of the
individual",p. 92）

（王晶　翻译）

参考文献

1950　Some thoughts on the meaning of the word democracy. In:1986b. 1950a

1957　The mother's contribution to society. In:1986b. 1957o

1958　The first year of life：modern views of emotional development. In:1965a.
　　　1958j

1960   The theory of the parent-infant relationship. In:1965b. 1960c

1962   Dependence in infant-care,in child-care and in the psychoanalytic setting.
       In:1965b. 1963a

1962   Providing for the child in health and crisis. In:1965b. 1965x

1963   From dependence towards independence in the development of the
       individual. In:1965b. 1965r

1964   This feminism. In:1986b. 1986g

1968   Communication between infant and mother,mother and infant,compared
       and contrasted. In:1987a. 1968d

147   1970   Dependence in child care. In:1987a. 1970a

抑 郁
Depression

　　每个个体抑郁性心境的程度取决于母亲与婴儿之间发生了什么，尤其是在断奶期间，那个时候婴儿刚刚开始区分"我"与"非我"的旅程。

　　温尼科特把抑郁看作一项发展成就的标志，因而抑郁也是情绪发展中正常的一部分。与情绪发展受阻相关的病理性抑郁，通常是由生命早期发展中的某些差错所致的。

1　抑郁及其价值

纵观温尼科特全部作品，他会在多种不同语境下使用"抑郁"（depression）一词，各有其强调的方面。从本质而言，他使用"抑郁"一词时指代的是一种心境，或者一种心智状态。但是，他似乎又很轻易地用这个词来代表相矛盾的含义。例如，他 1954 年的论文"正常情绪发展中的抑郁位置"（The Depressive Position in Normal Emotional Development）中明确指出，"抑郁位置"（depressive position）这个术语有误导，因为"抑郁的"（depressive）一词暗示了正常发展中就会存在"心境疾病"（mood illness），而他认为这不是正常发展的一部分（参见，担忧：2）。然而在他 1958 年的论文"一方或双方父母被抑郁性疾病困扰的家庭"（The Family Affected by Depressive Illness in One or Both Parents）中，温尼科特又暗示抑郁是正常的，而且是"有价值"的（valuable）人所体验到的东西（此处"有价值"的一词，指的是抑郁的价值）。

1963 年，他在题为"抑郁的价值"（The Value of Depression）这篇论文中，似乎把抑郁当作了健康的标志来对待，认为它创造出了社会中负有责任的个体。正是在这篇论文中，他区分开了纯粹（purities）的抑郁心境与杂质（impurities）的抑郁心境。

这种表面上的矛盾之所以会出现，是因为温尼科特指的是一种对每个人都有着不同影响的心境。已经达成"单元体状态"的个体，最终有能力把抑郁体验为有价值的和有治愈性意义的；而那些没有达成"单元体状态"的个体，要么动用防御以回避抑郁性痛苦的感受，要么就被困在原地不动。

温尼科特批评了克莱因"抑郁位置"这个术语，因为它在描述健康情绪的一个方面时暗示了疾病的意义。然而他自己也在不同地方使用"抑郁"这个多重含义的精神病学术语，来同时指代健康情绪和病理性情绪。

在温尼科特的工作中，也许可以定性地区分出抑郁的不同含义，我们在三个主要的领域中描述"抑郁"可能是有用的：

1）在正常成熟过程中发展出了一种能力的抑郁。这种"正常"类型的抑郁是一项发展成就，而且意味着协商断奶的过程顺利完成，发展出了丧失感，发展出了罪疚感和担忧的能力（capacity for concern），并且修通了幻灭（disillusionment）的过程。它引导着个体从客体—关联（object-relating）阶段走向了客体—使用（object-usage）阶段，这也表明客体已经幸存了下来（参见，攻击性：9，10）。这第一种类型的抑郁不需要治疗。这种心境也需要被其他人所容受。唯一的药方就是"等待"。

2）这种情况下的抑郁是一种情感性障碍，其原因是生命发展早期婴儿缺乏贡献（contribute-in）的机会（参见，担忧：7）。这种类型抑郁的病因学源自早期环境失败而导致的情绪发展受阻。它意味着客体没有能够幸存下来，主体没有到达客体—使用的发展阶段。

3）这种类型的抑郁表现为一种防御形式，为的是回避抑郁性痛苦，例如，躁狂性防御(manic defence)，轻躁狂，以及精神病。

2 健康的抑郁

温尼科特认为，感受到抑郁的能力是健康的一种标志。这种类型的"抑郁"更类似于与丧失感和罪疚感相关的悲伤（sadness）。意识到丧失与罪疚，能够促使个体承担责任，并产生出要做贡献的愿望。这标志着个体已经达成了"单元体状态"的成就，并获得了担忧的能力（参见，担忧：5，6）。1958年，温尼科特提供了一个等级顺序。

> ……在这个等级顺序的一端是忧郁（melancholia），而另一端是抑郁（depression），对于所有完成整合的人类来说，抑郁是一种常见的状态。当济慈对全世界说"在这里，稍一思索就充满了忧伤和灰暗的绝望"时，他并不是说他没有价值，或者他处于一种病态的心智状态。这里指的是一个敢于冒险去深刻体验事物的人，一个敢于承担责任的人。因此，一个极端是那些忧郁者（melancholics），他们为世界上的一切不幸承担着责任，尤其是那些明显与他们没有任何关系的事情，而另一个极端是那些世界上真正有责任感的人们，他们接受了自己的恨、龌龊、残忍，这些事情与他们的爱和建设的能力并存。有时候，他们对自己的糟糕感受让他们很沮丧。
>
> 如果我们以这种方式看待抑郁，就会发现世界上真正有价值的人是那些有能力抑郁的人……

（"The family affected by depressive illness in one or both parents",1958,pp. 51–52）

温尼科特提到的"有能力抑郁的人"（people who get depressed），并非指的是那些精神崩溃或需要住院的人，而是指那些有能力"感受悲伤

150

的人"（people who feel sad）。悲伤源自认识到自己糟糕一面的能力，这通常会让一个人去承担责任。

温尼科特在 1963 年提交精神病学社会工作者协会的论文中，再次提到了这种责任，这篇论文的题目为"抑郁的价值"。他指出，与抑郁的病人工作的人们，诸如分析师、精神病学社会工作者，某种意义上也是在治疗他们自身的抑郁。他认为，这恰是抑郁有建设性和有价值方面的体现。

在同一篇论文中，温尼科特也把单元体状态和自我力量（ego strength）与抑郁联系在了一起（参见，自我：3）：

> 自我力量的发展与建立是健康的重要或基本特征。当然，"自我力量"这个术语随着孩子的成熟，会意味着越来越多的事情。一开始，自我之所以有力量是因为有一个具有适应能力的母亲为其提供了辅助性自我支持，她在一段时间内能紧密地认同自己的婴儿。
>
> 接着来到了一个阶段，孩子成为一个单元体（unit），他能够感受到："我是"（I AM），有了一个内在世界，能驾驭自己的本能风暴，也能包容来自个人内在精神现实的张力和应激。孩子已经变得有能力抑郁了。这是情绪发展的一项成就。

> （"The value of depression",1963,p. 73）

这种说法可能会有误导，因为温尼科特的意思并非是说孩子变得具有病理意义上的抑郁；而是，他有能力感受悲伤，并且有能力担忧了，这与一种健康的罪疚感相关（参见，担忧：3）。接着上文，温尼科特澄清了他所说的抑郁的意义：

> 于是，我们关于抑郁的观点与我们关于自我力量的概念、自体

建立（self-establishment）的概念，以及发现个人身份的概念紧密相关，而正是基于这个原因，我们才能讨论抑郁有价值这个理念。

("The value of depression",1963,p. 73)

151

3　与幻象和幻灭有关的断奶

因此，感受到悲伤的能力是婴儿期断奶阶段的一个方面，它伴随着一个幻灭的过程：

> 就在断奶的背后，有着更宽泛的幻灭主题。断奶意味着成功的喂养，而幻灭意味着曾经成功地为幻象（illusion）提供了供养的机会。

("Psychoses and child care",1952,p. 221)

幻象／幻灭这一主题与弗洛伊德关于婴儿从快乐原则向现实原则迁移这个主题有关。温尼科特对母亲们和婴儿们的观察，结合他作为精神分析师的工作，让他开始探索他描述为"中间区域"的体验（the intermediate area of experience）。（参见，过渡性现象：3）

如前文所述，成功的喂奶和其后的断奶，表明了婴儿曾经在绝对依赖期有过一种全能体验的满足，那时他的母亲能够适应他的需求（参见，母亲：8；原初母性贯注：4）。温尼科特认为，没有这种原初全能的体验（primary experience of omnipotence），婴儿不可能"发展出一种能力，去体验与外在现实关系的能力，甚至不可能形成一种对现实的概念"

（"Transitional Objects and Transitional Phenomena"，1951，p.238）。

在温尼科特的著作中，有价值、健康的抑郁是婴儿正在经历发展过程的一个部分，在这段时间中，婴儿修通了从与母亲合并的状态，到把母亲知觉为一个独立的和非我的人的发展过程。这种抑郁，或者更准确地说，悲伤是一种合并（merger）时期结束时对丧失感的心理修通——哀悼的模式。这是幻灭过程的核心，此时婴儿意识到了他其实并非宇宙的中心。（参见，依赖：5，6；母亲：8）

4　抑郁心境

温尼科特使用浓雾或薄雾的比喻来描述抑郁心境：

> ……笼罩城市的浓雾代表了抑郁心境。所有一切都缓慢下来了，被带入一种趋向死寂的状态。这种相对死寂的状态控制了一切，而在人类个人的情况中，它模糊了其本能和关联到外在客体的能力。逐渐，浓雾在一些地方变薄，或者开始散去。抑郁心境的强度减轻了，生命又重新开始了……
>
> 这里所主要关注的并不是焦虑和焦虑的内容，而是自我结构和个体的内在经济学。抑郁的来临、持续和散去，表明了自我结构坚持度过了一段危机时期。这是整合的一种胜利。

("The value of depression",1963,pp. 75–76)

温尼科特把抑郁心境与一种"与爱相伴随的摧毁性（destructiveness）和摧毁想法（destructive ideas）的新体验"联系起来。这种新体验使内部重新评估（internal reassessment）成为必要，而恰恰就是这种重新评估表现出我们所看到的抑郁"（"The Value of Depression",p. 76）。

这种摧毁来自固有的"原初攻击性"（primary aggression），它在寻找一个客体以便认识到现实这一事实（非我）。个体在幻想中的反复摧毁，创造出了知觉客体外在性的能力，而其结果就是区分"我"与"非我"的能力被达成。（参见，攻击性：7，8）

这种"摧毁"与温尼科特描述为"低潮期"（doldrums）的青春期阶段尤为相关（"Adolescence：Struggling through the Doldrums"，1961）。

因此，抑郁心境与温尼科特称之为原初创造性（primary creativity）的专注力（the preoccupation）相关：创造性生活的创造性和／或创造性艺术家的专注力。（参见，创造性：4，5，6）

在 1963 年的论文"抑郁的价值"一中，温尼科特指出，在抑郁连续谱上处于病理学一端的是杂质的抑郁心境。他勾勒出七种类别。在第一种中，它包括所有"自我组织的失败，意味着病人趋向于发展出更为原始类型的疾病，朝向精神分裂症发展"（"The Value of Depression"，p. 77）。这一类别的抑郁显然指的是那些还未达成"单元体状态"的病人，即那些还未体验过足够好的环境抱持的个体。

其他几个类别的抑郁指的是各种类型的防御，个体使用这些防御以回避修通抑郁心境所能够达成的"纯粹"性抑郁心境（"The Value of Depression"，pp. 78-79）。

153

温尼科特在 1948 年的一篇论文"母亲对抑郁的组织性防御的修复"（Reparation in Respect of Mother's Organized Defence Against Depression）中，探索了其中一种对抑郁的防御形式。在文章中，他描述了母亲的抑郁是如何被孩子所承接的，而这些孩子之后则无法在自己的内心世界中区分出：哪些是属于自己的抑郁，哪些是属于母亲的抑郁。

在十年甚至二十年的时间内，我持续看到了许许多多这类的案例，最终能够认识到，孩子的抑郁可能是对母亲抑郁的一种反射（in reflection）。孩子在利用母亲的抑郁来逃脱他们自己的抑郁；这为与母亲的关系提供了一个虚假的补偿和修复，同时也就损害了个人补偿能力的发展，因为这种虚假的补偿与孩子的个人罪疚感无关……

> 在极端的案例中，我们会看到这些孩子将有一个终生无法完成的任务。这个任务首先是要去处理母亲的心境。即使他们在这个眼前的任务上获得了成功，他们也无法创造出一个环境让自己重新开始他们自己的个性化生活。
>
> ("Reparation in respect of mother's organized defence against depression",1948,pp. 92–93)

温尼科特指出，母亲或父亲的抑郁，很容易就被病人利用来回避感受个人的抑郁，而通过分析，病人最终能够区分开父母的抑郁和自己的抑郁。

5　等待，而非治疗

温尼科特提醒，最好不要去"鼓舞"（cheer up）那些抑郁的人：

我们并不需要被他人从我们自己的心境中推挤出来，我们需要的是一个能容受我们，有时能帮我们一把，并能够等待的真正朋友。

("The family affected by depressive illness in one or both Parents",1958,p. 52)

还是医学院学生的时候，我就被告知，抑郁的内部就隐含着康复的种子。这是精神病理学中的一个闪光点，它把抑郁与罪疚感（这一能力标志着健康发展）和哀悼过程联系了起来。哀悼也倾向于最终完成它自己的工作。抑郁这种内嵌的康复倾向，也与个体婴幼儿时期的成熟过程相关联，这个过程（在一个促进性环境中）通向的是个性化成熟，即健康。

154

("The value of depression",1963,p. 72)

能感受到抑郁的健康个体，其实处在解决某个问题、修通某个丧失的过程中，就犹如处于居丧中的个体。

……抑郁是一种疗愈机制；它用一层迷雾覆盖住了战场，允许个体减缓发展进程去整理一下，提供一些时间来实验所有可能起作用的防御，为的是一种修通，以便最终能够出现一种自发性恢复。临床上，（这种类型的）抑郁趋向于自愈……

("The depressive position in normal emotional development",1954,p. 275)

而为了那些抑郁的青少年，温尼科特做出了一个恳求：

……如果想让青少年在自然进程中度过这个发展阶段，那么人们就必须预期会出现一种可以称之为"青少年低潮期"（ adolescent

doldrums）的现象。社会需要把它当成一个长期存在的特点，并能
够容受它、对它积极响应，事实上是去满足他们的这个需求，而不
是去治愈它。

("Adolescence : Struggling through the doldrums",1961,pp. 85–86)

正因为抑郁中包含了一种健康的元素，所以最好的帮助是"接纳抑
郁，而非急着去治愈它"（"The Family Affected by Depressive Illness in
One or Both Parents",p. 60）。

到了20世纪60年代，温尼科特在其精神分析工作中越发强调"等待"
的价值。在分析的特定时刻，恰是分析师等待（和容受无知）的能力构
成了非言语性解释。实际上，温尼科特在这里讨论的是，他感知到了当
时的英国分析师有过多干预的倾向。

（王晶　翻译）

参考文献

1948   Reparation in respect of mother's organized defence against depression.
        In:1958a. 1958p

155   1951   Transitional objects and transitional phenomena. In:1958a. 1953c

1952   Psychoses and child care. In:1958a. 1953a

1954   The depressive position in normal emotional development. In:1958a. 1955c

1958   The family affected by depressive illness in one or both parents. In:1965a.
        1965o

1961   Adolescence : Struggling through the doldrums. In: 1965a. 1962a

156   1963   The value of depression. In:1986b. 1964e

自　我
Ego

温尼科特在其后期著作中把自我（ego）定义为自体（self）的一个特殊方面，它组织并整合与精神内部沟通（intrapsychic communication）相关的那些体验。后者根植于早期的精神之间的沟通（interpsychic communication）。

自我从生命一开始即存在，它早于自体的存在，取决于母亲的原初母性贯注（primary maternal preoccupation）状态，将构成真和／或假自体的发展。

1　自我之前无本我

关于自我在情绪发展过程中所承担的具体角色和功能，最权威的表述出现在温尼科特 1962 年的论文"儿童发展中的自我整合"（Ego Integration in Child Development）中。

此文中，对自我的描述是双重的——它是"人格中的一部分，在合适的条件下倾向于整合成为一个单元体（unit）"，这意味着生命初始的自我是以一种潜在的形式存在。潜在自我的实现有赖于一个完整无损的大脑，它能够组织个体的体验，因为"没有（大脑这个）电子装置就没有体验，也就没有自我"。但是，组织体验的能力也取决于合适的条件——也就是，足够好的母性养育（good-enough mothering）。

在弗洛伊德的理论中，自我（ego）是从本我（id）中浮现出来。温尼科特则和克莱因一样，认为在生命一开始就存在一个自我，然而这个自我是不成熟的（undeveloped）。

> 因此，在人类婴儿发展的最早阶段，自我—功能（ego-functioning）需要被当作与婴儿作为一个人的存在不可分割的一个概念。任何与自我—功能无关的本能生命都可以忽略不计，因为此时婴儿还不是一个能够独立拥有体验的实体（entity）。自我之前无本我。
>
> （"Ego integration in child development",1962,p. 56）

在温尼科特看来，自我负责聚集（来自外在和内在体验的）信息，并对其进行组织。但是，这件事只可能在母亲足够好的情况下发生，因为在生命*最初*，母亲通过提供"自我—覆盖"（ego-coverage）的功能，她就是婴儿的自我（参见，自我：3）。在婴儿的绝对依赖期，母亲的原初母性贯注状态让她能够通过对婴儿需求的适应，成为婴儿必要的自我—支持（ego-support）。自我—支持的强度，完全取决于母亲的适应能力。（参见，原初母性贯注：4）

"自我—关联性"（ego-relatedness）这个术语主要在20世纪50年代使用，指的是母亲与婴儿在生命最初的合并状态。到了20世纪60年代，温尼科特使用"客体—关联"（object-relating）的术语来指代相同的现象。在这段时期，婴儿对自身的需求毫无觉察，他依赖于环境，即他的母亲来了解他的需求。而母亲，通过与婴儿的强烈认同，努力成为婴儿的自我，目的是保护和支持婴儿。（参见，独处：1；依赖：2；抱持：4）

生命初期，在强有力自我—支持的协助下，婴儿就能够开始发展和生长。心智健康的基石就此开始建立。

158 从这个基础开始，婴儿就建立了协商之后发展阶段的能力，展开了从依赖的各个阶段走向健康和成熟状态的旅程。对于每个个体而言，这是持续发生于人生各个阶段的动力过程。（参见，依赖）

2 整合

在足够好的母婴关系的基质上，自我得以发展。在温尼科特的理论模式中，把体验整合进自体人格恰恰是自我的功能。

自我发展的特征呈现出各种趋势：

（1）成熟过程的主要趋势可以用"整合"（integration）一词的各种含义所囊括。时间上的整合加诸于（可以称之为的）空间上的整合。

("Ego integration in child development",1962,p. 59)

温尼科特接着指出了基于身体的自我，以及开启客体—关联的自我：

（2）自我建立的基础是身体自我（body ego），但是只有当一切都顺利时，婴儿这个人才能够与其身体和身体功能相联接，并以皮肤作为界膜。我曾使用过"个性化"（personalization）这个术语来描述这一过程……

("Ego integration in child development",p. 59)

婴儿从母亲和其他人那里得到处理（handling）——身体照护的各个方面——促使婴儿形成了自己是一个人的感受。温尼科特使用"个性化"（personalization）这个术语，也突出了其反面"去个性化"（depersonalization）——它是生命早期没有体验过足够好处理（good enough handling）的病人的特征，这类病人属于精神—躯体分裂（psyche-soma split）。（参见，抱持：2）

（3）自我开启了客体—关联。在生命开始拥有足够好的母性养育的情况下，婴儿只有在自我—参与（ego-participation）的时候，才能体验到本能的满足（instinctual gratifications），否则就会遭受本能满足之苦。从这个意义上讲，与其说问题在于让婴儿满足，还不如说让婴儿发现客体并最终与客体（乳房、奶瓶、奶水等）达成协议。

（"Ego integration in child development",pp. 59–60）

159

温尼科特这里所提到的婴儿有着这样的母亲：她会响应他的需求，而不是在他发出信号之前就已经提供给他所需的东西了。通过这样的方式，婴儿感到是靠自己的努力（责任）让自己得到了所需的东西。

必须要理解的一点是，当提到母亲的适应能力时，其实与她满足婴儿口欲驱力的能力关系不大，比如给婴儿一次满意的喂奶。这里正在讨论的内容与这样的考虑相平行。的确有可能只满足婴儿口欲驱力，并由此而侵犯到婴儿的自我—功能，或者致使日后出现一个被严密防守的自体——人格的核心。对于一个婴儿来说，如果不能被自我—功能所覆盖，那么喂养（食）的满足可以成为一种诱惑，而且可能是创伤性的。

（"Ego integration in child development",1962,p. 57）

温尼科特常常会提及婴儿喂养中的这一面向。早在 1945 年，他在一篇题为"原初情绪发展"的论文中，描述了一位男性病人，他"主要恐惧的就是满足"。在脚注中，他补充道：

我再提另一个原因，解释为何婴儿会对满足感到不满意。他感到被糊弄和欺骗了。也可以说，他本想展开一次嗜血性攻击，但却被一片镇静剂，即一次喂养，给打发了。于是他只有推迟攻击。

("Primitive emotional development",1945,p. 154)

对满足的不满意感，这是温尼科特理论众多悖论中的一个，它与无法幸存于婴儿无情攻击需求的母亲相关。（参见，攻击性：3, 8; 环境：7; 母亲：11）。

这种类型的"糊弄和欺骗"有可能导致自我的扭曲（ego distortion），因为它阻碍了整合进程。

整合的能力从生命的最早期就开始发展了：

（1）从什么整合？

有必要认为，从包含运动和感官元素的材料中，即从原初自恋的材料中浮现出整合。这将会获得朝向一种存在感的趋势。当然可以用其他语言来描述成熟过程中这一隐秘的部分，但是如果要说这个新人类已经开始了存在，已经开始聚集可说是个性化的体验，那就必须要假定：已经有了对纯粹身体功能进行想象性精细加工的雏形。

160

（"Ego integration in child development", p. 60）

3　自我—覆盖

"自我—覆盖"这个术语指的是母亲的一种特殊任务，即有能力保护婴儿避免感受到"原初极端痛苦"（primitive agonies）、"无法想象的焦虑"（unthinkable anxieties），以及"精神病性焦虑"（psychotic anxieties）。

第一个自我组织（ego organization）源自受到湮灭的威胁（threats

of annihilation），但却没有导致湮灭，并且不断地从中得到恢复（recovery）的体验。从这样的体验中，对恢复的信心开始建立，并逐渐形成了一个自我和一种应对挫折的自我能力。

我希望，这个观点能够对婴儿认识到以下这个主题有帮助：母亲也是一个令人感到沮丧的母亲。准确地说，让婴儿产生挫败感的母亲是稍后的事情，不是这么早期发生的事情。

("Primary maternal preoccupation",1956,p. 304)

有了恰当的自我—覆盖，婴儿的持续存在（going-on-being）会最终导致"单元自体"（unit self）的形成，温尼科特在 1962 年论文"儿童发展中的自我整合"中提到了这个问题。婴儿利用单元自体来整合他的体验，并形成一个人格，最终成为他自己。

（2）整合什么？

……在这么早期阶段所发生的事情，依赖于婴儿—母亲组合体中母亲所提供的自我—覆盖功能。这一点怎么强调也不为过。

可以说，母亲提供足够好的自我—覆盖（相对于无法想象的焦虑而言），让这个新新人类在连续性存在模式基础之上建立起了一个人格。

("Ego integration in child development",1962,p. 60)

温尼科特在 1962 年的这篇论文结尾处，给整合过程下了一个定义，并且他用"我"（I）来代替了"自我"（ego）这个术语。

整合与环境的抱持性功能密切相关。整合的最后成就是形成单元体（unit）。首先出现了"我"，包含"所有一切不是我的东西"。接着出现了"我是，我存在，我聚集各种体验来丰富自身，并与'非我'（NOT-ME）——共享现实的世界——展开内射和投射性互动。"
在此基础上加上："我的存在被某人看到了，理解了"；进一步再加上：
"我得到了我需要的证据（如同在镜中看到了面孔），即我作为一个
存在被认可了"。

在促进性条件下，皮肤成为区别"我"和"非我"的界膜。换
言之，精神已经安住在躯体之中，一个个体的精神—躯体性生命
（psycho-somatic life）已经被开启了。

("Ego integration in child development",1960,p. 61)

这同时也是对"单元体状态"（unit-status）的描述——温尼科特偶
尔使用这个术语来指婴儿能够区分"我"与"非我"的发展成就。在 20
世纪 60 年代，温尼科特也使用"单元自体"这个术语。

总而言之，这么说也许更有帮助或更准确：当温尼科特使用"自我"
一词时，他其实是在定义自体中承担着特定整合功能的那个部分。当遇
到温尼科特著作中各种带有连字符的"自我"时，谨记此点或许有助于
理解。这同时也意味着，在温尼科特的真、假自体理论中，健康的"自
我"既服务于真自体，也服务于假自体，因而也同时是真、假自体的一
部分或一个面向。（参见，自体：1）

4 未整合和瓦解

温尼科特使用"未整合"（unintegration）一词来描述婴儿的"宁静

状态"（quiet states）。

> 整合(integration)的对立面似乎就是瓦解（disintegration）。这
> 么说是说对了一部分。首先，整合的对立面需要用"未整合"
> （unintegration）这个词来描述。对于婴儿来说，放松意味着没有感
> 受到有整合的需要，此时母亲的自我—支持功能（ego-supportive
> function）被认为是理所当然的事情。
>
> 　　　　　　　　　　（"Ego integration in child development",p. 61）

能够放松并处于未整合状态的婴儿和成人，从根本上确信信任的体
验和安全的感受。正是这种体验导致个体形成了享受文化活动的能力。未
整合与存在（being）和创造性相关联。因而，处于未整合状态的能力也
是发展成就之一。
　　相反，瓦解则是一种防御。

> 瓦解这个术语被用来描述一种很复杂的防御。这种防御是混乱
> （chaos）的一种主动性产物，而这种混乱是为了防御在缺失母性自
> 我—支持（maternal ego-support）情况下的未整合状态；也就是，
> 防御在绝对依赖期因抱持失败而产生的无法想象的或极端原始的焦
> 虑。瓦解的混乱也许与环境的不可靠性一样"糟糕"，但是，前者的
> 优势在于它是婴儿自身主动产生的，并非来自环境。因此，瓦解的
> 混乱同样处于婴儿的全能掌控范围之内。从精神分析角度看，它是
> 可以被分析的，相反无法想象的焦虑则不能被分析。
>
> 　　　（"Ego integration in child development"，1962，p. 61）

　　"瓦解"总是意味着已经有了一定程度的整合，因此，分析师在移情中的解释旨在促进病人，发展出把精神交互客体（interpsychic objects）（客观知觉性客体）与主观性客体（subjective objects）（主观统觉性客体）整合起来的能力。（参见，幻象：6；母亲：10）

　　曾经体验过无法想象的焦虑和原初极端痛苦的病人，与那些从未体验过如此强烈焦虑的病人相比较，前者没有能力使用分析设置。分析师必须让自己适应病人的需求，等待病人直到能够使用解释的时候。（参见，退行：3）

（王晶　翻译）

参考文献

1945　Primitive emotional development. In:1958a. 1945d

1956　Primary maternal preoccupation. In:1958a. 1958n

1962　Ego integration in child development. In:1965b. 1965n

第 11 章

环境
Environment

温尼科特的情绪发展理论特别强调了精神性环境（psychic environment）的重要性，以及它对婴儿情绪健康所承担的责任。

婴儿第一个环境就是母亲。而在婴儿的生命初始阶段，他们合并在一个环境—个体组合体（environment-individual set-up）中。

情绪性环境不能对婴儿的心智健康发展负全部责任；它只能提供一个可以体验的连续谱：在好的一端，它促进婴儿的发展；在另一端，它能损害婴儿的发展。

促进性环境（facilitating environment）促使个体利用有利机会而成长，通常将会导致健康；相反，如果情绪性环境失败，尤其是在生命初始阶段，更可能导致心智的不稳定和不健康状态。

1　环境对人类发展的影响

精神分析文献考虑到了母亲在其与婴儿关系中所扮演的角色。但总体而言，直到20世纪50年代左右，理论的重心还更多地关注个体和他的

164 内在世界。此前，环境对个体精神健康的影响在分析性理论中还一直没有得到足够的重视，而温尼科特的贡献具有开创性。

1942年，温尼科特发现他在一次会议上跳起来说："从来就没有婴儿这回事儿！"（There's no such thing as a baby！）对他而言，这是真正的发现时刻。十年后他在论文"与不安全感相关的焦虑"一文中，讲述了这件逸事。他在1952年的英国精神分析学会会议上宣读了这篇论文。从那时起，个体不再是一个单元体了（unit），而是一个环境—个体组合体——养育伴侣（the nursing couple）。

> ……如果你让我看一个婴儿，你必然也同时让我看到了某个照护婴儿的养育者，或者至少能看到一辆有人盯着、有人关注着的婴儿车。我们看到的是一对养育伴侣……在所有客体关系形成之前，事情是这样的：单元体并非是个体，单元体是环境—个体组合体。存在的重心并非从个体开始，而是从整个组合体开始。
>
> ("Anxiety associated with insecurity",1952,p. 99)

换言之，从来就没有个体这回事儿——只有与外部世界相联系的个体。温尼科特试图想要表明，一元关系并非出现在二元关系之前，而是在它之后出现。

我们有时候会不太严谨地假设，在二元客体关系之前，还存在着一个一元客体关系。但是，这个观点是错误的，如果我们仔细看一看的话，可以发现很明显的错误。一元关系的能力出现在二元关系之后，通过客体的内射而形成。

("Anxiety associated with insecurity",p. 99)

温尼科特在发展出这一主题的六年之后，即1958年在他写的论文"独处的能力"（The Capacity to be Alone）中他继续拓展"独处的能力"这一概念。他在该文中指出，独处的能力很矛盾地建立在他人在场时的独处体验上，这里的他人指的是环境—母亲（the environment-mother）。（参见，独处：1，2）

165

2　分析性设置——一种抱持性环境

温尼科特在 1954 年的一篇论文"精神分析性设置中退行的元心理学和临床面向"中评论道，弗洛伊德直觉地为他的精神—神经症病人选择了一个设置。这个设置反映了早期环境，而弗洛伊德之所以创建这样的设置，主要是因为他无意识地知道足够好的早期环境是什么样的。

弗洛伊德认为早期母性养育情境是理所当然的事情，而我的观点是，这种养育情境出现在了他为其工作而准备的设置中，而且他对此几乎毫无察觉。弗洛伊德能够把他自己当作一个独立、完整的

人来进行分析，他对他自己所感兴趣的部分也是属于人际关系之间
的焦虑。

("Metapsychological and clinical aspects of regression within the psychoanalytical
set-up",1954,p. 284)

在这篇论文中，温尼科特开始把精神分析技术区分为解释
（interpretation）和设置（setting）。一直到 20 世纪 50 年代末期，设置
变成为了抱持性环境（holding environment）。

当精神分析发展到了这个时代，温尼科特的观察有两个重要的方面。
其一，温尼科特通过与母亲和婴儿们的广泛接触与大量工作，已经发现
在一个良好环境与一个不好环境之间是有差异的。其二，他注意到，这
种必要的第一个良好环境被复制在了弗洛伊德学派的设置（Freudian
setting）中，当然这种设置包含分析师的人格。因此，被生命早期环境
失败所伤害的病人，可能有机会在一个高度专业的弗洛伊德学派的设置
中得到疗愈（参见，抱持：4；退行：2）。而只有精神病性病人需要一种
更为现实的来自抱持性环境的稳定性和可靠性。(参见，恨：5)

现在我希望澄清一下我人为地把弗洛伊德的工作分为两部分的方
式。首先，精神分析有相应的技术，这些技术逐步得到发展，也是
学生们所学习的东西。病人呈现的材料要去被理解、被解释。其次，
还存在一个设置，这些工作都在设置内展开。

("Metapsychological and clinical aspects of regression within the psychoanalytical
set-up",p. 285)

温尼科特列举了必要设置的 12 个方面。与弗洛伊德学派不同的是，

温尼科特并没有把设置当作理所当然的事情；相反，他详尽地阐明和定义了抱持性环境的每一个关键方面：

1.在一周五到六次的每天固定的时间点，弗洛伊德让自己为病人提供服务。（时间的商定同时考虑分析师和病人的便利。）

2.分析师会可靠地出现在那里，准时、鲜活地呼吸着（存在）。

3.在事先安排好的有限时间内（大约一小时），分析师要保持清醒，并且精神完全贯注病人。

4.分析师通过对病人产生积极的兴趣来表达爱，通过严格遵守治疗开始和结束时间，以及收取费用来表达恨。爱与恨都被真诚地表达，也就是说，分析师不否认自己的爱和恨的情感。

5.分析的目的是分析师与病人在建立关系的过程中，理解所呈现的材料，并使用言语来沟通这种理解。阻抗意味着苦痛，它可以被解释所缓解。

6.分析师的方法属于一种客观性观察。

7.这一工作要在一间房屋之中完成，不能在走廊上进行。房间要安静，不能被突如其来、不可预料的声音影响，但也不能是一片死寂和完全没有日常生活的声音。房间要有合适的照明，但灯光不可朝向面孔，灯光也不可忽明忽暗。房间绝对不可以昏暗，并且温度要适宜。病人能够躺在躺椅上，即当病人能够处于舒适时，就可以舒适。如有必要，小毯子和饮用水也需齐全。

8.分析师（就如大家知道的那样）要把道德评判留在分析性关系之外，不能有以自己个人生活和观念的细节去侵扰病人的意愿；分析师不能有意地在迫害（司法）系统中选择立场，甚至不能以分享、当地听闻、政治表达等形式表达出来。自然地，如果发生了战争、地震，或者国王驾崩了，分析师并不是不知情的。

9.在分析性情境中，分析师要比日常生活中的人们表现得更加可靠；总体而言，就是要准时、不能发脾气、不能无法控制地陷入爱河等。

10.在分析中，事实与幻想之间要有着非常明确的区分，以便分析师不会被病人的攻击性梦境所伤害。

11.要让病人放心，分析师不会有报复性反应。

12.分析师要在分析中幸存下来。

("Metapsychological and clinical aspects of regression within the psychoanalytical set-up",1954,pp. 285–286)

温尼科特强调，在物理性和时间性环境中，真正重要的事情是分析师的行为。虽然他并未做详细解释，但移情和反移情是这个特殊环境中的主要方面。此外，这一环境所起的作用与日常父母养育是相类似的。

这里有丰富的材料可供研究，但同时也要注意，治疗师的这些工作与父母的日常养育任务之间，尤其与母亲照料婴儿，或者父亲执行母亲的角色，或者生命最早期母亲任务的某些方面之间，有着极高的相似性。

("Metapsychological and clinical aspects of regression within the psychoanalytical set-up",p. 286)

3　精神病——一种环境缺陷性疾病

　　温尼科特认为精神病的病因发生在环境—个体组合体（environment– individual set-up）阶段。因此，如果母亲无法进入原初母性贯注状态，那么她就让婴儿"失望了"。这种"丢弃"（dropping）与抱持（holding）正好相反，这意味着日后母亲将要面临弥补她在孩子最关键养育时期的失败。

　　　　实际上，这种情况的后果就是，这类女人生了一个孩子，但却错失了在生命最早期为孩子提供养育的机会，之后她们就要去面对弥补养育失败的任务。在很长一段时间之内，这些母亲都需要密切适应成长中孩子的各种需求，而且也不能确定她们能否修复早期形成的扭曲。她们无法享受早期暂时性贯注孩子所带来的良好结果，而不得不去应对孩子需要治疗的情况，也就是说，不得不在更长的时间内去应对适应孩子需求或宠爱孩子的问题。她们需要给孩子提供治疗，而不是做家长了……母亲（或社会）的这项工作会造成巨大的压力，因为它并非是一件自然的事情。这时的任务本应该在早期就已完成，那个时候婴儿才刚刚开始作为一个个体而存在。

　　　　　　　　　　　　　　　（ "Primary maternal preoccupation ",1956,p. 303）

163

　　对于没有体验过平凡而奉献照护的那些不幸的婴儿来说，温尼科特特别强调的真实感（the sense of feeling real）是难以获得的：

　　　　……没有一开始足够好环境的供养，这个（可以承受死亡的）自体绝不会开始发展。这时真实的感受是缺失的，而假如环境的混乱不是那么严重，最终的感受就是无用感或无意义感（futility）。生命内在的困难都无法被触及，更不要说满足了。

("Primary maternal preoccupation",1956,pp. 304–305)

无法处于原初母性贯注状态的母亲，就无法与她的婴儿发生共情，因此她也无法提供给婴儿必需的自我—支持（ego-support）功能。这时，婴儿只能听由他自己的安排去应对了。

……在婴儿的生命早期，还未区分出"非我"（not-me）与"我"（me）之前，没有得到足够好照护的婴儿的命运是怎样的。这一主题十分复杂，因为母性养育失败有着各种各样的形式和程度。首先有必要指出：

1）自我—组织（ego-organization）的扭曲奠定了日后人格中精神分裂样特征（schizoid characteristics）的基础。

2）自我—抱持（self-holding）这一特定的防御，或者发展出了照顾者自体（caretaker self）以及组织起了虚假人格的一面（虚假指的是表露在外的并非来自婴儿—母亲配对中婴儿的，而是来自这一配对中母性一方的人格特征）。这是一种成功的防御，而且对自体核心构成了新的威胁，尽管防御的目的是隐藏和保护这个自体核心。

("Ego integration in child development",1962,p. 58)

170

在他 1960 年的论文"由真和假自体谈自我扭曲"中，温尼科特探讨了第二种扭曲现象（参见，自体：6，9）。环境失败会带来各种可能的精神不健康情况。

母亲给予婴儿有缺陷的自我—支持会造成严重的后果，包括如下情况：

A. 婴儿期精神分裂症或孤独症

这一著名的临床分类包括继发于躯体性脑损伤或脑缺陷的障碍，也包括最早期成熟过程细节上不同程度失败所带来的后果。在部分临床案例中，无神经系统缺陷或疾病的证据。

B. 潜隐性精神分裂症

儿童潜隐性精神分裂症在临床上有多种表现形式，这些孩子有的看似正常，有的甚至还显示出非同一般的智力和早熟的表现。疾病体现在"成功"的脆弱上。随后的发展阶段如果遇到了压力和应激，就可能促发疾病。

C. 假自体防御

使用各种防御，尤其是一个成功的假自体防御，让很多儿童看似前程似锦，但最终出现的崩溃揭示出真自体缺席这一事实。

D. 精神分裂样人格

通常情况下，之所以发展出精神分裂样人格障碍，是由于分裂样元素（schizoid element）隐藏在一个其他方面还算健康的人格中。如果分裂样障碍的模式被病人的地方文化所接纳，那么严重的分裂样元素就会隐藏其中，并得到相应的社会化。

("Ego integration in child development",1962,pp. 58–59)

而上述各种情况的病因都发生在母—婴关系的最早期：

通过调查每个个体案例，可以发现这些不同水平和种类的人格缺陷，与出生后生命最早期的抱持、处理（handling），以及客体一呈

171　　现（object-presenting）方面的不同水平和种类的失败相关联。

("Ego integration in child development",1962,p. 59)

　　温尼科特认为，早期养育失败的严重后果之一，导致了对女人的恐惧（fear of WOMAN），这与对依赖的恐惧有关系。（参见，依赖：3）

　　……承认对母亲的绝对依赖，以及承认她的原初母性贯注能力……表明已经达成了某种极为高级的能力阶段，并非所有成年人都能达到这一阶段。对人类生命早期绝对依赖状态的普遍性无法承认，促成了对女人的恐惧，许多男人和女人都有这种恐惧。

("Primary maternal preoccupation",1956,p. 304)

4　精神病性焦虑

　　温尼科特认为，前面所述的各种形式的精神病都是不得不形成的各种心理组织，其目的是保护核心自体（core self）免于无法想象的焦虑或原初初端痛苦。这些焦虑与痛苦被描述如下：

　　1.变成碎片；

　　2.无休止坠落；

　　3.与身体失去联系；

　　4.没有方向感；

（ "Ego integration in child development",1962,p. 58 ）

六年后，即1968年他又加上了一条：

5.因缺乏沟通手段而导致的完全孤立。

(Communication between infant and mother,and mother and infant,compared and

contrasted,1968,p. 99)

这些焦虑之所以是"无法想象的"，是因为它们无法被想象和思考，并不是通过（遭受侵入的）打击和创伤性反应而产生的。在温尼科特看来，原初极端痛苦构成了侵入（ impingement ）。婴儿承受过多侵入的后果就是自体感（ sense of self ）被湮灭。湮灭是存在的对立面；这是湮灭的创伤，它侵犯的是自体最核心的部分。（参见，沟通：10 ）

亲子关系最早期的这种焦虑与湮灭的威胁相关，而有必要解释一下这个术语的含义。

171

在这个以抱持性环境的基本存在为特征的发展阶段，"遗传潜质"（ inherited potential ）正在转变为一种"持续性存在"（ continuity of being ）。代替"存在"的另一种可能是"反应"（ reacting ），而"反应"打断"存在"并导致湮灭。存在和湮灭是两种相互排斥的可能性。因此，抱持性环境的主要功能就是把那些婴儿不得不去反应、会造成个人存在湮灭的侵入降至最低水平。

("The theory of the parent–infant relationship",1960,p. 47)

湮灭的发生是因为出现了对核心自体孤立状态的一种威胁。婴儿需要母亲的自我—支持功能来保护自身的核心自体；如果没有母亲的自我—支持，婴儿就被迫依靠自己保护他自己——也即发展出精神病性防御。

在这个发展阶段，另一个需要考虑的现象就是对人格核心的隐藏。让我们先来看看中心自体（central self）或真自体（true self）的概念。我们可以说，中心自体就是遗传潜质，它体验着一种持续性存在，以自身的方式和速度获取一种个人化的精神现实和一种个人化的身体图式（body-scheme）。似乎有必要认为，中心自体的孤立状态是健康的一个特征。在这个早期阶段，任何对真自体孤立状态的威胁都构成一种重大焦虑，此时挡住有可能干扰这种孤立状态的外界侵入的母亲的这部分功能（或母性养育）就失败了，导致婴儿生命早期的一种防御也就出现了。

（"The theory of the parent–infant relationship",1960,p. 47）

稍后，温尼科特对在婴儿或个体遭受持续性存在感断裂时，可能会动用的原初极端痛苦的防御列表做了补充：

……有可能做一个原初极端痛苦的列表（焦虑这个词不足以表达这种痛苦的程度）。

这里有一些：

1. 返回到未整合状态。（防御：瓦解）

2. 无休止坠落。（防御：自我—抱持）

3. 失去精神—躯体统合，精神安住躯体的失败。（防御：去个性化）

4. 丧失真实感。（防御：利用原始自恋）

　　5. 失去关联客体的能力。［防御：自闭状态，只能关联自体—现象（self-phenomena）］

("The fear of breakdown",1963,p. 90)

因此，温尼科特认为，精神病性疾病是一种对*原初极端痛苦*的*防御*。

　　我的意图是想要在这里展示出，我们在临床上所见到的永远只是一种防御组织，即使是儿童精神分裂症的自闭症。其防御背后隐藏的原初极端痛苦是无法想象的。

　　把精神病性疾病当作崩溃是错误的，它是针对原初极端痛苦的一种防御组织，并且它通常是防御成功的（除非促进性环境不是缺陷性，而是诱惑性的，但这恐怕是能发生在一个人类婴儿身上最糟糕的事了）。

("The fear of breakdown",p. 90)

5　侵入

　　温尼科特用严重的"侵入"（impingement）一词，来指那些打断婴儿"连续性存在感"的事情。侵入的性质从本质上讲来自环境；但是，侵入可以是创伤性的（如前面所说），也可以是增强性的。如果婴儿从生命初始阶段就得到了很好的保护——如果他能从环境中得到足够好的自我—支持——那么他就逐渐学会了如何应对侵入，这又促进了他的自体—觉察（self-awareness）。但是，如果侵入来得过早或过强，结果就是创伤性的，而婴儿别无他法，只能做出反应（to react）。正是发生在一段时间内对侵入的反应，造成了人格的损害，导致了自体的碎片化（fragmentation）状态。

> 如果这种打断连续性存在感的"反应"活动持续地发生，那么就会形成一种碎片化存在的模式。在连续性存在感发展线上有着碎片化模式的婴儿，他们的发展任务几乎从生命一开始就负载过重，从而朝着精神病理学方向发展。因此，在躁动不安（restlessness）、运动机能亢进（hyperkinesis）和注意力不集中（其后称之为注意无能）的病因学中，必然存在着一个非常早期的因素（可追溯至出生后几天甚或几小时内）。
>
> ("Ego integration in child development",1962,pp. 60–61)

温尼科特关于"侵入"的论点与"准备就绪的状态"和"正在准备"有关。它关系到一种允许事情按其自身节奏发生的能力。例如，出生是首个重大的环境性侵入，但是如果出生过程是正常的，那么婴儿不会因为出生这件事本身而受到伤害：

> 出生之前，特别是有一些出生延迟，婴儿很容易就反复体验到当下的应激在于环境，而非在于自体；很有可能，随着出生时间的临近，未出生的婴儿越发容易卷入到这种与环境的互动之中。这样，在自然的出生进程中，*出生体验只不过是婴儿早已熟悉的某种体验的放大版本*。在出生过程中，婴儿暂时性地做出反应，环境成为首

173

要之务；而出生之后，又回到了婴儿是首要之务的态势……在健康
状态下，婴儿在出生前就已经准备好接受一定程度的环境性侵入，
并且已经有了从做出反应自然返回到不用做出反应状态的经验，而
只有在后面这种状态下，自体才能开始发展。

("Birth memories,birth trauma,and anxiety",1949,p. 183)

如果婴儿已经形成了反应的模式，那么让自体感得以发展的机会就
会变少。(参见，自体：1，2)

6　崩溃的恐惧

温尼科特的论文"崩溃的恐惧"于其逝世后的 1974 年发表，但普遍
认为此文写成于 1963 年。这篇文章探讨了个体生命早期阶段环境失败所
导致的其中一个后果：

崩溃的恐惧，对于一些病人是一个明显的临床特征，但对于另
外一些病人则不是。如果这个观察正确，那么从这个观察出发，可
以得出一个结论，那就是崩溃的恐惧与个体过去的经历有关，与环
境的不可预测有关。

("The fear of breakdown",1963,p. 87)

温尼科特这篇文章的主题就是，病人对于未来可能会崩溃的恐惧，

174

其实是基于过去曾经发生过的崩溃经历。

如果在分析过程中浮现出了崩溃的恐惧这一症状，那么这是治疗进展的标志。病人开始依赖分析，因为分析让病人产生了信任感。这进一步让病人有足够的安全感，以便在分析和移情的背景中去体验最初的创伤（原初极端痛苦）。于是，"崩溃"指的是防御的崩溃，最初建立起这些防御（如上所述），目的是避免无法想象的焦虑之痛苦。因此，病人正在允许他对他自己的敏感性有更高的开放度。

> ……在我们正在考察的更为精神病性的现象中，所要表明的是单元自体（unit self）构建的崩溃。自我组织起防御以对抗自我—组织的崩溃，而受到威胁的恰是自我—组织。但是，自我无法组织起来对环境失败的防御，因为依赖是一个活生生的事实。
>
> （"The fear of breakdown", p. 88）

当说到防御是成功时, 温尼科特的意思是个体的痛苦, 可以这么说, 个体现在被隔离起来了（kept at bay）。在1967年论文"临床退行与防御组织之对比"[Clinical Regression Compared with Defence Organization, 1989年重印为"临床退行概念与防御组织概念之对比"（The Concept of Clinical Regression Compared with That of Defence Organization）], 温尼科特称这种"隔离起来"指的是一种"坚不可摧的组织"（an organization towards invulnerability）, 就如在精神分裂症和自闭症中发生的情况。

> 在那些我们不得不用"精神分裂症"来描述疾病的孩子和婴儿身上——尽管这个术语最早仅用于青少年及成年人——我们能清楚地看到一种"坚不可摧的组织"。依据生病的成人、儿童或婴儿的情绪发

展阶段的不同，这种组织的症状表现也必定有所不同。但所有这些案例中的共同之处是，婴儿、儿童、青少年或成人一定再也不会体验到那种无法想象的极端痛苦，这种痛苦是精神分裂样疾病的根源。

几乎一路走向心智缺陷的自闭症儿童再也不会感受到这种痛苦了；几乎能达到刀枪不入的程度。现在痛苦属于父母了，坚不可摧的防御组织就成功了。在临床上表现出来的是这种防御组织和退行的特征，但事实上它们都不是问题的核心。

175

("Clinical regression compared with defence organization",1967,pp. 197–198)

这种"坚不可摧"（invulnerability）让人联想到了温尼科特在 1963 年提出的问题："如何保持孤立而又不被隔绝？"（How to be isolated without being insulated?）（参见，沟通：10）

基于"*崩溃的恐惧是对已经经历过的一种崩溃的恐惧*"的发现，温尼科特建议治疗师要告诉我们的病人：

> 根据我的经验，会出现一些时刻，病人需要被告知：那种崩溃，一种摧毁他或她生命的恐惧，早已经发生过了。这是一个被隐秘地夹带在无意识之中的事实……在这个特殊的背景中，这种无意识的意思是自我整合（ego integration）还不能够包容某些事情。自我还太不成熟，以至于无法把所有现象聚拢在个性化全能控制（personal omnipotence）的范围内。

("The fear of breakdown",1963,pp. 90–91)

换言之，就婴儿的精神来说，对环境侵入的反应是一种冲击和创伤，因为婴儿尚未准备好接受它，也就无法去思考它——也就是，把它作为一种体验而聚集和整合起来。它已经发生了，但从被加工处理的意义上讲，它并未被真正体验过。温尼科特提出了一个问题：

> 这里必须要问：为什么病人会对一件属于过去的事情一直担心？而回答必定是，那些导致原初极端痛苦的最初经历无法成为过去时态，除非自我能够首先把它纳入自己当下体验之中和全能控制范围之内[假设已有母亲（或分析师）的辅助性自我—支持功能存在]。
>
> 换言之，病人必须继续找寻那尚未被体验过的属于过去的细节。而这种寻找所采取的方式是在未来找寻此细节。
>
> 除非治疗师能够认定这个细节已是事实，并在此基础上成功地工作，否则病人一定会继续对其在未来的强迫性找寻怀有恐惧。
>
> ("The fear of breakdown",1963,p. 91)

176

温尼科特指出，无论是治疗师，还是病人，都需要意识到：病人早年生命中所经历的环境失败必须要出现在治疗关系中，才有希望让病人第一次真正体验到环境失败。

> 本文的目的是引起读者注意到这样一种可能性，那就是崩溃已经发生过了，它发生在个体生命的初始阶段。病人需要"记住"（remember）那个细节，但病人不可能记住尚未发生过的事情；这件过去的事情尚未发生，其原因是病人并不"在场"能去体验它。在这种情况下，唯一"记住"的方式就是让病人在治疗关系的当下第一次去体验这件过去的事情重新发生，亦即在移情关系中去体验它。这就等同于记忆，而其结果相当于解除压抑……
>
> ("The fear of breakdown",p. 92)

这一概念也适用于对死亡的恐惧和对空虚的恐惧——死亡和空虚借由环境失败已经在生命早期发生过了。

温尼科特对分析师的建议对那些与被剥夺的孩子、青少年，抑或成人进行工作的临床工作者同样有效。治疗师必须帮助孩子返回到剥夺发生之前的时刻。（参见，反社会倾向：5）

7　"如果我们只是理智健全，那么我们确实是贫瘠的"

温尼科特文章中有一点很明确，那就是他虽然区分了健康与不健康，但他很早就指出，我们任何一个人都有可能罹患精神病：

> 有时候需要假设，健康的个体总是整合的，其精神总是居住在身体内部的，并且总是可以感受到世界是真实的。然而，理智健全（sanity）在很大程度上也是一种症状性特征，其担负着对疯狂的恐惧或否认的任务；这种恐惧和否认针对的是每个人类与生俱来都拥有的回到未整合状态、变得去个性化，以及感受到世界是不真实的内在能力。睡眠缺乏到了一定程度就可以在任何人身上引发这些症状。
>
> ("Primitive emotional development",1945,p. 150)

177

这里，他加上了他的非常有名的脚注之一：

通过艺术的表现形式，我们能希望与我们的原初自体保持联接，从这原初自体中产生了最强烈的感受，甚至极端恐惧的感觉，如果我们只是理智（sane）正常，那么我们确实是贫瘠的。

("Primitive emotional development",1945,p. 150)

也许这就是温尼科特在 1960 年所写的一句话的意思，他写道："健康的人可以与自己的精神病部分嬉戏相处。"

精神病更实际，更接地气，它比精神—神经症更能涉及人类人格的成分和存在本身，（引用我自己的话！）如果我们只是理智健全，那么我们确实是贫瘠的。

("The effect of psychosis on family life",1960,p. 61)

温尼科特逝世前一年，他在"创造性及其源泉"一文中补充道：

在临床上，我们发现在健康与精神分裂样状态之间，甚或在健康与充分的（full-blown）精神分裂症之间，*并未存在着清晰的界限*，这一点对我们很重要。尽管我们承认在精神分裂症的发生中有遗传因素，尽管我们愿意去考察个案中躯体障碍所造成的影响，但是我们对任何精神分裂症的病因理论持有怀疑态度，因为这些理论都把主体与其日常生活问题和在某个特定环境中个体发展的普遍性问题脱离开了。我们的确看到了环境供养的至关重要性，尤其是在婴儿的生命早期，为此我们从人类视角、从依赖在人类成长中有其意义的角度，去专门研究这个促进性环境。

("Creativity and its origins",1971,pp. 66–67)

这是对人类生存条件的一种重视（参见，依赖：2）。

178

8　父亲——坚不可摧的环境

在温尼科特的文章中，尽管他并不总是提及父亲的角色，但是从环境的角度看，父亲确实促进了环境的坚实程度，增强了家庭"持续存在"的力度（a going concern）。温尼科特在 1944 年写了一篇题为"父亲的作用是什么？"（What about Father?）的文章，尽管相对于今日男人和女人的角色而言，文章有些*过时*，但是作为一个概念它仍然与我们的生活息息相关。温尼科特认为，父亲的价值体现在三个主要方面：父母之间的关系；父亲对母亲权威的支持；以及做他自己。做自己就把"他与其他男人区分开来了"：

> 孩子对父母之间的关系确实是极度敏感的，如果养育一切顺利的话，可以说，孩子将会是第一个意识到这个事实的人，并通过发现生活更容易一些来表达这份感激，也会表现出更多的满意感和更容易管理。我认为，这就是一个婴儿或孩子所说的"社会安全感"（social security）。
>
> 父亲与母亲的性结合提供了一个事实，围绕着这个铁的事实，孩子可以构建一种幻想；这个事实应该是一块磐石，可供孩子依靠，也可供孩子踢打；更进一步说，它也为孩子找到解决三元关系问题的个性化方案提供部分的自然基础。
>
> （"What about father?",1944,pp. 114–115）

父亲支持母亲、做他自己，同时热爱和享受与母亲的关系，都是形成足够好环境的因素。稍后，温尼科特特别指出，这种环境的坚韧度（力量）在于它不会被一个处于成长中孩子的恨和攻击所摧毁。恰恰是环境的幸存让婴儿感受到了安全，并能从客体—关联（object-relating）过渡到客体—使用（object-usage）。（参见，攻击性：10）

事隔多年之后，温尼科特于 1967 年强调了与父亲和社会相关的坚不可摧的环境的重要性。

179

> 孩子……发现有攻击性情绪和表现出攻击性是安全的，因为家庭作为社会的微缩形式提供了一个框架。母亲相信自己的丈夫能提供支持，或者相信如果在社区内求助，例如向警察求助，就会有人来帮助。这一点有可能让孩子去探索初始的破坏性活动，而这些活动总体上与运动相关，但具体而言与围绕着恨所积累的摧毁性幻想有关。以这种方式（因为环境安全，父亲支持母亲，等等），孩子逐渐能够做一件非常复杂的事，即把他所有的破坏性冲动整合进爱的冲动中。……为了要达成这一发展阶段，孩子绝对需要一个从本质上来说坚不可摧的环境：虽然地毯可能会被弄脏，墙纸需要重贴，偶尔窗户会被打碎，但不管如何，这个家却能一直坚守不散，这背后就是孩子对于父母之间关系的信心。家庭能够持续地存在。
>
> ("Delinquency as a sign of hope",1967,p. 94)

在温尼科特的著作中，"客体的幸存"（survival of the object）这一主题随处可见，虽然直到 1968 年，在"客体的使用"一文中，他才澄清了关于摧毁和幸存的概念，以及父亲的重要性的理论（参见，攻击性：10，11）。温尼科特在其生命的最后一年提出：父亲"在婴儿的心智中一开始就是一个整体。"

　　由于母亲最开始是以部分—客体的形式，或者是部分—客体的集合体形式存在，所以很容易就假设，父亲也以某种同样的方式进入婴儿的自我—掌控中（ego-grasp）。但是我想指出，在顺利的情况下，父亲从一开始就是一个整体（亦即，作为完整的父亲存在，而非母亲的代理存在），之后才被赋予一个重要的部分—客体；父亲在婴儿的自我组织和心智构建中作为一个完整体（integrate）出现。

（"The use of the object in the context of *Moses and Monotheism*",1969,p. 241）

1962 年，温尼科特在评价梅兰妮·克莱因对婴儿内心世界理解的贡献时，也同时批评了她对于环境作用的忽视：

　　我认为，如果梅兰妮·克莱因不去探讨分析师工作的质量，即分析师适应病人需求的能力的话，她就无法发展出分析师"好乳房"（"good breast"）的论证。与之相关的是母亲在新生婴儿早期，适应婴儿自我—需求（包括本我—需求）的能力。克莱因的论证把她带到了分界点，要么她必须处理婴儿对母亲的依赖（或者病人对分析师的依赖）这一问题，要么她就必须刻意忽略母亲（分析师）这个可变的外在因素，就婴儿个人化的原始机制进行回溯性挖掘。克莱因选择了后者，隐蔽地否认了婴幼儿环境，而此时确实是依赖的时期。这样，她就被迫地过早地提及了遗传因素。

180

（"The beginnings of a formulation of an appreciation and criticism of Klein's envy statement",1962,p. 448）

后克莱因学派的发展也追随了 Bion 的思想，不再那么忽视环境的变化对个体心理健康的影响了（Bion,1962）。

（王晶　翻译）

参考文献

1944　What about father? In:1964a. 1945i

1945　Primitive emotional development. In:1958a. 1945d

1949　Birth memories,birth trauma,and anxiety. In:1958a. 1958f

1952　Anxiety associated with insecurity. In:1958a. 1958d

1954　Metapsychological and clinical aspects of regression. In:1958a. 1955d

1956　Primary maternal preoccupation. In:1958a. 1958n

1960　The effect of psychosis on family life. In:1965a. 1965l

1960　The theory of the parent-infant relationship. In:1965b. 1960c

1962　The beginnings of a formulation of an appreciation and criticism of Klein's envy statement. In:1989a. 1989zx

1962　Ego integration in child development. In:1965b. 1965n

1963　The fear of breakdown. In:1989a. 1974

1967　The concept of clinical regression compared with that of defence organization. In:1989a. 1968c

1967　Delinquency as a sign of hope. In:1986b. 1968e

1968　Communication between infant and mother,mother and infant,compared and contrasted. In:1987a. 1968d

1969　The use of an object in the context of *Moses and Monotheism*. In:1989a. 1989zs

1971　Creativity and its origins. In:1971a. 1971

第 12 章

恨
Hate

温尼科特在论述"恨"（hate）这个主题时，将母亲对自己新生婴儿的恨，与分析师对退行的、需求大的、精神病性（psychotic）的病人的恨做了平行关联。

拥有恨的能力，以及与之相伴之爱的能力，意味着达成了两价性情感（ambivalence）的成就。在温尼科特看来，这是一种发展性成就，它会在婴儿进入相对依赖期的某个时段和担忧阶段达成。

1　"反移情中的恨"

在温尼科特的工作中，"恨"（hate）这个词紧密关联着他后来广为
人知的那篇论文——"反移情中的恨"，他在1947年向英国精神分析学会
呈报了这篇论文。要记得，在20世纪40年代，当这篇论文写就之时，患
有精神疾病的病人的治疗条件与如今大不相同，尤其是对于严重精神障
碍的病人，当时尚缺乏有效的药物治疗。但无论如何，恨这个主题，以
及由这篇论文引起的一系列后续相关主题，在温尼科特的全部作品中始
终是保持一致的。

这篇论文关注到，分析师与精神病性病人工作时会处在一种强烈的
情感张力之中。通篇论文意在指出，精神病性和边缘性（borderline）病
人需求的是一种特别强烈的情感可及性和可用性，而这与新生婴儿的需
求别无二致。

温尼科特从来就不接受克莱因关于这部分的理论，即，认为"恨"
是与生俱来的，而且是死本能的一种表现。温尼科特认为，有能力去
恨——觉察到恨是与爱完全不同的另一回事——意味着婴儿已经达到了情
绪发展的一定阶段。当发展到有能力区分自己的这些不同感受时，婴儿
就要努力试着去"贮存"恨意，为的是在适当的情况下使用恨意。

在 1949 年之前，在精神分析理论中，"反移情"这个概念只被当作
分析师自身的问题来看待，一直未得到进一步发展。Paula Heimann 那篇
题目简洁但极具创见的论文——"论反移情"（On
Countertransference），也是于1950年才首次发表，十年后才再次更新。
尽管温尼科特有关精神分析技术方面的所有论文都与我们现在所理解的分
析师的反移情（即分析师对病人的移情的情绪性反应）有关系，但是他

本人却极少使用反移情这一术语，而且在"反移情中的恨"这篇论文中，他也把反移情看成一种异常的或分析师需要接受更多分析的信号。从这方面讲，温尼科特对"反移情"这个术语的使用也与1947年多数分析师对该术语的看法相一致。

通过把病人分为精神病性病人和神经症性病人两大类，温尼科特指出，与精神病性病人工作远比与神经症性病人工作更"令人厌烦"（irksome）。因此，他对于在精神分析性关系中与精神病性病人工作的论述，想必对精神科医生也同样很有价值。

> 为了帮助到精神科医生群体，精神分析师就不能仅限于研究患病个体情绪发展历程的原初阶段，还必须搞清楚精神科医生在临床工作中所承受的那种情绪负担的本质是什么。我们分析师称之"反移情"的现象，同样需要让精神科医生有所理解。无论精神科医生有多么爱他的病人，他们始终无法避免也会讨厌、怨恨和惧怕他们，而他们越清楚地了解这一点，就越不可能让恨意和恐惧成为他们对待病人们时的决定性动机。

183

> ("Hate in the countertransference",1947,pp. 194-195)

由此，这个主题自然也适用于精神病学设置（科室）中的团队协作。温尼科特告诫我们，精神病人能够翻搅起让他人非常难以耐受的各种感受，而且也常常使得护理人员见诸行动。他在此指的是来自精神病人的那种强烈的投射物，并列举了反移情的三种成分：

1. 反移情感受中的异常成分（abnormality），并建立起了分析师内在处于压抑状态中的各种关系和认同。对此的建议是，分析师还需要接受更多的分析……

2．属于分析师的个人体验和个人发展的各种认同和倾向性成分，这部分不仅为他的分析性工作提供了积极的设置，而且使他的分析工作在特性上有别于其他分析师。

上述两种成分都明确地与分析师的个人风格有关，此外：

3．与上述两种不同，我还要区分出第三种成分，即真正客观性的"反移情"，或者说这一点有些难，分析师基于客观性观察，对病人的实际人格和行为表现产生了爱和恨的反应。

（"Hate in the countertransference",p. 195 ）

温尼科特提出，至关重要的是，分析师一定要搞清自己的内在感受究竟是与病人正在搅扰（投射）的感受有关，还是与（可以被看作）分析师对病人的移情有关。当然，这两类感受确实还都属于分析师。

我的建议是，如果一个分析师要分析精神病人或反社会（antisocial）病人，那么他就一定要能非常彻底地觉察他能分辨出的反移情，而且还要能研究他对病人的各种客观性反应，其中就包括"恨"。

（"Hate in the countertransference",p. 195 ）

为了进一步帮助分析师们觉察，温尼科特还提醒大家，每种类型的病人终究只能以他感受他自己的方式来看待分析师。所以说，强迫的病人"倾向于认为分析师也在以一种无用的强迫性方式工作着"，轻躁狂病人"无法在深层次上感到罪疚，或者感受到关心及责任感，因此他们很难把分析师的工作看作分析师做出的一种修复性尝试，而这种修复涉

184

及（分析师）自己的罪疚感受"；而神经症性病人则会把分析师看作"对病人抱有两价性情感，并预期着分析师会表现出一种爱与恨的分裂；这个病人如果运气好的话，得到的会是爱，因为有其他人得到了分析师的恨"。同理，精神病人就无法想象分析师的感受会与他自己的感受有任何不同，而他自己又处于一种"爱—恨同步"（coincident love-hate）的状态之中（"Hate in the Countertransference"，p. 195）。

温尼科特说的"爱—恨同步"，意思是说精神病人无法在爱和恨两种情感之间做出区分，因此他们害怕："如果分析师表现出了爱，他一定会同时把病人杀死"（"Hate in the Countertransference"，p. 195）。

精神病人的这种"爱—恨同步"状态，"意味着在首次出现客体—发现（object-finding）的本能冲动时，发生了环境失败"（"Hate in the Countertransference"，p. 196）。温尼科特认为精神病是一种"环境缺陷性疾病"（environment deficiency disease）。缺陷在于生命早期的环境没有起到促进性作用，而婴儿的原始爱的冲动一直就没有被满足。这种失败的结果就是婴儿被迫开始采用各种精神病性防御。（参见，环境：3）

2　分析师的恨

与精神病人工作的分析师，一定得准备好接受来自病人马力全开的投射。这些投射物需要被分析师容纳和"储存"，而要做到这一点，分析师就必须要接受分析，而且要能分析到其内部存在着的恨。

如果分析师打算接受归咎于他的那些粗鲁和原始的感受，那么最好先给他提个醒以便未雨绸缪，因为他必须要容受自己被放到了那个位置上。首要的是，他一定不能否认真实存在于自己心中的恨。在当下情境中合乎情理的恨需要被分析师梳理和储存，并能在最终的解释中派上用场。

("Hate in the countertransference",p. 196)

185

温尼科特十分强调分析师接受分析的重要性，他指出，许多分析师有可能会选择将与精神病人工作（他称之为"研究性案例"）作为一种办法，来达到"比他自己的分析师能带他到达的更深层的位置"（"Hate in the Countertransference"，p. 196）。换句话说，分析师应当保持足够的开放度，足以让自己能在情感上被病人有所触动，就像父母被他们的婴儿和孩子触动那样。

在与神经症性病人工作时，分析师的恨则可以更多地保持在被压抑和"潜隐"的状态；温尼科特列出了一个清单，来说明为什么与退行程度不深的病人工作时，分析师可以在更大程度上容纳"恨"。

精神分析是我选择的工作，这种工作方式让我觉得，我可以最好地处理我自己的罪疚感，也让我能以建设性的方式表达我自己。

我能得到报酬，而我也训练自己通过精神分析性工作在社会中获得一席之地。

我不断有所发现。

通过认同一直有所进展的病人，我也得到了即刻的回报，而且我也在某种程度上能预见到，在治疗全部结束之后，将会有更大的回报。

　　此外，作为一名分析师，我有着多种方式可以表达恨意。"每一节分析都要结束"，这种设置的存在就是表达恨意的一种方式。

　　我认为事实就是如此，即使分析中没遇到什么困难，而病人高兴地离开时也是如此。在许多分析中，上述这些都可以被视为理所当然的，以至于几乎不用提起它们，而分析性工作只需通过对病人浮现出的无意识移情进行言语化解释就能完成。分析师接替的是一个又一个病人童年时的帮助者角色；他兑现的是这些人的成功，而他们才是在病人婴儿期做了脏活累活的人。

　　这些事情就是对普通的精神分析性工作的部分性描述，这里主要是指与那些症状具有神经症性质的病人进行的分析工作。

("Hate in the countertransference",pp. 196–197)

　　然而，精神病人施放在分析师身上的情感张力则完完全全是另一种性质了。

3　分析师的疗愈梦

　　温尼科特有一些梦是受他与病人的工作所触发而做的，在他看来，这些梦具有疗愈性作用，而且同样把他自己的个人情绪发展带入了一个新阶段。在1947年的这篇文章中，他描述了自己的一个梦，这个梦让他理解了病人：

……正在要求我，不要与她的身体产生丝毫的关联，甚至一个想象性的联系也不行；她还没有一个她自己能认可的身体，若说她以什么形式存在的话，她只能感受到自己是一种心智（mind）。……她对我的需求就是，我也应该只是一种心智式存在，来和她的心智对话。

("Hate in the countertransference", p. 198)

温尼科特的这个梦有效地例证了：（1）这个病人在使用她的分析师，使得分析师（无意识地）在他自己身体上体验到了她的感受，以及无法整合她自己的感受；（2）反移情的成分——也就是，分析师在一节分析之后产生的无意识响应，这种响应是分析师对由病人引发的冲击所产生的一种反应（react）。

在温尼科特梦中的这种身体与心智的解离，帮助他理解了（神经症性）阉割焦虑与湮灭和无休止坠落有关的精神病性焦虑之间的区别。

就在做梦前一晚，在我咨询尤为困难时，我已经被激怒了，并且说了她对我的要求简直就是吹毛求疵这样的话。这种话产生了灾难性的后果，之后她用了好几个周的分析来弥补我的过失。然而，至关重要的是，我应该理解我自己的焦虑，这种焦虑在梦中被表征为我身体的右侧缺失了。……我身体的右侧正是与这个病人有关的一侧，因此，当她需要绝对否认我们的身体之间有关系，甚至一丝想象性的关系都没有时，我这一侧的身体就受到了影响。她的否认在我的内在造成了一种精神病性焦虑，这要比普通的阉割焦虑难以承受得多……

("Hate in the countertransference", p. 198)

也许大家也留意到了，温尼科特对病人说的那句话同样有某种重要
意义——她确确实实地需要温尼科特"把一根毛发吹成两半"（split
hairs），以便让她能意识到她自己的分裂。温尼科特又解释了做这个梦
的重要性，以及这个梦使他后来能做的事：

> 无论对这个梦还可以做什么其他的解释，从效果上看，我做了
> 这个梦和我还记得的内容都让我还能把这段分析进行下去，甚至抚
> 平因我被激怒而对其造成的伤害，而我的易怒源于一种反应性焦虑，
> 也就是与一个没有身体的病人接触时所应有的那种性质的焦虑。
>
> ("Hate in the countertransference",p. 198)

此处，温尼科特暴露出了他对这个病人的罪疚感。这让人想起他
1962年的那篇"婴儿照护、儿童照顾和精神分析性设置中的依赖"。在该
文中，他探讨了分析师所犯的错误也是分析中的必要组成部分，并且呈
现了他自己所犯的错误之一，那是他与一个新病人的治疗关系中过早出
现的一个失误（参见，依赖：5；退行：7）。然而在1947年的这篇文章中，
温尼科特已然十分清楚：病人不必也不该察觉到分析师必须要承受极大的
负担：

> 分析师一定要准备好承受情感的张力，而且不能指望病人对他正
> 在做的事有丝毫的了解，这种情况可能会持续很长一段时间。为了做到
> 这一点，分析师就必须能熟练地觉察到自己的恐惧和恨意。
>
> ("Hate in the countertransference",p. 198)

然后，在文章末尾，温尼科特出其不意而又意味深长地暗示，处在

这种困境中的分析师：

> 他就处在一个还未降生或刚刚出生婴儿的母亲那个位置上。
>
> ("Hate in the Countertransference",p. 198)

4 必要的环境

对于一个未曾有过足够好生命开始的病人来说，分析师"有必要成为病人生命中第一个提供那些基本环境必需要素的人"（"Hate in the Countertransference"，p. 198）。这意味着被大部分病人视为理所当然的设置（setting），一定得是经过分析师认真考虑更为实际的设置，而分析师必须是提供前所未有供养的那个人。温尼科特例证了他的观点：

188

> 我询问一个同事他是否会在晚上做分析，他回答："什么？当然不会！无疑我们的工作是提供一个平常的环境——晚上的话可就非同寻常了。"他对我的问题感到很意外，而他的工作方向主要是分析神经症性问题。然而，在对精神病人的分析性工作中，提供和维持一个平常的环境本身就是至关重要的事情，事实上，有时候确实如此，甚至要比言语性解释更为重要，当然解释也是要做的。
>
> ("Hate in the countertransference",p. 199)

实际上，温尼科特在这件更为重要的事情上始终保持一致，而且在他 20 世纪 60 年代的文章中，他越来越强调分析师需要等待病人得出他自己的解释：

> 对于神经症性病人，躺椅、温暖、舒适都可以象征性地代表母亲的爱；对于精神病人更确实地说，这些东西就是分析师身体力行地在表达爱。躺椅就是分析师的膝上或子宫，而温暖就是分析师的生活热情。
>
> ("Hate in the countertransference", p. 199)

因此，在温尼科特的理论中，在不用身体接触的情况下，分析性设置就能提供一种实实在在的抱持。（参见，交流：3；退行：1）

5 病人的需求：在被爱之前先要被恨过

作为环境至关重要的一个组成部分，需要提供给病人的就是分析师的情感可及性（emotional availability）——尤其是，"恨"：

> 我想补充的是，在某些分析的特定阶段，分析师的"恨"恰恰是病人真正寻求的东西，于是病人所需要的就是"恨"，一种客观性的恨。如果病人寻求的是客观性或正当合理的恨，那就有必要让他能触及这种"恨"，否则，他也不可能觉得他能触及客观性的"爱"。
>
> ("Hate in the countertransference", p. 199)

189

根据自己与战时疏散儿童工作的经验，以及多年来为家庭提供咨询的情况，温尼科特认识到，一个新的环境若能容受住遭受过剥夺的孩子所引起的"恨"是多么重要，因为这个孩子真正表露的是他的无意识希望。（参见，反社会倾向：5）

> 也许此处引述家庭破裂或失去双亲的儿童个案是最为切题的。这类儿童花着大把时间无意识地寻找自己的父母。众所周知，光是把这样一个孩子带回家并给他关爱还远远不够，因为接下来的情况是，当这个被领养的孩子重新获得希望之后，他就会开始测试他发现的这个环境，试图找出他的监护人有能力客观地"恨"的证据。这似乎就是，只有在感受到被恨过之后，他才能相信自己会被爱。
>
> ("Hate in the countertransference", p. 199)

温尼科特用自己的经验——他在第二次世界大战期间曾经照顾过一个遭受过剥夺的孩子——来说明上述的观点。

该文献中这一节的理论关键点在于：母亲恨她的婴儿在先。

> 从各种关于"恨"及其根源的错综复杂的问题中，我希望能重视一件事，因为我认为这件事对与精神病人进行工作的分析师尤其重要。我认为，母亲恨婴儿要先于婴儿恨母亲，甚至要在婴儿能够认识到他母亲恨他之前。
>
> ("Hate in the countertransference", p. 200)

温尼科特的论点是，母亲其实"恨"婴儿在先，因为婴儿还没有能力去恨。婴儿对母亲的需求是无情的，也正是这种无情性（ruthlessness）

引发了母亲的恨。由此引申的理论是，精神病人同样也还觉察不到自己的恨，病人是带着对分析师无情的需求来进行分析的。从发展阶段来说，这一现象应该出现在抱持阶段，也就是婴儿绝对依赖母亲的时期。在这段婴儿与母亲合并的阶段，婴儿还没有能力关联到完整的客体，因此也就觉察不到客体是"非我"（Not-me）的存在。

190

　　然而，早期的整合有可能被达成——也许最早的整合就发生在兴奋或狂怒状态的顶峰——总还存在一个理论上的更早阶段，在这个阶段，无论婴儿做了什么伤害他人的事，都不是出于恨意。我会使用术语"无情的爱"（ruthless love）来描述这个阶段……随着婴儿渐渐能感觉到自己是一个完整的人，"恨"这个词才越来越具有了意义，成为对他某一类感受的一种描述。

（"Hate in the countertransference",p. 201）

6　母亲为什么恨她的婴儿

　　为了提供更多的证据来说明分析师也需要首先恨精神病人，温尼科特罗列了17个原因来解释，为什么一个母亲从一开始就会恨她的婴儿：

　　母亲从一开始就会恨她的婴儿。我相信弗洛伊德会认为，有可能一个母亲在某些情况下对她的男宝宝只抱有"爱"的情感，但是，我们对此却存疑。我们都了解母爱，也感激母爱的真实和力量。不过，让我列举一些原因来说明为什么一个母亲还是会恨她的宝宝，即使是个男孩：

宝宝不再只是她（心智中）的一个构想了。

宝宝不是童年游戏中的那个样子，也不是爸爸的孩子，或哥哥的孩子，等等。

宝宝不是魔法般生产出来的。

宝宝对她自己的私人生活是一种干扰，让她不能专注做事情。

一个母亲或多或少都会觉得，这是她自己的母亲想要的宝宝，以至于她只是生出一个宝宝来安抚自己的母亲。

宝宝吃奶甚至会伤到她的乳头，因为一开始吃奶就是种咀嚼运动。

宝宝是无情的，把她当作泡沫来对待，她就是一个不用付钱的佣人、一个奴隶。

母亲还必须爱她的宝宝、他的排泄物和一切，无论如何在一开始都要这样，一直到宝宝开始对他自己产生疑问为止。

宝宝会努力伤害母亲，会时不时地咬她一口，但这都是出于爱。他之后还会显露出对母亲的幻灭。

宝宝兴奋的爱是一种"橱柜之爱"（cupboard love），所以当他得到了他想要的之后，就会把母亲弃如敝屣。

最开始，宝宝一定要掌控一切，他必须被保护免受各种巧合之事的侵扰，生活必须要按照宝宝的节奏展现在他面前，而这一切又都需要他的母亲持续而细致地加以研究。例如，母亲在抱持着宝宝时一定不能焦虑，诸如此类。

起初，宝宝根本不知道母亲为他所做的一切和牺牲的所有。尤其是，他无法考虑到母亲的恨。

　　他还会猜疑，拒绝母亲提供的美食，搞得她也开始怀疑她自己，而他和姨妈在一起时反倒吃得很开心。

　　在和他折腾了一个早上之后，母亲终于能带他出门了，他却对一个陌生人展露笑脸，对方会说："他多可爱啊，是不是？"

　　母亲很清楚，如果她一开始就让宝宝失望了，宝宝就会一直报复她。

　　他会激起母亲的兴奋，但又令她感到挫折——她既不能吃掉他，也不可能跟他有任何性活动。

("Hate in the countertransference",p. 201)

这份清单同样也适用于描述精神病性病人与分析师之间的关系。

　　我认为，在对精神病人的分析中，以及在分析的最终阶段，即使被分析者是一个正常人，分析师也一定会发现自己就处在与新生婴儿母亲的角色差不多的一个位置上。在深度退行的情况下，病人对分析师的认同或对分析师观点的领会，最多也只能到胎儿或新生婴儿与母亲共情的那种程度。

（"Hate in the countertransference",p. 202）

　　在写完这篇文章的九年之后，在题为"原初母性贯注"的那篇文章中，温尼科特描述母亲从即将分娩到生下宝宝后的几周之内，都处于一种与新生婴儿合并的状态中。尽管温尼科特没有直接将其"恨"的理论与原初母性贯注相关联，但是同样的主题却多次以其他的形式呈现，即分析师一定要能够容受来自退行病人的许多东西。这就是一种对"无情的爱"的容受，而也正是这种"无情"将会鼓动起分析师的恨意（参见，

原初母性贯注：4；退行：12）。这些主题同样关联着"绝对依赖""对
女人的恐惧"以及"抑郁"。（参见，依赖：1，3；抑郁）

（魏晨曦　翻译）

参考文献

1947　Hate in the countertransference. In:1958a. 1949f

抱　持
Holding

从即将分娩之前到刚刚生产之后，母性养育的所有细微之处都旨在营造一个抱持性环境（holding environment）。这其中就包括母亲的原初母性贯注，这种贯注让母亲可以为婴儿提供必要的自我—支持（ego-support）。

一个婴儿在其整个发展过程中始终需要心理和身体的抱持，而它们也持续发挥着重要作用，对于每个人来说，抱持性环境从来都不是无足轻重的小事。

抱持性环境会逐渐包括了父亲，延展到家庭，一直到整个社会。

1 边界与结构

　　尽管温尼科特在其早期作品中就认识到"抱持"的重要性，但是直到20世纪50年代中期他才正式使用"抱持"（holding）这个词。在第二次世界大战期间，他与当时的同事Claire Britton（她后来成为温尼科特的第二任妻子）在工作中都发现，在对反社会倾向儿童的管理和治疗过程中有对抱持性环境的极大需求。（参见，反社会倾向：1）

　　20世纪50年代，温尼科特在理解分析性关系时，已经在用足够好的母—婴关系的范式（good-enough mother-infant paradigm）作为一种方法，来思考在分析性关系中可以提供些什么。这种母—婴关系范式就成为他抱持理论的基础，而他的理论关注点，就是在情绪方面"抱持婴儿在心智中"的状态（emotional holding-the-baby-in-mind）与身体性喂养、洗浴、穿衣等处理的相结合：

> 　　……婴儿被母亲抱持着，而且只能理解以身体形式表达的爱，也就是说，通过鲜活的、人类抱持表达的爱。这是一种绝对的依赖，在这一极早阶段发生的环境失败婴儿还无法加以应对，这时防御这种环境失败的办法只能是生命发展过程的停滞，或者出现婴儿期精神病……我们更为关注的是母亲如何抱持（holding）婴儿，而不是母亲如何喂养（feeding）婴儿。
>
> （"Group influences and the maladjusted child",1955,pp. 147–148）

　　正是因为有足够好的抱持，婴儿才更有可能发展出一种整合体验的能力，并发展出一种"我是"（"我"）[I AM (Me)] 的感受。

　　毫无疑问的是，本能体验充分参与并促进整合过程，但与此同时，一直还需要有一个足够好的环境，需要某个人抱持着婴儿，而且足够好地适应着婴儿变化着的需求。这个人要想发挥作用，只能通过适合这一发展阶段婴儿所需的一种爱来实现，而这种爱就蕴含着认同婴儿的能力，以及拥有婴儿的需求是值得的感受。我们会说，母亲就是这样的人，她献身于她的婴儿，虽是暂时的，却无比真诚……

　　我认为，这种"我是"此时尚处于一种原始未成熟的状态；这个新个体感受到的是一种无尽的暴露感。只有当某个人用她的双臂环抱住此时的婴儿，这种片刻的"我是"状态才能被他忍受住，或者更确切地说，才能让他敢于去冒险体验这种状态。

（"Group influences and the maladjusted child",p. 148）

　　引文中提到的阶段都属于绝对依赖期，温尼科特称之为"抱持阶段"（holding phase）。总的来说，他认为在婴儿生命的一开始，最好是只有一个主要养育者，而在最适宜的条件下，这个人应该是婴儿的亲生母亲。然而，温尼科特却始终在其著作中还表达了另一个论点，即，一个养母如果也能进入到一种原初母性贯注的状态，那么她同样能提供抱持性环境所需的必要成分。（参见，母亲：5）

　　在温尼科特看来，足够好的抱持环境开始于一个家庭内部的母—婴关系，然后再向外发展到社会中的其他群体。在文献集《家庭与个体发展》（The Family and Individual Development,1965a）的序言中，他强调了以下的观点：

家庭有着一种确定无疑的定位，即家庭是发展中的儿童与社会中运作的各种力量相遇的地方。这种交互作用又能在最初的婴儿—母亲关系中找到原型模式，而在这段关系中，由母亲所代表的世界以一种极其复杂的方式帮助或阻碍着婴儿遗传倾向的发展。上述理念就是从这部文献集的内容中发展出来的⋯⋯

(Preface to *The Family and Individual Development*,1965,p. vii)

1960 年，温尼科特对抱持概念的明确表述出现在他的论文"亲子关系的理论"中。抱持性环境必然也包括父亲。

令人满意的父母养育可以被粗略地分为三个有所重叠的阶段：

1.抱持；

2.母亲和婴儿生活在一起。此时父亲的功能（是为母亲营造适宜的环境）还不为婴儿所知；

3.父亲、母亲、婴儿，三个人生活在一起。

("The theory of the parent–infant relationship",1960,p. 44)

"生活在一起"指的就是婴儿有能力区分开"我"与"非我"，并可能把母亲和父亲分别视为单独的、完整的人。这种能力只能作为父母成功抱持的一种结果而出现，并且导致婴儿发展出一种对现实的领会和欣赏，以及发展出"一种三维关系，或者由时间元素逐渐加入的一种空间性关系"（"The theory of the parent–infant relationship", p. 44）。

温尼科特的抱持理论还主张，被足够好的环境抱持对开启某些发展性过程负有责任。

195

2　抱持功能

作为父母，一定要能提供一种适合其婴儿需求的环境。如果父母把自己的需求投射到了孩子身上，并对这部分需求提供满足，那么对孩子来讲，这种做法一点用处也没有；不仅如此，这种做法有可能通过投射机制导致一种对婴儿的侵入，而且父母的这种态度会迫使孩子变得顺从，由于来自父母的压力，孩子即使对不喜欢的事也可能会说喜欢。温尼科特的意思是，父母在提供照护时，务必要一直考虑到婴儿的完整性，并且要尊重婴儿是一个单独的人类，这必然就包括尊重他有与众不同的权利。

温尼科特列举了环境供养的一些必要特征。

这种供养能满足各种生理需要。此时的生理状态和心理状态还没有完全分开，或者刚刚才开始彼此区分的过程；而且这种供养是可靠的。不过环境供养的可靠不是指一种机械性可靠，而是指母亲的共情能力和方式是可靠的。

抱持的特点是：

保护婴儿免受生理性侵害和侮辱。

照护婴儿的以下感受，包括皮肤敏感性——触觉和温度觉，听觉敏感性，视觉敏感性，坠落感受（重力的作用），还要考虑到，婴儿除自体以外对任何其他的存在还缺乏认知。

抱持还包括了夜以继日的全部例行养育程序，而且没有对两个婴儿都一样的抱持，因为抱持包含着婴儿的一部分，但没有两个婴儿是相同的。

抱持还跟随着婴儿成长与发展过程中种种细微的日益变化而变化，包括生理和心理方面的变化。

("The theory of the parent–infant relationship",1960,pp. 48–49)

温尼科特强调，在生命的最初阶段，母性养育的质量对个体心理健康负有重要责任，而且可以避免罹患精神病。

转换到治疗关系中，分析性治疗的设置就为病人提供了一个必要的抱持性环境（参见，环境：2）。（"分析性设置"等于"一个抱持性环境"。）

196

3 个性化

温尼科特提到，抱持中有一个重要的面向就是*处理*（ handling ），这指的是母亲在日复一日的所有母性养育细节中针对婴儿的处理方式。这种处理还包括，母亲在照护婴儿时的*自得其乐*（ enjoyment ），这是一种母爱的表现。（参见，母亲：9）

足够好养育的处理可以让婴儿的"精神安住于躯体之中"（ psyche indwelling in the soma ）；温尼科特将此过程称为"个性化"（ personalization ）。"个性化"意味着，作为一种爱的处理的结果，婴儿开始感受到他的身体是他自己的，和 / 或感受到他的自体感就集中在他身体内部的中心。（参见，精神—躯体：1）

温尼科特使用"个性化"这个术语，也是为了强调它是"去个性化"

（depersonalization）的对立面——在去个性化这种的情况下，个体会体验到一种心智—身体分裂（mind-body split），并且他不能在自己的身体中感受到自己的存在：

> 在生命一开始，被爱就意味着被接受……孩子都有一幅关于"正常状态"的蓝图，而这幅蓝图主要描绘的就是他（她）自己身体的形状和功能……
>
> 几乎每一个孩子在出生前的最后阶段都已经被接受了，不过爱却是以身体照护的形式显现的，而对于在子宫中的胎儿，这种身体照护通常又都是充足的。在这些条件下，我所说的个性化的基础成分，或者说避免去个性化的这种特殊的不利条件，其起始时间甚至就要开始于孩子出生之前，而一旦到了孩子必须要被人所抱持的时候，那么毫无疑问的重中之重是，抱持者的情感投入还有他们的生理性反应就都需要被纳入考虑。婴儿发展中的这一部分，也就是我称之为个性化的部分，或者可以把它描述为一种精神在躯体中的安住，它取决于母亲结合她自己情感性投入的能力，而这种情感性投入最初是身体性和生理性投入。

(Basis for self in body，1971,p. 264)

在分析性情境中，正是分析师的关注——其中还结合了物理环境，如躺椅、温度、房间的色调等——反映出了母亲的原初母性贯注。温尼科特关于治疗性设置中的抱持概念并不包括分析师触碰病人。（参见，沟通：3；恨：4；退行：1）

4　管理

温尼科特经常提到抱持也是管理的一种形式，尤其当他为某些专业团体做演讲时更会提到这件事，而这些听众都是为无法照顾自己的人提供日常护理的相关专业人士。"管理"这个术语也会用来指在精神病治疗设置中，以及分析性关系中对病人的照顾。管理的程度取决于病人的病理情况，这里主要是指他对抱持的需求有多少：

> 在针对精神分裂样病人的治疗中，分析师需要清楚对所呈现材料可以做出的所有解释，但是，他必须有能力节制住自己，不会偏离方向去做不恰当的解释工作，因为病人主要需要的是一种不那么聪明的自我—支持，或者说是一种抱持。这种"抱持"，就像母亲在婴儿养育过程中要完成的任务那样，心照不宣地承认病人有瓦解、停止存在、无休止的坠落等倾向。

> （"Psychiatric disorder in terms of infantile maturational processes",1963,p. 241）

温尼科特强调，"管理"作为抱持性环境的一种要素，在治疗表现出反社会倾向的儿童和青少年时尤为重要。不过，他也十分清楚，为了和这类对照顾者有着大量情感需求的个体工作，工作者本身也需要得到许多抱持。温尼科特与 Clare Britton 在 1947 年合写过一篇论文，题为"住宿管理——对困难儿童的一种治疗方式"（ Residential Management as Treatment for Difficult Children ），文中面面俱到地阐述了住宿护理，并将其与抱持性环境的重要面向关联在一起。文章中的那些结论直到今天依然中肯。

就分析性关系来说，正是分析性设置、分析师的关注，连同并包括解释性工作在内，共同创造出了一个抱持性环境，并通过这个环境来管理病人的心理和身体的需求。只有从这种抱持中，一种潜在空间才能渐渐被实现（参见，过渡性现象：7）。（抱持性环境失败所导致的后果可查阅词条，环境：3，4，5，6。）

198

（魏晨曦　翻译）

参考文献

1955　Group influences and the maladjusted child. In:1965a. 1965s

1960　The theory of the parent-infant relationship. In:1965b. 1960c

1963　Psychiatric disorder in terms of infantile maturational processes. In:1965b. 1965y

1965　*The Family and Individual Development*.1965a.

1971　Basis for self in body. In:1989a. 1971d

199

第 14 章

（全能）幻象
Illusion (of omnipotence)

　　婴儿的全能幻象的出现，源于母亲有能力适应婴儿的需求。这种幻象在生命最早期不断累积地发生，为婴儿后续的健康情绪发展奠定了基础。因此，一种健康的自体感就从新生婴儿的这种幻象中浮现了，这个幻象就是他根据自己的需求创造出了客体，这个幻象让他感到自己是无所不能的（all-powerful），但又没有觉察到需要自己的力量：一切只是它们本该是那样般自然而然地发生了。游戏的能力也被断定是基于这种"全能"幻象体验发展出来的，游戏的能力对于"创造性活着"（living creatively）和"感受到真实"（feeling real）是至关重要的。如果婴儿在早期没有足够的机会体验到这种幻象，他就很可能在之后的情绪发展过程中遭遇到诸多困难。

1　刚刚被幻灭的（婴儿）

　　温尼科特把"幻象"作为一个概念的思考演变，一方面源自他早年的儿科临床工作；另一方面也源自他所观察到的过早发生了幻灭对婴儿造成的影响。1931 年，他发表了第一篇论著《关于童年期障碍的临床笔记》（ *Clinical Note on Disorders of Childhood* ），在书中第七章"风湿病的临床现象"（ The Rheumatic Clinic ）的一个简短脚注中，他论述了如何认识儿童的躯体症状与情绪生活之间的关系。

　　……在我看来，童年期的常见疼痛并不是那些风湿痛，也不会伴有心肌炎的特殊风险。这类疼痛其实极其普遍；它们可能会发生在大腿、小腿、腹股沟、腰部、横贯胸部、上腹部、下背部、头部——几乎是任何部位。感到这些疼痛和痛苦的绝大多数儿童都睡不好觉，要么躺在床上睡不着，或者在夜惊中惊醒，或者以某种其他方式表现出焦虑。这类痛苦可以被视作是情绪性发展的常见困难所导致的部分情况……

（ "The rheumatic clinic",1931,p. 66 ）

　　这里有一个脚注，他还写道："对身体而言，最好的情况也依然是一大堆疼痛……"，这就是刚刚被幻灭的孩子最典型的哭诉。

　　几年之后，在 1939 年，他写了一篇短文"过早的幻灭"（ Early Disillusion ）。这篇文章在温尼科特生前并未发表，在这篇文章中，他开始探究这种现象在精神分析治疗中会如何表现。他开篇就写道：

　　病人教会了我们需要了解的许多事情，他们也经常清楚地向我们表达，他们在非常早期生命过程中的确遭遇过幻灭。他们对此种想法毫不怀疑，而且也能触及与此想法相关的越来越深的悲伤。

("Early disillusion",1939,p. 21)

　　由此，温尼科特开始对过早幻灭的环境性责任加以概念化，因为这种环境侵扰了婴儿的自然发展过程。

　　……宝宝躺在那儿，一边吸吮拇指一边想着些什么，这时有一个人走过来，把她的拇指从她的嘴里拿了出来。宝宝不得不学会继续她的想法，但却没有了明显的身体兴奋高潮伴随着这个活动。

("Early disillusion",p. 21)

　　这种对婴儿系统的打断看似是制止婴儿吸吮手指的一种有效方式，但温尼科特指出，其实婴儿的这种顺从性反应源自于其对"幻想内容中摧毁性成分"的罪疚感。在后来的文献中，他进一步阐述了婴儿的这种"反应"（reaction）如何构成了一种严重的侵入，以至于打断了存在的连续性。（参见，环境：3，5） 201

　　幻灭的症状与反社会倾向有关联，以及也与温尼科特在第二次世界大战期间所参与的疏散工作有关联。在他 1947 年与 Clare Britton 合写的论文"住宿管理—对困难儿童的一种治疗方式"（Residential Management as Treatment for Difficult Children）中，他们给出了一些诊断和治疗方面的建议，这些建议一方面来自温尼科特在精神分析工作中的实践；一方面也源自他越来越重视精神交互和人际交互环境的重要性。在他们与那些招惹麻烦的疏散人员工作时，他们越发清楚地发现，这些疏散者无一例

外都经受过生命早期的严重侵入，因此，反社会倾向就是早期遭受干扰
的明显表现。（参见，反社会倾向：1，2）

2   从幻象到幻灭：一段痛苦的转变

温尼科特后来继续发展关于幻象的思考，而在他 20 世纪 40 年代于英
国广播公司（BBC）为母亲所做的一系列广播节目中——尤其是在"他们
的标准和你的标准"（Their Standard and Yours）和"什么叫'正常的小
孩'？"（What Do We Mean by a Normal Child?）两篇讲稿中——他更进
一步地展开了这个概念。这两篇文章都收录在他 1964 年的文集《儿童，
家庭和大千世界》[1]（The Child, the Family and the Outside World）一文中。

在"他们的标准和你的标准"[Their Standard and Yours, 1945f
（1944）]一文中，温尼科特从直接与母亲们对话的角度，想要说明一件
非常重要的事，即父母要承认每个孩子都是与众不同的，也有权利被允
许以他自己的方式发展，同时他自己的发展倾向应当受到鼓励。他论证
的要点是，父母应当相信每一个孩子天生就有一种与生俱来的道德。该
主题在后来呈报给英国精神分析学会的论文"道德与教育"[Morals and

---

1   尽管这本文集是1964年出版的，但是在1957年，在一套上下两册的作品《儿童
　　和家庭》和《儿童和大千世界》中，这两篇文献就已经出版过了。我们应该注意
　　到，几乎在这本文集发行的十年之前，这两篇文章就已经被写就和出版了。（
　　见"参考文献"）

Education,1963d（1962）] 中有进一步的探讨。不过在这里，温尼科特
不是与精神分析师们进行交流，而是在与平凡而奉献的母亲们交流。在
提出自己的观点后，似乎像是在提醒足够好的母亲，温尼科特接着为母
亲展示了，她是如何在婴儿的生命之初就已经开启了这个过程。

> 当然，母亲从婴儿一出生开始就很平常地做着这些事。她虽然不
> 能完全听她婴儿的使唤，但她可以规律地进行乳房哺乳，这已经相当
> 不错了，而且她还常常能成功让婴儿产生一小段幻象，在幻象中，婴
> 儿还不必认识到梦想中的乳房满足不了他这个事实，不管梦境多么美
> 好。他毕竟不能被一个梦中的乳房喂胖。
>
> （"Their standard and yours",1944,p. 122； italics added）

继而在"什么叫'正常的小孩'？"（1946c）的论文中，当温尼科特
讨论关于父母如何理解他们的孩子这项任务时，他提到了从幻象到幻灭
的痛苦转变。

> 事实上，那些确定可以被称作正常的孩子也同样能表现出这些
> 症状，而有这些症状仅仅是因为生命的艰难，对于每一个人类来说，
> 这是生命固有的艰难，从生命一开始就面临的艰难……
> 摆在那些幼儿养育者面前的一项首要任务，就是要帮助孩子经
> 历这段从幻象到幻灭的痛苦转变，办法是不管任何时候问题一旦出
> 现在孩子面前，养育者就要尽可能地简化这些问题。婴儿期孩子的
> 大部分尖叫和乱发脾气，其实都是内在现实与外在现实之间展开的
> 一场拔河比赛，而我们必须把这场拔河比赛看作一种正常现象。
> 这个独特的幻灭过程有一个特殊的部分，即孩子发现了即刻冲

动所带来的乐趣。可是，如果孩子要想长大，要加入其他人组成的群体，那他就不得不放弃许多这种属于自发性冲动的乐趣。

（ "What do we mean by a normal child",1946,p. 128 ）

制作这些广播节目的同一年代，温尼科特正在写作"原初情绪发展"（ Primitive Emotional Development，1945）和"反移情中的恨"（ Hate in the Countertransference，1947），这是他一系列开创性文章中的头两篇，也都呈报给了他的精神分析师同行们。在这两篇里，温尼科特都有对从幻象到幻灭这一转变过程的进一步澄清。

203

3　幻觉，幻想，幻想化

在"原初情绪发展"一文中，温尼科特提出了许多主题，而他将会投入毕生的精力去发展这些主题。文中有一小节题目为"现实适应"（ Reality Adaptation ），其内容明显是追随弗洛伊德的幻觉（ hallucination ）理论和现实原则的理论。在这一小节中，温尼科特展现了他是如何开始扩展这方面理论的，特别是在以下几个方面：

· 幻觉（ hallucination ）与幻象（ illusion ）之间的区分；
· 幻想（ fantasy ）的程度取决于幻象（ illusion ）的总量；
· 满足会造成客体的湮灭；
· 婴儿需要感受到内部与外部是一样的。

所谓的"不可分析的病人"（ unanalysable patient ），是那些无法很容易地区分外部世界和内部世界的人，因此与这些个案工作时，他们的移情使得精神分析性工作变得异常困难。温尼科特从母—婴关系的角度，描述了他是如何来看待可分析性（analysability）和不可分析性（unanalysability）现象的。温尼科特首先描述了两种现象：一种是婴儿的各种本能冲动；另一种是"母亲的想法，即她愿意被一个饥饿的宝宝攻击"，接着说明了：只有到达了母亲和孩子"一起生活在一种体验中"（live an experience together）之后，这两种现象才有可能整合起来。

> 我认为这个过程就像是两条相向出发的线，而趋向于越来越靠近彼此。如果它们有一部分重叠了，那么这就是幻象片刻（moment of illusion）——此刻的这一点体验，婴儿就能把它当成既是自己的幻觉（hallucination），又是属于外部现实的某种东西。
>
> （"Primitive emotional development",1945,p. 152； italics in original）

温尼科特的论点是，正是因为这种重叠，婴儿才建立起了产生幻觉的能力。

> 换个说法，婴儿在兴奋的时候，一边会去找乳房，一边准备好在幻觉中产生出某种适合被遭遇的东西。恰在此刻，那个实际的乳头就出现了，于是婴儿就能感受到它，而这个乳头就是他在幻觉中出现的那个乳头。如此一来，通过这些实际的视觉、感受、气味等细节，他的相关想法就被丰富和充实起来，等到下一次，这部分材料就会被用到幻觉中。正是以这样的方式，婴儿开始逐渐形成一种魔法召唤的能力，能随时召唤出现实中可获得的那些东西。
>
> （"Primitive emotional development",1945,pp. 152–153）

当然，上述能力的达成取决于在多大程度上能促进形成这些"幻象片刻"。温尼科特为此强调，在婴儿生命的早期阶段，有必要由亲生母亲[1]始终如一地养育婴儿，而不是由一个又一个不同的护士或保姆轮换着护理婴儿；温尼科特用一个著名的悖论来说明这一点："只有以单调性为基础，母亲才能有益地增加婴儿的丰富性"（出处同上，p. 153）。

温尼科特由此开始思考幻想（fantasy）和幻想化（fantasying）之间的区别。几乎将近三十年之后，这种区分才在《游戏与现实》（*Playing and Reality*）的第五章内容中得到进一步展开。简而言之，*幻想*，也就是一种产生幻想和进行想象的能力，与曾经拥有过足够量的幻象（illusion）体验有关；相反，*幻想化*，也就是一种白日梦（day-dreaming）形式的防御，它是个体应对挫折和精神痛苦的一种方式，其成因恰恰是由于不曾有过足够量的幻象体验。

> 由此可见，"幻想"并不是个体创造出来而应对外部现实挫折的某种产物。而"幻想化"才真的是这样的产物。幻想要比现实更为原初，而且关于大千世界的幻想内容要想得到富集和强化，它必须取决于幻象体验的量。
>
> （"Primitive emotional development", p. 153）

紧跟其后，温尼科特引入了"由于满足而被湮灭"的概念。

---

1 尽管这篇文献中强调了"亲生母亲"，但在其他许多地方，温尼科特也承认，一个养母同样有能力做到和她的宝宝同调一致，就像亲生母亲那样。

（婴儿）不想要由于满足而导致的一个结果，就是客体的湮灭。这就是为什么婴儿在一次满足的喂养之后，并不总是感到高兴和满意。

（"Primitive emotional development",p. 153）

在此，他还增加了一个重要的脚注。

关于婴儿为什么对满足的喂养却感到不满意，我只想再说另一个原因：他感到被"糊弄和欺骗"（fobbed off）了。他本打算（姑且先这么说）发动一场嗜血性攻击，但却被一剂镇静剂——一次喂养——给打发了，充其量婴儿只能推迟他的攻击。

205

这个主题后续还有发展，在 1962 年温尼科特阐释"担忧阶段"，其中描述"贡献"（contributing in）的重要性时提到了这个主题；在1968年，温尼科特论述"客体的使用"理论时也提到了这个主题。（参见，攻击：10；担忧：7）

文中的这一小节以一段陈述作为总结，大意是"内在与外在结合到一起，对婴儿来说是至关重要的事"。

……最开始，一种与外在或共享现实的简单接触一定要发生，而且要由婴儿的幻觉和世界的呈现共同来实现，并且是在婴儿的一个个幻象片刻中完成。在这些幻象中，婴儿把幻觉和世界呈现当成是完全相同的，当然实际上它们根本就是两回事。

（"Primitive emotional development",1945,p. 154）

1948 年，在面向英国精神分析学会医学部的一次演讲中，温尼科特又强调了为什么幻象是整个人生中如此重要的一项能力。他还面质了"现实原则"的问题。

人们也许会问：普通人在与现实接触这件事上是怎么办到的呢？无疑，发展过程所带来的大量收获似乎能跨越这个困难，由于通过客体的合并而丰富和充实既是一种精神现象，也是一种身体现象，同样也可以说这是一种被合并，包括人们最终对世界丰富性所做出的贡献，而这种丰富性则是我们全体都能享有的特殊待遇，即使是那些最微不足道的人。尤其是，性生活还给我们提供了一条出路，那就是孕育婴儿这件事，真的就是两个个体在身体中联合在了一起。不管怎么说，当我们有了生命的时候，我们每个人都能体会到原初的现实—接触是一件至关重要的事情，而我们也都按照自己在生命开始时（母亲）介绍现实给我们的方式来处理着这件事情。对于我们中的一些人来说，能很轻易地使用客观性验证检验的能力，以及客观化主观性的能力，以至于基本的幻象问题倾向于不存在了。除非这些人生病了或感到疲惫了，否则他们不会意识到还有"与现实的关系"这种问题，以及人们普遍都有的一种幻觉倾向性；而且他们还觉得发疯的人一定是由某些不同于他们的东西所构成的。相反，我们中的另一些人，很清楚我们还有一种指向主观性的倾向，而且也觉得这种主观性倾向比纯粹的外界事物更有意义；于是，在我们看来，那种理智健全的人似乎是非常无聊乏味的，而且普通的环境看起来也是过于平凡了。

("Paediatrics and psychiatry",1948,p. 171)

由于受临床分析和儿科实践的启发，从不断的反思逐渐汇聚在一起

出发，温尼科特一步步地朝向他所创造的最主要的理论成就之一迈进。（参见，过渡性现象）

4 幻象的实质

在 1951 年写的"过渡性客体和过渡性现象"一文中，温尼科特想进一步探究过渡性现象的核心——幻象的实质是什么。他首先从"第一个非我拥有物"（the first NOT ME possession）开始讨论，然后，他一方面承认弗洛伊德观点的重要性，即婴儿对泰迪熊或玩具娃娃的依恋中存在着"口欲兴奋"；另一方面，他自己的关注点则在于婴儿"口部性欲与真实客体关系之间的中间区域；从原初对受恩惠无觉察到后来承认受恩惠并有所答谢（'会说：ta！'）之间的中间（过渡）区域"。正是这个"居于中间的区域"被温尼科特命名为"体验的中间区域"（intermediate area of experience），因此它也扩展了另外两个体验领域——内在领域和外在领域。温尼科特"笃定地主张"这种三重领域的陈述。（参见，过渡性现象：1）而后，他说明了幻象存在的必然性，它作为一个促成者，促使个体"内在"与"外在"的交互协商，巧妙地扩展了弗洛伊德的现实原则。

通常我们都会提到"现实检验"，也可以在"统觉"（apperception）与"知觉"（perception）之间做出清楚的区分。我在此笃定提出的主张是，在婴儿无能力与逐渐发展出有能力去识别和接受现实之间，存在着一个中间状态。因此，我要研究的是幻象的实质，对于婴儿，幻象是被容许的，而在成人生活中，幻象则是艺术和宗教的固有本质。我们都能对幻象性体验（illusory experience）抱有一种共同的尊重，而且只要我们愿意，我们还能以幻象性体验的相似性作为基础，让我们聚集在一起并形成一个群体。这正是人类群体存在的一个自然根基。

("Transitional objects and transitional phenomena",1951,p. 231)

然而，温尼科特还是增加了一个警告，要对幻象与妄想（delusion）进行区分。

然而，当一个成年人太过于强烈地表现出对别人的轻信，强迫自己承认本不属于他的一种共享性幻象的时候，这就是疯狂的一种显著标志。

("Transitional objects and transitional phenomena",1951,p. 231)

如果一个婴儿被容许有过发现过渡性客体的体验，以及有过与过渡性客体游戏的体验，那么这个婴儿以后就不太可能：1）"过于强烈地表现出对别人的轻信"；2）成为这种压力的受害者。接下去，温尼科特继续详细说明了过渡性客体的使用。（参见，过渡性现象：2，3，4）

在讨论幻象和幻灭的过程之前，温尼科特希望先在克莱因的"内部客体"和他提出的"过渡性客体"之间做出一个区分。

过渡性客体不是一个内部客体（内部客体是一个心智的概念）——它是一个个人拥有物（私有财产）。但是，它（对于婴儿来说）也还不是一个外部客体。

　　以下这段复杂的论述是必不可少的。婴儿能够使用一个过渡性客体的前提条件是，其内部客体必须是鲜活的、真实的、足够好的（非迫害性的）。然而，这个内部客体的品质又取决于外部客体（乳房、母亲或母亲似的人物、总体环境养育）的存在、鲜活和行为。外部客体的恶劣表现或失败会间接导致内部客体的凋亡或具有迫害性质。

（"Transitional objects and transitional phenomena",p. 237）

这是一段非常重要的澄清，并且引出了温尼科特重点强调的环境，及其对婴儿各项能力的影响。

　　对于一个婴儿来说，无论如何他都不可能单独从快乐原则进展到现实原则，或朝向和超越原初认同（参见，Freud，1923b，p. 14），除非有一个足够好的母亲在他身边。足够好的母亲（不一定是婴儿的生母）会对婴儿的需求做出主动性适应，而这种主动适应还会配合着婴儿逐渐增长的能力而逐渐地减少，因为婴儿越来越有能力理解适应的失败，并越来越有能力容受住挫折带来的后果。

（"Transitional objects and transitional phenomena",1951,p. 238）

208

为了进一步主张幻象的价值，温尼科特强调，幻象与妄想之间，幻象与魔法性思维（magical thinking）之间，始终存在着清晰的区分。

　　在生命的最开始，母亲通过一种近乎百分之百的适应，为婴儿提供了获得幻象的机会，即她的乳房就是婴儿的一部分。正如幻象那样，乳房受到了魔术性控制一样。同样的说法也适用于婴儿养育的其他各个方面，以及婴儿在一次次兴奋状态之间的那些宁静状态。

无所不能几乎就是一种婴儿体验的事实。母亲的终极任务就是逐渐幻灭婴儿，然而，除非她一开始就能给予婴儿足够的机会去体验幻象，否则她将没有任何希望成功地完成这个任务。

换句话讲，乳房应当是被婴儿一遍又一遍创造出来的，这种创造出于婴儿爱的能力，或者（也可以说）是出于婴儿的需求。婴儿发展出了一种主观性现象，我们把它称之为"母亲的乳房"。母亲则把实际的乳房恰好放在婴儿准备创造出它的那个位置上，而且是在对的时间。

("Transitional objects and transitional phenomena",p. 239)

5 首先理论性喂养

大约从1953年开始，温尼科特陆续把他给社会工作系学生们做过的讲座写成了关于"人类发展"（Human Development）[1]主题的讲义，准备集结起来出一本书[2]。《人性》（*Human Nature*）这本书就是温尼科特对其最主要概念构想的综述，其中包括他在其他文献中都没有讨论过

1　温尼科特受伦敦大学教育学院主任Susan Isaacs的邀请，给那里的学生做了这些讲座。在20世纪30年代中期，Susan Isaacs与温尼科特曾在同一个小组受训（Abram, 2007）。

2　不过，《人性》这本书直到1988年才得以出版。这本书被认为是温尼科特理论思想的入门读物。

的一些概念。如他所命名的"首先理论性喂养"这个概念，指的是母亲能够准确地测定出何时"放置"她的乳房的能力。在题为"与外部现实关系的建立过程"（Establishment of Relationship with External Reality）一章中，温尼科特开始去探讨这个概念的含义。

> 所谓"首先理论性喂养"指的也是实际的首次喂奶，只不过在实际体验中，喂养重要性不在于这是一次单独发生的事件，而是多次记忆事件的累积。可以说，由于新生儿的极度不成熟，首次喂养不会像一次情绪性体验那样意义重大。然而毫无疑问的是，如果首次喂养非常顺利的话，一种联结就被建立起来了，于是后续的喂养模式就会从这首次喂养的体验中发展出来，那么接下去母亲的任务就被大大地简化了。
>
> (*Human Nature*,1954,p. 100)

所以说，首先理论性喂养产生于一种好体验的累积——好体验是指，婴儿体验到他的冲动创造了他所需要的东西。

> 在首先理论性喂养时，婴儿已经准备好了要进行创造，而母亲则有可能让婴儿产生这种幻象，即乳房，以及乳房所意味的一切，是被婴儿出于需求的冲动所创造出来的。
>
> (*Human Nature*,p. 101)

恰恰是母亲的原初母性认同与其婴儿的需求结合在一起，与婴儿需要喂养同时发生了，这就达成了一个首先理论性喂养，它是温尼科特对这一内在化过程的命名。

在现实生活中，首先理论性喂养是通过许多次早期喂养体验表现出来的。在首先理论性喂养之后，婴儿就开始有了可供创造所用的材料。逐渐地我们就可以说，婴儿在准备好了产生乳头幻觉的那个时刻，母亲也为此做好了准备。从与喂养和发现客体活动有关的数不清的感官—印象（sense-impressions）中，记忆就被逐渐地建立了起来。经过一段时间的发展，一个新的状态就会出现——婴儿对所欲求的客体能够被发现有了一定的信心，这也意味着婴儿逐渐能耐受客体的缺席。

210   (*Human Nature*, p. 106)

耐受客体缺席的能力将会导致发展出哀悼的能力。但是，在这个过程中更为重要的是，从婴儿有过自己的需求被满足的体验开始，他才能转向发展出欲望的能力（capacity to desire）。如果婴儿没有过这种原初体验，他就只能滞留并陷入一种需求的状态之中。（参见，原初母性贯注：3；退行：9；自体：8）

当我们能提出首先理论性喂养的假设时，其实早已上演过数不清的适应和适应失败的事情。在首先理论性喂养期间，婴儿已经有了某些期待和某些经验，这些期待和经验或多或少针对的是复杂一点的情况。在一些不太复杂的情况下，会发生一些简单的事情。尽管很难找到确切的言语来说明这些简单的事件，但我们可以描述为，由于婴儿的生命活力，以及经过了本能张力的发展，婴儿终于有能力期待些什么了；而之后，（这种期待）就会有一种伸出和探寻的态势，这种态势马上又会以某个冲动运动的形式表现出来，比如朝向着某个假设的客体伸出手或动动嘴。我认为可以毫不过分地说，这个婴儿已经准备好要进行创造了。如果在创造过程中有记忆材料可供使用的话，应该会产生一个客体的幻觉，但考虑到这是首先理论性喂养，做这种假设还为时尚早。此时，这个新人类正处于创造世界的状态。推动他创造的动机是一种个性化的需求；我们则见证着需求（need）逐渐转变为欲望（desire）的过程。

(*Human Nature*,1954,p. 102)

这种魔法般的欲望（magic of desire）与幻象有关——当然它指的不是精神病性魔法，而是一种与游戏能力有关的魔法。（参见，游戏：7）

可以说，凭借这种魔法般的欲望，婴儿就有了魔法般创造力的幻象，而全能体验经由母亲敏感的适应也成为事实。婴儿会渐渐认识到他其实对外在现实不能进行魔术性控制，但这种认识的基础在于，母亲通过适应性的养育技巧为他实现过最初的全能体验这一事实。

(*Human Nature*,p. 106)

温尼科特非常热切地强调这个幻象领域，以及魔术性和全能体验的特征，他还补充道：

211

在主观性和客观性知觉到的东西之间，还有一片"无人之境"（no-man's land），对于婴儿期是自然而然的事情，而且也是我们预期和允许的。婴儿最初不会为此受到挑战，也不必做出任何决定，而且被允许索取某些边缘性的东西，这些东西在同一时刻既是自体创造的，又是一种对世界的知觉和接受；而这个世界早在婴儿被孕育之前就存在了。有人提出，如果婴儿长大后还沉溺于索取这方面的东西，就可以被叫作疯狂。在宗教和艺术领域，我们却看到对这方面的索取被社会化了，于是个体就不会被说成是疯狂，而且还能在参与宗教活动、进行艺术创作、欣赏艺术作品的时候，享受所有人都需要的放松和休息——暂时从绝对而又无尽的、辨别事实与幻想的任务中解脱出来。

(*Human Nature*,p. 107)

6　主观性客体

温尼科特在其生命的最后十年间，开始越来越多地使用"主观性客体"这个术语。他使用这个术语，是为了强调婴儿对外部客体／母亲的主观性体验，也是为了区分客体—关联状态和原初合并状态（primary merged state）。

从观察者的角度看，在原初合并状态中似乎存在着某种客体—关联，但我们务必要牢记，在最开始，客体还只是一个"主观性客体"。我一直用"主观性客体"这个术语来区分我们所观察到的现象和婴儿自己的体验的不同（Winnicott，1962）。

（"Interrelating apart from instinctual drive and in terms of cross-identifications",1971,p. 130）

一个母亲如果能处于原初母性贯注的状态中，她就能促进婴儿产生全能幻象性体验，从这个意义上讲，她对于婴儿来说就是一个主观性客体。这也是被母亲所允许的一种疯狂状态。

> 我所称之为的"主观性客体"会渐渐与客观知觉性客体关联上，不过这个过程的发生，一定是因为有一个足够好的环境供应，或者"平均可预期环境"（Hartmann，1939）的存在，使得婴儿能以他特有的方式变得疯狂，而这对于所有婴儿都是被容许的事。这种疯狂只有当长大后还继续出现时，才能说是真的疯狂了。在婴儿阶段，这个主题与我之前提到过的那个是一回事，我曾说需要接受一个悖论，即，当婴儿创造一个客体时，如果是在那里已经准备好了的客体，那它就无法被创造出来。

212

（"Creativity and its origins",1971,p. 71）

上面这段讲的，就是前面提过的幻象与妄想之间的区别，还有作为过渡性现象核心本质的那个"根本性悖论"（参见，幻象：3；过渡性现象：8）。不过，一如既往，温尼科特在生命最后一年仍在写作，依然希望强调环境在原初精神创造性的发展中所起的决定性作用。（参见，创造性：1）

> 我们发现，人们要么是创造性地活着，并感受到生命值得过活，要么就是无法创造性地活着，并怀疑活着的价值。这种人类群体的差异性，直接与环境供养的质和量有关，这里指的是每个婴儿生命体验的最开始和早期阶段时的环境供养。

（"Creativity and its origins",p. 71）

然后，他在理论上延伸了弗洛伊德的本能理论，接着写道：

分析师们做了各种努力来描述个体的心理学，以及人格发展和防御组织的动力学过程，也做了各种尝试把冲动和驱力纳入个体的范畴内。然而，在"创造性"这个问题上，不管它最终是实现了，还是没有实现（或换句话说它丧失了），一个理论家都必须把环境因素也考虑进来，而任何把个体视作与环境隔绝的对象所进行的论述，都不可能触及创造性的源头这一核心问题。

（"Creativity and its origins",p. 71）

接下来在同一篇文献中，温尼科特引入了他关于女性元素和男性元素的思想。主观性客体属于存在状态的"纯女性元素"（pure female element）的范畴，因为这是一个发生分离之前的发展阶段，而分离导致了知觉的出现。

213

主观性客体这个术语一直被用于描述首个客体——那个还没有被作为一种非我现象而被拒绝的客体。此处这种纯女性元素与"乳房"的相互关联，正是对主观性客体概念的一种实际应用，而这个体验也为接下来的客观性主体（也就是自体的理念）铺平了道路，以及也为从拥有了身份的感受中生发出真实感铺平了道路。

（"Creativity and its origins",p. 80）

与主观性客体相关的是婴儿处于原初认同状态的体验（参见，存在：4）。温尼科特一如既往将重点放在环境的责任上，论述道：

……我一直尝试让大家看到，这个首次的体验对于开启后续所有的认同性体验来说是多么地至关重要。

投射性认同和内射性认同都起源于这个地方，在这个地方，一
方与另一方彼此之间是相同的。

（ "Creativity and its origins", p. 80 ）

然而，随着主观性客体，随着真实的母亲，逐渐被婴儿变为客观知
觉性客体——换句话说，婴儿开始能区分开"我"与"非我"——随之也
就出现了一种新的主观性客体：被内化的母亲幻象，它来自那个让婴儿
体验到无所不能的母亲。温尼科特还提出"良性摧毁"（ benign
destruction ）的概念，客体务必要幸存于这种摧毁，因为如果婴儿没有
体验过客体的幸存，那么他就无法进入到下一个发展阶段，而是陷于一
种总是要保护客体的状态。当发展到了相对依赖期的时候，主观性客体
就没有被摧毁，相反，是那个真正的客体被摧毁了（参见，依赖：4，5）。
无论如何，对婴儿的健康发展至关重要的是，真实的外部客体一定要从
摧毁中幸存下来。

在我们考察的这一发展位点上，主体正在创造出客体，这里指
的是发现了客体本身的外部性；而且必须要多说一句，这种创造性
体验有赖于客体的幸存能力。（此处所说的"幸存"意思是"不报
复"。）如果这些事情发生在分析情境中，那么分析师、分析性技术、
分析性设置，所有这些都将与幸存于或没有幸存于病人的摧毁性攻
击有关。这种摧毁性活动是病人的一种尝试，病人尝试把分析师置
于其全能控制领域之外，也就是置于外部世界。如果没有体验过最
大限度的摧毁性（即客体完全不受保护），主体就永远无法把分析师
置于外部，因此也就永远只能得到一种自我分析式的体验，始终把
分析师作为自体某部分的一种投射来使用。就喂养的角度来说，那

214

么病人就只能靠自己喂养自己，而不能使用乳房来让自己长大。病
人甚至可能很享受这种分析性体验，但是却无法发生根本性改变。

（"The use of an object and relating through identifications",1968,p. 91）

因此，客体的幸存对于婴儿或被分析者来说，从全能幻象体验发展
到"把分析师置于全能控制领域之外"这个过程是绝对必要的。为了能健
康发展，就必然要经过一个幻灭过程。但是在这个过程中，主观性客体
一定不能被摧毁，因为它是内在生命丰富性的源泉，也是文化生活和游
戏能力的基础。（参见，攻击性：10）

这篇论文的核心假设是，鉴于主体并没有摧毁掉主观性客体（投
射材料），那么"摧毁"过程才浮现出来，并变成了一种关键的特征：
客体是客观知觉性的，是拥有自主性的，是属于"共享现实"的。

("The use of an object and relating through identifications",p. 91)

潜在空间就存在于主观性客体与客观知觉性客体之间，正是在这个
潜在空间中，游戏的能力便发展了出来。（参见，游戏：6）

（魏晨曦　翻译）

参考文献

1931   The rheumatic clinic. In:1931a.

1939   Early disillusion. In:1989a. 1989g

1944   Their standard and yours. In:1964a. 1945f

1945   Primitive emotional development. In:1958a. 1945d

1946   What do we mean by a normal child? In:1964a. 1946c

1947　& Britton,Clare. Residential management as treatment for difficult children.

　　　In:1984a. 1947e

1948　Paediatrics and psychiatry. In:1958a. 1948b　　　　　　　　　　　　　*215*

1951　Transitional objects and transitional phenomena. In:1958a. 1953c

1954　*Human Nature*. 1988

1962　Morals and education. In:1965b. 1963d

1968　The use of an object and relating through identifications. In:1971a. 1969i

1971　Creativity and its origins. In:1971a. 1971g

1971　Interrelating apart from instinctual drive and in terms of cross- identifications.

　　　In:1971a. 1971l　　　　　　　　　　　　　　　　　　　　　　　　*216*

第 **15** 章

母 亲
Mother

　　"母亲"在温尼科特的情绪发展理论中一直处于核心地位。对于婴儿来说，母亲就是第一个环境，既是生物学环境，也是心理学环境。母亲与婴儿有关的那些举动和感受，都将影响到婴儿的健康——尤其是在孕期和刚刚分娩之后这段时间——将持续孩子的一生。

　　"作为环境的母亲"这一概念不仅包括母亲是个什么样的女人——也就是，她生孩子之前的样子，以及将来作为她自己继续发展成的样子——也包括父亲，兄弟姐妹，整个大家族，社会，以及广阔的世界。

　　温尼科特认识到了好的母性养育细节的重要性，并把它们作为一种范式应用于精神分析性设置和心理治疗性设置之中。在治疗室中，分析师的技术象征性镜映了好的母性养育技巧。

217

1　儿科学与精神分析

　　温尼科特处在一个不寻常的位置上——他首先是一名儿科医生，同时也接受精神分析的训练——这就意味着，他作为一名精神分析师，在工作中始终能关注到母婴关系的呈现。尽管在第二次世界大战后，他不再做一名儿科医生，但他依然继续着在帕丁顿格林儿童医院的工作，并在那里的儿科门诊开展他所命名的"治疗性咨询"（therapeutic consultations）。温尼科特出版过一本收录这些咨询细节的案例集，书中他所关注的是"精神分析在儿童精神病学方面的应用"，这本书就是《儿童精神病学中的治疗性咨询》（*Therapeutic Consultations in Child Psychiatry*，1971b）。（参见，压舌板游戏；涂鸦游戏）

　　1957年，温尼科特的广播演讲第一次结集出版，题为《儿童和家庭》（*The Child and the Family*，1957a）[本书于1964年再版，题为《儿童，家庭和大千世界》（*The Child，the Family, and the Outside World*，1964a）]。在这本书的后记中，温尼科特明确表示，他有一种专门针对母亲们"强烈的表达冲动"，主要是因为母亲对社会所做的贡献刚刚才被大家普遍认识到。不过这并不表示他忽略了父亲的作用：

　　……我已经发现，那种强烈地要看到和赏识平凡好母亲的愿望，在我的工作中已经占据了极大一部分。我知道，父亲也同样重要，而且确实，我对母性养育的兴趣中也包括对父亲，以及对他们在儿童养育中发挥重要作用的兴趣。不过对我来说，我还是发自内心地想要和母亲们说一些话。

　　在我看来，整个人类社会一直缺失某些重要的东西。孩子们都会长大成人并为人父母，然后世代相传，但是总的说来，母亲们在一开始为他们做过的许多事，他们长大后仍一无所知，更别说回报了。究其原因，主要是因为母亲所发挥的作用直到当代也才刚刚被人们领悟到。

("The mother's contribution to society",1957,p. 124)

温尼科特相信，如果整个社会都能充分意识到养育的重要性，那么社会中弥散的恐惧感就会减少，尤其是对依赖的恐惧，从而那些主要由于没有认清这种恐惧而导致的冲突和破坏也就没有存在的必要了。（参见，依赖：2，3）

218

由于有献身精神的母亲所做的这种养育贡献如此巨大，以至于没能被充分地认识到，不是吗？如果我们公认这份伟大的贡献，那么每一个心智健全的男人和女人，每一个感觉自己是存在于世的一个"人"、感觉这个世界有意义的男人和女人，以及每一个开心快乐的人，就都欠着一个女人一份天大的情义。而当这个人还是个婴儿（无论男女）时，他（她）对自己的依赖毫无觉察，同时他（她）也是绝对依赖母亲的。

我还是要再次强调，上述这种对母亲贡献的认识和重视，并不是为了导向对母亲的感激或赞扬。这种认识将会减轻我们自己内心的恐惧感。如果我们的社会文化迟迟不能充分地认可我们的这种依赖性，不能认识到每个人在生命发展早期都具有依赖性这个重要的历史事实，那么就一定会给我们在发展中的进展和退行都造成种种障碍，而各种障碍的基础就是我们内心的恐惧。换句话说，如果我们没有真正承认母亲的养育作用，我们就会给自己留下一种针对依赖的模糊而不明确的恐惧。这种恐惧有时会表现为害怕所有的女性，也可能是畏惧某个特定的女人，还有的时候会以某些不易辨认的形式表现出来，但不管是哪种形式，它们都有害怕被控制和被支配的特点。

（"The mother's contribution to society",1957,p. 125）

在温尼科特看来，"对女性的恐惧"（ fear of WOMAN ）是与生命发展的绝对依赖期有关联的。（参见，依赖：3，4）

2 "自然"且"健康"的母亲

温尼科特十分看重"自然"的母亲，以及她能"自然而然"地做事情。他所说的这种"自然"，是指母亲首先能够认同她的新生婴儿（原初母性贯注），继而，能够允许婴儿成长为他原本的样子。

……真正的力量属于个体沿着自然的（生命）路线所经历（体验）的发展过程……在我看来，个体的心理健康基础早在生命一开始就被母亲所提供的养育打好了，而她所提供养育的就是我所谓的"促进性环境"；也就是说，在这个环境中，婴儿的自然生长过程和与环境的交互作用，都可以按照他自己本来的遗传模式逐步展开并发展。母亲（不知不觉地）就为个体的心理健康奠定了基础。

("Breast feeding as communication",1968,pp. 24–25)

温尼科特所强调的"自然"（natural）这个词，实际上意味着"正常"（normal）。比如说，一个坏母亲自然能带来的就不会是正常，一定也不可能是健康。温尼科特用"自然路线"（natural lines）这个术语指的是，允许健康的成熟过程在促进性环境中发生。因此，"自然"的母亲也就是"健康"的母亲。那温尼科特说的"健康"又是什么意思呢？

在"'健康个体'的概念"（The Concept of a Health Individual, 1967）一文中，温尼科特详细解释了他对于"健康"的想法；这个概念实际也涵盖了整个情绪发展理论——早期的母—婴关系，精神躯体性结合，真自体和假自体，文化，"真实感"的价值，以及他用于这篇文献的一个新造词："精神形态学"（psychomorphology）。精神形态学的含义是：从情绪发展的角度而言，婴儿的遗传潜质与他所处的环境一样，一开始也是外在因素；遗传和环境这两方面的因素逐步结合在一起，共同对个体的健康或精神病理学产生作用。简而言之，

> 就发展而言……健康意味着与个体年龄成熟度相一致的成熟。
>
> ("The concept of a healthy individual",1967,p. 22)

温尼科特对足够好的母性养育成分的解构，包含了所有能导致个体健康的那些方面。因此可以说，一个自然健康的母亲是一个自己本人得到过好的母性养育的女人。

3　足够好的母亲

温尼科特使用"足够好"（good-enough）这个术语，关联着母亲对新生婴儿需求的适应。从 20 世纪 50 年代早期开始，这一术语就成为他区分自己的术语与克莱因学派术语的方式之一。1952 年，他在写给 Roger Money-Kyrle（一位精神分析师，同时是一名克莱因小组的成员）的一封信中，澄清了"足够好"的具体含义。

> 我常被认为就是在谈论母亲，那个真实的女人，而且似乎她们应该是完美的，或者好像与克莱因学派术语中那个"好母亲"（the good mother）是一回事。实际上，我一直在探讨的是"足够好的母亲"（the good-enough mother）或"不够好的母亲"（the not good-enough mother），因为事实上，我们说的是那个现实中的女人，我们也都知道，她能做到的极致也就是足够好，而对"足够"程度的界定（在顺利的情况下）也会随着婴儿逐渐增长的应对失败的能力，比如理解、容受挫折等，而变得越来越宽泛。克莱因术语中的"好母亲"和"坏母亲"指的都是内部客体，与实际的那个女人没有一点关系。一个实际的女人能为婴儿做到的极致，就是在生命的一开始敏感细致地做到足够好，以便让婴儿在生命的发展开端就可以拥有一种幻象体验，即这个足够好的母亲就是"好乳房"。
>
> ("Letter to Roger Money-Kyrle",1952,p. 38)

母亲对婴儿需求的适应，就为婴儿提供了他"创造出客体"的全能幻象体验。（参见，幻象：5）

4　足够好的幻象

1960 年，在温尼科特的"由真和假自体谈自我扭曲"一文中，他专门阐述了"足够好"与"幻象和全能"体验之间的关联。

> ……在一个极端上，母亲是一个足够好的母亲，而在另一个极端上，母亲是一个不够好的母亲（not a good-enough mother）。那么问题就来了："足够好"这个术语究竟是什么意思？
>
> 足够好的母亲能够满足婴儿对全能体验需求，并在一定程度上让这种需求有了意义。母亲有能力反复多次地这样做。母亲通过反复实现婴儿对各种无所不能体验的表达，就为婴儿虚弱的自我注入了力量，由此，婴儿的真自体就开始有了生命。
>
> 一个不够好的母亲则无法满足婴儿对全能体验的需求，因此她会在满足婴儿自发性姿态时反复失败；相反，她还会用自己的姿态取而代之，这就得靠婴儿的顺从来赋予母亲姿态以意义。婴儿的这部分顺从就是发展出假自体的最初阶段，而这恰恰是由于母亲无法理解婴儿的需求造成的。
>
> 我的理论的一个重要组成部分就是：除非母亲能够反复而成功地满足婴儿的自发性姿态或感官幻觉在先，否则真自体就不会变成一个鲜活的事实。
>
> ("Ego distortion",1960,p. 145)

221

所以从这方面来看，足够好的母亲其实说的就是"平凡而奉献的母亲"，也就是在健康情况下，能处于"原初母性贯注"状态的那个母亲。

5 生物学和母亲的身体

从温尼科特关于健康母亲的论点—— 一个在怀孕期间和刚分娩后不久，会自然进入一种原初母性贯注状态的母亲——我们由此可以粗浅地推论，亲生母亲应当是那个最适合担起养育任务的人。然而，温尼科特的这个观点并不死板：

> 现在我们可以解释为什么婴儿的生母是最适合照护婴儿的那个人了；因为她可以进入这种特殊的原初母性贯注状态，而不必真的生病。不过，一个养母，或者任何一个能在"原初母性贯注"意义上发病的女人，也都可以凭借某种认同婴儿的能力而提供足够好的适应。
>
> ("Primary maternal preoccupation",1956,p. 304)

这种亲生母亲对自己婴儿的认同是"在原初母性贯注意义上生病"的核心要素。这种状态使得母亲能够适应婴儿的各种需求，而最好的方式是乳房哺乳的能力，就包含在亲生母亲的养育中。但是，温尼科特并没有把乳房哺乳看作原初母性贯注中一种必不可少的成分。

温尼科特同样也认识到，有些不能达到"正常的原初母性贯注病态"（normal illness of primary maternal preoccupation）的女人，就她们竭尽全力为婴儿提供照护的意义上而言，也可以算是好母亲。然而，她们后续的儿童养育任务将会变得越来越复杂，因为她们将不得不对婴儿生命初期失去的东西做出补偿：

　　无疑，许多女人在其他任何方面都称得上是好母亲，也能够营造一种丰富多彩的生活，但唯独不能达到这种"正常疾病"（normal illness）状态，以至于她们无法在婴儿的生命之初精细而敏感地适应其各种需求；或者她们对一个孩子做到了这一点，而对另一个孩子却没有做到。这些女人无法排除掉对其他事情的兴趣，以至于不能全神贯注于她们的婴儿，哪怕这只是正常和暂时的状态。可以想象，她们之中还有些人有可能是"遁入理智"（flight to sanity）的……

　　实际的结果是，这些女人虽然生出了一个孩子，但是在其生命的最初阶段却错失了养育良机，于是之后她们就面临着为早期失去的东西做出补偿的任务。她们不仅在很长一段时间内必须要紧密地适应孩子成长的需求，而且还无法确保她们可以成功地修复婴儿生命早期的发展性扭曲。

("Primary maternal preoccupation",1956,pp. 302–303)

还有另一种女人，她是精神病患者，她能在一开始料理她的婴儿，但是却不能在之后识别出婴儿需要分离和独立的信号。

　　处于另一个极端的母亲，她们对任何事都极其多愁善感和忧心忡忡，而新生婴儿此时恰好成为她"*病理性全神贯注*"的对象。这种母亲好像有一种特殊的能力，可以将她自己的自体借给婴儿，但最终又会发生什么呢？作为正常发展进程的一部分，健康的母亲会逐渐恢复她自己的兴趣，并且能够以婴儿允许她的步调来逐渐恢复。病理性全神贯注的母亲则不但会持续而过久地认同自己的婴儿，而且她还会突然把对婴儿的贯注转移到她先前贯注的某件事上。

　　正常的母亲从自己对婴儿的全神贯注婴儿状态中恢复，能够为婴儿提供一种断奶的机会。第一种病态的母亲无法帮助婴儿断奶，这是因为婴儿从来就没有拥有过她，因此断奶也就失去了应有的意义；另一种病态的母亲要么不能断奶，要么很容易就突然断奶，她们全然不顾婴儿对循序渐进断奶的需求。

("The relationship of a mother to her baby at the beginning",1960,pp. 15–16)

然而，需要重点指出的是，温尼科特并不相信有某种母性本能（maternal instinct）存在，而且他认为，太过强调生物学方面会导致对母亲与婴儿之间情感状态关注的偏离：

……一旦要考虑母性本能，我们就容易陷入理论的困境，并且很容易在某种人类与动物的混淆中迷失方向。事实上，大多数动物确实都能相当好地处理这种早期的母性养育，而且在发育过程的早期阶段，仅靠生理反射和简单的本能反应就足够用了。然而不论出于什么缘故，人类的母亲和婴儿都已经具有人类的品质，我们必须尊重这一点。他们当然也有生理反射和原始本能，但我们如果仅用人与动物共有的这些特点来描述人类的发展绝对无法令人满意。

("The relationship of a mother of her baby at the beginning",1960,p. 16)

同样明确的是，不管温尼科特如何强调母亲在婴儿养育中的决定性作用，但他依然能够客观地看待母亲在养育中所付出的代价，既没有浪漫化，也没有感情用事：

问题在于：一个母亲真能做到既成功地维护自己，保护自己的隐私，同时还能不去剥夺孩子感到"母亲是可及的"这一不可或缺的感受吗？在生命的最开始，孩子是占有一切的，而从占有到独立之间，一定还得经过一个"可及性"的中继站。

("What irks?",1960,p. 74)

温尼科特说的"占有"（ possession ）指的是，孩子对母亲身体和情感的完全占据，这种占据也是构成原初母性贯注的成分。

旁观者可能都记得，母亲有段时间，而且仅仅在这段有限的时间内，对于她的孩子们来说完全就是个"开放空间"（ free-house ）。她此前还有自己的私密空间，过了这段时间之后她还会再次拥有自己的隐私。到那时，她就会庆幸有过这么一段为孩子无休止的要求而感到无尽的烦恼的时间。

224

对正处于这段时间的母亲来说，这里既没有了过去，也没有了未来。对她而言，有的仅是当下的体验，没有什么未开发过的领域了，北极和南极早被无畏的探险者找到并且温暖了；珠穆朗玛峰也都被攀登者登顶并且征服了。她的大洋深处已经被潜水镜（ bathyscope ）看得一清二楚，她本应该有一处秘密之境，她的"月球背面"，即使这里也已被涉足、拍照，褪去了神秘色彩而变成了科学证明的事实。在这段有限的时间里，她毫无神圣可言。

还有谁能像母亲这样呢？

("What irks?",1960,p. 74)

6   开始成为父母的女人和男人

在发展出一个家庭的背景中，当谈及"个体的开端"时，让我们看一看温尼科特所涉及的五个相关领域是非常有用的。

· 具有父母潜质的女人和男人所拥有的记忆；

· 围绕性交的幻想；

· 父母需要一个宝宝；

· 怀孕；

· 母亲自己真实的出生记忆，这让她在分娩时能彻底交出自己。

与弗洛伊德的无意识理论一脉相承，温尼科特也相信在每个个体内部都有一个记忆储存库。这些记忆并不都能以认知的方式接近，因为它们大部分都是无意识的。然而，对于初为父母的人，当他们计划孕育第一个孩子时，这些无意识的记忆就会浮现在他们相关的梦境和情绪生活之中。

> 这种对于婴儿需求的定向性有赖于许多方面的事情，其中之一就是母亲和父亲确实一直还保有着他们自己曾是婴儿时的潜藏记忆，拥有那些可靠的、可以屏蔽风险的，以及让人有机会形成个性化的成长经历的记忆。

225

> ("The building up of trust",1969,p. 133)

每个人类个体的记忆和感受都与其过去的经历有关，而通过父母彼此之间的关系，以及他们与其他社会群体之间的关联方式，这些个体的记忆和感受又对当下所发生的一切产生极大的影响。所有发生的这些事情又都是总体环境氛围的一部分，这种氛围其实产生于父母过去的经历，但又对这个新家庭文化的演变产生极大的影响。1969 年，温尼科特在一次面向母亲们的演讲中说道：

> 你所能提供的环境首先是你自己，是你这个人，是你的本性，是你有别于他人、让你知道你就是你的那些特质。这当然也包括聚拢在你自身周围的一切，比如你的芳香气味，萦绕着你的氛围，还包括那个终将成为孩子父亲的男人，而假如你已有其他孩子的话，那么也包括他们，还有祖父母和叔叔婶婶们。换句话说，我正在描述的无外乎就是婴儿会逐渐探索并发现的那个家庭，它包含着你的家庭有别于任何其他家庭的所有特质。

（"The building up of trust",1969,p. 125）

十二年前，也就是 1957 年，在一篇探讨家庭生活中整合性因素和破裂性因素的论文中，温尼科特把家庭环境也纳入了考虑：

> 一个家庭的存在和这个家庭氛围的维护，源自在该社会背景下家庭中这对父母之间的关系。父母能够为他们搭建的这个家做些什么"贡献"，很大程度上取决于他们与周边大环境，与他们各自最近的社交圈子的总体关系如何。我们由此可以推想到更宽泛的社交范围，每个社会群体内部的状态也都与它跟其他外部群体间的关系息息相关。毫无疑问，这些群体和圈子之间还会有重叠。大部分家庭都是一个连续发展的存在，而被迫迁徙或移居其他地方都可能使一个家

不复存在。

("Integrative and disruptive factors in family life",1957,p. 41)

226　父母彼此之间关系的质量是创造家庭氛围的一个首要成分。

7　围绕性交的幻想

温尼科特指出，当男人和女人在组建一个家庭的时候，他们彼此间的性吸引力十分重要，而且，"他们各种性方面的满足也是个人情绪发展的一项成就；当这些性满足附属于各种关系，并且这些关系从个人方面和社会方面都是令人愉快时，它们就代表着极高的心理健康水平"。不过，温尼科特紧接着补充到，两性关系中的性满足尽管令人向往，但并不总能实现：

> ……性的力量固然极其重要，但尽管如此，在考虑到家庭主题时，完全的性满足本身就不是一个目标了。值得注意的是，确实存在着许多被算作是好的家庭，不过这些家庭都是建立在父母相对较弱的身体性满足的基础之上。

("Integrative and disruptive factors in family life",1957,pp. 41–42)

先把这个问题放在一边，无论如何，性活动中所涉及的攻击性（驱力）冲动，以及夫妻如何处理他们由此产生的伤害对方或被对方伤害的幻想，也同样都是难题。男性和女性都有这方面的恐惧，温尼科特认为这种恐惧多半是无意识的。然而，尤其是在怀孕期间和分娩之时，这些无意识幻想就会浮现出来表现为一种高水平的焦虑（温尼科特正是在考虑这类焦虑时，构建起了他的"客体的使用"理论，那已经是写就这篇论文十年之后的事了。）。（参见，攻击：7，8，9，10）

全部的性幻想，即把意识中的和无意识中的都算上，几乎有着无限的多样性，但又都有着极其重要的意义。除了其他的，最重要的是要理解担忧感或罪疚感，它们产生于当爱的冲动以身体形式表达时所伴随着的摧毁性元素（大部分是无意识的）。我们很容易就承认，这种担忧感和罪疚感在很大程度上促成了父母各方都有了要结合在一起组成一个家庭的需求。父亲在母亲分娩时所体会到的那种极其真实的焦虑，和其他的事情一样清晰地反映出了属于性幻想的焦虑，而不仅仅是一种对身体现实的反映。

（ "Integrative and disruptive factors in family life", p. 42 ）　　*227*

温尼科特指出，父母的种种焦虑借由婴儿有可能会得到缓解，当婴儿平安降生且存活时，父母会感受到很强烈的幸福感，因为婴儿的活力大大减轻了父母对伤害已经造成的焦虑：

逐渐壮大的家庭要比任何事情都能抵消那些"伤害已然发生"的可怕想法，诸如身体遭到了伤害，生出一个怪物来……无疑，婴儿为父母的生命带来了许多乐趣，而这很大程度上基于这样一个事实，即婴儿是完整的，婴儿也是个人类；进一步讲，婴儿本身就带有某些寻求存活的东西——也就是说，不必依靠维持生命的手段而自然地活着——婴儿有一种与生俱来的内在倾向性，需要呼吸，需要活动，需要成长。随着时间的推移，孩子处理所有好和坏的幻想也成为一个事实，而父母也逐渐地相信每个孩子天生就有活力，这能让他们感到了宽慰，并且大大地松了口气；这让他们从罪疚感或无价值感的思想负担中解脱了出来。

("Integrative and disruptive factors in family life",1957,p. 42)

然而，温尼科特坚信，孩子对家庭发展的贡献还要更多，远远不只是减轻了那些与性交有关的焦虑：

如何强调都不为过的是，家庭的整合源自每个孩子个体的整合倾向性。个体的整合也不是什么理所当然的事——个人化整合是一个情绪发展的过程……

每个孩子个体，通过他们自己健康的情绪发展和一种令人满意的人格发展，促进了家庭发展并提升了家庭氛围。父母在努力经营家庭的过程中，也受益于每个独特孩子整合倾向性的总和。我说的不只是婴儿或孩子活泼可爱又招人喜欢这种事；一定还有比这些事更重要的东西，因为孩子并不总是甜美可人的。婴儿也好，幼儿也好，少儿也好，他们在期待我们的响应有某种可靠性和可及性时已是在抬举和恭维我们了，我猜这在一定程度上是因为我们有能力认同他们。这种认同孩子的能力又取决于我们处在他们的那个年龄阶段时，我们自己的人格曾经有过足够好的成长过程。

这么一来，通过孩子对我们的这种期待，我们自己的能力就再次被增强，又被引发出来，并又一次得到了发展。以数不清的微妙方式，当然也有明显的方式，婴儿们和孩子们围绕着他们自己制造

出了一个家庭，也许他们靠的就是需求和要求些什么，而这些东西
恰恰就是我们能够给予的，因为我们都知道期待和满足是怎么回事。
每当我们看到孩子们在家里玩游戏所创造的一切时，我们就觉得我
们愿意把他们的创造性象征都变成现实。

("Integrative and disruptive factors in family life",1957,pp. 46–47)

1966 年，温尼科特写了一篇短文"个体的开始"（The Beginning of
the Individual），为的是回应 Fisher 博士（后曾任坎特伯雷大主教）发表
在《泰晤士报》上的关于生命起始问题和堕胎立法争议的一封信。文中，
温尼科特区分了"构想怀孕"（conceiving of）与"怀孕"（conception）
本身的不同意义。"构想怀孕"与孩子的创造性游戏有关，它表露了小女
孩有成为一个母亲的一种潜质。

如果小女孩自己的生命有过一个足够好的开始，那么她就会玩一个
"构想怀孕"小宝宝的游戏——"它也是梦境的一部分材料，和许多日常
职业活动的元素"（"The Beginning of the Individual"，pp. 51-52）。温
尼科特既未提出也没有回答的问题是：是否每个女孩都是怀揣着拥有一个
宝宝的幻想长大的。

当一个女人事实上怀孕时，她其实已经为自己的母亲身份做一些准
备了。随着孕期的继续，这种准备的幻想成分会越来越少，而现实成分
会越来越多，但是，对于一个被想象的婴儿来说，母亲的幻想始终都是
一个重要的特点：

我们能在待产的母亲身上发现一种与日俱增的对婴儿的认同。婴
儿关联上的是母亲心中的那个"内部客体"，这是一个想象性客体，
它在母亲的内部世界中成形并一直保留在那儿，尽管所有的迫害性

元素也都在那儿有一席之地。在母亲的无意识幻想中，婴儿对于母亲有着多种意义，但其最为主要的一个特点是，就母亲而言，她有一种自发性意愿和能力，能把兴趣从自己身上抽取出来并转移到婴儿身上。我已经为母亲的这种态度起了一个名字，称作"原初母性贯注"。

("The relationship of a mother to her baby at the beginning",1960,p. 15)

随着母亲的兴趣从自己身上逐渐转移至想象中的婴儿，以及想象中的婴儿也逐渐变成真实的婴儿，由于她自己的真实出生记忆也被唤起，于是母亲就在情感上越来越与婴儿合并在一起。极具悖论意味的是，当母亲和婴儿最终经过实际的分娩过程而分离之后，母亲与婴儿反倒成为一体——一个环境一个体组合体。健康的母亲一定是豁出去自己而生出了孩子，就如她自己作为新生儿时，一定也是她母亲豁出去了，她才被生出来一样。因此在历经整个分娩过程时，母亲婴儿期无意识的记忆就都被重新唤起了。

真实的出生记忆有许多典型特征，其中一种就是感受到被某种外部的东西抓住了，以至于这个人感到非常无助……在母亲被限制在床待产（being confined）时，婴儿所体验到的与母亲体验到的之间就有一种明确的关联。等到分娩阶段，健康情况下，一个母亲一定要能够放弃自己的一切而投入到分娩过程中，而这与婴儿在同一时间的体验几乎是不相上下的。

("Birth memories,birth trauma and anxiety",1949,p. 184)

上文这一段文字写于 1949 年，在 1957 年，温尼科特又加了一个脚注：

如今我把母亲这种特殊的敏感状态称为"原初母性贯注"。

8　足够好的母亲的多种功能

母亲自然的养育功能涵盖了三大领域：抱持、处理和客体—呈现。这三个领域的功能从生命的最初几周，也就是绝对依赖期时就启动了。抱持和处理功能促进婴儿存活在自己的身体里，这被温尼科特描述为"个性化"和"精神—躯体结合"的过程。（参见，抱持：3；原初母性贯注：1，2）

对于母亲与婴儿合并在一起的这段时间，温尼科特在20世纪50年代称之为"自我—关联性"（ego-relatedness）阶段，到20世纪60年代又称之为"客体—关联"（object-relating）阶段。这两个术语作为同义词，指的都是依赖这个事实——也就是说，婴儿此时依赖于母亲的自我—支持、保护和覆盖的功能。（参见，依赖：2）

母亲所知道的许多事情都是婴儿尚无能力觉察到的。正是由于母亲的这种觉察，她将能理解当婴儿哭泣时，他是出于何种原因才哭的。至于出于什么原因而哭泣，婴儿自己在其生命早期是全然不知的——他只能发现自己哭了。于是，母亲提供了自己的乳房（或奶瓶），而他（如果婴儿确实是因为饥饿而哭的话）就会吸吮并感受到了安心和释然，也就不需要再哭了。

我们想象一个从没吃过奶的婴儿。当饥饿感出现时，婴儿准备好了要构想出什么东西；出于需求，婴儿准备好要创造出一个满足的来源，可是尚无先前的经验告诉婴儿有什么可以期待。如果恰在此时，母亲把乳房正好放在婴儿准备好了期待有什么东西出现的地方，而且留出足够的时间让婴儿用嘴、双手，可能还有嗅觉，去充分地感受乳房，那么，婴儿就"创造"出了那个准备好了等着被发现的东西。最终，婴儿便得到了一种幻象体验：这个真实的乳房，真真切切是从自己的需求、贪婪，以及最初的原始爱欲冲动中被自己创造出来的。婴儿会将乳房的样子、气息、味道印记在心，不用多久，他就能比照母亲所提供的乳房，创造出相似的东西。断奶之前可能有一千次的喂奶，婴儿都在以这种特别的方式了解外部现实，而提供这种方式的是同一个女人——母亲。一千次当中，婴儿始终会有种感觉，就是他想要的东西是被他创造出来的，而且真就在那儿能被自己发现和找到。由此，婴儿就会发展出一种信念，即这个世界一定容纳着自己的所想所需，继而，婴儿就会对一段鲜活生动的关系充满希望，关系的两端是内部现实和外部现实，也是与生俱来的原初创造性和被所有人共享的大千世界。

（ "Further thoughts on babies as persons",1947,p. 90 ）

正是母亲在恰当的时间给婴儿提供了她的乳房，才让婴儿感觉到这恰恰就是他所需要的那个东西。要是一个刚出生的小婴儿会说话，那么他可能会说："此时我有需求，但因为我才刚刚出生，所以我不知道我需要的究竟是什么。"那么作为一种响应，听到孩子饿哭了的母亲就会自言自语："我认得出这种哭声，它让我想起我刚出生时的某种感受；我想知道我怎么才能缓解他这种需求，让我试试这么做吧。"

　　母亲和婴儿之间这种"沟通"的结果就是，母亲提供了婴儿正好需求的东西，这就使得婴儿感受到是他"创造"出了能满足他的那个东西。因此，婴儿就会觉得自己像神一样——无所不能。温尼科特相信，这种无所不能的感受在生命的早期阶段至关重要，因为它帮助婴儿学着去相信，在真实世界中，他肯定能找到他所需求的东西。这里有一个悖论——对这个世界的信任感是，从以为自己是神并且创造了这个世界的幻象中产生的：

　　　　母亲，尤其是足够好的母亲，对婴儿各种需求的适应，能给婴儿一种幻象体验，即，确实存在着一个外部现实恰好符合了婴儿自己的创造能力。换句话讲，母亲实际提供的东西与婴儿构想出来的东西之间，存在着一部分的重叠。在观察者看来，孩子知觉到了母亲实际所呈现的东西，但实际上这不是全部的真相。婴儿知觉到了乳房仅仅是因为有一个乳房在那时那地刚好可以被创造出来。其实，在母亲和婴儿之间并没有发生什么交换；从心理学意义上讲，婴儿去吸吮的那个"乳房"依然是婴儿自己的一部分，而母亲去哺乳的那个"婴儿"也同样是母亲自己的一部分。

　　　　　　　　　　　（"Transitional objects and transitional phenomena",1951,p. 239）

　　婴儿通过全能体验就获得了上面说的幻象，而温尼科特对这种幻象体验的必要性给予了高度的重视。没有这种幻象体验，婴儿就无法发展出信任世界的能力。（参见，创造性：2；幻象；过渡性现象：3，4）

　　母亲提供了自己的乳房，或者婴儿所要求的其他任何东西，这种方式被温尼科特称为"客体—呈现"（object-presenting）（参见，依赖：6）。

　　1949 年，在一次英国广播公司广播节目中，温尼科特对比了在慈善机构中喂养的婴儿和由自己的母亲哺乳的婴儿有何不同：

> 一个不焦虑的母亲在照料同样需要吃奶的婴儿时，其手法之精巧娴熟让我每每都惊奇不已。你会看到，她就在那儿，一边让婴儿感到舒适自在，一边还能安排好一种设置情境（setting），只要一切就绪，喂奶就可以开始。这个情境设置本身就是人类关系的一部分。如果这个母亲是用乳房哺乳的，我们还能看到，不管是多小的婴儿，母亲都会让婴儿的小手自由活动，这样一来，当她露出乳房时，婴儿就能通过抓握和摸索去感受乳房皮肤的质感，甚至能计量出乳房的温度，以及乳房到他自己的距离，因为婴儿目前还只有一小片世界可以安放客体，这一小片世界就是他用嘴巴、双手、眼睛刚刚能到达的范围。母亲还会容许婴儿的小脸碰触乳房。最初，所有婴儿都不清楚，乳房其实是母亲身体的一部分。所以如果婴儿的小脸能碰到乳房，一开始他们还搞不明白那种舒服的好感觉究竟是来自乳房，还是来自他们自己的脸。事实上，婴儿们都会玩弄自己的小脸蛋，把自己的脸当作乳房一样去抓挠。诸如此类，还有大量的原因促使母亲们允许婴儿尝试一切他们想要的接触。毫无疑问，婴儿在这些接触方面的感受是异常敏锐的，既然他们是如此敏锐和迫切，那么我们就能确定它们一定是非常重要的。

("Close-up of mother feeding baby",1949,p. 46)

上一段中说的婴儿还是一个不能区分出"我"与"非我"的婴儿。这个婴儿正处于温尼科特所形容的一种"未整合状态"。这一段例证了母亲和婴儿在相互关系方面的确曾有过这样一段合并状态，而这种景象就是温尼科特用"存在"和"女性元素"想说明的状态，也就是母亲和婴

儿既分离，同时又在一起。(参见，创造性：2，3，8；沟通：2)

　　首先，婴儿需要的是我此处描述的所有这些非常安静的体验，而且需要感到自己被满含爱意地抱持着，也就是说，这是一种鲜活的方式，还不能搞得小题大做、焦虑不安或紧张兮兮。这就是环境设置。在这种环境设置中，母亲的乳头和婴儿的小嘴迟早会发生某种方式的接触。具体怎么接触倒不要紧，重点在于母亲就存在于这个环境中，她本身就是环境的一部分，而且她特别喜欢与婴儿的关系如此亲密。至于婴儿应当有何行为，母亲则丝毫不抱有先入为主的成见。

("Close-up of mother feeding baby",p. 46)

接踵而来的就是"兴奋状态""转向别处"以及"形成一种想象"：

　　这种乳头和婴儿小嘴的接触方式，一下让婴儿产生了许多念头！他会想："也许在嘴巴外边有什么东西是值得尝试一下的。"接着，婴儿就会开始流大量口水；实际上，口水可能多到让婴儿很享受地吞咽它们，一段时间之内，几乎都不需要吃奶了。逐渐地，母亲就能让婴儿在想象中形成一个印象，而这个印象就是她所提供乳房的印象，然后婴儿开始用嘴含住乳头，用牙龈夹住乳头根部，并且还会咬它，也可能会吸乳头。

　　婴儿吸吮一会儿之后就会出现一个停顿。婴儿的牙龈松开了乳头，然后他把头转向一边，从刚刚的吸奶活动的场景中转移开。关于乳房的印象也渐渐褪去了。

　　你看出最后这一小部分的重要性了吗？婴儿先是有了一个念头，

233

接着乳房和乳头就到了，于是就发生了一次接触。然后，宝宝的念头结束了，把头转向一边，于是关于乳头的印象也随之消失了。这在许多养育方式中是重中之重，正因如此，才让我们正在描述的乳房喂养的婴儿与身处忙碌的养育机构里的婴儿之间，在经验上有了很大差异。同样是婴儿把头"转向一边"，母亲对此的处理又有什么不同呢？足够好的母亲不会再往婴儿嘴里硬塞回什么东西，迫使吸吮动作又马上开始。母亲此刻理解了婴儿的感受，因为她自己也是鲜活的，有想象力的。所以，她会等待。过不了几分钟，甚至更短，婴儿会再次转向母亲早已心甘情愿放在那儿等待着的乳头，于是一次新的接触又发生了，而且发生的时机刚刚好。上述这些情况循环往复，那么婴儿就不仅仅是从一个装着奶水的容器里吃奶，更是在与一个个人类的所有物发生关联，这背后代表着一个人类暂时把自己拥有的东西，专门借给了另一个知道怎么用它的人来使用。

　　一个母亲是能够做到如此精巧细致地适应婴儿的，这个事实表明她是个活生生的人，要不了多久，婴儿就会感激这一事实。

（"Close-up of mother feeding baby",1949,p. 47）

随着上述体验一次又一次的重复，婴儿最终就达到了"最大限度的无所不能体验"状态。实现这项成就的唯一条件，就是母亲有能力为婴儿提供首先感受到无所不能的机会；在健康情况下，这种无所不能的体验需要持续一段时间，直到婴儿了解到真实世界的样子，以及理解了他自己其实并没有那么强大为止。

　　……从这些静默沟通中，我们发现了母亲通过这种沟通方式，如何让婴儿正准备好要寻找的东西变成现实，由此她让婴儿知道了他正要寻找的那个东西是什么。婴儿刚一说（当然是无言地"说"）："我正想要……"恰巧此时，母亲就出现了，并给婴儿翻了个身，或者带来了乳房或奶瓶给婴儿喂奶，然后婴儿就能说完后半句话："……翻个身，找寻乳房，含住乳头，吃奶……"我们只能这么说，是婴儿创造出了乳房，但如果没有母亲恰在那个时刻携乳房而来，婴儿的这项创造就无法完成。这种静默沟通传递给婴儿的信息就是："来到了创造性世界，创造了这个世界；你创造出来的东西只对你有意义。"下一条信息就是："这个世界尽在你的掌控之中。"有过这种最初的无所不能体验之后，婴儿就有能力开始体验挫折、失意，甚至有朝一日能体会到完全相反的另一极，也就是知觉到自己不过是无垠宇宙中的一粒微尘，而那个宇宙，早在一对相爱的父母想要孩子，然后怀上那个婴儿之前就已存在了。难道不正是先成为神（的存在），人类最终才能达到作为人类个体应有的谦卑吗？

234

("Communication between infant and mother,and mother and infant,compared

and contrasted",1968,pp. 100–101)

9　母亲可靠的自得其乐

母亲的客体—呈现有赖于她的一致性和可靠性。在其开创性论文"原初情绪发展"（Primitive Emotional Development，1945）一文中，温尼科特提出了他著名的悖论之一："只有以单调性为基础，母亲才能有益地增加婴儿的丰富性。"恰恰就是这种不断重复的可靠性，营造出了一种抱持性环境。然而，这里说的"单调性"（monotony）并不意味着迟钝呆板。
母亲对婴儿的喜爱和乐趣是她的抱持能力中至关重要的一部分。

　　……好好享受这一切吧！享受被认为重要的感受。享受让其他人
照看好这个世界，而你只需要专心为这个世界生产一个新的成员。
享受把注意力转回到自己身上，变得几乎只爱你自己，和近乎是你
一部分的宝贝婴儿。享受你的男人为了你和宝宝的福利而愿意尽职尽
责地付出。享受不断发现新的自己的过程。享受比以往任何时候都有
更多的权利去做你感觉好的事情。享受被婴儿烦扰的感受，因为有
时他确实很讨厌，他会哭喊着拒绝吃奶，而你又是那么大方而乐于
喂养他。享受各种各样只有女人才能体会到的感受，即便你甚至没
有办法解释给你的男人听。尤为重要的是，你一定会很高兴看到，
你的宝宝越来越像一个成熟完整的人了，而且他渐渐也能认出你是
另一个完整的人。

　　为了你自己，好好享受这一切吧；从婴儿的角度来看，你能从
专注地做好养育婴儿的那些脏活累活中收获快乐，这是一件极其重
要的事情。相比之下，婴儿更喜欢被一个爱着他并乐意喂养他的母
亲喂奶，而不想只是在"正确"的时间被"正确"地喂奶。在婴儿
看来，柔软舒适的衣物、温度合适的洗澡水，这些物理条件都是理
所当然的，但是母亲能不能愉快地提供这些条件，却不是他能做主
的，这要看母亲的状态。假如母亲在做这些事情时是快乐的，对于
婴儿来说，那就像和煦的阳光洒在身上一样享受。母亲在这个过程
中一定要能乐在其中，否则，整个育儿过程就会是死板的、无用的、
机械而缺乏情感的。

("The baby as a going concern",1949,pp. 26–27)

　　母亲除了婴儿之外，还有自己的社交生活，她能否愉快地育儿，与她享受自己社交生活的能力有关；渐渐地，随着原初母性贯注的消退，她的社会生活也会在某种程度上一如往常。这种婴儿与母亲分离的过程也十分重要，只要这种分离不超过婴儿的应对能力。尽管每个婴儿的应对能力的程度不同，但是与母亲的分离都是由婴儿*刚刚觉察*（dawning awareness）到自己的个性化需求开始的。（参见，担忧：8；依赖：6，7）

　　发展到"相对依赖阶段"的回报是，婴儿开始在某种程度上觉察到依赖（aware of dependence）。当母亲离开的时间超出了婴儿相信母亲还活着的这种信任能力可以维持的时长时，婴儿就会感到焦虑，这就是第一个表示婴儿觉察到了依赖的信号。在此阶段之前，如果母亲离开了婴儿，婴儿根本无法从母亲阻挡侵入的特有能力中获益，并且其自我结构的基础性发展也就无法很好地建立。

　　在此阶段，婴儿在某种程度上会感受到一种对母亲的需求；当发展到之后的下一个阶段里，婴儿就开始在*心智上知道*（know in his mind）母亲是必需的。

　　逐渐地，（健康的）婴儿对现实母亲（actual mother）的需求变得极其猛烈和真正地可怕，以至于母亲真真切切地不想离开她们的孩子，她们其实牺牲了很多，而没有让婴儿受苦，在这个有特殊的需求阶段，她们确实产生了对婴儿的恨和幻灭。这个阶段粗略地算起来会从六个月持续到两岁。

236

（"From dependence towards independence in the development of the individual",1963,p. 88）

　　温尼科特特别强调，最理想的抱持环境应当是由一个人类——最好是亲生母亲——负责照顾婴儿，直到两岁左右。到了这个时候，孩子已经具备了应对丧失和不同养育环境的能力。然而与此同时，孩子仍在努力挣扎着区分什么是真实与非真实。母亲此时的作用就是：一方面通过"一点一滴"（small doses）地介绍这个世界来适应孩子的这种努力程度；另一方面始终欣赏着孩子一边长大，一边在游戏中发展出各种强烈感受。（参见，游戏：3）

> 对于小孩子来说（对婴儿则更甚），生命就是一连串非常深刻的强烈体验。你一定见过，打断孩子的游戏会发生什么；其实你更愿意先提醒他一下，这样孩子就有可能给游戏做个收尾，以便能容忍你的打扰。某个叔叔送你儿子的玩具，都可算是这现实世界的一小部分，更何况，要是这个玩具能以合适的方式、在恰当的时机、由对的人交给孩子，那它对孩子就有了某种意义，而我们则应当能够理解和顾及这层意义。
>
> （"The world in small doses",1949,p. 70）

在共享的外在现实与个人的内在现实之间的差异，也是小孩子需要尝试搞清的内容之一。大人们所容许的就是孩子在游戏中将真实与想象混为一谈。

> 我们成人与孩子共享的这个世界，同时也是孩子自己想象出来的世界，因此孩子就能强烈而热切地体验它。之所以这样，也是因为我们面对这个年龄段的孩子时，不会坚持让他们对外部世界必须有确切的认知。孩子并不需要时时刻刻都脚踏实地。如果一个小女孩想要飞起来，我们不会生硬地告诉她"小孩子不会飞"。相反，我们会把

她抱起来，高高举过头顶四处转转，再把她放在柜子顶上，好让她觉 *237*
得自己就像一只小鸟飞回了鸟巢。

要不了多久，孩子自己就会发现，飞翔这件事并不会魔法般地实
现。也许在梦里，还能保持如魔法般飘在空中的梦境，或者至少也会
梦见自己迈着好大的步子走路。有些童话故事，像是《健步如飞的魔
靴》或是《魔毯》，就是成年人为人类飞翔这个主题所做的贡献。十
岁左右的孩子，就会开始练习跳远和跳高，而且努力要比别人跳得更
远、更高。上面这些，除了梦境之外，其他都带有某些极其强烈感
受的残迹，而这些感受，都与三岁时自然冒出来的飞翔念头有关。

重点在于，我们不会把现实强行施加到小孩子身上，我们甚至
希望，等到孩子五六岁时，我们依然不必这么做，因为如果一切进
展顺利的话，那个年纪的孩子自然就会开始对成年人所谓的现实世
界产生科学般的兴趣。现实世界可以提供更多的东西，只要在接受
它时，并不意味着因此要失去个性化想象性或内部世界的真实性。

对于小孩子来说，内在世界既是内部的，同时也是外部的，这
是再合理不过的了，所以，当我们陪孩子游戏时，我们就由此进入
了孩子的内部想象性世界，而且我们也能通过其他方式参与到孩子
的想象性体验当中。

("The world in small doses",1949,pp. 70–71)

上述段落可以明显看出，温尼科特强调的是成年人参与到充满想象
力的游戏中并与儿童互动的能力，同样重要的是，在必要的时候，成年
人要非常清楚什么是真实的，什么是非真实的：

比如说一个三岁的小男孩。他很快乐，整天自己玩耍，或者和

其他小伙伴一起游戏，他已经能坐到桌边，像大人一样吃饭了。白天的时候，他可以非常清楚地区分什么是我们说的真实的东西，什么是我们说的儿童想象的东西。可是到了晚上又怎么样呢？小男孩睡着了，肯定还要做梦。有时候，他会从睡梦中突然尖叫着醒来。这时候妈妈听到了，会马上跳下床赶过来，把灯打开，然后把孩子抱起搂在怀里。孩子会因此开心吗？恰恰相反，他会大叫："走开，你这个巫婆！我要我的妈妈。"这个孩子的梦境可能已经延续到了我们所谓的真实世界中，接下来的二十多分钟里，妈妈只能等待，什么也做不了，因为对孩子来说，她现在就是一个巫婆。忽然，小男孩伸出双臂搂住妈妈的脖子，依偎着妈妈，好像妈妈刚刚才出现似的，在他还没来得及告诉妈妈魔法扫把的事之前，他就又睡着了，于是妈妈就可以把他放回到小床上，自己也回房间了。

("The world in small doses",1949,p. 71)

母亲具有等待的能力，并且能够直觉性地理解到孩子这时正处于半梦半醒之间的状态中。

从各方面来说，你对什么是真实与非真实的清晰认识，通过各种各样的方式帮助着孩子的成长，因为孩子只能一步一步地理解，世界并不如他想象的那样，想象的与这个世界不完全一样。彼此需要着对方，二者是缺一不可的。你还记得宝宝爱上的第一件东西——一小块毯子，或者是一个柔软的毛绒玩具——对婴儿来说，这件东西几乎就是他自己的一部分，所以要是它被大人拿走了或者被洗了，结果将会是一场灾难。等到他自己能把这件东西或别的东西扔出去（当然，他依然想让别人把它们再捡回来）的时候，你就知道时机到了，婴儿终于开始能允许你离开一下再回来了。

（"The world in small doses",p. 73）

10　母亲的镜映作用

1967 年，在"儿童发展过程中母亲和家庭的镜映作用"一文中，温尼科特详细阐述了他关于母亲功能的种种思考。他的主要论点在于，为了能够创造性地看待和领会这个世界，个体首先必须内化过曾经"被看见"（having been seen）的体验。在生命的最初几周，这种体验自然而然就会在母—婴关系中发生，而"镜映的前身就是母亲的面容"。

在这个理论中，温尼科特强调，当婴儿望向母亲的脸庞时，他特别依赖于母亲的面容的响应；如果此时母亲能够处于原初母性贯注状态，这将有助于婴儿建立一种真实的自体感。

239

婴儿看向母亲的脸庞时，他究竟看见了什么？我认为通常情况下，婴儿看见的就是他们自己。换句话说，当母亲看见婴儿时，她看起来是什么样的与她看见了什么有关。这整个过程太容易被认为是理所当然而无一例外。我要提出的问题是，照护婴儿的母亲，自然可以把这件事做得很好，但我们不该想当然地以为事情都是这样发生的。我直接举一些例子就能证明我的观点，比如有的母亲看着婴儿时，反映在她脸上的是她自己的心境，或者更糟糕的是，她的脸反映出了由于自己的防御所导致的僵化刻板的面容。那么在这种情况下婴儿又会看见什么？首先，婴儿自己的创造性能力会开始萎缩，继而以不尽相同的方式，他们会环顾四周而去寻找其他的途径，以期从环境中找到能反映他们自己的一些镜映……于是，母亲的脸庞就不再是他们自己的镜子了。因此，知觉（ perception ）取代了统觉（ apperception ），并占据了本该是另一个重要开端的位置；原本应该开启的是一种与世界有意义的沟通，而且这是一个双向沟通的过程，也就是充实自体（ self-enrichment ）与探索这个可看见世界的意义交替进行的过程。

("Mirror-role of mother and family in child development",1967,pp. 112–113)

"统觉"（ apperception ）是温尼科特所使用的术语，它用来指婴儿与母亲合并一体时的那种主观性体验，由此涉及了与主观性客体的关联（参见，存在：3）。因此，统觉指的是（婴儿）通过被母亲看见而看到了自己。"知觉"（ perception ）则产生于这种统觉，并且与看见完整客体的能力有关，也就是说，知觉与在"我"与"非我"之间做出区分的能力有关。如果母亲没有能力对婴儿的脸做出响应，知觉就不得不过早地出现，婴儿能找到其他办法，但所付出的巨大代价就是丧失掉他的自体感。母亲这一方的这种失败就会导致婴儿早熟的自我发展。

有些婴儿，由于受这种相对失败类型母亲的逗弄和折磨，他们就得去研究母亲各种变化的脸色，并力图能预测母亲的心情，这就像我们都去研究天气一样。婴儿很快就学会了做出预报："目前一切还好，我可以暂时忘掉母亲的情绪而自由自在一点，但母亲的脸随时可能会变得僵硬，或者她的情绪又占据了主导，那时我就一定得收敛自己的个人需求，否则我的核心自体就可能遭到冒犯"……如果母亲的脸庞反应迟钝或无反应，那就像一面成了摆设的镜子——虽然能看出那是面镜子，但它却镜映不出任何东西。

("Mirror-role of mother and family in child development",p. 113)　　*240*

温尼科特看到了从先验统觉发展到知觉的一个顺序过程：

当我看的时候，我就被看见了，因此我就存在了。

我现在能够去看和看见了。

现在，我可以创造性地看了，我也知觉到了我所统觉到的东西。

事实上，我小心翼翼地不去看见那些不该在那儿被看见的东西（除非我感到疲倦了）。

("Mirror-role of mother and family in child development",1967,p. 114)

一个"能够承受住去看，并且看见"的婴儿，有幸拥有一个同样能够"承受住去看，并且看见"的母亲，而她就能开启认识宝宝的过程。婴儿的自发性姿态（这种姿态被温尼科特解释为真自体在活动），如果能得到一种积极的响应，就能促进婴儿发展出他的自体感（参见，自体：9）。温尼科特将这种交互作用也转移到了分析性框架中：

婴儿和孩子从母亲的脸上，继而从镜子中，看到了他们的自体，这给了我们一种看待精神分析和心理治疗性工作的另一种方式。心理治疗并不是一直都要做出聪明而恰当的各种解释；大体上说，心理治疗在很长一段时期中是要把病人带来的材料反映给病人的过程。心理治疗是人类脸庞的一个高度复杂的衍生物，而这个脸庞反映了在那里被看见的东西。我愿意用这种方式来思考我的工作，而我也认为，如果我按照这种方式做得足够好，那么病人就会发现他们自己的自体，就能够存在，并且感到真实。感到真实要比存在有着更多的意义；这意味着个体找到了一种成为他自己的存在方式，并且找到了一种以做他自己的方式关联到客体，以及找到了可以为了放松和休息而撤退的一种自体存在方式。

("Mirror-role of mother and family in child development",1967,p. 114)

温尼科特强调，镜映这件事是说起来容易做起来难，但"被看见"（being seen）实在是至关重要的。

但我并不想给别人一种这样的印象，即我认为反映病人所带来的材料这项工作十分容易。其实一点也不容易，而且这是一件耗竭情绪的事情。可是，我们也为此得到了回报。即便我们的病人没有得到治愈，他们依然感激我们以他们自己本来的样子看见了他们，而这也带给我们一种深深的满足感。

241

("Mirror-role of mother and family in child development",1967,p. 114)

11 幻灭过程的价值

随着母亲开始恢复她的自体感，逐渐从原初母性贯注状态中摆脱出来，她就开始了"去适应"（de-adapts）和"失败"（参见，依赖：5）。母亲这种变化促进了婴儿幻灭阶段的发生，而幻灭则是健康发展过程中必经的一个阶段。

　　纵观温尼科特的著作，其中对于早期母—婴关系的重要性，在很大程度上都是从幻象角度来强调的。由于这个原因，温尼科特对幻灭过程价值的强调有时会被人遗忘。然而，温尼科特其实经常会提到，婴儿还有一种十分真实的需求，即被幻灭的需求，需要体会到失望感。（参见，依赖：3）

　　婴儿只有在曾经拥有过充足的"我创造了世界"的幻象性体验后，才能够经受住被幻灭的过程。当婴儿被幻灭之时，就是他开始清醒之时，好像是说，他从那种全能幻象中清醒了过来，并开始认识到他其实不是无所不能的。如果幻象结束得太早、太快了——也就是说，在婴儿准备好去认识事实真相之前就很快结束了——那么，婴儿就很可能会受到创伤。

　　1939年，在一篇题为"过早的幻灭"（Early Disillusion）的短文中，温尼科特举了一个在婴儿期过早被幻灭的病例，呈现了过早幻灭可以导致精神创伤的例证。（参见，幻象：1，2）

　　但不管怎么说，健康母亲的功能之一恰恰是能逐步地，一点一滴地"造成创伤"：

　　　　由此说来，创伤也有其正常的一面。母亲一直都在一个适应的框架之内"造成创伤"，通过这种方式，婴儿就从绝对依赖迈向了相对依赖状态。然而，这个过程并不会造成真正的创伤性后果，因为母亲都有一种能力，能随时随地感应到婴儿采用新的心理机制能力的水平。婴儿的非我感受就有赖于母亲在母性养育这方面的实际操作情况。随后，父母的联合行动，以及后来整个家庭单位起到的作用，也都在继续着孩子这种被幻灭的过程。

　　　　（"The concept of trauma in relation to the development of the individual within the family",1965,p. 146）

用温尼科特的语言还可以有另一种表达方式，那就是母亲失败了，
242 而后又修复了她的失败，这样的方式反而让婴儿和幼儿领会到了母亲可
靠性的意义所在，这是另一个悖论：

> 婴儿并不知道什么是沟通，只有从可靠性的失败所带来的效应
> 中他才能知道这件事。这也正是机械性完美与人类之爱两者之间所不
> 同之处。人类是会失败的，会一次又一次失败：在一个母亲平凡的
> 养育过程中，她其实一直就在修复她一次又一次的失败。这些相对
> 的失败，伴随及时的修复，确确实实地累积起来，最终形成了一种
> 沟通，这就让婴儿知道了什么是成功。因此，成功的适应就带来了
> 一种安全感，一种曾经被爱过的感受。作为分析师，我们也都知道
> 这回事，因为我们也一直在失败，我们都能预料到会发生什么，而
> 且也让（病人）对我们产生了愤怒。如果我们能（在病人的愤怒中）
> 幸存下来，（病人）就可以使用我们。在治疗中，这种不计其数的失
> 败紧跟着某种修复性的照顾，这就建立起了一种爱的沟通。这种沟
> 通事实上就是，一直有一个关心你的人陪伴在那里。在必需的时间
> 之内，也许是几秒钟、几分钟、几小时之内，如果失败没能得到修
> 复，那么我们就会使用术语剥夺来描述这种情况。一个被剥夺过的
> 孩子，是在知道了什么是能被修复的失败之后，却最终体验到了不
> 能被修复的失败。于是，这个孩子的毕生努力就是去激惹各种环境，
> 希望从中看到那些能被修复的失败再一次成为生活的常态。
>
> （"Communication between infant and mother,mother and infant,compared and
> contrasted ",1968,p. 98)

当然，这里说的"能被修复的失败"与温尼科特在其他地方提到的

"重大失败"（gross failures）是截然不同的，后者会导致原始极端痛苦和无法想象性的焦虑。

12 不够好的母亲

有些母亲并不能为婴儿提供健康发展所需要的环境，这部分母亲大致可以分为三类：

· 精神病性母亲；

· 无法投入到原初母性贯注状态的母亲；

· 逗弄和诱惑的母亲。

其中，第一类精神病性母亲，也许在生命最初阶段可以很好地应对婴儿的需求，但是，随着婴儿逐渐需要从她的全神贯注状态中离开，她却无法做到与婴儿分离。（参见，环境：3）

第二类母亲无法自然地感受到自己处于原初母性贯注状态——也许是因为她自己太过抑郁了，也可能有别的事情让她忧心忡忡——这类母亲或许后来就得做孩子的"治疗师"，因为她的孩子很可能一直会为其早期的缺失而寻求补偿。

第三类是逗弄和诱惑的母亲，在温尼科特看来，这类母亲对婴儿的精神健康会造成最糟糕的影响，因为这种飘忽不定的环境性特点，侵犯了最核心的自体感。（参见，沟通：10；精神—躯体：3）

温尼科特不断把足够好的母性养育技巧变换到分析性设置中，使得足够好的母亲—家庭—婴儿的范式也能在分析中发挥积极的作用。而对于那些过去极少有过足够好养育体验的病人来说：

> 分析师一定要成为病人生命中第一个提供某些环境性要素的人。在针对后一种病人的治疗过程中，分析性技术的各个方面都会变得至关重要……

> （"Hate in the countertransference",1947,p. 198）

（参见，恨：4）

（魏晨曦　翻译）

参考文献

1947 Further thoughts on babies as persons. In:1964a. 1947b

1947 Hate in the countertransference. In:1958a. 1949f

1949 The baby as a going concern. In:1964a. 1949b

1949 Birth memories,birth trauma and anxiety. In:1958a. 1958f

1949 Close-up of mother feeding baby. In:1964a. 1949d

1949 The world in small doses. In:1964a. 1949m

1951 Transitional objects and transitional phenomena. In:1958a.1953c

1952 Letter to Roger Money-Kyrle. In:1987b. 1952h

1956 Primary maternal preoccupation. In:1958a. 1958n

1957 Integrative and disruptive factors in family life. In:1965a. 1961b

244 1957 The mother's contribution to society. In:1986b. 1957o

1960 Ego distortion in terms of true and false self. In:1965b. 1965m

1960　The relationship of a mother to her baby at the beginning. In:1965a.1965zb

1960　What irks? In:1993a. 1993i

1963　From dependence towards independence in the development of the
　　　individual. In:1965b. 1965r

1965　The concept of trauma in relation to the development of the individual
　　　within the family. In:1989a. 1989d

1966　The beginning of the individual. In:1987a. 1987c

1967　The concept of a healthy individual. In:1986b. 1971f

1967　Mirror-role of mother and family in child development. In:1971a. 1967c

1968　Breast feeding as communication. In:1987a. 1969b

1968　Communication between infant and mother,and mother and infant,
　　　compared and contrasted. In:1987a. 1968d

1969　The building up of trust. In:1993a. 1993b　　　　　　　　　　*245*

游　戏
Playing

　　在温尼科特的情绪发展理论中，游戏的能力也是一项发展成就。在游戏中，婴儿、幼儿或成年人就在过渡性空间内，或者通过利用过渡性空间，把内部世界与外部世界连接在一起。人类的这种在第三领域（the third area）（即过渡性现象）中进行游戏的特性可以说是创造性生活的同义词，而它也构成了毕生中自体—体验的基质。转换到分析性关系中，游戏是精神分析的最终成就，因为只有通过游戏，自体才能得以被发现并得到增强。

1   游戏理论的演化

温尼科特对大量的婴儿和儿童进行过近距离的观察，这意味着他非常敏锐地认识到了游戏在人类关系中的作用。他起初是在 20 世纪 30 年代开始发现游戏的重要意义和功能，之后在他生命最后的十年当中，他又再次强调了游戏的价值，尤其是与精神分析，以及与找寻并发现自体有关的价值。

他在生命最后两年间写出了论文"游戏的理论性地位"（ Playing : Its Theoretical Status ），该文于1971年再版后的题目变为了"游戏：理论性陈述"（ Playing : A Theoretical Statement ），温尼科特自己反思了他关于游戏这个主题的思想演变过程：

> 当我回顾记录着我自己的思想和理解发展过程的那些论文时，我就发现，我现在对于游戏的兴趣，而且是婴儿与母亲之间发展出的那种信任关系中那种游戏的兴趣，一直都是我咨询性技术中的一个特征，正如下面选自我第一本书的这个例子所展现的那样。而进一步看，自那十年之后，我又在"在设置情境中的婴儿观察"（ The Observation of Infants in a Set Situation ）一文中详细阐述过这个特征。
>
> （ "Playing : A theoretical statement",1967,p. 48 ）

正如他承认的那样，温尼科特的游戏理论最先是"作为其咨询性技术的一个特征"出现的——起初是压舌板游戏（ Spatula Game ），它的作用相当于一种诊断工具（参见，压舌板游戏）。后来，温尼科特针对大一点的孩子又发明了涂鸦游戏（ Squiggle Game ），这是他进行治疗性咨

询的另一种诊断工具。（参见，涂鸦游戏）

　　压舌板和涂鸦游戏的运用及进展，促使温尼科特后来理解了过渡性客体对发展中婴儿的决定性意义，这从他 1951 年那篇"过渡性客体和过渡性现象"中就能看得出来（参见，过渡性现象：4）。到了 20 世纪 60 年代，温尼科特的原初贯注概念，就其强调创造性生活和发现自体这方面，也发挥了游戏的作用和功能。（参见，创造性：6；自体：11）

2　游戏作为一种能指的特性

　　温尼科特曾评价，游戏的性质代表了婴儿的发展水平和存在感。在 1936 年的"食欲与情绪障碍"（Appetite and Emotional Disorder）一文中，他提出了一种游戏标尺的假设：

> 　　在对一系列案例进行分类时，我们可以使用这样一个标尺：在正常的一端，婴儿可以游戏，它是婴儿内在世界简单而愉悦的戏剧化表达；在标尺的非正常端，游戏反而包含着一种对内在世界的否认，这种情况下的游戏总是具有强迫性的、兴奋性的、焦虑驱动的，而且更多地使用了感官（sense-exploiting）刺激，而非真正让人感到愉快的。
>
> （"Appetite and emotional disorder",1936,p. 47）

247

　　十年之后，在一篇写给父母看的文章"什么叫'正常的小孩'？"

（What Do We Mean by a Normal Child,1946）中，温尼科特建议，一些
看似异常的行为，实际上在某段时间内对某些孩子来说是正常的。能愉
快地享受游戏，就是一个孩子成长健康的标志。

> 我不打算继续解释生命为什么通常都很艰难，而想以一个友好
> 的提示来就此打住。你可以把很多事情寄托在孩子的游戏能力上。如
> 果一个孩子能玩游戏，那么他就有了表现一两个症状的空间；要是
> 孩子能享受游戏，不论是单独玩还是和其他小朋友一起玩，那么他
> 当下就没有什么重大麻烦。如果孩子能在游戏中运用丰富的想象力，
> 如果孩子能够依靠确切的知觉或外部现实从游戏中得到快乐，那你
> 就该感到相当幸福了，就算孩子还有尿床问题、口吃的毛病、乱发
> 脾气，或者反复遭受脾气暴躁发作或抑郁之苦也没关系。能玩游戏
> 表明这个孩子有一种能力，只要给予他足够良好而稳定的环境，他
> 就能发展出一套个性化的生活方式，并且最终成为一个完整的人，
> 那正是我们这个世界都需要也欢迎的一种人。
>
> （ "What do we mean by a normal child?",1946,p. 130）

"在玩游戏时能运用丰富的想象力"，这就意味着孩子正在使用第三
领域，而这正是一种健康的标志。

温尼科特更加关注的是能够玩游戏的孩子或成年人，而不是游戏的
内容，他特别看重个体这种用游戏来处理自体—体验的方式，同时这也
是一种沟通的方式。

在温尼科特看来，语言只不过是对游戏和沟通的一种放大和延伸，而
且游戏的能力对于成年人就像它对于儿童一样重要。（参见，沟通：1）

治疗师正在向儿童式的沟通接近，而且很清楚儿童通常还没有掌控语言的能力，无法传达出那些在游戏中可以发现的无限微妙之处……

我所说的关于儿童游戏的这一切实际上也都适用于成年人，但是，当病人的材料主要以言语交流的形式出现时，游戏这个部分反而更难描述了。我建议，我们一定要努力去发现成人分析中的游戏成分，它们其实跟我们与儿童工作时碰到的情况一样明显。例如，成人分析中的游戏会表现在对词语的选择，说话音调的变化上，甚至表现为一种幽默感。

（"Playing : A theoretical statement",1967,pp. 39-40）

1942 年，在写给父母的一篇短文"孩子们为什么玩游戏"（Why Children Play ）中，温尼科特概述了游戏对于儿童的一些作用和功能。在这篇简短而精练的文章中，温尼科特涵盖了他对游戏所有关键的关注点，直到 1970 年之前，他一直在展开这些主题，其中包括：攻击性，焦虑，自体—体验，友谊和整合。

3　攻击性

1968 年，在"客体使用及通过认同的客体关联"一文中，温尼科特论述了"客体幸存"的主题，而这个主题的前身其实在 1942 年的文章中已经很明显了。游戏涉及了活现与环境（这是一个能"容受"的环境）相关的攻击性情绪。"容受"（tolerate）这个词，到 1968 年时就变成了"幸存"(survive)（参见，攻击性：10）：

> 我们常说，孩子在游戏中"发泄出了恨意和攻击性"，就好像攻击性是个可以去除掉的坏东西一样。这话只说对了一部分，因为郁积起来的怨恨和愤怒体验的结果，被小孩子感受起来的确像是身体里有了一些坏东西。然而更重要的是，我们应该这样表述这种相同的事情：孩子重视的是可以在一个熟悉的环境里表达这种恨意或攻击性冲动，而这个环境又不会以恨意和暴力来报复孩子。从孩子的感受来说，如果他们能够或多或少以可接受的方式表达攻击性感受，那么一个好的环境应该可以容受这些攻击性感受。我们也必须承认攻击性的存在，它就在孩子的天性里，假如真正存在的东西却被隐藏和否认的话，孩子感受到的就是一种不诚实。
>
> （"Why children play",1942,p. 143）

而在 1967 年那篇"游戏：理论性陈述"一文中，温尼科特又回顾了他与一对母女的一系列咨询过程，这个案例曾经在他 1931 年的第一本书中就记录过。他自己没有十分明确表示，想通过回顾这个案例来说明什么问题，但是其含意可能是在说：通过把那个女婴抱到他腿上并允许她咬他的膝盖，"咬得如此使劲，差点把皮都咬破了"，这才使她能够开始玩游戏。一切的转折点似乎就是这个女孩能够咬温尼科特的膝盖的那个时刻，而在这个时刻女孩"没有表现出任何罪疚感"。这就说明了：1）这个婴儿需要表达她的攻击性，并允许她的"无情自体"自由行事；而且2）温尼科特从她的原初攻击性中幸存了下来。

在一次咨询中，我让孩子待在我的膝上并观察她。她偷偷摸摸地尝试咬了我的膝盖三次，而且咬得如此使劲，差点把我的皮都咬破了。而后，她开始玩扔压舌板的游戏，不停把压舌板扔到地上，扔了 15 分钟。整个过程中她都一直在哭，就像她真的不开心一样。两天之后，我又让她在我膝上待了半个小时。在过去的这两天中，她已经发作过四次惊厥。这次，她先是像以往一样大哭，然后她再次非常使劲地咬了我的膝盖，这回并没有表现出任何罪疚感，接着，她就开始玩咬压舌板再扔掉它们的游戏；在我的膝上时，她变得能开心地享受这个游戏了。过了一会儿，她开始用手指拨弄她的脚趾，于是我就把她的鞋和袜子都脱掉了。这么一来就让她全神贯注到了实验过程中去。实验过程让她一次又一次地发现和验证了一件事，那就是相比于压舌板可以放进嘴里、扔掉，甚至找不见，她的脚趾却是拽不下来的，而这个过程让她感到极其满足。

("Playing：A theoretical statement",1967,p. 49)

这个婴儿的游戏能力是在温尼科特膝上的时刻表现出来的，这就包含了另一方面内容，即与外部世界关联着的自我发现过程，也就是搞清楚我与非我的过程。

250

4　焦虑

孩子玩游戏的另一个特点是掌控焦虑：

　　焦虑一直是儿童游戏中的一种元素，常常还是主要元素。如果受到过度焦虑的威胁，就会导致强迫性游戏，或者重复性游戏，或者导致夸张地去寻求游戏带来的快乐；如果焦虑太过巨大了，游戏能力就会崩溃，变成了对感官满足的过度追求。

　　如果孩子玩游戏只是寻求快乐，那我们是可以要求他们放弃这种游戏的；然而，要是孩子玩游戏是为了处理焦虑，不让孩子玩游戏，不可能不对他们造成痛苦，不让他们产生焦虑或发展出抵抗焦虑感的新防御手段（比如自慰、白日梦）。

("Why children play",1942,p. 144)

　　此处，我们再次看到，环境依然是被牵涉进来的。如果儿童的游戏正在被用于处理焦虑，那么中断这个游戏就需要身边的成人得有敏感性去谨慎处理才行。

　　在温尼科特的作品中，游戏与焦虑的关系其实并没有被详细地阐述，这也许是因为温尼科特更关注游戏的健康方面，以及其蕴含的创造性过程。

5　自体 — 体验和友谊

　　游戏当中合并了来自生活的丰富体验，温尼科特相信，只有通过玩游戏，儿童和成年人才能够发现其自体。

孩子是在游戏中收获体验的，游戏就是孩子的大部分生活。外在和内在体验都能让成年人感到充实，但是对于儿童来说，这种充实主要还得从游戏和幻想中找到。正如成年人的人格还需要通过在生活中的体验得到发展一样，孩子们通过玩自己的游戏，以及其他孩子和大人发明的游戏，也在发展自己的人格。通过在游戏中充实他们自己，孩子们逐渐增长着能力和见识，能够看见和理解外部真实世界的丰富多彩。游戏是个体创造性持续存在的证据，它意味着持续存在的生命活力。

("Why children play", p. 144)　　*251*

创造性、生命活力以及真实感，它们既是健康个体的标志，也都是温尼科特著作中的标志性概念。

友谊同样也只能通过游戏而产生，温尼科特指出，与其他人一起玩游戏，是一段友谊关系形成的必要条件。在友谊关系中，双方都有能力容忍彼此之间的差异，并保持相互独立。

因为在游戏中其他孩子都要进入到预先设定好的角色中，所以在很大程度上通过游戏可以让一个小孩开始允许其他孩子有权利独立存在。正如有些成年人在工作中可以轻易地交到朋友或树敌，也有些成年人则常年窝在公寓里不与人来往，他们只是在想为什么没有人愿意搭理他们；孩子们也一样，他们在游戏中就能交朋友或树敌，如果他们离开游戏，就很难交到朋友。游戏提供了一种组织形式，帮助孩子们开启情感关系，并发展出社会交往能力。

("Why children play", 1942, pp. 144–145)

6　游戏与无意识

温尼科特也把游戏看作 "通往无意识的大门"：

> 被压抑的无意识部分一定要保持一种隐秘状态，但是无意识的
> 其他部分却是每个人都想要了解的内容，而游戏，就像梦境一样，
> 发挥着自我—表露无意识的功能。

("Why children play",p. 146)

1968 年，温尼科特为一篇 1942 年讨论玩游戏的儿童和成人的短文加
注了四条评论。

1. 游戏本质上是一种创造性活动。

2. 游戏之所以总是令人兴奋，是因为在主观性与能被客观感知的
事物之间，存在着一条不确定的界线，而游戏恰恰游走在这条边界上。

3. 游戏最早发生在婴儿与母亲—人物（ mother-figure ）之间的潜
在空间（ potential space ）中。当原先与母亲合并为一体的婴儿开始
感受到母亲被分离出去的时候，我们就一定要考虑这种变化可能形
成的潜在空间。

4. 在这个潜在空间中发展出游戏，这要看婴儿是否有机会在没有
与母亲分开的情况下体验分离，这种体验是可能发生的，因为婴儿
与母亲合并一体的状态可能被母亲对婴儿需求的适应所取代。换句话
说，游戏的启动与婴儿开始信任母亲—人物的生命体验紧密相关。

（ "Why children play",p. 146 ）

7 与发展顺序相关的游戏

1967 年时，温尼科特已经在关系的背景中去定位游戏。伴随各种关系的发展顺序，游戏的性质同样也在变化。

我们有可能描述出一个与发展过程相关的关系发展顺序，并且可以看一看游戏处在关系发展中的位置。

A. 婴儿与客体是相互合并为一体的。此时，婴儿看待客体的视角是主观性的，同时母亲则时刻准备让婴儿准备好发现的东西成为现实。

（"Playing：A theoretical statement",1967,p. 47）

这就联系到了绝对依赖期、原初母性贯注，以及母亲的客体—呈现作用。（参见，依赖：2；母亲：8；原初母性贯注：2）

B. 客体遭到拒绝，又重新被接受，并被客观性知觉到了。这个复杂的过程高度依赖于有一位母亲或母亲—人物的在场，并准备好参与和归还那些由婴儿交出去的东西。

这就意味着母亲（或母亲的一部分）要处于一种"来来回回"（to and fro）的交替状态，一种状态是她要主动存在于婴儿曾经发现她的那个位置，另一种状态是她要做她自己并等待被婴儿发现。

如果母亲能在一段时间内持续发挥这样的作用，而并不感觉到有什么困难（姑且这么说），那么婴儿就会获得某种魔法性控制的体验，换句话说，这个体验就是在描述精神内在过程时所谓的"无所不能"（ omnipotence ）。

（ "Playing : A theoretical statement",1967,p. 47 ）

温尼科特思考关于促进性环境和抱持的所有方面都与上述内容有关，而它们也与独处的能力和担忧阶段的思考有所重叠。（参见，独处：1；存在：3；担忧：5；环境：1；抱持：3）

这种"无所不能"体验所带来的后果是婴儿开始能够信任环境，继而能信任他身边的人。

> 当母亲可以把这件困难的事做得很好时（除非她是一位没能力做到这件事的母亲），婴儿的自信心就会增加，而在有信心的状态下，婴儿就能开始享受一系列体验，这些体验都是建立在一种精神内部过程的无所不能与婴儿的实际控制的"密切结合"（ marriage ）基础上的。这种对母亲十足的信心就营造出了一个中间游乐场（ intermediate playground ），这也是魔法性想法的起源所在，因为某种程度上，婴儿确实体验过无所不能……我称其为游乐场是因为游戏发源于此处。这个游乐场是母亲与婴儿之间的一个潜在空间，或者说它联合了母亲与婴儿。

（ "Playing : A theoretical statement",p. 47 ）

此处，温尼科特又提出了游戏中包含的"不稳定性"（ precariousness ）这个成分。

> 游戏本身是极其令人兴奋的。不过，游戏令人兴奋并非主要因为有本能被卷入其中，理解这一点非常重要！游戏的特点一直是它自带一种不稳定性，也就是说，在个人精神现实与对实际客体的控

制体验之间的相互作用始终是不稳定的。这就是魔法本身的不稳定性，而这种魔法性产生于亲密关系之中，它是一段被认定为可靠的关系。为了可靠性，这段关系的必然动力一定是母亲的爱，或者是她的爱—恨交织，或者是她的客体—关联性，而一定不会是"反应形成"（reaction-formation）。

（"Playing：A theoretical statement",p. 47）

启发出这种魔法的是婴儿的一种特殊经验，即婴儿体验到了母亲通过其沟通和互动性（mutuality）能共情于他——一种"母亲最懂他"的感受。（参见，沟通：2；母亲：3，4）

254

C.接下来这一阶段是有某人在场情境下的独处。此时的儿童是基于一种主观性假设在玩游戏，这个假设就是：那个爱着他（她）的，因此也是可靠的人，是可及和可用的，而且在自己忘掉她又重新想起来时，这个可靠的人依然可以被找到。儿童还会感受到，这个人对游戏中所发生的事也有所回应。

（"Playing：A theoretical statement",p. 47）

这种独处的能力基于一种悖论的体验，即有独处其实是基于另一个人的在场——通常是母亲的在场。（参见，独处：1，2）

D.儿童这时准备好进入下一阶段了，也就是能允许和享受两个游戏领域的重叠。首先，当然是与婴儿一起玩游戏的母亲，这时她是非常仔细地适应婴儿的游戏活动的。然而，或迟或早她也会带入她自己的游戏，然后她就发现，由于婴儿对引入这些不是他们自己的想法的喜欢或不喜欢的能力有所不同，婴儿的表现也各式各样。
　　于是，这就为在一段关系中一起游戏而提前铺了路。

("Playing : A theoretical statement",p. 48)

8　游戏与心理治疗

　　在温尼科特看来，心理治疗就是两个人一起玩游戏——这两个人都要有使用潜在空间的能力。

　　　　心理治疗发生在两个游戏领域的重叠区域，即病人的游戏领域和治疗师的游戏领域。心理治疗需要两个人在一起游戏。由此推论，在两个人的游戏还不能开始的情况下，于是治疗师首先要做的工作应直指向这样的目标：把病人从不能玩游戏的状态带入到一种能玩游戏的状态。

("Playing : A theoretical statement",p. 38)

　　温尼科特以这种方式在强调精神分析治疗关系中的一个新重点，而这也就彻底改变了弗洛伊德学派的概要。相较于弗洛伊德学派的解释把重点放在分析师知晓（knowing）病人的无意识内容，温尼科特则认为游戏（playing）及游戏的能力才是更重要的事情。事实上，对他来说，精神分析就是一种"高度专业化的游戏形式"：

……只有游戏才是最具普适性的，并且是健康的：游戏促进了成长，并由此达成了健康；游戏把人引入各种群体关系；游戏可以作为心理治疗中的一种沟通方式；最后，精神分析已经发展为一种高度专门化的游戏形式，用来服务于一个人自己与其他人的沟通。

游戏是自然之本，而精神分析是其高度复杂化的二十世纪现象。有件事对分析师来讲想必非常有价值，那就是我们要时常提醒自己，精神分析不仅仅是弗洛伊德的贡献，我们还得把它归功于一件自然而普适的事情，我们称之为"游戏"。

("Playing : A theoretical statement",1967,p. 41)

温尼科特也向儿童治疗师指出，游戏空间（play-space）之所以比解释更重要，恰恰是因为它能提供空间让儿童的创造性，而不是治疗师的聪明才智去做出解释。

我在此的目的仅仅还是想提醒大家，儿童的游戏中包含了一切，尽管心理治疗师也在对游戏的材料和内容进行工作。通常来说，在设定的或专业性的这一小时工作中所呈现的一整套材料，要比在家里地板上不限时的体验所呈现的要明确得多；但是要想更好地理解我们的工作，我们就得清楚我们工作的基础是病人的游戏，是一种创造性体验在占据着空间和时间，而且对于病人来说，游戏是极其真实的。

同样，这种观察帮助我们理解了一种深度进展的心理治疗是如何能在没有解释性工作的情况下完成的。对此有个很好的范例，就是纽约的 Axline 的著作（1947）。她关于心理治疗的研究对我们非常重要。我对于 Axline 的论著还有种特别的欣赏，因为她与我在报告

> "治疗性咨询"时提到的一个观点不谋而合，那就是治疗中的重要时
> 刻是孩子被他（她）自己惊喜到的那个时刻。真正重要的一定不是我
> 做出聪明解释的那个时刻。

> ("Playing : A theoretical statement",pp. 50–51)

分析师的任务就是要促进形成一种空间，好让其中的儿童或病人能够为自己发现一些东西。温尼科特暗示，分析师在做解释时存在着有可能导致病人发展出一种假自体的危险，这就是虚假分析的后果。（参见，自体：7，10）

> 在足够成熟的材料呈现出来之前，治疗师所做的解释只是教化和
> 灌输，其结果是病人的服从。不难推论，其实很多阻抗也产生于这
> 种解释，即这种在病人与分析师一起游戏的重叠领域之外做出的解
> 释。当病人还不能进行游戏时，做解释是没有用的，或者会引起困
> 惑。当治疗中有了一种交互游戏时，那么根据公认的精神分析原则所
> 做的解释就能促进治疗性工作的进展。这种游戏一定得是自发性的，
> 而不能是出于顺从或勉强服从的，这是心理治疗能够完成的条件。

> ("Playing : A theoretical statement",1967,p. 51)

自发性姿态来源于真自体，而一个能有自发性表现的人，也由此可以创造性地活着。这些主题和作为创造性活动的游戏，都在温尼科特的一本书中被极为详尽地加以探究，这就是他的《游戏与现实》（*Playing and Reality*，1971a），尤其是书中第四章"游戏：创造性活动和找寻自体"。（参见，创造性：6；自体：11）

（魏晨曦　翻译）

参考文献

1936　Appetite and emotional disorder. In:1958a. 1958e

1942　Why children play. In:1964a. 1942b

1946　What do we mean by a normal child? In:1964a. 1946c

1967　Playing：A theoretical statement. In:1971a. 1968i　　*257*

原初母性贯注
Primary maternal preoccupation

　　在即将分娩之前和分娩后的几周之内，健康的孕妇会处于一种精神"疾病"（mentally "ill"）的状态。温尼科特把这种独特的状态称为"原初母性贯注"（primary maternal preoccupation）。

　　根据这一论点，婴儿的心理健康和身体健康，都有赖于母亲是否能够进入并走出这种特殊的存在状态。

1 平凡而奉献

　　《婴儿和母亲》（ *Babies and Their Mothers*，1987a ）是在温尼科特去世之后，于 1987 年出版的一本从未发表过的演讲合集。书中所收录的都是温尼科特专门讨论婴儿生命最初时期——也就是绝对依赖期——的演讲，而同一时期，健康状态下的母亲则处于一种原初母性贯注的状态。这些文章大部分源自温尼科特 20 世纪 60 年代的演讲，面向的是英国及世界各地不同的群体。其中有一篇题为"平凡而奉献的母亲"（ The Ordinary Devoted Mother ），是根据他 1966 年给幼儿园协会伦敦分会做的演讲所整理的。不过，"平凡而奉献的母亲"这一称呼早在1949年就被他使用了，对此他解释道：

258

　　　那是1949年的夏天，我正赴约去和英国广播公司制作人Isa Benzie喝一杯……她告诉我，我可以随意选择任何主题去做连续九场的系列演讲。当然，她也想为演讲找一个抓人的广告标题来做宣传，但我对此一窍不通。我告诉她，我对于试着告诉人们该怎么做一点兴趣都没有，我也不知道从何开始这系列演讲。不过，我倒是愿意和母亲们聊聊她们已经做得很好的一件事，而且她们做得好仅仅是因为每个母亲都愿意奉献于到手的这件任务，也就是对一个婴儿，或一对双胞胎儿的照护。我还说，平凡无奇的这件事情就这样发生了，而婴儿在一开始就得不到一个行家的照护才是一种例外的情况。Isa Benzie 在离着二十码开外就抓到了这条线索，然后她说："妙极了！就叫'平凡而奉献的母亲'。"于是就有了这个叫法。

（"The ordinary devoted mother",1966,pp. 3–4）

接着在这篇文章中，温尼科特自己又提到了，在"平凡而奉献的母亲"这一"水平"上的母亲功能，并解释了为什么"平凡"和"奉献"两个词能很好地描述女性在即将分娩之前所出现的那种心理准备状态。

> 我想的是……平常情况下，女人都会进入一段状态之中，而且平常情况下，她也会在婴儿出生几周到几个月后从这段状态中恢复过来，但处于这一状态时，在最大程度上她就是她的婴儿，而她的婴儿也就是她。毕竟，她曾经也是一个婴儿，她依然存留着她自己做婴儿时的记忆；她也依然存留着她自己被照顾的记忆，而这些记忆要么会促进，要么会阻碍她自己做母亲的体验。
>
> ("The ordinary devoted mother", p. 6)

正是通过这些无意识的记忆，母亲才变得全神贯注和能够"奉献"，因为她强烈地认同了她的婴儿。（参见，母亲：6，7）

1956 年，温尼科特针对这一主题写出了他最权威的理论性论文，题为"原初母性贯注"。

259

从这篇文章的引文不难看出，温尼科特一上来就摆明了自己的观点，强调他不赞同 Anna Freud 和 Margaret Mahler 的观点。他觉得她们没有充分地注意到母亲在怀孕前后平常情况下都会进入的那种心理状态。

> 我的论点是，在生命的最早期阶段，我们要讨论的是母亲非常特殊的一种状态，这种心理状态值得有一个专门的名字，比如就叫原初母性贯注。我认为在我们的文献中，甚至说任何地方，都没有对母亲这种非常特殊的精神病学状态致以足够的敬意，而针对母亲的这种精神状态，我想说以下几点：

它是逐渐发展出来的，并且会在怀孕期间，尤其是接近孕期结束时变成一种高度敏感性状态。

它会在孩子出生后再持续几周的时间。

当母亲们一旦从这种状态中恢复过来，她们就不太容易想起它。

我还想进一步说，母亲们关于这个状态的记忆内容一般容易受到压抑。

("Primary maternal preoccupation",1956,p. 302)

这种状态被比作一种疾病，它就出现在了健康女人的身上，而它确实必须得出现，为的是能促进婴儿的健康发展。

这种有组织的状态……可以与以下的状态相比较：退缩状态，或解离状态，或神游状态，甚或是一种更深层次上的紊乱状态，就像精神分裂症发作那样，其人格的某一方面暂时接管了整体。我很想为这种状态找到一个合适的名称并把它提出来，纳入到与婴儿生命最早期阶段有关的所有思考中。我不相信，我们能在没有认清一件事的情况下，还能理解母亲在婴儿生命最早期的功能，而这件事就是，母亲一定得能够进入这种高度敏感性状态，那几乎就是一种病态，而之后，她还得能从中恢复过来。（我之所以用到了"病态"这个词，是因为一个女人必须是健康的，她才能既发展出这种状态，又能在婴儿解放她时从这种状态中恢复。）

("Primary maternal preoccupation",p. 302)

2　持续性存在

健康的婴儿会建立起一种自体感和一种"持续性存在"感。这种情况只能发生在一个合适的环境中，只有处于原初母性贯注状态的母亲才能够提供这个环境。(参见，存在：3，4，5；环境：1；自体：5)

> 发展出了我称之为"原初母性贯注"状态的母亲，可以提供一个环境，让婴儿作为人类的构建开始变得明显而实在，让婴儿的发展倾向开始展开，而且让婴儿可以去体验自发性运动，并且做自己那些感觉的主人，它们恰恰是生命早期阶段的感觉……
>
> 唯一能在生命的开始让婴儿有充足的持续性存在状态的条件，就是母亲也处于(我提出的)那种十分真实的状态，这种状态出现在健康母亲接近孕期结束，一直到婴儿出生后几周的那段时间里。
>
> ("Primary maternal preoccupation",1956,p. 304)

这些早期体验为后续各方面的发展都奠定了基础。(参见，母亲：8，9，10)

3　满足需求

没有母亲无条件的爱，满足婴儿的需求几乎是不可能的事情，无条件的爱相当于她能完全共情婴儿的困难处境。

> 只有当母亲像我说的那样变得敏感化，她才能感受到自己处在婴儿的位置上，于是才能满足婴儿的需求。这些需求一开始是身体需求，而渐渐地，随着一种心理状态（psychology）从对身体体验的想象性精细加工中浮现出来，这些需求就慢慢变成了自我需求（ego needs）。
>
> 接着开始出现了母亲与婴儿之间的一种自我关联性（ego-relatedness）关系，从这种关系中母亲恢复了她自己的身份，而利用这段关系，婴儿也会最终建立起母亲是一个人的概念。从这个角度说，认识到母亲是一个人通常是以这种积极的方式开始的，正常情况下不是出于把母亲作为挫折象征的那种体验。

261

> ("Primary maternal preoccupation", p. 303)

原初母性贯注是一个早期的专门化环境。处于这种状态下的母亲是健康的、足够好的，并且能够提供一个促进性环境让她的婴儿有可能*存在*（be）和*成长*（grow）。

> 根据这个论点，一种在生命极早期足够好的环境供养，就使得婴儿能够开始存在，能够拥有各种体验，能够建立起一种个性化的自我，能够驾驭各种本能，继而也能够去面对生命中固有的所有困难。所有这一切让婴儿都感觉到了真实，并渐渐能拥有一个自体，而这个自体最终甚至能够担负得起牺牲掉自发性，甚至是死亡。

> ("Primary maternal preoccupation", p. 304)

通过原初母性贯注这个主要观点，温尼科特想让大家理解的是，婴儿与母亲从婴儿生命的一开始就处于一种心理合并的状态。因此这是一段还没有出现任何客体关系的时期，这个时期只存在着母亲对婴儿的自我支持，以及婴儿对母亲的自我—关联性（ego-relatedness）（后被称为客体—关联，object-relating）。（参见，存在：4；自我：4）

关于这一时期可能发生的失败及其后果，在温尼科特的许多其他作品中都有进一步探讨。（参见，环境：3；精神—躯体：3；退行：1，3）

（魏晨曦　翻译）

参考文献

1956　Primary maternal preoccupation. In:1958a. 1958n

1966　The ordinary devoted mother. In:1987a. 1987

第 **18** 章

精神—躯体
Psyche – soma

心智与身体的整合被温尼科特描述为一种精神躯体的联合；他也把这个过程叫作"精神在躯体中安住"。

"精神在躯体中安住"描述了"个性化"这个过程的成功结果，它得以发生源自于母亲在抱持阶段对婴儿的"处理"（handing）。这个过程发生在绝对依赖的阶段，那时（健康的）母亲处于一种原初母性贯注的状态。

在温尼科特的著作中，"精神"（psyche）一词被描述为"对一些躯体部分、感受及功能的想象性精细加工"，并且经常与"幻想"（fantasy）、"内在现实"（inner reality）以及"自体"（self）作为同义词来使用。

如果母亲在抱持阶段没能提供足够好的处理，婴儿可能永远无法感受到自己是一个安住在身体里的整体，因此一种心智与身体的分裂（a mind–body split）状态就会产生。

精神躯体性疾病（Psychosomatic illness）是个体在早期情绪发展过程中出现错误时的一个症状。

1 心智和精神—躯体

温尼科特对于精神躯体学（psychosomatics）的性质做出的最初贡献，体现在他 1949 年的"心智及其与精神—躯体的关系"（Mind and Its Relation to the Psyche– Soma）一文中，而这篇文章一定程度上是受到了 Ernest Jones 在评论他 1946 年的一篇文章中的一句话的启发而写的。Ernest Jones 说："我不认为心智是真的作为一个整体而存在的。"温尼科特同意这个观点，但补充道，在他的临床工作中，他注意到有些病人感受到他们的心智位于某一个地方，就像是作为一个分离的整体而存在一样。

> ……这段引文……激发我要去试着搞清楚我自己对于如此庞大而困难的主题的想法。带有时间和空间特质的身体图式为个体本身的形象提供了一个有价值的陈述，而我也相信在它的内部没有一个明确的位置留给心智。然而在临床实践中，我们又确实会碰到作为实体而存在的心智，被病人定位在某个地方的。
>
> ("Mind and its relation to the psyche-soma",1949,p. 243)

然后，温尼科特把"心智"（mind）这个词用来描述一种智力功能运作（an intellectual functioning），它类似于个体的一种解离状态，感觉到心智作为一个实体不属于他自体感受的一部分。在此后的著作中，温尼科特把这个现象叫作"分裂出去的智力"（split-off intellect）（参见，自体：7）。当温尼科特讨论精神躯体性疾病的时候，他指的就是人格中的这种分裂。

在这篇 1949 年的文章里，温尼科特批评那些坚持只看到病人的躯体性组成，而忽略了病人的精神性组成的医师，他们无法理解精神躯体性障碍其实是在"心理到躯体之间的路途中"发生了问题。

这些只给身体看病的医生们，他们在理论上完全茫然；而让人好奇的是，他们似乎又不够重视生理性身体的重要性，其中大脑是一个重要的部分。

("Mind and its relation to the psyche-soma",1949,p. 244)

对于温尼科特来说，在健康发展的过程中，从婴儿的角度来说，精神和躯体是无法区分开来的。健康的个体想当然地认为他的自体感受是在他自己的身体内部。

这里是身体，而精神与躯体无法被区分开，除非从某个特定的角度来观察。我们可以看一看发展中的身体，或者看一看发展中的精神。我假设"精神"这个词在这里指的是对于某些躯体部分、感受和功能，也就是，对躯体活力的想象性精细加工。我们知道这种想象性精细加工取决于"存在"（existence）和大脑的健康功能的运作，特别是大脑某个部位的功能运作。然而，个体并不能感受到精神定位于大脑内部，或者感受不到位于任何位置。

264

逐渐地，成长中个体的精神和躯体方面会卷入一种建立相互关系的过程。这种建立精神与躯体相互关联的过程，构成了个体发展的早期阶段。

("Mind and its relation to the psyche-soma",1949,p. 244)

这种"精神与躯体之间的相互关联"构成了自体感发展的核心。

在稍后的生命阶段里，个体能感受到自己有了包含着界限、一种内部和外部世界的鲜活身体，它形成了想象性自体的核心。

("Mind and its relation to the psyche-soma",1949,p. 244)

因此，从早期母—婴关系当中浮现出来的自体核心，它意味着一种身体—心智（a body-mind）整合的概念。（参见，存在：2，3；自体：3，5）

让我们假设健康这个概念在个体的早期发展过程中蕴含了*存在的连续性*。早期精神—躯体关联会沿着一条必然的发展线而进展，前提是它的存在连续性不被干扰；换句话说，为了早期精神—躯体关联能够健康地发展，必须要有一个完美的环境。最初，这种需求是绝对的。

("Mind and its relation to the psyche-soma",1949,p. 245)

温尼科特指的是母亲完全认同她的婴儿，这恰恰才能提供那个完美的环境。这种情况意味着，母亲能够带着关心、保护和所有爱的成分去抱持、处理和照护她的婴儿；并且，如果在生命的早期阶段一切进展顺利，它会为婴儿提供存在感，并将自体安住在自己的身体中。（参见，抱持：3；原初母性贯注：2）

2　对活着的忽视

　　随着母亲走出原初母性贯注的状态，她开始逐渐去适应（de-adapt）她的婴儿，并且开始适应失败，这是通过她逐渐恢复做自己和找回曾经的自己的过程来完成的。这个必然的过程标志着婴儿幻灭过程的开始。恰好在这个幻象与幻灭之间、绝对依赖与相对依赖之间的情绪发展的这个点上，婴儿智力性理解能力开始发展。

　　……对好环境的需求最初是绝对的，而它很快就会变成相对的需求。普通的好母亲就足够好了。如果母亲足够好，婴儿就变得能够通过自己的心智活动（mental activity）来弥补母亲的适应不足。这不只适用于满足本能冲动，还适用于最原初的自我需求，甚至包括了对负性照护或活着忽视的需求。婴儿的心智活动把一个足够好环境转变成了一个完美环境，也就是说，把相对的适应失败转变成了一种成功的适应。能够把母亲从对其近乎完美的需求中解脱出来的是婴儿的理解能力。

　　此外，心智的根源之一是精神—躯体的一种可变性功能运作，这种功能运作与（主动性）环境适应的任何失败所带来的针对存在连续性的威胁有关。由此可见，心智发展在很大程度上受多种因素影响，它们不仅仅特指针对个体的个人化因素，还包括偶发事件。

　　("Mind and its relation to the psyche-soma",1949,p. 246)

　　婴儿使用智力装置来思考和理解的能力，取决于他对早期环境和幻象呈现的有效功能运作。随着母亲的失败（她是一个人类，所以总会失败的），婴儿不得不弥补母亲的前后不一致，婴儿是通过使用他的心智能力解决问题来填补母亲造成的裂缝，从而完成这种弥补过程的。通过这种积极的方式，幻灭过程为婴儿的智力发展做出了贡献。（参见，依赖：5；抑郁：3；母亲：11）。然而，在婴儿发展的这个阶段中还潜藏着一些固有的危险。

266

3 逗弄式的母亲

在温尼科特看来，最糟糕的环境就是那种无法琢磨的古怪环境——在这种环境中，由于母亲的时好时坏的不一致，婴儿被迫过多和过于频繁地使用智力来补偿母亲不一致造成的裂隙。这就导致了理智化（intellectualization）防御的出现。

> 母亲一方这种类型的养育失败，尤其是稀奇古怪的行为，会导致婴儿心智功能的过度活动。此外，在这种由于古怪的养育所导致心理功能过度成长的状态之下，我们能观察到心智与精神——躯体之间的一种对立；由于是对这种不正常环境状态作出反应，个体的理智思考开始接管和照顾精神——躯体，相反在健康状态之下这项任务本应该是环境的工作。在健康状况下，心智不会篡夺（usurp）环境的功能，但可能会理解它并最终能利用它的相对失败。

> ("Mind and its relation to the psyche-soma",1949,p. 246)

通过利用"心智""篡夺"了环境的功能，婴幼儿便开始利用他自己的智力来"养育"他自己。在此后1960年写的"由真和假自体谈自我扭曲"一文中，温尼科特把这种理智化（intellectualization）的活动看作是智力的假自体。（参见，自体：7，8）

　　……人们可能会问，如果逗弄式的早期环境所招致的防御活动让心智功能运作的压力越来越大，那将会发生什么呢？人们可能会想到精神混乱的状态，以及（在极端情况下）一种无器质性脑组织损害的那种心智缺陷。在生命早期阶段，稍微轻度的逗弄式照护导致的更常见结果是，心智功能运作本身变成了一个独立体，实际上它就替代了好母亲，并让她变得不被需要了。临床上，这种现象可以与对现实母亲的依赖，以及基于顺从的虚假个人成长一起发生。这是一种最不舒服的态势，尤其是因为个体的精神原本应与躯体之间发展出一段根本关系，但却被"引诱"离开了躯体而进入了心智。其结果就导致产生了心智—精神（mind-psyche），这是一种病理性精神状态。

("Mind and its relation to the psyche-soma", pp. 246–247)　　　*267*

　　此处，温尼科特描述了那些不得不把他的自体感放置在心智当中的个体，这种（理智化的防御）最终会替代母亲—环境的功能。这种防御的危险之处就在于，个体的精神身份感并未建立在身体当中，以至于个体经常感到内部越来越空虚和贫瘠。（参见，自体：6，7）

4 各种编目反应

心智—精神（mind-psyche）相当于分裂出去的智力，它与精神分裂样防御（schizoid defences）有关；温尼科特在临床上观察到，心智—精神常常被病人从身体上定位于头脑这个部位：

> 当然，在心智—精神与个体的身体之间是无法拥有一种直接的合作关系的。但心智—精神会被个体定位于身体的某个部位，或者把它放在头脑之内，或者放在头脑之外某个与头部相关的地方，这是头疼作为症状的一个很重要的来源。
>
> （"Mind and its relation to the psyche-soma",1949,p. 247）

温尼科特相信，一些与心智—身体分裂（离）相关的这种困难可能是由于创伤性出生过程导致的。但是，温尼科特认为出生过程本身不一定是创伤性的，尽管有些出生过程是创伤性的。

> 通常在出生过程中，比较容易出现由侵入引发的反应所导致对存在连续性的严重干扰，而我正在描述的这种心智活动是与出生过程相关的一些准确记忆。在我的精神分析工作中，有时会遇见处于完全可控之下的退行，病人可以在退行中回到产前的生活。退行的病人以一种有序的方式一遍又一遍地重新体验出生过程，令我感到非常惊讶的是，我发现了很多令人信服的证据，证明婴儿在出生过程中不仅能记住干扰存在连续性的每个反应，似乎还表现出了能记住这些反应发生的顺序……我正在描述的这种类型的心智功能运作可

268

以被称作"记住"（ memorizing ）或编目（ cataloguing ），在婴儿出生过程当中，这种心智功能运作是极其活跃和精确的……我想清楚地说明我的观点，这种类型的心智功能运作对于个体的精神—躯体的关联是一种妨害，或者对于个体人类构成自体的存在连续性是一种妨害……如果这种编目式的心理功能运作与超出个体理解和预期能力的环境性适应失败相关联在一起，那么它就如同一个异质体一样去行使功能。

("Mind and its relation to the psyche-soma",1949,p. 248)

温尼科特所说的"编目"（ cataloguing ），指的是对创伤作出的一种无意识记忆的一种反应；这基于他的这样一种理念，即他认为我们可以记住发生在自己身上的任何事情，无论是身体记忆还是情绪记忆。例如，如果我们感受到出生体验太过突然，那它就是创伤性的。这种体验被无意识地储存下来，并且无法得到加工处理。这就是温尼科特所指的"编目"。这种编目性记忆位于身体的某处，并且它无法被整合成为一种体验。在精神分析性设置中，病人通过在每次治疗中的退行，重新回到了发生创伤的早年时刻。通过这种方式，病人在其人生当中第一次拥有了一个机会，（对生命早年被打断的过程）开始进行整合性体验。为了处理早年的创伤，病人必须返回到过去，然后才能够继续前进，并继续开始他的人生，而早年创伤被体验到之后，终于可以成为过去的一部分了。（参见，退行：5，6）

5   精神躯体性疾病

温尼科特认为，精神躯体性疾病的无意识目的在于，"把精神从心智那里拉回到它本应与躯体产生的亲密关联之中"（" Mind and Its Relation to the Psyche-soma ",p. 254）。精神躯体性疾病的主题，以及疾病背后包含的病人无意识动机，在温尼科特 1964 年的文章"精神——躯体疾病的积极和消极方面"（Psycho-Somatic Illness in Its Positive and Negative Aspects）中有很好的探索，这篇文章曾经在精神躯体研究协会的年会上宣读。

这篇文章分析了精神躯体性疾病患者的内在困境，以及内部的心智—身体解离是如何上演和表露出来的，通常这种解离也同样存在于各种医学专科之间。

很多病人不会把他们的医疗照顾一分为二，而是会把它分裂成很多碎片，而作为各科医生，我们发现自己会扮演这些碎片中的一个角色。我曾经使用"分散的责任代理"（scatter of responsible agents）这个术语来描述这种倾向。

首次提及这一观点是在温尼科特 1958 年针对 Michael Balint 的著作《医生、病人和疾病》（The Doctor, His Patient and the Illness）所作出的评论当中。

……这种就是在社会个案调查中经常引用的病人，为了减轻一个家庭的痛苦，有可能需要动用二三十个甚至更多的服务机构。这

些有着各种解离问题的病人，也常常会利用医疗专业领域中自然的
条块分割现象。

（"Psycho-somatic illness in its positive and negative aspects"，1964,p. 104）

为了描述精神躯体性疾病者（psychosomatist）的角色，温尼科特用一个比喻来描绘其精神躯体性疾病的不可思议。

4. 精神躯体性疾病患者对自己同时能骑两匹马的能力感到自豪，他们的两只脚分别踩在两匹马的马鞍上，同时用他们灵巧的双手分别抓住两匹马的缰绳。

（"Psycho-somatic illness in its positive and negative aspects",p. 103）

精神躯体性疾病患者的那些身体症状本身并不构成疾病，然而它们是精神内在解离的信号。

7. 精神—躯体性障碍的病症不是躯体病理或病理性功能运作（结肠炎、哮喘、慢性湿疹）所表达的临床状态。它们表达的是病人自我—组织中的一种永久性分裂，或者一种持续性多重解离，而后者才构成了真正的疾病。

("Psycho-somatic illness in its positive and negative aspects",p. 103)

人格中的这些分裂会倾向于根深蒂固，并且最终极难治疗。

我想要明确地告诉大家，*病人动用的防御力量是极其强大的*。

("Psycho-somatic illness in its positive and negative aspects",p. 104)

内在分裂的力量通常反映在上面描述的环境供养上，病人会动用大量的医疗工作者。病人的这种求医行为所起到的作用，顶多是把存在于内部的解离呈现为一种外在表现的现象。问题是，只要不同的医疗专业的局部人员仍把病人的问题看作似乎只是一种躯体性的，那么病人的精神内在解离对于这种外界条块式的医疗服务共谋的响应，会让解离现象变得更加根深蒂固。

另外，温尼科特明确表示，面质病人正在做的事情也毫无作用。这只会强化他的理智化防御，不会给他带来任何的变化。

> 我们假设，在读者当中有一个病人，他患有各种症状表现的精神——躯体性疾病。病人很可能不介意被拿来讨论，这不是问题。这里的问题是，对于病人内部的资源还没有达到接受那些事情的程度时，我是不可能针对这些事情给出让病人接受的解释的。在现实案例中，只有可持续的治疗才能起到作用，而且随着时间的推移，我假设存在的这个病人才能让我从他的疾病给我造成的两难困境中解脱出来，而这个两难困境就是我这篇文章的主题。有一件我讨厌做的事情，就是引诱病人与我在涉及抛弃精神——躯体方面达成某种共识，并逃入到与智力的共谋中。

> ("Psycho-somatic illness in its positive and negative aspects",1964,p. 106)

换句话说，患有精神躯体性疾病的病人，唯一准备好的便是在一种智力水平上来理解关于他自己的一些事情。毕竟，这是这种病人要花一辈子时间不得不做的事情。可供选择的出路在于，应该给病人时间从这种解离状态中恢复。

　　我是要开始告诉大家我的意思，在临床实践工作中确实存在着一种真正难以克服的困难，也就是病人的解离现象，它作为一种有组织的防御，会一直将躯体功能障碍与精神冲突分离开吗？如果能够被给予时间，以及有利的环境，病人倾向于从解离当中恢复。病人内部的整合性力量倾向于让病人抛弃这种防御。我必须尝试做一个陈述来避免这个两难困境。

　　很显然，我正在区分真正的精神—躯体性疾病案例与其他几乎普遍性存在的功能性临床问题，后者涉及情绪过程和心理冲突。我不认为与生殖器组织中肛门成分有关的痛经问题是一种精神—躯体性疾病，也不认为一个男人在某种情形下尿急就一定是精神—躯体性疾病。这些都是生命和生活本身的事情。但是，我的病人声称他的腰椎间盘突出是因为受了风，这种情况可以被称为精神—躯体性疾病，也符合我们这篇文章讨论的主题。

271

("Psycho-somatic illness in its positive and negative aspects",1964,p. 106)

6　一种积极的力量

　　温尼科特相信有一种力量能够整合人格，而且如果给予正确的条件，也就是一种足够好的环境，它就能够战胜防御，尽管这种防御最初建立是为了保护自体，但现在实际上是在消耗自体。

精神—躯体性防御中的积极元素

……精神—躯体性疾病是一种积极力量的消极体现；朝向整合的积极倾向有几个意义，其中就包括我曾经提到的个性化（personalization）。这种积极力量是内置于每个个体内部的倾向，帮助个体达成精神与躯体的统合，心灵或精神的体验性身份，以及精神功能运作的完整性。这种倾向让婴儿和儿童发展出一个能发挥功能的身体，基于这个身体发展出一个能发挥功能运作的人格，连同能够应对各种形式和水平焦虑的防御。

在整合过程的这个阶段被称作"我是"（I AM）阶段。我喜欢这个名字，因为它让我想到一神论理念的演化，以及作为"伟大的我是"（Great I AM）的神的指示。从童年游戏的角度来看，最能够庆祝这个阶段发展成就的游戏就是，"我是城堡的国王，你是肮脏的流氓"（尽管这个游戏的出现可能稍晚于这个阶段）。被精神—躯体性解离修改的就是"我"与"我是"的意义。

("Psycho-somatic illness in its positive and negative aspects",p. 112)

在精神躯体性疾病中，我（Me）与非我（Not-me）之间的发展阶段受到了阻滞。不够好的环境导致了精神躯体性障碍的倾向，它与以下内容相关：

弱小的自我（很大程度上依赖于不够好的母性养育），连同个性化发展过程中微弱建立的精神安住（于躯体）；

以及/或者，

从"我是"和从被个体拒绝"非我"而形成充满敌意的世界中撤退，退回到一种特殊形式的分裂状态中，这种分裂状态位于心智中，但它会沿着精神—躯体性的路线发展。

　　这样，精神—躯体性疾病意味着个体人格中的分裂，精神与躯体连接的虚弱，或者由于保护自己免受这个被自己拒斥世界的普遍性迫害，而在心智上组织起来的一种分裂。然而，在这个得了病的个体身上，仍存在着一个倾向，不会完全丧失精神—躯体性连接。

　　于是，这里就存在着躯体参与的积极意义。

(*"Psycho-somatic illness in its positive and negative aspects"*,1964,p. 113)

对这种有着根深蒂固解离的病人进行治疗，需要治疗师最大程度的耐心。温尼科特把精神躯体性防御比作反社会性防御，因为在这些防御的背后都是希望。分裂的存在告诉人们在发展过程中出现了失败，正如反社会倾向告诉人们有过被剥夺的经历一样。希望就在于这种交流能够被他人听见，而且机会将在整合性力量获胜的那天出现。

　　我们工作的困难就是对病人及其疾病采取一种统一的观点，而不是以一种超越病人达成单元体（unit）整合能力的方式去做这个工作。通常，非常经常的情况是，我们必须允许病人拥有这种解离现象，并且允许病人操纵症状，并与我们的对应物轮流出现，而不是尝试去治愈真正的疾病，真正的疾病是病人的人格分裂，这种人格分裂是由于自我过于虚弱而组织起来，并且作为一种防御来抵抗在整合时刻面临被湮灭的危险。

　　精神躯体性疾病，正如反社会倾向一样，有着充满希望的方面。这个方面指的是病人与其精神躯体统一体（或个性化）和依赖相关联的可能性，即使他（她）的临床状态主动地展示了各种相反的现象，例如，分裂、各种解离、持续地试图分裂不同的医疗供给，以及全能的自我照护。

("Psycho-somatic illness in its positive and negative aspects",1964,p. 114)

在 1971 年，也就是温尼科特去世那一年，他强调了所有对生命起始有重大意义的事情，以及母亲的爱是婴儿能在自己身体中感受到他自己的先决条件。

> 被爱在生命的开始意味着被接受。如果母亲—人物（mother-figure）拥有一种态度："只有你是好的、干净的、微笑的、把奶全喝完等，我才爱你"，那么这对孩子来说就是一种扭曲。这些规矩和要求以后再出现是可以的，但在生命最初，孩子对于正常的蓝图很大程度上基于他（她）自己身体的形状或功能运作……在生命初期确实如此，孩子需要以这样的方式被接受，并且能够从这种被接受当中获益。

（"Basis for self in body",1971,p. 264）

这种在身体和心理上的接受，也恰恰是病人（无意识地）希望在治疗关系的背景中能够找到的。同时这也是分析师希望在分析性设置和态度的框架中，通过分析性工作能够提供给病人的东西的。

（郝伟杰　翻译）

参考文献

1949   Mind and its relation to the psyche-soma. In:1958a. 1954a

1964   Psycho-somatic illness in its positive and negative aspects. In:1989a. 1966d

1971   Basis for self in body. In:1989a. 1971d

第 19 章

退 行
Regression

退行到依赖（regression to dependence）有可能在分析性设置中发生，它是病人重新体验那些尚未被真正体验过、由于生命早期环境失败而造成的创伤的一种方式。分析性设置为病人提供了一种去体验一种抱持性环境（holding environment）的可能性，这也许是病人生命中第一次被抱持的体验。这种抱持能够促使病人发觉自身无意识的希望，即病人一直期望会出现一个机会，让原初创伤得以被真正地体验，因而也就能被真正地处理。随之，这种真正的体验将会让处于退行到依赖状态的病人，能够去找寻并发现自己的真自体（true self）。在分析性关系的背景中，这种找寻真自体的过程是疗愈过程的一个部分。

退缩（withdrawal）或退缩状态是退行的一种类型，但是如果分析师没有识别、理解、确认和满足病人的被抱持需求，那么这种退行类型是不可能被处理的。

向依赖退行（regression to dependence），与各种类型的病人都相关，其应该与"退行的"病人（regressed patient）做出区分。前者关乎的是，通过分析性过程，作为移情关系的一部分，病人向依赖退行；后者关乎的是，可能由于早期环境的失败，还没有达成情绪发展成熟的病人。

1　退行理论

20 世纪 40 年代末和 50 年代初期，温尼科特关于退行（regression）的理论进入了人们的视野。1954 年，他在英国精神分析学会呈报了论文"精神分析性设置中退行的元心理学和临床面向"。这是一篇内容详尽的长篇论文，涵盖了与正在退行或已经退行的病人进行工作的各个主要方面，同时也包括了以精神分析的方式与无法使用精神分析性解释，但在每次会面的管理中却需要一种抱持的病人进行工作的技术建议。

简而言之，退行意味着返回到一个更早期的发展阶段。在分析性工作中，病人向依赖退行通常与重新经历（re-visiting）非常早期的非言语性体验有关，这些体验也常常与精神病性机制相关联。一旦在分析性设置中一种抱持性环境被建立起来，而且病人能够信任分析师，那么这种重新经历就在移情关系的背景中得以发生。温尼科特认为，在每一个病人内部，都有着一股促进健康和发展的内在积极力量。

> 对我而言，"退行"一词只简单意味着发展的倒退（reverse of progress）。这个发展本身指的是个体、精神—躯体（psyche-soma）、人格和心智（mind）的演变进展，并伴随着（最终的）性格形成和社会化。发展早在出生前某一时点就已经开始了。发展的背后存在着生物学的驱力……
>
> 精神分析其中的一个基本信条就是，健康意味着精神的进化发展过程要保持连续性，也意味着情绪发展的成熟度与个体的年龄相匹配，换句话说，成熟是相对于这一演变发展过程而言的。
>
> （"Metapsychological and clinical aspects of regression within the psycho-analytical

set-up",1954,pp. 280–281）

这就使温尼科特得出了这样的结论：在退行中

……不可能是一种简单的发展倒退。若要这个发展过程能发生倒退，个体必然已经有了能够使退行得以发生的一种组织。

（ "Metapsychological and clinical aspects of regression within the psycho-analytical

set-up",1954,p. 281）

换句话说，病人必须具备一种内在的能力（内部组织），能够让他
使用正在退行的状态。温尼科特指出了这一心理"组织"的两个方面：

来自环境方面的适应性失败，导致发展出了一个假自体（false self）。

相信（belief in）原初失败有被修正的可能性，表明具备一种潜在的退行能力，这种能力意味着存在一个复杂的自我组织（ego organization）。

（ "Metapsychological and clinical aspects of regression within the psycho-analytical

set-up ",1954,p. 281）

假自体的发展是为了保护核心自体（core self），这是由于必须要对
侵入进行反应（reactions to impingements）而导致的结果。

温尼科特对真和假自体理论的阐述，是在六年之后的 1960 年才进行
的。然而，在 1954 年，当温尼科特报告这篇论文的时候，他已经在发展
他的真和假自体的理论了。（参见，自体：6，9）

前面引文中的第二句话，构成了温尼科特情绪发展理论的一个重要部分。他自己就"相信"（belief in）个体在其无意识水平上存在着一种能力，个体能够知道：存在着发现出一种机会去修复和弥补早期发展中断的可能性。这种无意识的驱力表明，存在着一个"复杂的自我组织"（complex ego-organization）：

> 当我们谈及精神分析中的退行时，我们意指个体存在着一个自我组织，以及一种出现混乱（chaos）的威胁。关于个体在这种状态中所储存的记忆、想法和潜能，有很多地方是值得研究的。似乎有着这样一种期待，有可能会出现更有利的条件，为退行提供了正当的理由，并且为个体向前发展提供了一种新的机会，而这种发展最初由于环境的失败变得不可能或困难重重。
>
> （"Metapsychological and clinical aspects of regression within the psycho-analytical set-up",1954,p. 281）

1949 年，温尼科特在他的论文"心智及其与精神—躯体的关系"一文中，曾经提及了作为 "编目"（cataloguing）的一种记忆存储——是对于发生在出生前、出生过程中和出生之后各种身体感觉细枝末节的早期记忆。（参见，精神—躯体：4）

然而，这些早期记忆可以被分成两大类。

第一类是由可以想象或思考的（thinkable）记忆组成，形成这类记忆的前提是，婴儿没有被（严重的冲击性）体验所创伤。在温尼科特看来，侵入（impingement）指的是任何发生在婴儿身上的外在事件所造成的影响——从这个意义上说，出生这个事件就可以被看作第一次侵入。侵入就其本身而言并不会损害婴儿的发展；事实上，它是婴儿健康发展的

277

一个必要部分。创伤性侵入（ traumatic impingement ）指的是，由于某种原因——诸如环境或先天性因素，婴儿无法处理所发生的那些事件。如果婴儿尚未准备好去体验诸如此类的事件，那么他就得被迫对其做出反应。因此，恰恰就是对侵入的反应，造成了情绪发展中的扭曲。（参见：环境：5）

第二类是由无法想象的（ unthinkable ）记忆组成，它们的产生是由于严重的侵入，发生在了一个尚未准备好处理这种侵入性事件的婴儿身上。正是这类记忆需要被编目记录（参见，环境：7；精神—躯体：4）。当然，两种类型的记忆都是无意识记忆、前意识记忆和认知性记忆的混合体。

在温尼科特的退行理论中，他强调：无法想象的记忆是"被冻住了"（ frozen ）的记忆；但更重要的是，他认为：在这种"冻住"的同时还有着一线希望，即如果出现一种新的环境性供养，就会出现一种必然的解冻机会。这就是他在谈到第一次被体验到的体验时所说的意思。

"冻住"（ freezing ）表明已经有了一个"自我组织"（ ego-organization ），因为它例证了婴儿能够建立起一个抵御环境攻击的防御，这种攻击被感受为是针对自体的。因此，这种防御也可以被看作对不够好环境的一种正常反应。

在考察人类个体发展理论时，我不得不得出如下结论，即个体能够通过"冻住"由于环境失败所造成的"失败情境"来保护自体，对于个体来说，这是正常和健康的。与此相伴随的是一种无意识的设想（它可以变成一种意识上的希望），即在未来的某个时刻会出现一次让个体更新体验的机会，在其中被冻结的失败情境可以被解冻，并被重新体验，而此时个体处于一种退行的状态，处于一种能够提供恰当适应的环境之中。此时，这一理论也提出了退行属于疗愈过程的一个部分的观点，事实上，在健康个体之中，退行也是可以进行恰当研究的正常现象。

（ "Metapsychological and clinical aspects of regression within the psycho-analytical set-up",1954,p. 281 ）

278

温尼科特看到了"失败情境的冻结"（ freezing of the failure situation ）与弗洛伊德的"固着点"（ fixation point ）之间存在着一定的关系。温尼科特只是暗示了两者的区别，但并未明确说明，那就是固着点位于比"失败情境的冻结"点更靠后的情绪发展阶段，而后者发生在绝对依赖期（ absolute dependence ）与相对依赖期（ relative dependence ）之间的发展阶段。

每个个体内部都存在着一种无意识力量，驱动着个体寻找促进性环境，这一理念在当代精神分析中得到了阐述和发展——最为著名的是 Christopher Bollas 著作中所说的"命运驱力"（ destiny drive ）(1989a)。

当温尼科特的一位病人在分析过程中需要返回到她出生之初体验创伤的时候，他对于"退行"概念的思考终于变得清晰了。温尼科特通过与这位女性病人工作的体验，以及容许她完全地退行，逐渐发展出了他对于精神分析性实践中退行意义的原创性贡献，同时也对精神分析性技术做了必要的调整。

病人是一位 40 多岁的女性，她之前经历过一次长程分析，但她来找温尼科特做分析时，她的"疾病的实质并未有丝毫的改变"：

与我的治疗开始后不久，很快就显示出，这位病人必须要经历一个深度退行，否则干脆就放弃挣扎。于是我遵从了这种退行性倾向，容许它带领着病人到达它所去之处；最后退行终于到达了病人所需求的极限，从那之后，便出现了一种自然的发展（natural progression），而这种发展是由真自体而非假自体运作的……

在病人以前的分析中，曾经多次出现过她以一种歇斯底里的方式让自己从沙发椅上摔下来的情况。这些发作都从这类歇斯底里现象的普遍性理解角度被诠释过。在这次新分析的深度退行中，这些摔落现象显露出了更深刻的意义。在与我的两年的分析过程中，病人重复性地退行到一个肯定是出生前的早期阶段。出生过程被再次体验，而且最终我意识到，这位病人无意识地要去再次体验出生过程的需求，这正是看似歇斯底里从沙发椅摔落的真正原因。

279

（"Mind and its relation to the psyche-soma",1949,p. 249）

温尼科特没有忘记强调，与这种退行的病人进行工作会给分析师带来巨大的心理压力。

对于这个案例的治疗和管理，动员了我作为一个人类、一个精神分析师，以及作为一个儿科医师所有的一切。在这个治疗过程中，我也不得不经历了一次痛苦的个人成长，这是一个我宁愿开心地回避掉的过程。尤其是，我还不得不学会了，无论什么时候有困难出现，我都会去检视我自己的技术是不是有问题；而在经历的数十几次阻抗的阶段，最后总是证明，阻抗出现的原因其实在于分析师本人需要进一步分析的反移情现象。

（"Metapsychological and clinical aspects of regression within the psycho-analytical set-up",1954,p. 280）

与在分析性设置中退行病人进行工作，其中一个主要的先决条件就是，分析师要知道自己所承担的工作性质到底是什么。

> 我们变得能够做什么，才能使得我们能在以下的过程中与病人进行合作，即在这个过程中，每一个病人都有着他们自己的节奏和速度，而且这个过程还有着它本身的进程；这个过程中所有重要的特征都来自病人，而非来自作为分析师的我们。
>
> ("Metapsychological and clinical aspects of regression within the psycho-analytical set-up",p. 278)

尽管似乎温尼科特主张与那些处于退行中的病人有所身体触摸，但我们应该强调，抱持（holding）的概念在其全部著作中具有很强的隐喻性。通过分析性设置的各个细节，分析师提供了一种没有身体接触的具体抱持（a literal holding）。(参见，沟通：3; 恨：4; 抱持：3)

2　分类学

分析师追随病人的进程和适应病人需求的能力，一定是与那些足够好的母亲适应她婴儿需求的能力是相对应的。然而，分析师必须对他们自身的局限性要有所觉察，并且在做出诊断和分类方面要非常地仔细和谨慎。

　　我们也需要记住，通过仔细选择案例的合理方法，我们也可以并且通常能成功地避免遇见那些超出我们技术能力应对范围的人性方面的问题。

　　案例的选择意味着分类学。就我现在的目的而言，我根据案例对分析师技术能力的要求，对案例做一个分类。

("Metapsychological and clinical aspects of regression within the psycho-analytical

set-up",1954,p. 278)

　　温尼科特在依赖阶段的范围内鉴别出三类病人。

　　第一类病人已经达到了成熟，因此能够区分"我"（Me）和"非我"（Not-me）。分析这类病人所需要的技术"属于20世纪初由弗洛伊德发展的精神分析内容"（"Metapsychological and Clinical Aspects of Regression Within the Psycho-analytical Set-up"，p.279）。依据成熟过程理论，这些病人应该达到了"朝向独立"（towards independence）的阶段，通常会被分类诊断为精神神经症性病人（psychoneurotic）。

　　第二类病人已经达到或达成涉及相对依赖期的发展阶段。治疗这类案例所需要的技术或多或少与第一类病人所需的技术有一些相同，但更加强调分析师的幸存（survival）。"幸存"的主题最终导致了1968年温尼科特的"客体的使用"的理论。（参见，攻击性：10）

　　第三类病人是由那些在生命极早期遭受了环境适应性失败影响的个体组成，那时他们还处于绝对依赖期。这些病人通常被分类为已退行的病人，也常会被诊断为边缘性障碍、分裂样障碍、精神分裂症等：

　　在第三类病人中，我包含了所有那些病人，对他们的分析必须要处理在作为一个人格实体的形成时和之前，以及达到时间—空间单元状态（ space–time unit status ）之前，情绪发展早期阶段出现的问题。这类病人的（个人）人格结构还没有稳固地建立起来。对于这第三类病人的工作，重点无疑更在于管理（ management ），有时甚至在很长一段时间之内，通常意义上的分析性工作要处于搁置状态，而"管理"则成为工作的全部。

("Metapsychological and clinical aspects of regression within the psycho-analytical set-up ",p. 279)

温尼科特使用了"管理"这一概念，这里指的是，在足够好的环境中被视为理所当然的抱持的所有组成部分。

281

分类及评估的议题，无论是在过去，还是在现在，都是异常复杂的问题。温尼科特通过此篇论文中所列举的临床案例指出，病人起初表现出了属于第一种类型表现的特征，但是他做的分析性诊断"考虑到了一种在非常早期形成和发展的假自体"。因而，温尼科特得出了这样的结论："若要治疗有效，病人必须发生退行，以便寻找到真自体"（" Metapsychological and Clinical Aspects of Regression Within the Psycho-analytical Set-up"， p. 280 ）。

3　退行的两种类型

温尼科特假设有两种类型的退行：

　　分析师们发现，我们有必要假设，更为正常的个体曾经有过发展较好的前性器期情境（pregenital situations），当个体在之后的发展阶段遇到困难时可以退回到这里。这是一种健康的现象。因此，这就出现了涉及本能发展的两种类型退行的理念，第一种类型的退行是返回到早期发展失败的情境；第二种类型的退行是返回到早期发展成功的情境。

　　……在环境失败情境的案例中，我们可以见到由个体组织起来的个性化防御的证据，而这种个性化防御需要被分析。在更为正常的早期发展成功状况的案例中，我们能明显地发现病人对依赖的记忆，因此我们所遇见的是一种环境性情境（environmental situation），而非一种个性化防御组织。个性化防御组织不是那么明显，因为它还保持着一种易变的流动性和较低的防御性。

("Metapsychological and clinical aspects of regression within the psycho-analytical set-up",1954,pp. 282–283)

　　第二种类型的退行，发生在曾经有过足够好环境性抱持的病人当中；然而，第一种类型的退行发生，则需要在安全的分析性设置之内，病人再次体验其早期的环境性失败。这两种类型的退行，都会把病人带回到生命早期环境性侵入发生的那个时刻。

　　这里需要说明的是，我做出这个结论所依据的是我以前经常做的一个假设，但这个假设并非总是能被同行们接受，那就是，越靠近理论上的生命起点，所谓个性化失败（personal failure）出现的比例就越小，而环境性适应失败出现的比例就越大，一直到生命的最早期，其实只有环境性适应的失败。

因此，我们所关注的，不仅仅只是退行到在个体本能体验中好和坏的那个时刻，同时还关注，个体的发展史中在环境适应自我需求（ego needs）和本我需求（id needs）的过程中，退行到好和坏的那个时刻。

("Metapsychological and clinical aspects of regression within the psycho-analytical set-up",1954,p. 283)

温尼科特为了确保他的观点能够被采纳，多次强调环境性供养（the environmental provision）会对婴儿自体体验产生的影响。这关系到他与梅兰妮·克莱因的持续性争论，温尼科特认为，克莱因并没有对环境在儿童发展中所起的作用给予足够重视。

温尼科特认为，假自体防御是一个高度组织化自我（highly organized ego）的一部分——这里他使用的"高度组织化"意指过度的防御和僵化。

将会看到，我现在正从一个高度组织化的自我防御机制之内部来思考退行的概念，而这个自我防御机制涉及假自体的存在。就前文所指的病人来说，这个假自体逐渐地变成一个"照顾者自体"（caretaker self），而只有经过几年的分析之后，这个照顾者自体才被移交给分析师，自体才托付给自我。

("Metapsychological and clinical aspects of regression within the psycho-analytical set-up",p. 281)

这里正在谈论的病人，首次出现在温尼科特 1949 年的论文"出生记忆、出生创伤和焦虑"（Birth Memories,Birth Trauma and Anxiety）一

文中，之后在 1954 年的论文"精神分析性设置中退行的元心理学和临床
面向"一文中又被提及。温尼科特在 1960 年的论文"由真和假自体谈自
我扭曲"一文中再一次简单地提到了这个病人。使用该病人的话说，温
尼科特最终认识到了，假自体防御是人格中的一种分裂，它是自我在针
对一种环境失败的反应之中逐渐建立起来的。

如果环境让婴儿感到了失望，那么婴儿就得被迫去照顾他自己；这
就导致了早熟性自我（premature ego）的发展，而这种早熟性自我促成
了一个虚假的、照顾者自体的形成。（参见，自体：8）

4　真实感或无用感

可以说，温尼科特关于真、假自体的理论在20世纪50年代期间就萌
生了，很显然，他与那些在向依赖退行的病人一起工作的经历，帮助他
逐渐形成了他在1960年的论文"由真和假自体谈自我扭曲"中的观点。

对于温尼科特来说，尤其是在他生命和工作的最后十年期间，他明
确地认识到：让生命值得过活的恰恰是一种真实感。尽管"高度组织化假
自体系统"成功地保护了核心自体，但却是以丧失掉真实感为代价的。（参
见，自我：3）

形成一个假自体，可以说是旨在保护真自体核心最为成功的其
中一种防御性组织，而假自体的存在却导致了无用感。在这里，我
想要再次重复我自己曾说过的话，即当个体的运作中心位于假自体

之内时，就会有一种无用感，而且在临床实践中，我们也有机会看到，当个体的运作中心从假自体转移到真自体之内的那个时刻，个体就会感受到生命是有价值的，甚至这种感受可以早于自体核心完全交付给整体自我之前产生。

　　从这里，我们可以明确地表达一个关于存在的基本原则：出自真自体的任何事情，都具有真实感（之后是好的），无论其是什么性质，无论其有多强的攻击性；如果个体所发生的事情是出自对环境侵入的反应，则都有一种非真实感和无用感（之后是坏的），无论它从感官上有多么地令人满意。

（"Metapsychological and clinical aspects of regression within the psycho-analytical set-up",1954,p. 292）

温尼科特在与那些已经发展出一种假自体系统的病人进行工作的原理是：在分析性设置中朝向依赖退行，可以帮助病人回到早期环境失败的情境中，并在那里找回那些真实感。一旦个体寻找到了真自体，也就帮助个体感受到了真实性。

　　真实感的核心来自环境对病人需求的足够好适应。因此，病人凭借其在分析性设置中返回到过去，并找回那些本应在生命早期就该获得，却没有得到的东西——也就是，具有抱持和容纳功能的促进性环境，从而获得补偿和疗愈。

　　在退行中的"疗愈机制"（healing mechanism）是一种潜能，这种潜能只有在"能被病人用来修正原初适应性失败的一种新的和可靠的环境性适应"中得以实现。这个新环境绝对不逊于足够好的儿童照护环境，而且是可以由"友谊、诗歌欣赏，以及普遍性意义上的文化追求"所提供的一种环境（"Metapsychological and Clinical Aspects of Regression

284

Within the Psychoanalytical Set-up ", pp. 293–294)。

"从退行中恢复"将会带领病人进入到"为在人际关系中对抑郁位置和俄狄浦斯情结进行管理所设计的标准分析"之中（"Meta-psychological and Clinical Aspects of Regression Within the Psychoanalytical Set-up ", pp. 293–294)。

5   "我们通过失败而获得成功"

在这个新提供的环境中，分析师的失败是一个重要的组成部分。这种治疗性失败必须发生在移情之中，且是一种早期失败情境的重新活现（ re-enactment ）。因而，分析师的失败本身就是一种活现（ enactment ），而且它也必须在恰当的时机被清晰明确地表达出来。然而，因为这种失败对于病人有治疗性效果，所以一旦分析性框架建立起来，这种失败就会发生。

是什么足以让一部分病人恢复健康呢？最终，病人使用的是分析师的失败，通常是一些非常小的失败，或许这些失败是病人一手操纵的……而我们必须要容忍处于一种局限性情境中被误解的情况。有效的因素是，现在病人因为分析师的失败而恨分析师，而这些失败最初是以一种环境因素出现的，这种环境因素超越了婴儿全能控制的范围，但是，现在它们却出现在了移情关系之中。

所以，我们最终是通过失败而获得了成功——以病人需要的方式失败。这种理念与通过矫正性体验（corrective experience）治愈的简单理论相差甚远。基于这一理念，如果病人的自我能被分析师遇见，并且能转变成一种新的依赖关系，在其中病人可以把坏的外部因素带入由其投射和内射机制管理的全能控制范围之内，那么退行就可以服务于自我。

> ("Dependence in infant-care,in child care and in the psychoanalytic setting",1962,p. 258)

这里的关键点在于，分析师是否能够识别出病人退行的需求，并是否准备好去适应和满足这一需求，这就正如处于原初母性贯注（primary maternal preoccupation）状态中足够好的母亲能够去适应婴儿的需求一样。需要通过在移情关系中失败而获得成功的分析师，就如同需要逐渐去适应（de-adapt）的母亲一样。（参见，依赖：5）

285

6　适应不是艺术

在温尼科特致力于与退行相关议题的那个时期，对这类通常被认为不可分析（unanalysable）的病人进行精神分析是否有价值，精神分析学界普遍存在着不同的意见。尽管可分析性（analysability）至今仍然是临床工作者争论的议题之一，但自温尼科特时代之后，与退行的病人进行工作已经有了更多的新进展。

温尼科特的做法很快就招来了一些批评，他也希望能够就此做出回应。

有时候会出现这样的观点：每一个人当然都想要退行；退行就像野餐一样令人愉悦；我们必须阻止病人的退行；或者说，只有温尼科特喜欢或邀请他的病人退行。

（ "Metapsychological and clinical aspects of regression within the psycho-analytical set-up",1954,p. 290 ）

他也希望说清楚这一点：对于病人而言，向依赖退行是极度痛苦的事情，而且与一个正在经历退行的病人一起工作绝非是愉悦的。

除了那些严重的病理学原因，分析师没有任何理由想要一个病人退行。如果一个分析师喜欢一个病人退行，最终这一定会干扰他对退行情境的管理。进一步说，涉及临床退行情况的精神分析，一直以来都比无须提供特殊适应性环境供养的精神分析要困难得多。换言之，假如我们能够只分析那些在生命开始就有着足够好母亲的，以及在生命的头几个月也能享受到足够好环境的病人，那么我们的工作将会愉悦太多。但是，这种精神分析的时代已经逐步接近尾声了。

（ "Metapsychological and clinical aspects of regression within the psycho-analytical set-up",pp. 290–291 ）

286   温尼科特在此一方面激发分析师们去思考其临床实践，而与此同时也恳请大家：（1）要认识到环境对病人精神健康所起的作用，和（2）要调整分析性环境以适应病人向依赖退行的需求。

那么，问题就来了，当退行（即使只是极小程度的退行）出现时，精神分析师该如何去应对呢？

一些分析师会不客气地对病人说："现在，你要坐起来！要振作起来！清醒一下！说话！"

但是，这并不是精神分析。

还有一些分析师把他们的工作分成了两部分，不过很遗憾的是，他们不总是能完全承认这一点：

1.他们严格地维持着分析性（用言语进行自由联想；以言语进行解释；不向病人保证什么），同时

2.他们凭借直觉而行动。

这样就出现了精神分析是一门艺术的理念。

另一些分析师会说：这个病人没有可分析性，我认输了。把病人留给精神病医院接管吧。

精神分析是一门艺术的理念，必须要逐渐地为对与病人退行相关的环境性适应的研究让路。但是，如果对环境性适应的科学研究仍处于未发展的状态，那么我想分析师们就继续不得不在他们的工作中充当艺术家。话又说回来，一个分析师也许会是一个好的艺术家，可是（就如我经常询问的那样）：什么样的病人才想要成为另外一个人的诗歌或画作呢？

（ "Metapsychological and clinical aspects of regression within the psycho-analytical set-up",1954,p. 291 ）

7 安心（慰）的意义

在探索与退行的病人进行工作的技术时，温尼科特提到了"保证，安心（慰）"（reassurance）的概念：

> 最后，让我们来对照"安心（慰）"的概念去审视一下"退行"这个概念。之所以有必要这样做是因为这样的事实：那些应当满足病人退行需求的适应性技术，常常被归类为安心（我肯定地说，这是错误的）……
>
> 然而，如果更加仔细地看，我们就会发现这种说法过于简单了。这里关乎的并不是给予安心或不给予安心的问题。
>
> 事实上，整个问题都需要重新检视。安心（慰）到底是什么？有什么还能比发现自己被很好地分析了；自己处于一个由成熟的人负责的可靠设置之中，而且这个人还能够做出深入和准确的解释；并且还发现自己的个人过程受到了尊重更让人安心呢？那种否认安心（慰）也存在于经典分析性情境中的做法，照样是一种愚蠢的行为。
>
> 精神分析的整个设置就是一个巨大的安心（慰）技术，尤其是，一个分析师能够保持可靠的客观性和稳定的行为，以及能够建设性地使用解释移情的技术，而不是浪费在使用其当下的助人热情上面。
>
> （"Metapsychological and clinical aspects of regression within the psycho-analytical set-up",1954,p. 292）

这篇论文再次表达了温尼科特个人强烈认同的观点，即识别和承认病人的需求（needs），并把它们与愿望（wishes）和满足

（gratification）的概念区分开来，这是非常重要的。他强烈地呼吁他的分析师同行们，要在态度方面发生改变：

> 一个分析师没有让病人安心（慰）的能力，这说明什么呢？假如一个分析师有自杀行为呢？如果想要做好这个工作，分析师必须要相信人性，以及相信人性发展的过程，而且这一点很快就会被病人感觉到。
>
> 从安心（慰）的角度，只是描述向依赖退行，以及同时伴随着的环境性适应，不会有任何的价值，这正如从反移情的角度，来考虑有害的安心是一个非常重要的实点一样。
>
> （"Metapsychological and clinical aspects of regression within the psycho-analytical set-up",pp. 292–293）

在这个语境中，温尼科特所说的"反移情"指的是，分析师面对退行的病人施加给他的压力而作出的一种病理性反应。（参见，恨：2）

8　给予信心的设置

温尼科特认为，弗洛伊德把早期足够好的环境视为理所当然，因为它理所当然地"出现在"了弗洛伊德设计的分析性设置中。这个为治疗精神—神经症性病人而逐步形成的恰当设置，也能很好地服务于精神病性或退行的病人，因为它复制了抱持性环境（holding environment）：

288　　　　精神病性疾病与个体情绪发展早期阶段中的环境失败有关。无用感和不真实感来自假自体的形成，而假自体是为了保护真自体发展出来的。

　　　　分析性设置复制了早期和最早期的母性养育技术。由于它的可靠性而邀请病人向依赖退行。

　　　　病人的退行是一种有组织地返回到早期依赖或双重依赖（double dependence）阶段的现象。病人与设置合并进入（merge into）到原初自恋（primary narcissism）中的原初成功情境之中。

　　　　从原初自恋开始，重新开启发展过程，此时真自体能够去面对环境失败的情境，同时无须再组织起一个涉及假自体的防御来保护真自体。

　　　　就此而言，精神病性疾病只能在与病人的退行紧密相扣的专业性环境供养中才能被解除。

　　　　随着真自体完全交付给整个自我，现在就可以从个体成长的这个复杂进程的角度，去研究这种从新位置开始的发展。

（"Metapsychological and clinical aspects of regression within the psycho-analytical set-up",1954,pp. 286–287）

　　温尼科特使用了弗洛伊德的"原初自恋"（primary narcissism）这个术语，来描述在绝对依赖期或双重依赖期中母亲与婴儿之间的合并状态（the merging），而双重依赖（double dependence）是他在20世纪50年代使用的术语。"合并状态"指的是婴儿无法意识到他正在被照护的一种状态。（参见，依赖：4；母亲：10）

　　一旦病人开始治疗，"一系列的事件"就会出现：

1.提供一种能够给予病人信心（任）的设置。

2.病人朝向依赖退行，同时也顾及所涉及的风险。

3.病人产生了一种新的自体感，迄今为止被隐藏起来的自体，现在可以交付给整个自我了。曾经停滞的个体发展进程重新被开启。

4.环境失败情境的解冻。

5.从自我力量（ego strength）的新位置开始，与早期环境失败相关的愤怒在当下得以感受和表达。

6.从退行到依赖再回来，开始朝向独立的有序发展。

7.随着真正的生命力和活力得以恢复，各种本能需求和愿望变得可以实现。

所有这一切都会不断地反复。

（"Metapsychological and clinical aspects of regression within the psycho-analytical set-up",1954,p. 287）

289

本质上，温尼科特把精神病性疾病看作"一种防御性组织，其目的是保护真自体"，其病因是个体生命极早期环境的失败（母亲无法适应婴儿的需求）。（参见，环境：3）

八年之后，在1962年，温尼科特阐述了精神病的病因学：

……我是否能够把精神病的主要病因归咎于严重的创伤性体验，和一定程度上发生在婴儿早期的剥夺呢？我很能理解，这就是我留给他人的印象，而且在过去的十年之间，我已经改变了呈现我的观点的方式。然而，在此我仍然有必要做一些纠正。我已经明确地陈述过，在精神病性疾病的病因学中，以及特别是精神分裂症的病因学……必须要注意到在整个婴儿照护过程中所发生的失败。在某一篇文章中，我甚至还这样陈述过："精神病是一种环境缺乏性疾病"
（environmental deficiency disease）。Zetzel 使用了术语"严重的创伤
性体验"（severe traumatic experiences），这个术语意味着有些糟糕
的事情发生了，而这些事情从观察者视角来看是一些坏的事情。我
所提到的这种"环境缺乏"是指一些基本供养的失败……其要点在
于，这些失败都具有不可预测性；它们无法被解释为是婴儿使用了
投射机制所致，因为此时婴儿的发展还没有达到可以使用投射机制
的那个自我结构的阶段，而这些失败所导致的是持续性存在（going-
on-being）被打断的个体发生了湮灭（annihilation）。

（"Dependence in infant-care, in child care and in the psycho-analytic

setting", 1962, p. 256）

9　区分愿望和需求

温尼科特退行理论的这个部分与评估病人使用象征的能力相关联。
一个处于精神病性功能运作水平的病人，发现其在领会"共享现实"
（shared reality）方面具有比较大的困难：

290　　　沙发、靠垫都被放在那里以供病人使用。它们将会出现在病人
的想法和梦境之中，而且它们会以各种各样的方式来代表（stand
for）分析师的身体、乳房、双臂、双手等。只要病人处于退行状态
（无论是一小会儿，抑或是一个小时或更长一段时间），沙发就是

（is）分析师，靠垫就是（is）乳房，分析师就是（is）过去某个时期的母亲。在极端情况下，说沙发代表（stand for）着母亲都未必是真实的。

　　谈论病人的愿望（wishes）是天经地义的事情，（例如）想要安静的愿望。但是，对退行的病人来说，愿望一词并不正确；相反，我们应使用需求（needs）这个术语。如果一个退行的病人需要安静，那么若是没有安静，病人根本什么也做不了。如果需求无法得到满足，其结果并不是愤怒，而仅仅是对停止自体成长进程的环境失败情境的一种复制。个体"产生愿望"的能力已经被妨碍，我们就会目睹到造成无用感最初原因的再现。

　　退行的病人接近于一种再体验梦境和记忆情境的状态；一个梦境的见诸行动（acting out）也许是病人发现紧急要务的方式，而且对于见诸行动之内容的讨论要在行动之后进行，而不能提前进行。

（"Metapsychological and clinical aspects of regression within the psycho-analytical set-up",1954,p. 288）

　　在这里，温尼科特所指的这些病人，还无法在分析性设置中运用象征，只能通过行为活现（enactment）来进行沟通。

　　温尼科特也使用"观察性自我"（observing ego）这个术语，来描述病人在分析中进入到一种退行状态，然后从这种状态中走出来的能力。对于那些观察性自我没有被如此发展的病人来说，需要行为活现是他们唯一可以再体验那些本来就需要体验之事的方式。

　　这个理论中的一个重要部分就是，观察性自我存在的假设。两个就其直接的临床表现方面十分相似的病人，可能在观察性自我的组织程度方面非常不同。在一个极端，观察性自我几乎可以认同分析师，因而在分析小节结束时病人可以从退行中恢复。而在另一个极端，病人只有极少的观察性自我，因而在治疗小节结束时他们几乎无法从退行中恢复，因此他们此时必须被看护。

291

在这种类型的工作中，分析师必须有能力容忍病人的见诸行动，借助于病人在分析性治疗小节中的见诸行动，分析师将会发现很有必要去扮演一个角色，尽管通常只是一种象征的形式。没有什么比在这些见诸行动的时刻所揭示出的东西更让病人和分析师感到意外了。然而，分析中现实的见诸行动只是一个开始，其后必须跟随着对这新的一点理解的言语表达。

（"Metapsychological and clinical aspects of regression within the psycho-analytical set-up",1954,p. 289）

尽管退行中的病人在象征能力上存在困难，也很难区分"我"与"非我"，但分析性设置内的见诸行动其实就是象征性的；这是病人唯一可以告诉分析师他过去创伤的沟通方式。温尼科特强调，无论分析中发生了什么样的见诸行动，在整个分析的后期这些都是可供分析的材料。他在这一过程中区分出了一个发展进程：

1.阐述见诸行动中发生了什么。

2.阐述需要分析师做什么。从这一步可以推断出：

3.在最初环境失败情境中是什么出了问题。这会带给病人一些安慰，但之后：

4.会出现其实是针对最初环境失败情境的愤怒。也许这是病人生平第一次能真正感受到的愤怒，而此时分析师也许需要参与其中，因其失败而非其成功而被病人使用。除非这种局面能被理解，否则它会让人非常不安。至此之前，病人通过分析师仔细的适应尝试而获得了进步，然而在此刻分析师的失败却被单独挑选出来，作为再现最初失败或创伤的重要原因。在理想的情况下，其后会出现：

5.病人有了一种新的自体感，一种意味着真正成长的进步感。后者正是对分析师认同病人的一种奖赏。因为并非总是会有之后的一个阶段，那就是病人能够理解他给分析师带去的压力，并以真正理解其含义的方式表达感谢。

("Metapsychological and clinical aspects of regression within the psycho-analytical set-up",pp. 289–290)

292

10　退行与退缩

温尼科特在《人性》（ *Human Nature*，该书主要写成于 1954 年，但直到 1988 年才出版）一书的第八章中描述了什么是"退缩"（withdrawal）：

把退缩（withdrawal）看作一种状态是有益的，在这种状态中，相关的人（儿童或成人）抱持着自体退行的那个部分，并照护它，其代价是牺牲了外部关系。

(*Human Nature*,p. 141)

似乎看起来，病人正在携带着自体内部的那个婴儿部分。

如果我们有机会对病人在心理治疗中退缩的时刻进行细致观察和管理，若治疗师能快速介入并抱持住那个婴儿部分，那么病人就会把照顾的功能交付给治疗师，而病人自己自然就变成了婴儿。

(*Human Nature*,p. 141)

如果病人允许分析师"抱持住那个婴儿部分"，那么病人向依赖退行就会发生。如果环境（分析性设置）足够可靠，那么病人则可以在一段时间内充分地利用向依赖退行这个过程。

退行具有疗愈的性质，因为在退行过程中，病人的早期体验可以得到修复，并且在这种依赖和认可的体验中可以获得真正的休息。从退行中恢复取决于重新获得独立，而且如果治疗师能很好地管理这个过程，其结果就是病人的状态相比于这次退行前会有所改善。

(*Human Nature*,p. 141)

但是，退缩却不具有疗愈的性质，也不会有益于病人。它只是展示出，病人在过去一直不得不自我抱持，从这个意义上说，当退缩发生在治疗中时，它是一个求救信号。

在 1954 年，温尼科特写成了一篇论文"退缩与退行"（Withdrawal and Regression），他使用临床资料来说明分析师为何必须识别出"退缩"状态，并进一步找到一种*抱持住*病人内部那个婴儿的方式。如果分析师能胜任这个工作，那么病人就能向依赖退行，这样病人的早期失败情境就得以被修复。

　　……如果我们知道在分析中会发生退行的现象，那么我们就能及时地处理它；以这种方式，我们就可以让一些不那么严重的病人进行短时间的必要退行，甚或可能只是短暂的退行。我要说的是，在退缩状态中，一个病人正在自我抱持着自体，如果退缩状态一旦出现，分析师就能够及时抱持住病人，那么原本可能只是一次退缩，结果就变成了一次退行。退行的优势在于它携带了一种机会，其可以帮助修复病人过去历史中的那些对需求的不适当适应，换言之，就是在病人婴幼儿期的管理和照顾中的失误。相比较而言，退缩状态并无益处，当病人从退缩状态中恢复之后，他或她并没有发生任何改变。

("Withdrawal and regression",1954,p. 261)

温尼科特也明确地表示，除了分析师不能胜任或做得不恰当外，病人向依赖退行本身没有什么内在的危险性。

　　人们常常认为，一个病人在接受精神分析期间发生退行具有一定的危险性。危险其实并不在于退行本身，而在于分析师还没有准备好去面对病人的退行及相关的依赖。当一个分析师已经有了足够的经验，使他在对退行的管理中有足够的信心，那么我们就可以说，分析师越是能尽快地接纳病人的退行，并能全面地与其相遇，病人出现需要进入到一种具有退行性质疾病的可能性就越小。

(Withdrawal and regression,p. 261)

（郝伟杰　翻译）

参考文献

1949　Mind and its relation to the psyche-soma. In:1958a. 1954a

1954　*Human Nature.* 1988

1954　Metapsychological and clinical aspects of regression within the
psychoanalytical set-up. In:1958a. 1955d

1954　Withdrawal and regression. In:1958a. 1955e

1962　Dependence in infant care,in child care and in the psychoanalytic setting.
In:1965b. 1963a

294

自　体
Self

尽管温尼科特经常陈述，"自体"（ self ）与"自我"（ ego ）之间有区别，但是在他的全部著作中两者的区别并不总是十分清晰的，这是因为"自体"经常在"自我"以及"精神"（ psyche ）之间互换使用。

在温尼科特生命的最后十年中，"自体"这个术语被他用来描述个体是如何进行主观性感受，他认为"感到真实"（ feeling real ）的感受是自体感的核心。

从发展心理的角度看，"自体"在新生儿身上以潜能的方式开始；在足够好的环境中，它逐步发展为一个完整的自体——亦即，一个能够区分"我"（ Me ）和"非我"（ Not-me ）的人。

温尼科特在生命最后十年中区分出了真自体（ true self ）与假自体（ false self ），并强调存在一个无法与外界沟通、孤立的核心自体，而为了精神健康，必须不惜一切代价地保护这个自体。

1 主观性和自体

对读者而言，温尼科特究竟如何定义"自体"这个术语也许是令人困惑的。纵观他的全部著作，尽管他经常会区别自我及自体（参见，自我：1），但若是记住如下区别则有助于理解，那就是自我是自体的一个方面，自我有一个特定的功能：组织和整合体验。

因此，自体由人格所有不同的方面组成，用温尼科特的语言来说，自体包含每个人所有组成"我"的方面，用以区别"非我"。进一步讲，"自体"这个术语描述的是一种主观性存在感（subjective sense of being）。

从温尼科特的著作中可以区分出，自体、自我和精神这三个术语强调的是内部现实和功能的不同侧重点，而正如他所使用的其他各种术语一样，没有人能够——也不应该——过度纠结其精确内涵。

总体而言，温尼科特把（核心或真实）自体放置在生命初始，但如果他指的是一个完整的自体，那么这个自体的诞生则发生在担忧阶段。（参见，担忧：5；自我：2）

2 像泡泡和内核一样的自体

温尼科特在他 1949 年的论文《出生记忆、出生创伤和焦虑》中，引用了他的一个病人对自体的描述：

我非常感激一个病人描述（自体）的方式，这来自对婴儿生命早期所处位置的深层理解……这个病人说："生命初始，个体就像是一个泡泡。如果来自外部的压力能够积极地适应来自内部的压力，那么泡泡就成为一个具有意义的存在，也就是说成为婴儿的自体。但如果环境的压力大于或小于泡泡内部的压力，那么泡泡就变得不再重要，而环境就重要了。现在泡泡不得不去适应来自外部的压力。"

（"Birth memories,birth trauma and anxiety",1949,pp. 182–183）

温尼科特使用这一引语来描述婴儿在出生过程中的任务，即应对来自环境对身体—自体（body-self）的侵入（impingement）——这就如同泡泡适应外部压力：

296

在出生之前，尤其是如果有延迟的话，婴儿很容易就有一种重复的体验，就是在一段时间之内，重心在环境而不在自体，而未出生的婴儿越临近出生，就越容易卷入到与环境的这种互动中。这样，自然的出生过程对于婴儿而言就只是他们已经熟悉经历的一个夸大版本。在出生过程中，婴儿暂时处于反应状态，而重心在于环境；出生之后，又会回到重心是婴儿的状态，无论这意味着什么。健康情况下，婴儿在出生前就已经准备好接纳一些环境侵入，并也有过自然地从反应状态返回到无须反应状态的体验，而只有在后面一种状态中，自体才能真正地开始存在。

（"Birth memories, birth trauma and anxiety",1949,p. 183）

这篇论文指出，自体早在出生前就已经出现了，并且很明确的是，自体如果处于一种要去对环境侵入进行反应的位置，那么它是无法真正开始"存在"的。（参见，环境：5；精神—躯体：4；退行：2，3）

　　之后，温尼科特在 1952 年一篇题为"与不安全感相关的焦虑"的文章中指出，母婴二元体在开始客体关系之前以环境—个体组合体（environmental–individual set-up）的方式存在（参见，存在：1）——一个外壳（母亲）加上一个内核（婴儿）——这是对自体及其组成部分隐喻性的描述，而自体，以及它的所有部分，都是从母—婴单元体（mother–infant unit）内部展开的：

> 　　"存在"的重心并不是从个体开始的。它是从整个组合体中开始的。通过足够好的儿童照护、养育技术、抱持、普遍意义上的管理，外壳逐渐被取代，而内核（它在我们眼中一直看起来像个婴儿）能够开始以个体形式存在。
>
> 　　……人类个体正在从中心发展出一个实体（entity），它会定位于婴儿身体内部，与此同时，它还能够通过获得一个界膜和一个内部世界来创造出一个外部世界。
>
> ("Anxiety associated with insecurity",1952,p. 99)

　　尽管温尼科特在这里并没有提到自体和自我，但必须假设这里所说的"实体"指的是潜在的，以及发展中的自体和/或自我（参见，自我：1，2）。自我和自体这两个术语在"原初母性贯注"（"Primary Maternal Preoccupation"，1956）一文最后一段是互换使用的。

297

> 　　这里，自我意味着体验的聚合。个体的自体开始于静息体验、自发性运动体验、各种感官体验，以及从活动返回到休息的体验的

聚合……

（"Primary maternal preoccupation",1956,p. 305）

在 1956 年的这篇文章中，自体开始于"体验的聚合"，而在 1962 年
的一篇文章中，这又被描述为是自我的开始：

第一个对可以被标签为自我提出的问题是：是否从一开始就存在
一个自我呢？回答是，（生命）开始的时刻就是自我开始的时刻。

（"Ego integration in child development",1962,p. 56）

这里附有一条脚注：

有必要记得，开始是一系列开始的聚合。

（"Ego integration in child development",p. 56）

然而，在同一篇论文中温尼科特很明确地写道：

我们可以看到，自我在自体这个词有意义之前很久就为我们提供
了了解它本身的机会。当孩子能够使用智力去考虑其他人遇见他的身
体时会如何看待他、感受他、倾听他，以及如何构想他之后，自体
这个术语才达成了意义。

（"Ego integration in child development",p. 56）

这里似乎意味着，对于温尼科特来说，在婴儿能够开始区分"我"与"非
我"之前，自体还没有存在，即在担忧阶段达成之前，自体并不存在。

3　原初未整合状态

内在现实（inner reality）和精神现实（psychic reality）这个主题在温尼科特 1935 年的论文"躁狂性防御"（The Manic Defence）中得到了阐述。到了 1945 年，在"原初情绪发展"一文中，"内在现实"这个主题被进一步阐释，而温尼科特认为存在一个"原初未整合状态"——有时也被称为"原初自恋"（primary narcissism）——它特指婴儿潜在自体的状态。因此温尼科特认为，一直到觉知（awareness）发生之前都不存在自体，这里强调的是"自体"存在的"感受"（sense）部分（这个主题在温尼科特关于过渡性现象、游戏，以及找寻自体的论述中都得到了细致的探索——参见，游戏：5，6；自体：11；过渡性现象：6）。

298

若要自我—觉知（self-awareness）能够发生，则需要从"原初未整合状态"中浮现出三个过程。它们是：

> ……整合、个性化（personalization），以及在这两者之后，对时间、空间和其他现实特性的识别和领会——概括称为：现实化（realization）。
>
> （"Primitive emotional development",1945,p. 149）

温尼科特在这里简要地谈及了与个性化相关的问题：

> 有一个和个性化相关的问题是，在儿童期出现的想象中的伙伴。它们并不是简单的幻想性建构。（在分析中）研究这些想象的伙伴的未来就会发现，它们有时候是高度原始的其他自体形态。

("Primitive emotional development",p. 151)

温尼科特并没有在这篇论文中更深入地探讨想象伴随的现象，但是他指出这类对想象力的使用是一种：

> ……非常原始和魔法性的创造物，（它）……很容易就被当作一种防御来使用，因为它魔法性地绕开了所有与合并、消化、保留和排出相关的焦虑。

("Primitive emotional development",p. 151)

这就引入了防御的性质这一主题。在当前的语境中，防御意味着，如果自体遭受到攻击，那么自体就得被迫去防卫它自己。一个有用的防御方式就是"解离"（dissociation）。

> 从未整合状态中衍生出的另一个问题，就是"解离"的问题。解离可以从其最初形式或自然形式的角度被有效地研究。我的看法是，从未整合状态中可能生发出一系列可称之为解离的现象，它们源自不完全或部分的整合。

("Primitive emotional development",p. 151)

从这个论述出发，温尼科特继续解释说，婴儿在生命的初始还无法辨识出他在"安静"和"兴奋"的时候其实仍然是同一个婴儿：

> 例如，存在着安静的时刻和兴奋的时刻。我认为还不能说婴儿在生命最开始就已经意识到，那个安静地在摇篮里感受着各种感受，或

者洗浴时享受皮肤刺激的自己，与那个哭喊着要求即刻满足、拥有着
一种强烈的冲动，以及吃不到奶就要摧毁些什么的自己是同一个婴儿。
这也意味着他一开始并不知道那个在他安静的体验中慢慢拼凑起来的
妈妈与那个他想要摧毁的乳房后面的势力是同一个人。

("Primitive emotional development",p. 151)

　　这里指的是在同一个身体内的两个婴儿与同一个身体内的两个母亲。
在生命初始阶段，从主体角度而言，"安静"的心境和"兴奋"的心境中
所包含的情绪是分开的，或者说是"解离"的。整合的任务就是把这两种
状态聚合为一体。（参见，攻击性：6；担忧：3，4，5；恨：6）

4　三个自体

　　温尼科特在1950年写的一篇"与情绪发展相关的攻击性"（Aggression
in Relation to Emotional Development）的论文中，提到了个体人格中存
在三个自体：

　　　　个体人格由三个部分组成：一个是真自体，它有着已经明确建立
　　的"我"和"非我"边界，攻击性和情欲性元素有一定程度的融合；
　　另一个是很容易沿着情欲体验而被诱惑的自体，而其后果是失去了
　　真实感；再一个是完全地、无情地委身于攻击性的自体。

("Aggression in relation to emotional development",1950,p. 217)

300

　　在这个自体模型中，真自体已经建立了边界——这与那两个很容易被诱惑和很容易"委身于攻击性"的自体不同。在这篇文章的后面，温尼科特把这个无情的（真）自体与冲动性姿态（impulsive gesture）关联在一起，在健康状态下，它会去寻找外在性（参见，攻击性：7）：

> 从这些考虑中能够得出的最主要结论是，当我们想说自发性（spontaneity）的时候，有时候却用的是攻击性（aggression）这个术语，这就造成了混淆。冲动性姿态伸向外界，当触及对抗物时就变成了攻击性。在这种体验中存在着现实，而它也很容易就与等待着新生婴儿的情欲体验融合在一起。我建议：正是这种冲动性（impulsiveness），以及从中发展出来的攻击性，使得婴儿需要一个外在客体（external object），而不仅仅是一个令人满足的客体。
>
> ("Aggression in relation to emotional development",1950,p. 217)

　　这两段内容例证了温尼科特在当时的理论发展（文章的这部分在1954年一个私人团体中宣读），看起来似乎开始要脱离弗洛伊德的本能理论了（现在冲动寻找的是一个客体而非满足）。此外，温尼科特假设，创造性来自早期的"原始爱的冲动"（primitive love impulse）而非来自"修复"的需求，后者出自克莱因"抑郁位置"（depressive position）的理论。

　　换言之，弗洛伊德相信，人类婴儿的本能努力寻求满足，而温尼科特认识到，如果婴儿在获得满足的过程中没有感受到他自己也参与了这个过程，那么这种满足可能就是一种"糊弄"（fobbing-off）。

　　仍然是在1954年，温尼科特发表了"正常发展中的抑郁位置"（The Depressive Position in Normal Development）一文，在本文中他探索了

"糊弄"（fobbing off）的含义。

> 婴儿会被进食本身所"糊弄"；本能张力消失了，婴儿同时会感到满足和被欺骗了。我们很容易就假定一次进食之后跟随的一定就是满足和睡眠。常常是，婴儿被糊弄后跟随的是一种不适感，尤其是躯体满足过快地夺走了婴儿热切的情绪（zest）。于是婴儿所剩下的就是：未被释放的攻击性——因为过快的进食过程让婴儿没有足够释放肌肉情欲（muscle erotism）或原始性冲动（或运动）；或者是因为婴儿有一种突然"泄了气（失败）"的感觉（a sense of "flop"）——一个渴望生命的源泉突然消失了，而婴儿并不知道它是否还会返回。所有这一切现象都会清晰地在临床分析经历中出现，至少没有被直接的婴儿观察所驳斥。

> （"The depressive position in normal development",1954,p. 268）

两年后，在庆祝弗洛伊德一百周年诞辰讲座上，温尼科特似乎赞颂了创造性艺术家的无情性（ruthlessness），他说：

301

> ……通常罪疚感驱动劳作的人们会对此感到迷惑不解；然而，他们对实际上的无情其实是偷偷地认可的……获得了超越罪疚感驱动劳作的成果。

> （"Psychoanalysis and the sense of guilt",1956,p. 27)

温尼科特的意思是，这种无情其实是创造性驱力的重要组成部分，它在生命原初阶段以一种爱的形式出现，而不是弗洛伊德所说的来自升华，也不是克莱因所说的来自抑郁位置的修复性驱力。（参见，攻击性：7,

8；创造性：1，2，3）

　　然而，对于自体的发展而言，婴儿的攻击性无情（aggressive ruthlessness），其实是"原初爱的冲动"的组成部分，它必须能够被外在环境即母亲所适应，这样才能够增强自体。温尼科特总是强调环境的重要作用，他最终把真自体与1954年的无情自体（ruthless self）合并为了1960年的真自体。（参见，沟通：10）

5   增强自体感的照护所具有的特征

　　温尼科特关于自体—防御（self-defence）和解离主题的论述在1960年论文"由真和假自体谈自我扭曲"中达到了顶峰。在这篇文章中，温尼科特根据一个连续谱区分出了真自体和假自体。在连续体的一端，假自体保护着真自体，而在连续体的另一端，假自体根本就不知道真自体的存在，因为真自体隐藏得太深了。

　　温尼科特对于攻击性本质与本能和环境之间关系的思想和阐述不断地发展着，在此基础上，他更加明确地区分了他所说的"自我—需求"（ego-needs）与"本我—需求"（id-needs）之间的不同。这让我们想到了婴儿，无论是处于宁静状态还是处于兴奋状态，婴儿都无法认识到他本质上其实是同一个婴儿（参见，攻击性：6；担忧：3）

　　　我必须要强调的是，在谈到满足婴儿的需求时，我并不是在指
　　对本能的满足。在我正研究的领域中，本能还没有被清晰地定义为

属于婴儿内部的事情。这时候的本能还属于外部环境的事情，就像
一声霹雷或撞击那样。婴儿的自我力量正逐渐地建立和增强着，其
结果就会达成一种状态，在这种状态中各种本我—要求（id-
demands）将会被感知为自体的一部分，而不再是外部环境的事情
了。当这样的发展发生时，那么本我—满足（id-satisfaction）就变
成了一种非常重要的自我增强剂，或者真自体的强化剂；但是当自
我还不能够容纳或覆盖各种本我—兴奋（id-excitements）时，以及
一直到本我满足成为事实之前，自我也还不能够容纳相关的危险和
体验到的挫折时，各种本我—兴奋都将会是创伤性的。

（"Ego distortion in terms of true and false self",1960,p. 141）

如果母亲能够满足婴儿的需求，那么本我—要求——一种生物学驱
动的本能——就能够变成自体的一部分，并被整合到自体体验中。这种需
求的满足既包含"得到"也包含"给予"，它是对婴儿冲动性姿态的响应。
（参见，担忧：7）

温尼科特时刻关注着婴儿照护与病人照护之间的平行关系，这也适
用于自我需求和本我需求的理念：

一个病人曾经对我说："好的管理"（自我—照护），"就像我在这
一个小时中所体验到的这些，就是一种喂养"（本我—满足）。他不
可能反过来说这件事情，因为如果我真的有喂养他，他可能已经顺
从了，而这将会演变成他的假自体防御，要不然他将会做出反应，
并且拒绝我的接近，并通过选择挫折维持他的完整性。

（"Ego distortion in terms of true and false self",pp. 141–142）

好的管理（good management）指的是分析性框架的抱持性质。这呼应了温尼科特 1945 年论文"原初情绪发展"中的一段话。在这段话中，他阐明了病人需要使用分析师来聚合（整合）他自己：

> 整合从生命一开始就启动了，但是在我们的工作中，则绝不能视整合为理所当然。我们需要促进整合，并观察它的变化与波动。
>
> 在治疗中经常出现的一种未整合现象（unintegration phenomena）的例子是，病人一直在详细讲述周末发生的事情的每一个细节，直到最后言无不尽才感到满意，而分析师却感到自己并没有做什么分析性工作。有时候我们必须把这种情况理解为，病人有一种需求，要让分析师这个人了解他生活的零零碎碎和点点滴滴。能够被了解意味着，病人至少在分析师这个人这里感受到了被整合。这其实是婴儿生活的常态，如果一个婴儿在生活中没有这么一个人帮助他聚拢零零碎碎，那么他在自体—整合任务上就会出现障碍，甚至可能无法成功，或者无论如何都无法满怀信心地维持住整合的状态。
>
> ("Primitive emotional development",1945,p. 150)

温尼科特一直到生命最后十年仍然在不断思索这个主题。他强调在咨询室内抱持性环境的重要性，这能够帮助促进病人获得他自己的解释。这就像是婴儿需要感受到一次满意的进食来自他自己的努力一样，同样，病人需要感到自己也为分析性工作做了贡献。（参见，沟通：6）

6 假自体

在温尼科特的临床实践中，他慢慢区分出了真自体和假自体。假自体——也曾被他的一个病人称为"照顾者自体"（caretaker self）——是温尼科特意识到他在与病人进行分析性工作的头两三年不得不应对的那个自体。这种情况让他划分出了假自体组织，并把它纳入到了从病理性假自体到健康假自体的一个连续谱之中。但无论是哪个分类，假自体都是为了保护真自体而形成的一种结构，甚至——或者说尤其是——在健康的一端更是这样。早期环境的情形决定了所需要防御的性质（参见，环境：1）。这个主题在温尼科特 1963 年的论文"沟通与非沟通导致某些对立面的研究"中得到了进一步阐述。（参见，沟通：10）

7 分裂出去的智力

假自体人格可以很好地欺骗世人——当温尼科特谈到特别好的智力被局限在假自体之中，并被假自体利用时，如是说：

> 当这种双重异常发生时,（i）被组织起来的假自体去隐藏真自体，并且（ii）它试图成为个体的一部分，并通过利用良好的智力来解决个人问题，这样一种非常容易欺骗世人的独特临床现象就产生了。我们这个世界可能会以某种高度来看待学业或学术成就，而且有可

能会发现，相信高智力成就的个体有着非常真实的痛苦是很困难的，可是高智力个体学业或学术越成功，他们就越感到自己的"虚伪"（phoney）。当这样的个体用这样或者那样的方式毁灭他们自己，而不是履行承诺的时候，这总会让那些已经发展出对这些个体高期待的人们感到震惊。

("Ego distortion in terms of true and false self",1960,p. 144)

1965 年，温尼科特在一篇呈报给德文郡继续教育中心老师们的报告论文中，明确指出了智力被分裂出去的病因：

现在，我们以一个婴儿为例，如果这个婴儿母亲的适应失败发生得过快，那么我们就会发现，婴儿只能依靠心智活动而存活。这样，母亲就在过早开发婴儿思考、归纳、理解事物的能力。如果婴儿有着一个很好的心智结构（器官），那么这种思考就替代了母性养育和适应。婴儿通过理解、过度理解的手段来自己"养育"他自己……

这种情况的后果便是，对于一些智力禀赋比较高的婴儿，他们的大脑被过早地过度使用，形成了一种不稳定的智力。这种智力的背后隐藏了某种程度的剥夺（deprivation）。换言之，对那些大脑被盘剥（exploited brains）的人而言，总是隐藏着从理智和理解滑向心智混乱或人格瓦解（disintegration）的一种崩溃性威胁。

（"New light on children's thinking",1965,p. 156）

8　象征性实现

假自体的病因学被定位于早期的母—婴关系，母亲这方面的作用至关重要。温尼科特定义了他所谓 "足够好"的母亲：

> 足够好的母亲能够满足婴儿无所不能（全能）体验的需求，并且在某种程度上能够理解婴儿的这种需求。足够好的母亲能够反复地这么做。通过母亲对婴儿无所不能体验需求表达的反复实现，母亲就把力量赋予了婴儿虚弱的自我，因此婴儿的真自体就开始有了生命。

("Ego distortion in terms of true and false self",p. 145)　*305*

母亲的适应能让婴儿开始有了象征能力。温尼科特强调，这取决于婴儿的自发性姿态被母亲对其的响应变成了现实，这就导致了婴儿使用象征的能力。[这一主题在温尼科特最后十年所有收录在《游戏与现实》（*Playing and Reality*）一书的文章中都得到了阐述，尤其是 "客体使用和通过认同的客体关联"这篇文章。]（参见，攻击性：10；创造性：3；游戏：7）

《象征性实现》（*Symbolic Realisation*）这本书出版于 1951 年，作者是法国分析师 M. A. Sechehaye。该书记述了分析师和一位精神分裂症病人在一段时间内的工作，详细讲述了作者，亦即分析师不得不调整其使用的精神分析技术以适应病人，提供给病人在早期环境中从未得到过的东西。这本治疗记录展现了 M. A. Sechehaye 是如何努力适应病人需求的心路历程，这种 "对需求的适应"技术，最终促成病人发展出了使用象征的能力。"象征性实现"指的是，病人在分析小节中使用真实的客体来代表和弥补早期的环境失败。而这又进一步帮助病人开始区分"我"与"非我"。

温尼科特偶尔会提及 M. A. Sechehaye 的工作，而他关于适应婴儿需求的理论在被剥夺、紊乱病人的案例中尤为适用。处于原初母性贯注状态中的母亲，能够适应她的婴儿的需求；温尼科特使用这一范式识别出病人在分析性小节中退行到依赖的现象，并指出分析师必须如何满足这一退行。(参见，退行：2，9，10)

9   真自体

为了平衡假自体这个概念，温尼科特提出，还存在着一个真自体：

> 在生命发展的极早期阶段，真自体其实只具有一个理论上的位置，婴儿的自发性姿态（spontaneous gesture）和个人想法都来自这个理论位置。婴儿自发性姿态是行动中的真自体。只有真自体才具有创造性，也只有真自体才能感受到真实性。鉴于真自体才能感受到真实性，那么假自体存在的结果会导致一种非真实的感受或者一种无用的感受。

> （"Ego distortion in terms of true and false self",1960,p. 148）

温尼科特在这里谈到了那个有着"照顾者自体"的病人，她在分析结束时，终于"开始了她的生活"，而之前的生活"并没有什么真正的体验……她浪费了五十年生命之后才开始她自己的生活，但最终她有了真实感，因而现在愿意活下去了"（"Ego distortion in Terms of True and False Self"，p. 148）。

然后，温尼科特详细地描述了真自体。他所说的真自体，如果不说是完全一样，也与他两年后，即1962年在论文"儿童发展中的自我整合"（Ego Integration in Child Development）中所描述的"自我"（ego）非常相似。

> 重要的是要注意到，按照这里正在被构想的理论，个体内在现实客体的概念所适用的阶段，要晚于正在被称为真自体概念的适用阶段。个体任何的精神组织一旦完全存在，真自体就出现了，并且真自体几乎就意味着各种感觉—运动活力（sensori-motor aliveness）的总和。
>
> （"Ego distortion in terms of true and false self"，p. 149）

在1964年，也就是四年之后，温尼科特为牛津大学一个团体做了一次演讲，题目是"假自体的概念"（The Concept of the False Self）。在演讲中，他认为诗人和那些有强烈感受的人有着对真理的关注。

> 诗人、哲学家和先知们一直以来都关心他们自己对真自体的理念，对他们而言，对自体的背叛是一种典型的不可接受的例子。莎士比亚收集了一大包真理，也许是为了避免听起来自命不凡，他假借一个名为波洛尼厄斯（Polonius）的极度无聊之人的口把这些真相告诉了我们。用这种方式，我们才能接受这些忠告：
>
> 这一点尤为重要：你要做真实的自己（体），
>
> 随之而来的，就像黑夜白天一样，

你就不能对任何人虚伪了。

你可以跟我引用任何一个有名诗人的诗句，来展现这是那些有着强烈感受的人所钟爱的话题。同样，你也可以向我指出，当今的戏剧在那些四平八稳、多愁善感、成功或油滑之中找寻着真实的核心。

（"The concept of the false self",1964,pp. 65–66）

10　顺从与妥协

在温尼科特的语言中，顺从（compliance）总是与假自体的生活关联在一起，它也与绝望（不是希望）有联系（参见，反社会倾向：2）。在1962年的论文"道德与教育"（Morals and Education）中，温尼科特写道：

对于婴儿来说，不道德就是以牺牲自己个性化的生活方式为代价而去顺从。例如，任何年龄阶段的孩子都可能感到吃东西是一种错误，甚至到了非常坚持的程度。顺从可以带来即刻的奖励，而大人们简直太容易错把孩子的"顺从"当作成长了。

("Morals and education",1962,p. 102)

然而，顾及共享现实而做出妥协的能力是健康的一种标志；这是"假自体正常等价物"的积极和健康的成分：

在健康的生活中，婴儿的真自体有一种顺从的面向，一种婴儿可以顺从但不被暴露的能力。这就是一种妥协的能力，而妥协能力是一种发展成就。在婴儿正常发展的过程中，假自体的正常等价物就是在儿童身上发展出一种社交性方式（social manner），而这种社交性方式是适应性的。在健康状态下，这种社交性方式其实代表着一种妥协。同时，在健康状态下，当问题变得至关重要时，妥协变得不再被允许了。当这种情况发生时，真自体就开始践踏（override）顺从的自体了。在临床上，这种情况构成了反复重现的青少年问题。

（"Ego distortion in terms of true and false self",pp. 149–150)

温尼科特这里所指可以被看作人格中的一种健康的分裂现象，就像他所描述的那样，这是一个"不把喜怒哀乐写在脸上"的自体：

在某种意义上讲，我只是简单地指出了每个人都有一个礼貌性或社交性自体，同时也有一个个性化的私人自体（a personal private self），后者只有在亲密关系中才会显现。这是普遍可见的情况，我们也可以说这是正常的。

如果你观察周围的人，便会发现在健康情况下，这种自体的分离（splitting）是个人成长的一项成就；但在疾病状态中，这种分离就变成了一种心智分裂（schism）的问题，其分裂的程度不一；最严重的分裂被标签为精神分裂症（schizophrenia）。

（"The concept of the false self",1964,p. 66)

这让人想起了荣格理论中的"面具"（persona）（拉丁语是"面具"

308

的意思），面具被定义为在社会中礼貌的和社会化的自体呈现。这与温尼科特理论中的健康假自体类似，它斡旋于个性化私人自体与广阔的外在世界之间。但是，荣格认为与一个人的面具发生过度认同是一种病理性组织——这与温尼科特真、假自体连续体中病理性假自体类似。

11   心理治疗与找寻自体

温尼科特关于真、假自体理论最突出的贡献是，这个理论对于分析性关系和技术的意义。温尼科特接诊过很多病人，他们在遇到温尼科特之前，都曾接受过其他分析师很长时间的分析，但是他却发现，这些分析可以说都相当于虚假分析（pseudo-analyses）。

我们必须要明确一个原则，在我们分析性实践的假自体领域，我们发现：只有通过识别出病人的非存在性，而不是通过与病人进行持续不变的基于自我防御机制的长期工作，才能使得我们的分析性工作取得更多的进展。病人的假自体可以与处在防御性分析中的分析师进行无限期的合作，打个比方，病人在游戏中始终站在分析师这一边。对于这种没有价值的工作，只有当分析师能够指出，并详细说明某些基本特征的缺席时，它才能被终止:诸如，"你没有嘴巴"，"你还没有开始存在"，"身体上看你是一个男人，但是从体验来看，你对男性一无所知"，等等。如果对这些重要事实的认识能在正确的时刻变得清晰，那么就能为分析师与真自体的沟通和联系铺平道路。

("Ego distortion in terms of true and false self",1960,p. 152)

这是温尼科特对精神分析做出革命性贡献的典型特征，他在这段之后提供了一个咨询过程的例子，表现出他对悖论的想象性使用。

一个曾经有过基于假自体的大量无效分析的病人，曾经兴致勃勃地与那个认为这就是他的完整自体的分析师合作。然而，他告诉我："唯一让我感到希望的时刻是，当你告诉我说你看不到希望，但是你还愿意继续为我做分析时。"

("Ego distortion in terms of true and false self",p. 152)

309

《游戏与现实》（1971a）是温尼科特对"过渡性现象"（transitional phenomena）进行探讨的论文集（参见，过渡性现象）。此书第四章题目是"游戏：创造性活动与找寻自体"。在这章中，温尼科特定义心理治疗为寻找自体的过程，亦即在内心中寻找真实感的过程。因此，治疗空间有必要像足够好环境一样成为一种第三领域的促进性空间——既不是内部，也不是外部，而是存在于两者之间（参见，创造性：6；游戏：8）：

……心理治疗在病人和治疗师各自游戏领域之间重叠的地方展开。如果治疗师不会游戏，那么他就不适合这份工作。如果病人无法游戏，那么则需要治疗师做些什么让病人变得有能力游戏，此后心理治疗才可能开始。游戏之所以至关重要，是因为在游戏中，并且只有在游戏中，病人才有可能具有创造性。

……我所关注的是对自体的找寻，并且我要再次重申一个事实，那就是找寻自体的工作若要获得成功，就必须先满足一些特定条件。

这些条件和通常所说的创造性有关。在游戏中，并且只能在游戏中，个体的儿童或成人才能够具有创造性，才能使用完整的人格，而只有当一个人具有创造性时，他才能发现自体。

("Playing : Creative activity and the search for the self",1971,p. 54)

但是，一件伟大的艺术品或与之类似的创作品，并不表明艺术家已经找到了自体：

然而，自体并不真的能够从身体或心智的产物中找到，无论这些作品从审美、技术或影响力上是多么有价值……已完成的创作品绝不可能治愈潜在的自体感的缺乏。

("Playing : Creative activity and the search for the self",pp. 54–55)

温尼科特在 1945 年的论文"原始情绪发展"中提到的"原初未整合状态"，现在变成了"静息状态"（resting state）和 / 或"无形状态"（formlessness）。

310

在早年生命中从未体验过与母亲在一起时未整合的放松状态的病人，需要与他的治疗师寻找到这种放松的体验，但这将取决于病人在治疗师所提供环境中的信任感和可靠感：

这种体验是一种无目的的状态，有人可能会说这类似未整合人格的一种缓慢运转。我称之为无形状态（formlessness）……

必须要考虑到个体在其中运作的环境中感受的可靠性或不可靠性。我们被养大的过程所依靠的是这样一种需求，即在"有目的活动"与交替的"无目的存在"之间做出区分的需求……

　　我这里尝试指出那些让"放松"变得可能的基本要素。从自由联想角度来看，这意味着躺在沙发上的病人或身处地板上各种玩具当中的儿童病人，必须被允许交流一连串彼此毫无关联的念头、想法、冲动、感受……

（ "Playing : Creative activity and the search for the self",1971,p. 55 ）

　　尽管温尼科特看起来像是在宣扬弗洛伊德的自由联想技术，但与此同时他也表明，把"自由联想材料的各种元素"联系在一起可能会带来风险，它会变成对不理解所造成焦虑的一种防御。换言之，分析师为了解释无意识，总是不断地尝试去发现联结，以及不断地尝试去"理解"，这样的做法会打断分析师与病人"在一起"的能力，乃至，特别是，会干扰分析师接受病人 "无意义言语"（ nonsense ）的能力：

　　……我们可以假设有个病人，他在工作之后能够休息，但却无法达成那种能产生创造性姿态（ creative reaching-out ）的静息状态。根据这一理论，能够揭示出一个自体内在聚合力主题的自由联想已经被焦虑所影响了，而把想法聚合在一起则是一种防御组织。也许我们需要接受一个事实，那就是有些病人有时候需要治疗师注意到病人的这种无意义言语（ nonsense ）现象，换言之，治疗师没有必要让病人把这些无意义言语组织起来。被组织起来的无意义言语已经是一种防御了，就如有组织的混乱（ chaos ）是对混乱的一种否认一样。无法接受这种沟通方式的治疗师就会陷入一种无用的尝试中，试图找到无意义言语中的某种组织结构，这样做的结果就是病人不得不离开无意义言语的领域，因为病人对与治疗师交流这种无意义言语已经感到绝望了。这样，病人就错失了静息下来的机会，其原

311

因在于治疗师需要从无意义言语中找到某种意义。

("Playing : Creative activity and the search for the self",1971,pp. 55–56)

一个无法促使病人进入静息状态的环境让病人感到了失望。温尼科特认为，如果没有对"无形状态"（formlessness）的这种允许，"创造性姿态"就不可能发生。温尼科特通过讲述自己与病人一次长达三个小时的治疗，解释了他所说的"无形状态"是什么意思。这次治疗记录的开场白是温尼科特对治疗师们的倡议：

> 我的描述无非是想要请求每个治疗师都能允许病人有游戏的能力，亦即，能在分析性工作中出现创造性。病人的创造性很容易就被一个知道太多的治疗师所盗取。

("Playing : Creative activity and the search for the self",p. 57)

温尼科特在这里明确强调一种心态；他并没有具体谈论是否应该给病人三个小时的治疗。但是，他非常明确地指出，这是他的病人提出的要求，对他而言，规定一个具体的时间段可能会对病人的进程造成严重干扰。他对病人需求的适应就是提供一种时间框架的扩展。

这次三小时治疗的记录描述了存在、无形状态，以及作为朝向自体—发现之旅一部分的游戏。找寻过程要比找到更加重要（或至少是同样重要）。

温尼科特使用病人的话总结了他想要表达的意思：

> 病人之前问了一个问题，我说对这个问题的回答可能会带我们进入一个漫长且有趣的讨论中，但让我更感兴趣的是这个问题。我

说："你有了想要问那个问题的念头。"

这之后，她说出了我想要表达的意思。她缓慢、充满深深情感地说："是的，我知道，可以从这个问题中推断出'我'的存在，正如可以从找寻中推断出'我'。"

现在她已经做出了最关键的解释，即从这个问题中生发出可说是创造性的表现，这种创造性正是放松之后的集合，它是整合的对立面。

（"Playing : Creative activity and the search for the self",pp. 63-64）　　*312*

"我问故我在"（I question therefore I am），这是温尼科特的笛卡尔式结论，尽管并没有明确解释，但却涉及了通过找寻和发现问题而达到一种意识觉察（存在）。不过，这种找寻和发现必须在一种关系之内才能发生，而足够好的关系是那种能够提供反馈的关系：

这种找寻只能够来自一种散漫、不连贯、无形的运作状态，或者也许来自早期的游戏中，似乎都发生在一种中间区域（neutral zone）。只有在这里、在这种人格未整合状态中，我们所描述的创造性才能够出现。如果它被反馈回去，并且只有在反馈的条件下，它才能够成为有组织的个体人格的一部分，并逐渐地积累，最终让个体能够存在，能够被发现；最终让他（她）能够相信一个自体的存在。

（"Playing : Creative activity and the search for the self",1971,p. 64）

在去世前一年，温尼科特谈到了他对"自体"定义的个人理解：

……主要的事情与"自体"这个词有关。我确实想过，我是否可以就这个术语写些什么，但是当然，一旦我着手去做这件事，我就发现甚至在我自己脑海中都对我的意思有很多不确定。我发现我写了如下内容：

对我而言，自体（self）不是自我（ego），自体指的是我是谁、我只能是的那个人，而那个人在成熟过程的基础上是一个完整的人。与此同时，自体也有不同的组成部分，事实上自体就是由这些部分所组成的。这些部分在成熟过程运作中沿着内部—外部的方向凝聚在一起，而这种聚合过程必须被一个人类环境所辅助支持（在生命最早期是最大程度的辅助支持），该环境提供抱持（hold）、处理（handle），并以一种鲜活的方式促进成熟过程。自体会很自然地落入自己的身体内部，但在某些特定情境中，自体可能会从身体中解离到母亲的眼睛和面部表情中，或者解离到代表着母亲脸庞的镜子中。最终，自体达成了一个重要关系，即儿童与所有认同总和（在足够合并及内射心智表征后）的关系，这些认同以一个鲜活的内在精神现实的形态组织在一起。根据父母或是外在生命中重要他人所表现出的期待，孩子与他（她）的内在精神组织之间的关系也会被修改。正是自体和自体的生命让行动或生存从个体的视角变得有意义——个体至今已有了一定的成长，但仍需继续从依赖、不成熟朝向独立、成熟而发展，并且发展出在不丧失个体身份的情况下与成熟爱的客体（love objects）认同的能力。

（"Basis for self in body",1971,p. 271）

这一段描述几乎涵盖了温尼科特发展理论的所有方面。但令人惊讶的是，尽管温尼科特一开始就明确表示，自体不是自我，实际上他从未解释其中的差异是什么。

自体不同部分的"聚合"过程需要对体验进行组织。这意味着自体的一个部分作为了组织者——这一定是自我吗？因此，自我是自体的一个部分。

此外，居住在身体内部的自体与温尼科特所说的精神安住于躯体是同一回事，他也称之为与个性化的过程相关的身体—自我（body-ego related to the process of personalization）。

B. Bettelheim 在《弗洛伊德和人的灵魂》（*Freud and Man's Soul*, 1983；该书是对弗洛伊德著作英文翻译版本的评注）一书中特别批评了"das Ich"的翻译，他认为"das Ich"被不恰当地翻译为拉丁文"ego"而非英文的 "Me" 和"I"[1]。B. Bettelheim 认为，译者之所以使用拉丁文而非英文，必定是基于想要医学化精神分析的愿望。他认为这就造成了巨大的代价，不仅仅损害了弗洛伊德的著作，也泯灭了弗洛伊德最初选择使用"das Ich"的根本意图。

> 没有哪个词比代词"我"（I）有更广泛、私密的内涵了。它是口语中最常用的词语之一，并且更为重要的是，它是最个性化的词语。把"Ich"错误地翻译为"ego"，相当于把这个词转变成了一个技术性术语，这个术语不再有我们说"我""是我"时所带有的那份个人承诺——更不要说我们对自己婴儿时学会说"我"所产生的深刻情绪体验的前意识记忆了。我不知道弗洛伊德是否知道 Ortega y Gasset 曾说过，创造出一个概念就等于把现实置于了身后，但弗洛伊

---

1 分别是英语中宾语和主语的"我"。——译者注

德必定清楚其中真理，所以尽一切可能避免这种危险。在创造"Ich"
这个概念时，他使用了一个几乎不可能把现实置于身后的词使之紧紧
联系现实。无论是阅读还是谈话涉及"我"时，都会迫使一个人去内
省地观察自己。相反，一个"自我"（ego），它能够使用清晰明了的
各种机制，诸如置换、投射，及其在与"本我"（id）的斗争中能够
达到自己的目的；因此，我们就可以通过观察他人来从外部研究"自
我"（ego）了。因为这一不恰当的——至少从我们情感反应的角度
看——具有误导性的翻译，一种内省式的心理学被转变成一种必须从
外部观察的行为心理学。

(Bettelheim,1983,pp. 53–54)

对温尼科特使用"自我"（ego）一词的深入研究可以发现，它指的
是自体的一个特殊功能。"我"（Me）是温尼科特最终精确使用的一个术语，
其原因与弗洛伊德使用"das Ich"这个术语是一样的——也就是，他们
都在强调"主观性和内在体验"。事实上，温尼科特的全部著作都可以被
看作致力于对主观性的召唤（evocation of subjectivity）。

（郝伟杰　翻译）

参考文献

1945　Primitive emotional development. In:1958a. 1945d

1949　Birth memories,birth trauma,and anxiety. In:1958a. 1958f

1950　Aggression in relation to emotional development. In:1958a. 1958b

1952　Anxiety associated with insecurity. In:1958a. 1958d

1954　The depressive position in normal development. In:1958a. 1955c

1956　Primary maternal preoccupation. In:1958a. 1958n

1956　Psychoanalysis and the sense of guilt. In:1965b. 1958o

1960　Ego distortion in terms of true and false self. In:1965b. 1965m

1962　Ego integration in child development. In:1965b. 1965n

1962　Morals and education. In:1965b. 1963d

1964　The concept of the false self. In:1986b. 1986e

1965　New light on children's thinking. In:1989a. 1989s

1971　Basis for self in body. In:1989a. 1971d

1971　Playing：creative activity and the search for self. In:1971a. 1971r

315

第 21 章

压舌板游戏
Spatula Game

　　压舌板游戏（Spatula Game）指的是，观察 5 到 13 个月大婴儿如何对放在桌沿，并且很容易伸手够到的一根闪亮压舌板做出反应的活动。不过，婴儿需要处于温尼科特所说的"设置情境"（set situation）之中。

　　温尼科特说，根据婴儿如何处置压舌板的方式，大多数婴儿都可以被观察到三个连续的阶段。偏离这三个阶段的现象表明存在一些紊乱的情况。因此，温尼科特把压舌板游戏当作一个诊断工具使用。

1　设定情景

温尼科特于 1935 年正式成为认证精神分析师，1936 年成为儿童精神分析师。在他获得精神分析师认证后，他继续在帕丁顿格林儿童医院主持心理门诊，在那里他进行了数以千计的咨询。

温尼科特在他 1941 年论文"在设置情境中的婴儿观察"（The Observation of Infants in a Set Situation）中详细描述了压舌板游戏，但在更早一篇写于 1936 年的论文"食欲与情绪障碍"中，已经可以看到温尼科特使用压舌板游戏来评估婴儿的内心世界了。

需要说明的是，在 20 世纪 30 年代，医院里有各种尺寸的压舌板，针对不同年龄的患者使用。这些压舌板都是亮闪闪的金属制品，并有着特定的弧度。

在"食欲与情绪障碍"一文中有一节标题为"医院门诊部"（The Hospital OutPatient Clinic），温尼科特在此小节中描述了帕丁顿格林儿童医院的情况，希望向读者展现出"上午壮观的场面"，医院就像是一座皇宫，抑或是一个教堂，甚至一个剧院。

首先，我想要讲述一下，当一个婴儿坐在妈妈腿上，他们与我只隔着一个桌子角时，婴儿会做些什么。

一个一岁的孩子会有如下方式的表现。他看见了压舌板，很快就把手放在上面，但在真正把它抓起之前，有可能会撤回兴趣一两次，与此同时他会看我的脸及他妈妈的脸以判断我们的态度。或早或晚，他会拿起压舌板并放到嘴里。现在他很享受拥有这件物品，同时他又踢又动，表现出渴望运动身体的活动。这时，他还没有准备好接受压舌板被人拿走。很快，他把压舌板丢到地板上；一开始这看起来似乎只是一次意外，但当把压舌板捡起来还给他之后，他最终还是会再次重复这个错误，最后他还是把它扔了下去，很明显是希望把它丢下去。他目光追随着压舌板，而且金属撞击地面的声音又会给他带来了新的快乐。如果我给了他这个机会，他想要一遍一遍地扔压舌板。现在，他想要下到地上和压舌板在地板上玩。

("Appetite and emotional disorder",1936,pp. 45-46)

从上述描述中，我们可以看到正常情况下的三个阶段：（1）看见并伸手去触及压舌板，然后一边估摸成人的态度一边撤回对压舌板的兴趣；（2）拿到压舌板，并放入嘴中；（3）扔掉压舌板。

总体而言，可以这样下结论，即偏离这种平均水平的行为表明偏离了正常的情绪发展，而且通常也会把这种行为偏离与其他的临床相关联起来。这其中当然存在着年龄的差异。一岁以上的孩子倾向于缩短合并的过程（把压舌板放嘴里），也对能与压舌板玩什么游戏越来越感兴趣。

317

("Appetite and emotional disorder",1936,p. 46)

温尼科特用了两个案例，来分别解释婴儿对压舌板的健康和病理性使用。在下面的描述中呈现出两个突出的元素。首先，温尼科特非常信任和相信母亲预测自己婴儿的行为和知道什么是错误的能力。其次，其他等候温尼科特咨询的母亲和婴儿坐在一间大咨询室的另一端，与咨询工作区有一段距离，在某种意义上他们以观众的身份出现在了设置情境之中。他们的反应由主要角色——拿着压舌板的婴儿——所决定。

一位母亲带着她看起来非常健康的婴儿来找我做常规检查，这距离第一次咨询有三个月了。这个婴儿名叫菲利普，现在十一个月大，这是他第四次来见我。他已经度过了困难时期，现在无论身体还是情绪都处于良好状态。

这一次压舌板没放在外面，所以他伸手就去拿放在桌子上的一只碗，但是他的妈妈阻止了他。这里的重点是他立刻伸手要去拿些什么，说明他还记得以前咨询的经历。

我拿出一根压舌板放在他面前，当他拿起时，他的妈妈说："他这次会比上次更闹腾，"他妈妈说对了。母亲们常常能准确地告诉我婴儿会做什么，这表明，如果有人对此有所怀疑，那么我们此刻在门诊所看到的情景就与生活现实并不相关。自然，压舌板先被放进了嘴里，然后他又用压舌板敲打桌面和碗。碗被敲打了很多次。在整个过程中，他一直看着我，我也注意到我被卷入了他的游戏。他正以某种方式表达他对我的态度。其他的婴儿和母亲坐在这对母子身后几米远的地方，而整个房间的气氛都被这个婴儿的情绪所带动着。远处一位母亲说："他就是村里的铁匠。"而他则对自己的成功很是满意，并在游戏中加入了一些炫耀的成分。所以他非常可爱地拿着压舌板靠近我的嘴，并很开心地看到我配合他的游戏，假装吃压舌板，但实际上我并没有接触到压舌板。他非常地清楚，我只是向他表明我在玩他的游戏。他又把压舌板拿给他的母亲，之后以一种落落大方的姿态转了个身子，要把压舌板神奇地送给观众。最后，他又转过头来继续敲击着碗。

过了一会儿，他以自己的方式与屋子另一边的一个婴儿沟通起来，他从大约八个成人和孩子中选择了这个婴儿。现在所有人都开心极了，整个诊室一片祥和。

318

("Appetite and emotional disorder",1936,p. 46)

　　显然，温尼科特此时也玩得很愉快，但与此同时，他也密切关注着眼前所发生的这一切对于母—婴关系的意义，以及婴儿的内在世界所要沟通的内容。

　　现在，他妈妈把他放了下来，他坐在地板上拿着压舌板玩着，不一会儿慢慢往他刚才用发出声音沟通的那个小人儿那里蹭过去。

　　你能注意到，他不仅对他自己的嘴部感兴趣，他也对我的和他妈妈的嘴部感兴趣，并且我想他也感觉到他已经给整个屋子的人喂食了。他用压舌板做了这一切，但如果他没有像我刚才描述的那样先合并（incorporate）了压舌板，他是无法完成这些的。

　　这就是有时被称为的"拥有了一个好的内在化的乳房（a good internalized breast）"或"基于体验，对处在有着好乳房的关系中拥有了信心"。

　　我想要总结如下的要点：实际上躯体的事实是，婴儿先拿起压舌板给他自己，并与压舌板游戏，然后又丢掉它；与此同时，在精神层面发生的事实是，他先合并它，占有了它，然后又摆脱了对压舌板的想法。

　　在拿起与丢掉压舌板（或其他任何物件）之间，婴儿所做的一切，都是他内在世界活动点点滴滴的片刻呈现，当时他的内在世界活动与我和他的妈妈有关系。从这些片刻呈现中，可以在很大程度上推测出，他在其他时刻、与其他人和物有关的内在世界体验。

("Appetite and emotional disorder",pp. 46–47)

就在这篇 1936 年的论文中，温尼科特引入了"游戏"的概念，并提
319　出与个体内在世界相对应的不同性质的游戏。

> 在对一些案例进行分类时，我们可以使用这样一个标尺：在正
> 常的一端，婴儿可以游戏，它是婴儿内在世界简单而愉悦的戏剧化
> 表达；在异常的一端，婴儿也可以游戏，但包含了对内在世界的一
> 种否认，这种情况下的游戏总是强迫性的、兴奋性的、被焦虑驱动
> 着的，并且追求更多的感官刺激而不是愉悦。
>
> ("Appetite and emotional disorder",1936,p. 47)

温尼科特展示的下一个案例与第一个案例形成了鲜明的对比，尽管
两个案例之间有着相似的特征，相似之处在于：母亲有预测婴儿行为的
能力，她也能感到有些事情不对劲，以及婴儿有影响诊室内氛围的能力。

　　接下来是一个十八个月大的男孩大卫，他的行为有一些特殊。
　　他妈妈把他抱过来，让他坐在桌子旁自己的大腿上，他很快就
伸手去够那个我放在他能够得着的范围内的压舌板。他妈妈知道他要
做什么，而这恰恰就是他的问题所在。她说："他会把它扔到地板
上。"大卫拿起压舌板，快速地把它丢在地上。之后他又反复扔掉了
所有可扔之物。第一个阶段那种怯生生的靠近探索，以及第二个阶
段的含食和游戏都没有出现。这种症状表现我们都很熟悉，但在这
个案例中病理性更强，而他妈妈为此把他带来是正确的。妈妈允许
孩子追随扔掉的物品，把他放在地上。他拿起压舌板又扔掉，脸上
挤出了不自然的笑容试图获得一些自我安慰，与此同时把自己的身
体扭成一个姿势，使他的前臂紧贴着他的会阴部位。他做这些的时

候，面露期待地张望着四周，但是诊室内其他家长们都很焦虑地把自己孩子的注意力从眼前的情景中转移开，在他们看来这个男孩的姿态与手淫有关。小男孩以这种奇异的姿势站起来，脸上的笑容似乎意味着他绝望地想要否认自己的悲惨和被拒绝感。请注意这个孩子是如何给自己创造出一个异常环境的。

("Appetite and emotional disorder",p. 47)

当然，男孩创造出的这种"异常环境"是要与温尼科特沟通，他想告诉温尼科特，他的早期环境辜负了他。但是在 1936 年，温尼科特还没有发现"从来就没有婴儿这回事"的理念——这一发现是六年之后，即 1942 年的事情了（参见，环境：3，4）。因此，此时温尼科特强调的还是婴儿内在世界的展现，还没能关注他几年后才开始研究的环境。

320

到了 1941 年，温尼科特已经在很大程度上扩展了他的婴儿早期观察，同时环境的重要性也渐渐开始得到了重视；到了 20 世纪 50 年代末，设置情境及其所有的组成成分都被称为"抱持性环境"（holding environment）。（参见，抱持：2）

2　三个阶段

1941 年，温尼科特已在帕丁顿格林儿童医院的儿童门诊工作了将近 20 年。此时，他成为认证精神分析师也已经有六年了。这篇探索压舌板游戏细节和意义的论文"在设置情境中的婴儿观察"，也预示了他之后 20

年所要探索和发展的所有内容：游戏、创造性、过渡性现象和客体的使用。

　　现在我们面前有个婴儿，被一件特别有吸引力的物件所吸引，而我将会描述我所认为的事件的正常发展顺序。我认为任何偏离我所说的正常都是值得注意的。

　　第一阶段：婴儿把手伸向压舌板，但与此同时意外地发现必须要考虑一下整个情境。于是，他陷入了困境。这时要么他把手放在压舌板上不动，身体也保持静止，用他的大眼睛看着我、看着他妈妈，就这样看着，等待着；要么在某种情况中，他完全撤回对压舌板的兴趣，把他的脸埋在妈妈的怀里。通常来说，这种情形比较容易管理，所以无须给予主动的安慰（active reassurance），过一会儿婴儿会慢慢再次对压舌板产生自发性兴趣，并再次尝试去拿压舌板。观看这一过程也甚是有趣。

　　第二阶段：在（我称为的）犹豫阶段（period of hesitation）全过程中，婴儿身体一直保持静止（但绝非是僵硬的）。逐渐地，他有了足够的勇气，让自己的各种感受开始发展，于是整个情境快速地变化了。从第一阶段转换到第二阶段的时刻是显而易见的，因为婴儿在接受自己对压舌板有欲望这一事实前，口腔内部会出现变化：肌肉变得松软，而舌头看起来变粗和变软，唾液分泌增多。没过多久，他就把压舌板放进自己的嘴里，并用牙龈咬它，或者看似像正在模仿父亲抽烟斗的样子。婴儿的行为变化有一种显著的特征。这时的婴儿不再期待和保持静止，而是发展出了自信心（self-confidence），身体运动也变得自如，这与操纵压舌板有关。

　　我常常做个实验，即在犹豫阶段时尝试把压舌板放进婴儿嘴里。

　　无论此时婴儿的犹豫是符合我所说的正常情况，还是在程度和性质上与正常情况有异，我发现在这个阶段很难把压舌板放入孩子口中，除非使用蛮力。在某些个案中，这种抑制是剧烈的，我这边任何想让压舌板靠近孩子的尝试都可能造成喊叫、情绪不安甚至真实的腹痛。

("The observation of infants in a set situation",1941,pp. 53–54)

　　这一描述呼应了温尼科特 1962 年论文"道德与教育"（ Morals and Education ）。在那篇论文中温尼科特假设，一种内在的道德（ an innate morality ）发源于婴儿的真自体（ true self ）。因此，只有孩子曾经体验过一种促进性环境，并被允许发展他的自体感时，道德价值观才可能真正地被孩子理解和认可。而对于那些没有足够好开始的婴儿来说，反社会倾向（ antisocial tendency ）就可能成为人格的一个特征。治疗反社会倾向不能靠强行灌输道德价值观的办法。换言之，若想要客体对婴儿有任何真正意义上的价值，就不能把客体强加给婴儿，而要让婴儿自己创造出客体。（参见，担忧：9；创造性：2；依赖：6）

　　第二阶段与婴儿的控制感——他的全能感受有关系，温尼科特认为这种感受对于婴儿的正常发展至关重要。在这个"全能控制的领域"（ area of omnipotence ）中，婴儿拥有了一种他是神、他完全掌控了环境的幻象（ illusion ）（参见，幻象：5）。

　　现在婴儿似乎感到压舌板属于他自己了，或者处于他的掌控之下了，反正肯定能用来进行自我表达（ self-expression ）了。他用压舌板敲击桌子或桌面上不远处的一个金属碗，使劲制造噪音；或者他会把压舌板往我或他妈妈的嘴边递，他看到我们假装被他喂养而非常开心。他肯定希望我们能跟他一起玩被喂养的游戏，但是如果

322

我们愚蠢地真的把压舌板放到我们的嘴里，那就把游戏搞砸了，就会让婴儿感到心烦和不开心。

此刻，我可能需要指出，我还从未看到过有任何证据能说明：由于压舌板其实不是食物，也不是食物的容器，而让婴儿感到过失望。

("The observation of infants in a set situation",1941,p. 54)

在这里，我们可以看到婴儿能够使用他的想象力和游戏，这是与婴儿内在世界相关的幻象出现之后的积极结果。第三个阶段则关乎对客体的拒绝（repudiation of the object），从这个意义上来看，压舌板其实可以被看作一个过渡性客体（transitional object）的代表。（参见，过渡性现象：4）

第三阶段：这时第三阶段出现了。在第三阶段中，婴儿首先是丢掉了压舌板，好像是不小心造成的。如果捡起压舌板返还给他，他会很高兴，再次玩了一会儿压舌板，然后又把它丢掉了，但这次看起来就不那么像是意外了。当压舌板再次返还给他时，他会故意丢掉它，而且完全享受这种具有攻击性的抛弃，若是压舌板摔到地面上发出了叮咚声响，婴儿会特别地开心。

当婴儿或者想要从妈妈的大腿上下到地面去玩压舌板，他在那里用嘴吃压舌板，并又一次玩起了压舌板的时候，或者当他对玩压舌板感到了厌烦，开始在他可及的范围内寻找其他东西玩的时候，压舌板游戏的第三阶段就接近尾声了。

("The observation of infants in a set situation",p. 54)

这就是压舌板游戏的几个阶段，通常发生在 5 到 13 个月大的婴儿身上。温尼科特评论说，设置情境——观察在妈妈大腿上玩压舌板的婴儿——可能对婴儿有帮助，有治疗性意义。他详细描述了两个婴儿的案例，一个婴儿有发作性症状，另一个则受哮喘的困扰。温尼科特细致地讲述了心理咨询师是如何通过抱持设置情境，让婴儿有机会，也许是第一次有机会去处理内部世界的困难的。两个案例中婴儿的困难都与犹豫阶段相关。

值得指出的是，温尼科特在1936年的文章中，称犹豫时刻（moment of hesitation）为"怀疑阶段"（period of suspicion）。"犹豫"作为一个词汇，具有更积极的内涵，意味着健康、正常，尤其是价值。不过，怀疑也可以是健康的。

323

3　犹豫阶段和幻想的功能

犹豫阶段，尽管是正常的发展阶段，但婴儿仍显示出焦虑。婴儿犹豫并非因为预期家长不赞同其行为——虽然与这种预期可能有些关联——但更多的是因为婴儿在努力挣扎着要搞清楚情境（设置情境）的现实情况，以及自己个人内在世界中的那些冲动、感受、记忆等：

> ……无论是不是母亲的态度决定了婴儿的行为，我认为犹豫意味着婴儿预期其放纵的行为可能会产生一个愤怒的或具有报复性的母亲。若要一个婴儿能感受到威胁，即使是感受到一个真正的、明显在愤怒的母亲的威胁，前提是在他的心智中也首先必须有一个愤怒母亲的概念……

如果母亲之前确实愤怒过，并且当婴儿在咨询室中去拿压舌板时，婴儿有确实的理由预期母亲会生气，那么我们的注意力就被引向婴儿忧虑的幻想（ apprehensive fantasies ），就像在一般情况下一样，尽管母亲很能宽容这类行为，甚至期待如此，但婴儿也同样会犹豫。在婴儿的心智中，肯定是在为"某些事情"感到焦虑，也许是一种潜在的邪恶或严苛的想法，而存在于婴儿心智中的任何事情都可能被投射到这种新奇的情境当中。当婴儿没有经历过被禁止的体验时，这种犹豫意味着内心的冲突，或者意味着在婴儿的心智中存在着一种幻想，而这种幻象对应着其他婴儿对真实的严厉母亲的记忆。无论哪种情况，其结果都是他必须首先克制自己的兴趣和欲望，而只有在他对环境的测试获得了满意的结果之后，他才能重新找回他的欲望。而我恰恰为婴儿提供了这种测试的环境设置。

("The observation of infants in a set situation",1941,p. 60)

温尼科特并没有解释，为何没有一个严苛母亲的婴儿仍然会感到焦虑。会不会这与母亲无意识沟通了她对婴儿的恨有关？就像是温尼科特在 1947 年论文中所发现的那样。（参见，恨：6 ）

324

4 作为乳房或阴茎的压舌板

温尼科特指出，压舌板既可以代表乳房，也可以代表阴茎，这分别是母亲和父亲的象征。因为当婴儿发展到五六个月时，他就能够开始区分"我"（Me）与"非我"（Not-me）了，这意味着他已经能够把人知觉为完整的客体了。然而，在婴儿坐在母亲的大腿上，面对着一个陌生人（此人也是一名男性）的情境中，这种情境类似于俄狄浦斯三角关系（oedipal triangle）。

> 只要婴儿发展是正常的，这时他面临最主要的一个问题就是同时要管理与两个人的关系。在这些情境中，有时候我似乎见证了婴儿在这方面第一次获得成功的情形。有的时候，我看到婴儿的行为反映出他在家庭中尝试同时与两个人建立关系的成功或失败的经历。有的时候，我目睹了婴儿会陷入一个充满困难的阶段，同样也观察到了一种自发性恢复。
>
> （"The observation of infants in a set situation",1941,p. 66）

这里就指出了设置情境的关键性特征，亦即，婴儿不仅仅只是与两个人关联，而且是与母亲和父亲发生关联。温尼科特并没有忽视俄狄浦斯情结的议题，但是，他选择强调父母对婴儿的容受，以及这种容受对婴儿的与其欲望有关的自体感发展的影响。

> 这就好像是父母双方都允许婴儿去满足那些使他感到冲突的欲望，并容受他对他们两人表达他的感受。当我在场时，婴儿并不能总是利用我对他兴趣的关心，或者他只能慢慢变得有能力这样做。
>
> 有勇气想要压舌板、敢于拿到它、敢于把它据为己有，而且事实上没有改变当时环境的稳定性，对于婴儿而言，这样的体验充当了一种对婴儿有治疗性价值的实物教学课（a kind of object-lesson）。在我们目前所考虑的年龄阶段和整个儿童期，这样的体验并不仅仅

具有暂时的安慰作用：愉快的体验和环绕着孩子的稳定、友好氛围
的累积效果，都会使得儿童建立起对外在世界当中人的一种信任，
并增强孩子一般意义上的安全感。

325

（"The observation of infants in a set situation",p. 66）

5　获得环境的许可

温尼科特认为，好环境就是能允许婴儿经历完整的体验过程，并尽
可能少打扰婴儿的那种环境。如果父母能看到婴儿在做什么，并允许婴
儿慢慢来，让他按照自己的节奏来达成任务，那么这就代表了一种好的
环境。这就是促进性环境，它同样也适用于精神分析性环境。

完整体验

我认为，这种工作之所以具有治疗性质，其实在于它允许个体
经历了一种体验的完整过程。从这点可以得出一些结论，其中之一
就是要为婴儿创造一个好环境。在母亲对婴儿直觉性管理中，她自
然会让婴儿完整地体验各种经历，并且要一直持续到婴儿年龄足够
大，以至于到能理解母亲的观点为止。她讨厌打断婴儿诸如进食、
睡眠或排泄这样的体验过程。在我的观察中，我人为地给了婴儿完
成经历一种体验的权利，这相当于一次对他特别有价值的"实物教
学课"（object-lesson）。

("The observation of infants in a set situation",1941,p. 67)

　　这里的"实物教学课"意味着增强了婴儿使用客体的能力（参见，攻击性：5）。由主体控制着的完整体验过程包含着由开始、中间和结束组成的一个序列。在这种意义上讲，精神分析也是一种实物教学课：

> 　　精神分析本身也有与其类似的部分。分析师允许病人按照自己的节奏行进，并且他又做了第二件好事，即让病人决定何时来、何时离开，因为分析师已经安排好了每次治疗的固定时间和固定时长，并去遵守已确定的时间安排。精神分析不同于这种与婴儿的工作，区别在于分析师总是在不断地摸索，在病人带来的大量材料中寻找他的治疗方式，努力找到在那一刻他能提供给病人，姑且可以称之为"解释"的这种东西是什么模样和什么形状。有时候，分析师也许会发现去探索繁多细节背后有什么是有价值的，同样，对比正在进行的分析与我刚刚描述过的相对而言更为简单的设置情境有何异同也会有所帮助。每一个解释都是一个闪闪发光的物品，它会激起病人的贪念（greed）。

> ("The observation of infants in a set situation",1941,p. 67)

　　因此，这里要强调的是——这也是温尼科特对精神分析的一般性态度——解释本身的重要性不及分析师首次给出解释的方式，以及随后病人使用解释的方式。

　　到了生命后期，温尼科特在咨询室中能够体验到最大快乐的时候，就是当病人自己获得了他们自己的解释的时候。

> 　　……只有在最近这些年，我才变得能够等待，能够等待移情自然地从病人对精神分析技术和设置的不断增长的信任中生发出来，

326

并展开其自然的演变过程；而也是在最近这些年，我才能够避免不
以做解释而打断这个自然过程。请注意我所谈论的是做出解释，而
非解释本身。一想到我曾经因为自己的需要做解释而阻碍或延迟了病
人多少深刻的变化，就让我感到诚惶诚恐。要是我们能够等待就好
了，病人自己就可以达成创造性理解，并体验到极大的喜悦，而我
现在更享受这种愉悦，远甚于曾经感到自己很聪明的快乐。我认为，
我做解释的主要目的是让病人知道我理解的局限性。原则是，病人
并且只有病人本人才有他需要的答案。

("The use of an object and relating through identifications",1968,pp. 86–87)

6　犹豫、阻抗和幻象

温尼科特关于"犹豫"的必要性观点的发展，让他在 1963 年的论文
"沟通与非沟通导致某些对立面的研究"中指出，每一个个体都有不沟通
的权利。因此，尽管弗洛伊德建议病人应该说出脑海中出现的所有内容
（自由联想），但温尼科特在 1963 年时却主张，每个病人都有权利保守自
己的秘密——保留自己的隐私和"不沟通"（ incommunicado ）。（参见，
存在：2；沟通：5，11）

327

母亲和婴儿之间的相互关系，可以从婴儿使用压舌板（客体）的方
式中看出来。因此，"客体的使用"来自婴儿和母亲"共同经历了一个体
验"。

在 1945 年，即"在设置情境中的婴儿观察"论文写成 4 年之后，温

尼科特又写了一篇论文"原初情绪发展"。在这篇论文中，他总结了他作为 20 年儿科医生，10 年成人和儿童精神分析师的临床经验。同时，他使用了以前的精神分析理论，并期待未来他自己对精神分析理论有所发展。一些诸如"个性化"（personalization）、"现实化"（realization）、"幻象"（illusion），以及"幻灭"（disillusion）等术语展现出了他个人的发现，同时也就修改了弗洛伊德和克莱因学派的术语。

六年之后的 1951 年，在论文"过渡性客体和过渡性现象"中，温尼科特的思想根植于他对压舌板游戏的观察，他关于过渡性现象的贡献达到了顶峰。

作为压舌板游戏的后续发展，温尼科特又为稍微年长的孩子设计了涂鸦游戏。使用涂鸦游戏进行治疗性咨询的所有基础，都是 20 世纪 30 年代温尼科特在帕丁顿格林儿童医院门诊的工作经验所奠定的。

（郝伟杰　翻译）

参考文献

1936　Appetite and emotional disorder. In:1958a. 1958e

1941　The observation of infants in a set situation. In:1958a. 1941b

1945　Primitive emotional development. In:1958a. 1945d

1968　The use of an object and relating through identifications. In:1971a. 1969i

第22章

涂鸦游戏
Squiggle Game

温尼科特在和儿童的首次评估中会开启涂鸦游戏（Squiggle Game）。他先在一张纸上画一条弯弯曲曲的线条，然后让孩子添加内容。在首次会谈的过程中，温尼科特和儿童病人轮流依据对方画了什么而继续画下去。这样，涂鸦有时候就变成了一幅图画。每一次会谈中大约会画出三十多幅涂鸦画。

温尼科特认为涂鸦游戏不仅仅是一个诊断工具，同时他也称这个过程为"心理治疗性咨询"（psychotherapeutic consultation）。

1　一个治疗性诊断工具

329　　"涂鸦游戏"的使用来自温尼科特自己对绘画的兴趣，他拥有通过邀请小孩子一起游戏而发现恰当的方式与小孩子沟通的能力。

　　正如压舌板游戏源自温尼科特为母亲和婴儿提供的门诊工作一样，涂鸦游戏也同样来自他在儿童精神科的临床实践活动。在温尼科特逝世后，一篇简单命名为"涂鸦游戏"（The Squiggle Game）的论文发表了。这篇论文是由两篇论文合并而成，其中一篇发表于1964年，另一篇发表于1968年，此时温尼科特已是古稀之年，并接近了他的生命尾声。

　　涂鸦游戏的主要特征有：

- 这是一个诊断性工具，但在足够好的环境中也对儿童有治疗效果；
- 它基于儿童（以及家庭）对于能够寻找到帮助的希望和信任；
- 它由心理咨询师开启并维持，但绝不能被心理咨询师所操控——平等是至关重要的；
- 所使用的技术直截了当；目的是促进游戏，让惊奇的元素展现出来；
- 在纸上画画互动的结果可以好比梦境，它们都是无意识的表现。

　　温尼科特最终把他对涂鸦游戏的使用称为一种"心理治疗性咨询"（psychotherapeutic consultation），目的是把它与精神分析或心理治疗区别开来。温尼科特指出，首次咨询访谈本身就可能具有治疗作用。

　　　在我的儿童精神病学实践当中，我发现一定要给予首次访谈特殊的地位。逐渐地，我发展出一种技术能充分地利用首次访谈的材料。为了区分它与心理治疗及精神分析之间的差别，我使用了"心理治疗性咨询"这个术语。这是一次诊断性访谈，其理论基础是，在精神病学临床中除非通过治疗性检验（test of therapy），否则无法做出任何诊断。

（"The squiggle game",1964–68,p. 299）

所谓的"治疗性检验"，温尼科特指的是他在整个游戏过程中都在评估儿童是如何利用所给予的情境，正如他通过压舌板评估婴儿状况或在分析性设置中评估病人一样。（参见，压舌板游戏：1）

330

温尼科特指出，儿童需要在一个能够允许他利用咨询的环境中：

对于某一类案例，要避免使用这种心理治疗性访谈。我并不是要说，对于那些病情严重的儿童不可能进行有用的工作。我要说的是，如果儿童离开了心理治疗性咨询，再次回到不正常的家庭或社会环境中，那么就不再有他所需要的那种环境性供养了，而这种环境性供养通常被我视为理所当然就有的。我凭借一个"平均可预期的环境"（average expectable environment）的概念来满足和充分使用男孩女孩们在首次访谈中所开启的变化，而这些变化意味着孩子发展进程中打的"结"现在开始松动了。

（*Therapeutic Consultations in Child Psychiatry*,1971,p. 5）

2   信任的能力

温尼科特有一种信念，即个体无意识相信他能够找到帮助。在多年的临床咨询实践中，他在所有的个体和家庭中都看到了这种信心，他们承受着被剥夺（deprivation）和精神躯体性疾病（psychosomatic illnesses）的痛苦。温尼科特认为，症状是希望的一种标志信号，它表明了病人希望他们的沟通能够被听到。心理治疗和管理（management）有可能为病人提供一个机会，让病人有可能重新体验（re-live）过去经历的剥夺，并得以对体验进行整合。（参见，反社会倾向：4，5; 精神——躯体：4，5，6）

这种专业性工作基于这样一个理论，那就是病人——无论是儿童还是成年人——在首次心理访谈中都会一定程度上有能力相信他们能够得到帮助，并信任帮助者。他们需要帮助者提供一个严格的专业性设置，在其中病人能够自由探索这种咨询为沟通所提供的这个特殊机会。病人和精神科医师的沟通会指向目前有着特定形式的情绪倾向（emotional tendencies），其根源可追溯到病人的过去或病人人格的深层结构和个人内在现实（personal inner reality）的深处。

("The squiggle game",p. 299)

3　"让我们玩吧"

正如在压舌板游戏中"设置情境"至关重要一样，同样在涂鸦游戏中，心理咨询师所提供的框架也是至关重要的，这种框架能作为儿童自由活动的一种基础。这种框架取决于心理咨询师*抱持*（hold）儿童的能力，指的是隐喻性和情绪性抱持的能力。

> 在这份工作中，咨询师或专家没有必要表现得有多聪明，重要的是他能够在专业设置之中提供一种自然和自由流动的人际关系，同时病人感到惊奇的是自己逐渐创造出了一些新的想法和感受，而它们此前并未被整合到完整的人格之中。也许所完成的主要工作具有整合的性质，这个工作之所以能够完成，取决于既人性化而又专业化的关系——这就是"抱持"的一种形式。
>
> （"The squiggle game", p. 299）

咨询师的作用是抱持住评估性访谈（the assessment consultation）的情境，而同时还能参与到游戏中。这意味着治疗性咨询是由两个彼此关联的人类个体构成的，他们的人类状态（human condition）是平等的，而非是一个是"知道"一切的专家，而另一个是"不知道"的病人。

> 咨询师在交换涂鸦画的游戏互动中自由地发挥着自己的作用，这一事实必定对于此技术的成功与否有着重要影响；这样的评估程序不会让病人感到自己低人一等，这与诸如被医生检查躯体健康问题，以及通常被实施心理测试（尤其是人格测试）时病人的感受是不一

样的。

（"The squiggle game",p. 301）

事实上，温尼科特非常不愿意过多描述涂鸦游戏，担心某些人会把它变成一个心理测试：

……尽管这些年来我大量地使用了这个技术，但我在描述这个技术时一直甚为犹豫，这不仅仅因为它是一个任何二个人都可以参与的自然游戏，同时更重要的是，如果我开始详细描述我所做的事情，那么就可能有人会重新撰写我所描述的内容，似乎它变成了一种固定的技术，有着固定的规矩和准则了。而这样的话，整个评估流程就失去了意义。如果我真的这么做了，那么确实会有现实的风险，即有人会把它变成一个类似"主题统觉测验"的东西。这个技术和主题统觉测验的区别在于，首先，它不是一个测验；其次，咨询师和儿童共同都为这个游戏过程贡献各自的才智。当然，咨询师的贡献要被提取出来，因为凭借此游戏来沟通自己困扰的是孩子，而非咨询师。

（"The squiggle game",p. 301）

4　技术

温尼科特如此描述这个技术的简单操作：

在儿童病人到来后的一个合适时机——通常是我让父母去等候室之后，我对孩子讲："咱们做个游戏吧。我知道我想玩什么，让我告诉你怎么做。"我和孩子之间有张桌子，上面放了纸和两支铅笔。首先我拿起几张纸，把纸撕成两半，造成一种我们要做的事儿根本没那么严肃的印象，然后我开始讲解。我会说："我想要玩的这个游戏没有规则。我就拿起铅笔然后这样……"之后我可能会紧闭着眼睛，在纸上画了一条弯弯曲曲的线。接着我继续解释："你告诉我，你是否觉得这条线像什么，或者你能把它变成什么，之后你也像我这样增加一些线条，然后再让我来看看，我能把你画的变成什么。"

关于技术我讲的就这么多了，此处必须强调的是，即使在访谈的早期阶段，我也绝对是非常灵活的，因此如果孩子想画画、想讲话、想玩玩具、想听音乐或想嬉戏，我都会自如地去满足孩子的愿望。有一个男孩常常想玩一个他称为"记点游戏"的游戏；也就是说，可以赢或输掉什么。不过在绝大多数的首次访谈案例中，孩子都会长时间地配合我的意愿和我想玩的游戏，以便能获得一些进步。很快游戏就带来了回报，这样游戏就会继续下去。通常在一个小时之内，我们可以完成二十到三十张图画，并且这些组合画的意义会变得越来越深，孩子也会感到这是他沟通重要事情的一部分。

("The squiggle game",pp. 301–302)

然而，温尼科特指出，想要实施这个技术，至关重要的一点就是，情绪发展的理论一定要记在你的头脑之中，甚或准确地说，要融入你的骨髓之中。

当我在探索新案例的未知领域时，我唯一的旅伴就是我怀揣的理论，它已成为我的一部分，我也不会刻意地去思考回忆它。这个理论就是个体情绪发展理论，对我而言，它囊括了个体儿童与他所处特殊环境关系的全部历史。不可回避的是我工作的理论基础确实随着时间和经验的积累而发生了一些变化。可以把我的变化比喻成一个大提琴手，一开始他专注于技术，但逐渐便能够开始真正表演音乐，把技术视作理所当然。我意识到相比三十年前，我现在能更轻松、更有效地做这份工作，而我希望能把这点告诉那些仍在和技术挣扎的同僚们，并给他们带来希望，即有朝一日他们也能如演奏音乐一般自如。

(Therapeutic Consultations in Child Psychiatry,p. 6)

5 梦的屏幕

温尼科特的分析认为，涂鸦画之间彼此有什么关联可以看作是与在首次访谈的分析设置中的对话相平行发生的事情：

至于涂鸦本身，值得注意的是：

1. 我画涂鸦画比孩子们在行，而孩子们画画通常比我在行。

2. 涂鸦画中包含了某种冲动性运动。

3. 涂鸦是疯狂的，除非是一个理智的人涂鸦。正由于这个原因，有一些孩子对涂鸦感到很恐惧。

4. 涂鸦是无拘无束的游戏，除非他们曾收到过一些告诫，所以一些孩子会觉得涂鸦是淘气顽皮的游戏。这类似于形式与内容的主题。纸张的大小形状都是需要考虑的因素。

5. 在每一个涂鸦画中都有着某种整合，它来自属于我那部分的整合性；我认为这并非是一种典型的强迫性整合，这种整合中包含了否认混乱（chaos）的元素。

6. 通常一个涂鸦线段的结果从它自身来看就是令人满意的。它就像是一个"被发现的客体"（found object），例如一块被雕塑家发现的石头或旧木块，雕塑家把它摆放在那里作为某种表达，而不对它进行雕琢。这种做法吸引着懒惰的男孩和女孩们，也阐释了懒惰的意义。去做任何工作都会把一开始的理想化客体破坏掉。一个艺术家可能会感到画纸或画布太具美感，因而一定不能下笔破坏它。有可能，它就是一副杰出的作品。在精神分析理论中，我们有一个概念是"梦的屏幕"（dream screen），它指的是一个梦可以在其中（into）或其上（onto）发生的地方。

("The squiggle game", pp. 302–303)

所谓"梦的屏幕"，温尼科特指的就是涂鸦游戏的无意识特性，这类似于用铅笔把梦境画下来，它们复制了早期母—婴关系的某些方面。

偶尔，温尼科特也会把涂鸦画给家长看，这一举动也有治疗性意义：

涂鸦画或绘画的内容还具有一种实际意义，即展示给家长看可以把家长也纳入咨询师的信任圈内，这可能对孩子的治疗有所帮助，并让家长获知他们的孩子在治疗性咨询这一特殊情境中的表现。这比我间接地汇报给他们孩子说了什么要更为直接和真实。家长们常常很熟悉那些挂在育婴室墙上或孩子从学校带回来的绘画作品，但是当他们通过孩子的连续涂鸦作品，看到了那些突显的孩子人格特征，以及在家庭环境中表现并不明显的感知能力时，他们会感到相当惊奇。

(*Therapeutic Consultations in Child Psychiatry*,pp. 3–4)

但是，温尼科特也补充了一个警告：

……自然地，给予家长这种洞察（这些洞察可能非常有用）并不一定总是好的。家长有可能会滥用治疗师给予他们的信任，因此可能会抵消掉咨询工作的效果，因为咨询效果取决于孩子与治疗师之间的某种私密性。

335

(*Therapeutic Consultations in Child Psychiatry*,p. 4)

无疑，温尼科特发现涂鸦游戏很适合他在首次治疗性访谈中要达到的目的——尽管其效用性通常可能不会超过首次访谈的效用。涂鸦游戏很符合温尼科特本人的性格，也是他钟爱的一种游戏方式，但是他认为其他心理咨询师需要去发现他们自己的工作风格，而很可能有些工作风格也未必一定会涉及涂鸦游戏。

心理治疗的原则是，它一定要在儿童的游戏空间与成人或治疗师的游戏空间的那个交汇之处展开。涂鸦游戏只是可以促进交互游戏的方式中的一种例子而已。

("The squiggle game",p. 317)

　　[温尼科特具体如何使用涂鸦游戏可见于《儿童精神病学中的治疗性咨询》，一书。*Therapeutic Consultations in Child Psychiatry*（1971b）]

（郝伟杰　翻译）

参考文献

1964-68　The squiggle game. In:1989a. 1968k

1971　*Therapeutic Consultations in Child Psychiatry*. 1971b

第 **23** 章

过渡性现象
Transitional phenomena

　　过渡性现象（transitional phenomena）这一概念指的是既不属于内部现实世界，又不属于外部现实世界的一种生活维度；准确地说，它是把内在世界与外在世界联接起来同时又区分开来的一个地方。温尼科特使用多个术语来指代这个维度——第三领域（third area）、中间区域（intermediate area）、潜在空间（potential space）、静息之地（resting place），以及文化体验的位置（location of cultural experience）。

　　从发展角度看，过渡性现象从生命一开始就发生了，甚至在出生之前就出现了，它与母—婴二体组合有关系。在这个区域中坐落着文化、存在以及创造性。

　　当婴儿开始区分"我"（Me）与"非我"（Not-me），从绝对依赖阶段迈向相对依赖阶段的时候，他需要使用过渡性客体。这一必要的发展旅程导致对幻象的使用，对象征物的使用，以及对客体的使用。

　　过渡性现象与游戏和创造性密不可分。   *337*

1　关于人类本性的三重陈述

在 1951 年温尼科特呈报他开创性论文"过渡性客体和过渡性现象"之前，精神分析文献中没有任何关于内部世界与外部世界之间空间的论述。弗洛伊德的发展心理学基于从快乐原则向现实原则迁移的发展顺序，它促进人们对人类婴儿需要经历的各个发展阶段有了更多的理解，但并没有足够重视关注这种发展的过渡性进程本身。梅兰妮·克莱因关注了婴儿的内部世界和婴儿的幻想，但在温尼科特看来，她并没有充分考虑到外在世界对婴儿感知觉能力发展的影响。当婴儿从他自己的主观性状态中浮现出来，开始变得能够更为客观性感知，以及发展到能够使用象征性思维的时候，就人类发展这一点来看，婴儿已经完成了诸多的任务。在从事了三十年与母亲和婴儿的临床观察和工作，以及近二十年作为精神分析师的工作之后，温尼科特发现非常有必要提出一个"中间领域"的概念：这个领域既不完全属于主观性，也不完全属于客观性。

人们普遍承认，当从人际关系的角度来描述人性时，即使是同时允许考虑到对功能的想象性精细加工、考虑到意识和无意识（包括压抑无意识）的全部幻想，这种描述都是不够充分的。从过去二十年的研究中可以得出描述人（persons）的另一种方式，它认为人类是每一个已经达成了一种单元体存在（being a unit）阶段的个体（这种单元体存在已经拥有了一个界膜，外部和内部世界），也可以说，每个个体都拥有一个内在现实世界（inner reality），而这个内在世界可以是丰富多彩的，也可以是贫瘠荒凉的，可以处在一种和平安宁的状态，也可以处在一种战火纷飞的状态。

　　我的主张是，如果说有必要做出这种二重（世界）的描述，那么也就有必要给出一种三重（世界）的描述；人类个体的生活还有第三个部分，我们不能忽视这个部分，这是一个处于中间位置的体验领域，而内部现实世界和外在生活世界都为这个中间领域添砖加瓦。这是一个不被挑战的领域，因为没有人代表它提出它的主张，它的存在只是为了提供一个暂时的静息之地，服务于维持内在与外在现实的分离同时也要相互联系这一永不停歇的人类任务的人类个体。

（"Transitional objects and transitional phenomena",1951,p. 230）　　*338*

　　温尼科特认识到这一第三领域的存在，是基于他对婴儿的观察。新生婴儿吮吸拳头、手指和大拇指，而更大一些的婴儿（3 到 12 个月之间）除了有时候吸吮拇指和手指之外还使用泰迪熊、娃娃或柔软的玩具，温尼科特观察到了这种不同年龄阶段孩子使用手指（玩具）现象之间有着某种的关联。

　　从新生婴儿把小拳头放到嘴里的活动开始，会出现一系列形态各异的事件，这最终会导致婴儿对诸如一只泰迪熊、一个娃娃或柔软玩具的依恋，或者对一个坚硬玩具的依恋。

　　很明显，这里出现了不同于口部兴奋和满足的其他重要事情，尽管前者是其他一切的基础。有许多其他重要的事情可以拿来研究，它们包括：

　　客体的性质；

　　婴儿辨认出"非我"客体的能力；

　　客体所处的位置——外部、内部、边缘位置；

　　婴儿创造、构思、设计、发明、制造出一个客体的能力；

一种充满感情的客体关系的启动。

("Transitional objects and transitional phenomena",pp. 229–230)

2　真正的"非我"客体是一个拥有物

婴儿或孩子收养的第一个外部客体就是他的第一个拥有物。换言之，从观察者的视角来看，这是一个旅程的象征，它象征着婴儿在体验上所经历的旅程。这个体验的旅程从绝对依赖期阶段母亲适应婴儿需求的体验开始，过渡到相对依赖期阶段婴儿开始发现母亲和自己并不是同一个人，而且他也认识到了，可以说，现在他必须开始靠自己了（参见，依赖：1，6）。因此，尽管这个外部客体代表了母性养育的所有组成部分，但它也意味着婴儿有能力创造出他所需要的事物了。这就是为何过渡性客体是婴儿的第一个拥有物：它真正地属于婴儿，因为是婴儿创造了它。（参见，创造性：2；依赖：6）

339　　每个婴儿个体都有创造第一个所有物的独特方式：

在有些情况中，婴儿把拇指放在口中，而其他手指则因为前臂的旋前、旋后运动而轻抚着脸颊。这样嘴部与拇指处于一种主动性关系中，但与其他手指没有关联。抚摸着上唇或其他部位的手指有可能（变得）比与口部积极互动的拇指更为重要。此外，这种抚摸动作也可能单独出现，而无须直接的拇指—口腔联合。

常常还会出现如下情况的一种，让诸如吮吸拇指这一自体性欲体验变得更为复杂：

　　1）婴儿用另一只手抓取一个外部客体，例如被单或小毯子的一部分，连同手指一起放入口中；或者

　　2）以这样或那样的方式，这小块布头就被抓住并被吮吸着，或者并非真正的吮吸。自然被使用的客体包括围兜和（之后的）手绢，而这取决于那些很容易能被发现，并能被可靠地使用的物品；或者

　　3）婴儿从头几个月就开始从绒毛织物上拔毛，并积攒起来，之后用于抚摸活动。不太常见但也会出现的情况是婴儿吞食了羊毛，甚至造成了麻烦；或者

　　4）嘴部运动，伴有"吗唔—吗唔"含混不清的声音，或者其他胃肠或肛门的声音，或者第一个乐音，等等。

340

（"Transitional objects and transitional phenomena",pp. 231–232）

过渡性客体并非一定是真实的物品；它可以是

　　……一个词语或一个音调，或者一个特殊习惯，它们可以被婴儿在睡觉时使用，而且变得对婴儿十分重要，并且可以用来防御焦虑，尤其是抑郁类型的焦虑。

（"Transitional objects and transitional phenomena",p. 232）

母亲和父亲们会直觉地感到这些物品对孩子的重要性。

　　父母们了解这个物品的价值，并在旅行时也会带上它。母亲会允许它变得脏兮兮，甚至臭烘烘的，因为她知道假如清洗这个物品，她就会给婴儿的连续性体验造成中断，而这种中断可能会破坏该客

体对婴儿的意义和价值。

（"Transitional objects and transitional phenomena",p. 232 ）

父母们似乎知道，对于婴儿来说，过渡性客体就像是嘴或母亲的乳房一样，绝对是他自身的一部分：

> ……家长们非常尊重这个客体，甚至胜过了紧随其后会出现的泰迪熊、娃娃和其他玩具。婴儿在失去过渡性客体的同时，也就丧失掉了嘴、乳房、双手，以及母亲的皮肤，同时也就丧失了创造性和客观性感知。过渡性客体是有可能把个体精神与外在现实连接起来的桥梁之一。

> （"Group influences and the maladjusted child",1955,p. 149)

温尼科特也观察到，除了对客体的选择有区别之外，男孩和女孩在使用过渡性客体方面没有任何区别：

> 逐渐地，泰迪熊、娃娃和坚硬的玩具也进入了婴儿的生活中。从某种程度上讲，男孩子更倾向于使用那些坚硬的玩具，而女孩子则倾向于径直获得一个家庭。然而，值得注意的是，男孩、女孩在使用最初的"非我"所有物的方式，亦即我称之为过渡性客体的方式，没有明显的区别。

> （"Transitional objects and transitional phenomena",p. 232)

随着儿童开始学习使用声音，他通常会给自己的过渡性客体命名，而经常会把成年人使用的某个词汇的一部分合并到他起的名字中。例如，

"吧"（baa）也许是过渡性客体的名字，其中的"b"音可能来自成人说的"宝宝"或"贝贝熊"。尽管这确实与语言习得相关，但温尼科特在这里强调的重点是，婴儿创造了一个个性化的单词。

过渡性客体还有其他方面的性质，它们都属于温尼科特所描述的"关系中的特殊性质"。他列举了七个性质：

1）婴儿声称他对过渡性客体拥有所有权，而我们也同意他的想法。然而，在一定程度上对全能体验的放弃也是过渡性客体开始的特征。

2）客体被充满爱意地怀抱着，也会被兴奋地爱着和摧毁着。

("Transitional objects and transitional phenomena",p. 233)

谈到婴儿对过渡性客体的使用时，温尼科特大量地使用"充满爱意、深情"（affection）这个词汇。"被充满爱意地怀抱着，也会被兴奋地爱着"，指的是婴儿与母亲关系中的宁静状态和兴奋状态。在发展的这个阶段，婴儿内部挣扎着两种母亲的不同体验，一种母亲是客体—母亲（object-mother），这是婴儿兴奋地爱着的母亲，另一种母亲是环境—母亲（environment-mother），这是婴儿宁静时出现的母亲。过渡性客体可以被看作是婴儿所使用的一种工具，他通过"活现"（enactment）内心中的这两种母亲体验，试图与这两种母亲关联，并同时把这两种母亲合并在一起（参见，攻击性：6，9；担心：3；依赖：6，7）。这些性质适用于第三点和第四点。

341

3）它绝对不能有任何变化，除非是婴儿自己改变了它。

4）它必须能在本能的爱和恨中幸存下来，甚至幸存于纯粹的攻击活动——如果有这个特点的话。

5）然而，它也必须能让婴儿感受到它散发出的温暖，或能被移动，或拥有某种质地，或者能做出似乎表明其有活力或其有现实性的一些事情。

6）从我们的角度看，它来自外部，但从婴儿的角度看却并非如此。然而，它也不来自内部；它并不是一个幻觉。

7）它的命运是逐渐地与婴儿脱离（decathected），因此随着年月的流逝，与其说它被遗忘了，还不如说它被打入了冷宫。我这里的意思是，在健康情况下，过渡性客体并不会"进入内部世界"（go inside），对它的情感也不一定会经历压抑的过程。它不会被遗忘，它不会被哀悼。它只是失去了存在的意义，而这是因为过渡性现象现在变得更为弥散，已经扩散到了"内部精神现实"与"两人共同知觉到的外部世界"之间的整个中间领域中。也就是说，过渡性现象已经扩展到了整个文化领域。

（"Transitional objects and transitional phenomena",p. 233）

这最后一个特征让过渡性客体成为一种独特的客体，不仅仅在儿童的心理发展旅程中是一个独特的客体，而且在精神分析理论的发展中也是一个独特的客体。在此之前的精神分析理论中，客体要么被内化，要么就被丧失。温尼科特首次提出还存在着这么一种客体，它既没有被内化，也没有被丧失掉，而最终的结局是"被打入了冷宫"。但是，为何有如此之说呢？

一旦婴儿从客体—关联（object-relating）向客体—使用（object-usage）的过渡已经完成，那么婴儿就不再需要过渡性客体本身了，也就是说，过渡性客体的功能已经完成了。发展到了这个时期，小孩子就可以区别"我"与"非我"，也能够在第三领域中生活，而且能够把内部世界与外部世界区分开，同时还能让它们相互联系起来。这就是温尼科特所描述的，过渡性现象"弥散"或"扩展"到了"整个文化领域"之中。十五年之后，在庆祝 James Strachey 完成弗洛伊德全集英文翻译周年纪念会上，温尼科特引入了"文化位置"（ location of culture ）的主题，这成为他 1967 年论文——"文化体验的位置"（ The Location of Cultural Experience ）的内容。（参见，创造性：3；游戏：1，2）

婴儿对过渡性客体的使用，以及父母有能力允许婴儿这种游戏，都是建立在早期母—婴关系之中已经打好的基础之上。（参见，存在：1，3；创造性：1；游戏：2）

3　过渡性客体和通往象征的旅程

从观察者角度来看，过渡性客体是一个象征物，它象征了婴儿对他所处环境的体验的某个方面。然而，这并不意味着使用过渡性客体的婴儿就已经达成了使用象征的能力；实际上他正处在发展使用象征能力的过程中。因此，过渡性客体意味着发展中的一个过渡阶段——从客体—关联到客体—使用的过渡阶段。（参见，攻击性：10）

的确，那一小块毯子（或无论是什么）象征着某些部分—客体（ part-object ），例如乳房。然而，关键点还不在于其象征的价值，而是它的现实性。它不是乳房（或母亲）的事实与它代表了乳房（或母亲）的事实同等重要。

当婴儿能够使用象征化的时候，他已经可以清楚地区分幻想与现实、内部客体与外部客体、原初创造性（primary creativity）与知觉了。但是我建议的这个术语——过渡性客体，给予婴儿一个空间来发展接受差异性和相似性的进程。我认为这样一个象征化起源的术语从发展进程上看是有用的，它描述了婴儿从纯粹的主观性过渡到客观性的旅程；而且在我看来，过渡性客体（一小块毯子等）正是在这个朝向体验的发展旅程中我们可以看到的东西。

("Transitional objects and transitional phenomena",pp. 233–234)

温尼科特认为，根据婴儿的不同发展阶段，象征化也是变化的。

似乎象征化只能在个体成长的过程中才能被恰当地研究，而且最好的情况也是它有各种各样的意义。如果我们拿圣餐中的脆饼来举例，那么它是基督身体的象征物。我想我可以这么说，那就是对于罗马天主教信徒而言，脆饼就是基督的身体，但对于新教信徒来说，它是一个替代物，一个提醒物，而且从本质上看，它事实上不是基督身体本身。然而，在这两种情况下，它都是一个象征。

一个精神分裂样的病人曾经在圣诞节后问我，我是否在大餐中很享受地吃掉了她。之后又问，我是真的吃掉了她，还是只在幻想中吃掉了她。我知道两种情况任何一种都不能让她感到满意。她的分裂需要一个双重的回答。

("Transitional objects and transitional phenomena",pp. 233–234)

我们可以假设这个"双重回答"是，温尼科特既在幻想中吃掉了她，也在现实中吃掉了她，这与罗马天主教会中圣餐变体论（transubstantiation）的信仰是相同的。

4　过渡性客体的功能

最初，婴儿需要相信是他自己创造出了乳房。他感到了饥饿，于是啼哭，这时恰好乳房被送过来了，而他也发现并得到了他需要的东西。整个过程使他相信，就是他自己创造出了乳房。这就是婴儿需要体验的全能幻象（illusion of omnipotence）（参见，母亲：4）。一旦婴儿建立起了这种幻象，那么母亲在婴儿相对依赖期的功能就是让婴儿幻灭（disillusion）。于是，婴儿便开始了客观性知觉，而不再是主观性统觉（apperceiving subjectively）（参见，依赖：6）。但是——这一点在温尼科特的理论中非常关键——如果婴儿未曾有过足够的全能幻象体验，那么他将无法开始客观性知觉活动，因此涉及发展出区分"我"与"非我"能力的旅程也就被扭曲了。（参见，幻象：1）。

344

> 从出生起……人类就关注着客观知觉性事物与主观构想的事物之间关系的问题。在这个问题的解决过程中，如果母亲不能提供一个足够好的开始，那么就不会发展出任何健康的人类。我所谈及的中间领域是具有这样一种性质的，即它是一种允许婴儿在原初创造性与基于现实检验的客观性知觉之间的领域。过渡性现象代表了使用幻象的早期阶段，如果没有过渡性现象，那么对于人类而言，与一个被外在存在的他者知觉的一个客体所建立关系的想法就没有了任何意义。

> ("Transitional objects and transitional phenomena,p. 239)

温尼科特使用了两张图来解释他的观点。第一张图 19（左图）所显示的内容涉及了"客体—呈现"（object-presenting）是如何发生的——处于原初母性贯注状态中的母亲让婴儿产生了他自己创造出自己所需求事物的一种幻象；第二张图20（右图）则显示了幻象领域已经转变成为一种形态，即形成了过渡性客体。

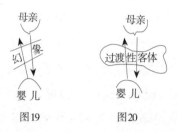

图19   图20

图20表示，幻象领域被赋予了一种形态，以说明我所认为的过渡性客体和过渡性现象的主要功能。过渡性客体和过渡性现象让每个人类个体从一开始就拥有一样自始至终都非常重要的事物，即：一个不会被挑战的，中立的体验领域。关于过渡性客体，可以这样说，我们与婴儿之间达成了这样一种默契或协议，那就是我们绝不会去问这样的问题："是你自己构想出来的，还是外界呈现给你的？"关键点在于，关于此问题不能期待任何确定性的答案。这种问题就本不该被想出来。

("Transitional objects and transitional phenomena",pp. 239–240)

另有一篇早于关于"过渡性现象"的论文一年的论文，"被剥夺的儿童和如何补偿他丧失的家庭生活"（The Deprived Child and How He Can Be Compensated for a Loss of Family Life，1950）。在此论文中，温尼科特进一步解释了为什么这种问题不应该被想出来：

……每一个儿童都会经历的一个困难是，要把主观性现实和被客观知觉到的共享现实关联起来。从觉醒到睡眠，儿童从一个知觉性世界跳跃到了一个自体创造性世界中。在这两个世界之间则需要各种各样的过渡性现象——这是一个中立的领域。我是这样描述这个宝贵的客体的，这是一种默契，没人会声称这个真实存在的东西是世界的一部分，或者它就是被婴儿创造出来的。人们都理解，这两种说法都正确：婴儿既创造了它，同时世界也提供了它。这是最初生命任务的一种继续发展，而这个生命任务的开启是由平凡的母亲所完成的，她通过最为精巧的主动性适应，成百上千次地奉献自己，奉献自己的乳房，每一次奉献都恰好发生在婴儿准备好要发现和创造些什么（例如乳房）的正确时刻。

("The deprived child and how he can be compensated for a loss of family
life",1950,pp. 143–144)

"从觉醒到睡眠"这一现象，清晰地勾勒出了两个不同世界的性质——"内部世界"属于睡眠和梦境、无意识和"主观性现实"；"外部世界"属于环境和"共享现实"，它被更加意识性地知觉为"非我"。那么，我们可以认为儿童会使用"过渡性客体"来连接这两种不同状态，这也能解释为何儿童在入睡时尤其需要过渡性客体。到了睡眠的时刻，小孩子已经生活在中间领域，尽管正如温尼科特指出的那样，我们所有人都不是很清楚这种内部和外部世界之间相互关系的挣扎究竟是怎么回事。

这里所假设的是，接受现实这个任务终其一生也不会完全被达成，没有人能够完全避免内在与外在现实相关联所带来的压力，而一个不被挑战的中间领域（艺术、宗教等）中的体验可以缓解这种压力。这个中间领域与小孩子"沉浸"其中的游戏领域直接相连。

("The deprived child and how he can be compensated for a loss of family life",p. 241)　*346*

过渡性现象这一主题讨论在温尼科特的文献中占了很大比例，而他的论文集《游戏与现实》（ *Playing and Reality* ）中所有章节都与过渡性现象的不同方面相关。

5 文化体验

在《游戏与现实》的一章中，温尼科特探讨了"我们所生活的地方"（ The Place Where We Live ）：

> 我想要使用"地方"（ place ）这个词的抽象性含义来考察，当我们在体验生命活动时，我们大多数时间所处的地方是什么。
>
> （"The place where we live",1971,p. 104）

在这里，温尼科特把早期母—婴关系延展到了成年生命与生活中。他对比了两个极端——行为的一端与内在生命的一端。

> 当思考人类生命时，有些人倾向于从条件与反射的角度，表面性地就行为方面进行思考，这就促成了所谓的行为治疗。但我们中大多数人已经厌倦了把自己（的生命）局限在行为层面，局限在可观察的外在生活上，因为无论我们是否愿意承认，我们这些人类是被无意识所驱动的。相比之下，还有一些人更注重"内在的"生活，他们认为与神秘体验相比较，经济条件，甚至饥饿本身都不重要……

我正在尝试在这两个极端中间找到一个位置。如果观察我们的生活，我们可能会发现我们大多数时间既没花费在行为上，也没花费在冥思（contemplation）上，而是放在了其他地方。我问：放在哪里了？而且我想要找到一个答案。

("The place where we live", pp. 104–105)

温尼科特指出，迄今为止，精神分析的文献并没有回答这个问题：
"我们每日生活在何处？"

例如，当我们聆听贝多芬交响乐时，或者去漫游观看一家画廊时，或者躺在床上读《特洛伊罗斯和克瑞西达》（*Troilus and Cressida*）时，或者打网球时，我们究竟在做什么呢？当一个孩子在母亲的看护下，坐在地板上玩玩具时，他究竟在做什么呢？当一群青少年去参加流行音乐演出时，他们又在做什么呢？

这不仅仅是：我们究竟在做什么？我们也需要提出另一个问题：我们处在哪里（如果我们能处在一个什么地方的话）？至今，我们使用了内部世界和外部世界这样的概念，现在我们需要第三个概念了。当我们在做那些其实我们花很多时间去做的事情，亦即享受生命时，我们处在哪里呢？

("The place where we live", pp. 105–106)

对于这个问题，温尼科特的回答是：在健康状况下，我们都生活在一个"中间区域"之中，或称"第三领域"，或称"过渡空间"。并且根据我们出生在什么样的文化中，我们会以不同方式追求享受和快乐——阅读、踢足球、跳舞。然而，每一个人类最原初的文化就是他的早期母——

婴关系。(参见，创造性：3)

　　正是在从事这些文化活动当中，我们的自体—体验(self-experiencing)得到了提升和发展。所有这样的活动都会促进生命的质量。

　　　　……游戏和文化体验是我们以一种特殊方式珍重的那些东西；这些东西连接着过去、现在和未来；它们占据着时间和空间。它们强烈要求并且得到了我们集中的刻意关注，虽然是刻意的关注，但并不是太多刻意的尝试。

　　　　　　　　　　　　　　　　　　　　　　("The place where we live",p. 109)

　　Marion Milner 在其整个工作中也大量地描述了这个第三领域的体验，而且她的思想与温尼科特的理念是平行发展的。"论无法绘画"(On Not Being Able to Paint，1950)大概是她对于过渡性现象这一主题最重要的贡献。

6　友谊和团体

　　温尼科特认为，定位在母—婴关系的自我—关联性(ego-relatedness)中的存在、创造性、未整合状态和文化体验都是"发展出友谊的材料"("The Capacity to Be Alone"，1957，p.33)。正是从与母亲和环境(父亲、手足等)关系的原初享乐中，婴儿才有可能发展出游戏和交朋友的能力。

正如有些成年人在工作中可以轻易地交到朋友或树敌，也有些成年人则常年窝在公寓里不与人来往，他们只是在想为什么没有人愿意搭理他们；孩子们也一样，他们在游戏中就能交朋友或树敌，如果他们离开游戏，就很难交到朋友。游戏提供了一种组织形式，帮助孩子们开启情感关系，并发展出社会交往能力。

("Why children play",1942,pp. 144–145)

交朋友、维持友谊的能力基于独处的能力。（参见，独处：1，2）的确，根据温尼科特的观点，建立友谊需要在心中记住朋友的能力，但同时也需要承认其独立性的能力。在友谊关系之中遵循文化追求就是利用个体之间的过渡空间。（参见，游戏：7）

从这里出发，温尼科特推测，我们可以从"狂喜"（ecstasy）或"自我高潮"（ego orgasm）的角度，去思考和理解那些令人高度满足的过渡性现象的体验。他问道：

……现在我只想讨论的是，认为"狂喜"这种状态是一种"自我高潮"是否有价值。对于普通人来说，我们可以用自我高潮来形容一种令人高度满意的体验，诸如，听了一场音乐会，或者欣赏了一部戏剧，或者享受一段友谊，等等。"自我高潮"这个术语让我们注意到了高峰体验（climax）及其重要性。

("The capacity to be alone",1957,p. 35)

温尼科特之后没有再使用"自我高潮"这种表达，来专门描述在创造性生活中所涉及的愉悦感、幸福感，以及所有各个方面。1960 年，拉康用"享乐"（jouissance）一词来描述同样的现象，之后 C.Bollas 在其 1989 年出版的《命运的力量》（*Forces of Destiny*）一书中也提到了"享乐"：

> 享乐是主体不可剥夺的享受狂喜的权利，它实质上是一种追求
> 欲望的合法要务。

> (C.Bollas,1989a,pp. 19–20)

对幸福感的追求发生在过渡空间，在那里满足可能被实现，也可能
不被实现。如果欲望来自真自体（true self），那么更有可能获得一种圆
满的结果，因为它将最大限度地感受到"真实"。

温尼科特认为，文化活动通过游戏发生在第三领域：

> ……游戏是一种普遍的现象，游戏属于健康的状态，游戏也能
> 促进成长，因此也促进健康；游戏会导致团体关系；游戏可以是心
> 理治疗中的一种沟通方式；最后，精神分析已经发展成为一种高度
> 专业化的游戏形式，并服务于与自己和他人的沟通。

> 最自然不过的事情就是游戏，而二十世纪高度精巧的游戏现象
> 就是精神分析。

> ("Playing：A theoretical statement",1967,p. 41)

7　潜在空间与分离

婴儿需要通过与母亲的合并体验来获得一个好的开始。如果一切顺

利的话，婴儿会内化在妈妈身体里面的好体验，内化从妈妈身体里出生的好体验，以及内化与妈妈生活在一起的好体验，这些好的体验导致了婴儿对他妈妈的依赖和信任。(参见，幻象：4，5) 随着婴儿的逐步发展，以及逐步走出了绝对依赖期之后，他需要全盘否定（repudiate）母亲，让母亲成为一种"非我"存在，目的是为了与母亲分离，并理解内部世界与外部世界之间的差异。随着这一过程的开始，母亲必须开始去适应（de-adapt），也就是，回忆起她自己的各种自体—需求，因而让婴儿体验到幻灭。

> 从与母亲合并在一起的状态中，婴儿进入了一种把母亲从自体中分离出去的状态，而母亲也逐渐地降低了对婴儿需求的适应程度（这既是因为她从一种高度认同婴儿的状态中恢复过来，也是因为她知觉到了婴儿的新需求，即婴儿需要母亲单独存在）。
>
> ("The place where we live",1971,p. 107)

温尼科特把婴儿的这个发展阶段与心理治疗中的一个时期做了联接，即病人体验到了（对治疗师和治疗关系的）信任和可靠性，现在病人需要分离，并获得自主性。

> 正如婴儿和母亲在一起那样，如果治疗师没能准备好放手，那么病人就无法获得自主性……
>
> ("The place where we live",p. 107)

350

温尼科特认为，从来就没有分离这回事，而只有分离的威胁（threat of separation）。这个理念扩展了独处能力（capacity to be alone）的概念，后者的发展基于在母亲/他人在场的情况下独处的体验。（参见，独处）温尼科特提出了"分离"不可能发生这个问题。

> 我们可以这么说，其实人类彼此间并不存在分离，而存在分离的威胁；根据人类最初分离的体验，这种分离性威胁可能极具创伤性，也可能只有很小的创伤性。
>
> 那么，我们可能会问，在绝大多数情况下，主体与客体的分离，婴儿与母亲的分离，似乎看起来真的发生了，而且其发生对所有相关方都有益，这又是怎么回事呢？怎么会在分离不可能发生的情况下而出现分离呢？（这里的悖论必须被容受。）
>
> ("The place where we live",1971,p. 108)

通过母亲对其婴儿的共情性理解，通过治疗师对病人的共情性理解，婴儿/病人便能够内化这种理解，以及在从依赖向自主的发展过程中感受到安全。只有通过这种关系的可靠性和信任，一个潜在空间才能够开始出现。温尼科特提出，就在婴儿与母亲分离的这个节点上，他同时也在使用游戏和文化体验来充实这个潜在空间。

> 婴儿对母亲的可靠性充满信心，因而也就会信任其他人和事，这让"非我"从"我"中分离出来成为可能。然而与此同时，我们可以说，个体通过创造性游戏，通过使用象征，以及通过一切最终累积成为文化生活的事物，来充实潜在空间，而这就避免了真正的分离。
>
> ("The place where we live",p. 109)

温尼科特在这段中所使用的"避免"，是描述与主观性客体（subjective objects）相关内在现象的另一种方式。因而，自主性意味着在幻想中持续地体验到联合性。过渡性客体的使用，可以被看作婴儿对其生命中首个客体的完全否定和内化的同时活现。

"从来就没有分离这回事，而只有分离的威胁"，温尼科特的这个概念是过渡性现象这个概念的核心，因为过渡性空间在情感和心智上同时既分离又结合。而这个概念的核心之处就是温尼科特所说的"基本悖论"（essential paradox）。

351

8　基本悖论

温尼科特在其生命最后十年特别强调他称之为的"基本悖论"，它是过渡性客体和过渡性现象概念的核心。

> 毫无疑问，过渡性客体和过渡性现象的概念引领我有了研究这一中间领域的愿望，而这个领域与生活体验有关，它既不是梦境也不是客体—关联。同时，它不是两者中的任何一个，它同时是两者。这就是一种基本悖论，而在我关于过渡性现象的论文中，（我认为）最重要的部分就是我主张的——我们需要接受这个悖论，而不是去解决它。

> ("Playing and culture",1968,p. 204)

这就是为何绝对不能去问孩子过渡性客体的本源到底是什么的原因。

> 过渡性客体和过渡性现象让每个人类个体从一开始就拥有一样自始至终都非常重要的事物，即一个不会被挑战的、中立的体验领域。关于过渡性客体，可以这样说，我们与婴儿之间达成了这样一种默契或协议，那就是我们绝不会去问这样的问题："是你自己构想出来的，还是外界呈现给你的？"关键点在于，关于此问题不能期待任何确定性的答案。这种问题就本不该被想出来。
>
> ("Transitional objects and transitional phenomena",1951,pp. 239–240)

这个悖论只能通过"遁入分裂出去的智力功能"（flight to split-off intellectual functioning）来解决，但这就说明存在着一种耐受悖论的阻抗。

我认为，如果我们看一看哲学，并暂时忽略此内容中极其重要的细节，那么我们就看到了一种运作的动力学，我称之为一种无法接受的内在本质悖论。对我来说，这个悖论是与生俱来的。就过渡性客体来说，尽管客体确实在那里等待着被发现，但它就是被婴儿创造出来的。在这里也许可以对比 Ronald Knox 的打油诗，因为在神学领域，针对同样问题的讨论也在无休止地进行着：上帝存在吗？如果上帝是一个投射物，那么是否存在这样一个上帝，他创造了我，并给予我可以用来投射的材料？从病因学上讲——如果在这里我可以使用这么一个用来指代疾病起源的词语——悖论必须得到接纳，而不是被求解。对我而言，最重要的事情一定是，我本来就拥有让我产生上帝这个理念的东西吗？如果没有，那么上帝这个理念对我毫无价值（除了迷信价值外）。

（"Playing and culture",1968,p. 205）

温尼科特关于基本悖论的论述是他生平中最后出版的文字，其理论地位被放置在《游戏与现实》一书的"附录"中，该书出版于他逝世的那一年，这可以看作是他一生工作的总结性陈述。

我想提出的是，在人类获得客观性和知觉性能力之前，还存在着一个发展阶段。在这个生命的理论性开始阶段，可以说一个婴儿生活在一个主观性或概念性世界中。从这种原初状态转变到一种客观知觉性状态之所以成为可能，不仅仅在于它是一种内在的或遗传的成长过程；它还需要一种基本的环境性配置。它从属于个体从依赖朝向独立的人生旅程这个宏大的主题。

概念—知觉（conception-perception）之间的这种裂隙，为我们提供了大量可供研究的材料。我提出了一个基本悖论，我们必须接纳这个悖论，而不是去解决它。这个基本悖论是这个概念的核心，在对每个婴儿照护过程中的一段时间之内，这个悖论需要被允许存在。

（"Tailpiece",from *Playing and Reality*,1971,p. 151）

（郝伟杰　翻译）

参考文献

1942　Why children play. In:1964a. 1942b

1950　The deprived child and how he can be compensated for a loss of family life.
　　　In:1965a. 1965k

353   1951   Transitional objects and transitional phenomena. In:1958a.1953c

1955   Group influences and the maladjusted child：the school aspect. In:1965a.
1965s

1957   The capacity to be alone. In:1965b. 1958g

1967   Playing：A theoretical statement. In:1971a. 1968i

1968   Playing and culture. In:1989a. 1989zd

1971   The place where we live. In:1971a. 1971q

354   1971   *Playing and Reality*. 1971a

参考文献

Abram, J. (1996). Squiggles, clowns et soleils. Réflexions sur le concept winnicottien de "violation du self" . *Le Coq Héron, 173* (2003, No. 2): 49–63.

Abram, J. (Ed.) (2000). *André Green at the Squiggle Foundation*. London: Karnac.

Abram, J. (2005). L' objet qui survit. *Journal de la Psychanalyse de L'enfant, 36*: 139–174.

Abram, J. (2007). Donald Woods Winnicott 1896–1971: A brief introduction. *International Journal of Psychoanalysis, Education Section.*

Axline, V. M. (1947). *Play Therapy: The Inner Dynamics of Childhood*. Boston, MA: Houghton Mifflin.

Bertolini, Giannakoulas, A., & Hernandez, M. (Eds.) (2001a). *Squiggles and Spaces, Vol. 1: Revisiting the Work of D. W. Winnicott*. London: Whurr.

Bertolini, Giannakoulas, A., & Hernandez, M. (Eds.) (2001b). *Squiggles and Spaces, Vol. 2: Revisiting the Work of D. W. Winnicott*. London: Whurr.

Bettelheim, B. (1983). *Freud and Man's Soul*. London: Chatto & Windus.

Bion, W. (1962). *Second Thoughts. Selected Papers on Psychoanalysis*. London: Karnac.

Bollas, C. (1989a). *Forces of Destiny*. London: Free Association Books.

Bollas, C. (1989b). The psychoanalyst's celebration of the analysand.In: *Forces of Destiny*. London: Free Association Books.

Casement, P. (1982). Some pressures on the analyst for physical contact during the reliving of an early trauma. In: G. Kohon (Ed.), *The British School of Psychoanalysis: The Independent Tradition*. London: Free Association Books, 1986.

Clancier, A., & Kalmanovitch, J. (1984). *Winnicott and Paradox: From Birth to Creation*. Paris: Payot.

Davis, M. (1987). The writing of D. W. Winnicott. *International Review of Psychoanalysis, 14*: 491–502.

Davis, M., & Wallbridge, D. (1981). *Boundary and Space: An Introduction to the Work of D.W. Winnicott*. New York: Brunner-Mazel. [Revised edition London: Karnac Books, 1991.]

Diatkine, G. (2005). Beyond the pleasure principle. In: R. J. Perelberg (Ed.), *Freud: A Modern Reader* (pp. 142–161). London: Whurr.

Fairbairn, W. R. D. (1952). *Psycho-Analytic Studies of the Personality.*London: Tavistock.

Freud, S. (1915c). Instincts and their vicissitudes. *S.E.*, 18.

Freud, S. (1916d). Some character types met with in psycho-analytic work (Chapter 3). Criminals from a sense of guilt. *S.E.*, 14.

Freud, S. (1920g). *Beyond the Pleasure Principle. S.E., 14.*

Freud, S. (1923b). *The Ego and the Id. S.E, 19.*

Frost, R. (1917). Letter to Louis Untermeyer, 1 January 1917. In: R. Poirier & M. Richardson (Eds.), *Robert Frost: Collected Poems, Prose and Plays*. New York: Library of America.

Gaddini–Winnicott Correspondence, The: Correspondence between Donald W. Winnicott and Renata Gaddini, 1964–1970. *Psychoanalysis and History, 5* (2003, No. 1): 13–48.

Giovacchini, M. D. (1990). *Tactics and Techniques in Psychoanalytic Therapy, Vol. 3: The Implications of Winnicott's Contributions*. New York: Jason Aronson.

Goldman, D. (1993). *In One's Bones: The Clinical Genius of Winnicott*. New York: Jason Aronson.

Goldman, D. (1993). *In Search of the Real: The Origins and Originality of D. W. Winnicott*. New York: Jason Aronson.

Green, A. (1988). *On Private Madness*. London: Karnac.

Green, A. (1996). The posthumous Winnicott: On *Human Nature*. In: J. Abram (Ed.), *André Green at the Squiggle Foundation*. London: Karnac, 2000.

Groarke, S. (2003). A life's work: On Rodman's *Winnicott. Free Associations, 10* (Pt. 4, No. 56): 472–497.

Grolnick, S. A., Barkin, L., & Musensterberger, W. (1978). *Between Reality and Fantasy*. New York: Jason Aronson.

Hartmann, H. (1939). *Ego Psychology and the Problem of Adaptation*. London: Imago, 1958.

Heimann, P. (1950). On countertransference. In: *About Children and Children-No-Longer: Collected Papers 1942–1980*. London: Tavistock, 1989.

Hopkins, J. (1996). The dangers and deprivations of too-good mothering. *Journal of Child Psychotherapy, 22* (3): 407–422.

Jacobs, M. (1995). *D. W. Winnicott*. London: Sage.

Jones, E. (1946). A valedictory address. *International Journal of Psycho-analysis, 27*.

Kahr, B. (1996). *D. W. Winnicott: A Biographical Portrait*. London: Karnac.

Khan, M. M. R. (1975). Introduction. In: D. W. Winnicott, *Through Paediatrics to Psycho-Analysis*. London: Hogarth Press & The Institute of Psycho-Analysis. [Reprinted London: Karnac, 1992.]

King, P. (1972). Tribute to Donald Winnicott. *Bulletin of the British Psycho-Analytical Society, 57*: 26–28.

King, P., & Steiner, R. (1992). *The Freud–Klein Controversies 1941–45*. London: Routledge.

Klein, M. (1957). Envy and gratitude. In: *The Writings of Melanie Klein, Vol. 3*. London: Hogarth Press, 1975. [Reprinted London: Karnac, 1993.]

Kohon, G. (1988). *British Object Relations Theory: The Independent Tradition*. London: Free Association Books.

Kohon, G. (1999). *No Lost Certainties To Be Recovered*. London: Karnac.

Kluzer Usuelli, A. (1992). The significance of illusion in the work of Freud and Winnicott. *International Review of Psychoanalysis, 19*: 179–187.

Lacan, J. (1960). The subversion of the subject and the dialectic of desire in the Freudian Unconscious. In: *Écrits: A Selection* (pp. 292–325). London: Tavistock.

Lanyado, M. (1996). Winnicott's children. *Journal of Child Psychotherapy, 22* (3): 423–443.

Lanyado, M. (2004). *The Presence of the Therapist*. London: Routledge.

Milner, M. (1950). *On Not Being Able to Paint*. London: Heinemann.

Milner, M. (1987). *The Suppressed Madness of Sane Men*. London: Tavistock.

Modell, A. H. (1985). The works of Winnicott and the evolution of his thought. *Journal of the American Psychoanalytic Association, 33S*: 113–137.

Newman, A. (1995). *Non-Compliance in Winnicott's Words: A Companion to the Writings and Work of D. W. Winnicott*. London: Free Association Books.

Niblett, W. R. (Ed.) (1963). *Moral Education in a Changing Society*. London: Faber.

Ogden, T. (1985). The mother, the infant and the matrix: Interpretations of aspects of the work of Donald Winnicott. *Contemporary Psychoanalysis, 21*: 346–371.

Ogden, T. (1986). *The Matrix of the Mind: Object relations and the Psychoanalytic Dialogue.* New York: Jason Aronson. [Reprinted London: Karnac, 1990.]

Ogden, T. (1989). *The Primitive Edge of Experience.* New York: Jason Aronson. [Reprinted London: Karnac, 1992.]

Ogden, T. (1992). The dialectically constituted/decentred subject of psychoanalysis. II: The contributions of Klein and Winnicott. *International Journal of Psychoanalysis, 73:* 613–626.

Ogden, T. (2000). Reading Winnicott. *Psychoanalytic Quarterly, 70*: 299–323.

Ogden, T. (2001). *Conversations at the Frontier of Dreaming.* London: Karnac.

Parsons, M. (1999). *The Dove That Vanishes, the Dove That Returns.* New Library of Psychoanalysis. London: Routledge.

Pedder, J. R. (1976). Attachment and new beginning: Some links between the work of Michael Balint and John Bowlby. *International Review of Psycho-Analysis, 3*: 491–497. Also in: G. Kohon (Ed.), *The British School of Psychoanalysis: The Independent Tradition.* London: Free Association Books, 1986.

Pedder, J. (1992). Psychoanalytic views of aggression: Some theoretical problems. *British Journal of Medical Psychology, 65*: 95–106.

Perelberg, R. J. (Ed.) (2005). *Freud: A Modern Reader.* London: Whurr.

Phillips, A. (1988). *Winnicott.* Cambridge, MA: Harvard University Press.

Posner, B. M., Glickman, R. W., Taylor, E. C., Canfield, J., & Cyr, F. (2001). In search of Winnicott's aggression. *Psychoanalytic Study of the Child, 56:* 171–190.

Rayner, E. (1991). *The Independent Mind in British Psychoanalysis.* London: Free Association Books.

Reeves, C. (1996). Transition and transience: Winnicott on leaving and dying. *Journal of Child Psychotherapy, 22* (3): 444–455.

Reeves, C. (2002). A necessary conjunction: Dockar-Drsydale and Winnicott. *Journal of Child Psychotherapy, 28* (1): 3–27.

Reeves, C. (2004a). Creative space: A Winnicottian perspective on child psychotherapy in Britain. *Mellanrummet, 11*: 92–112.

Reeves, C. (2004b). On being "intrinsical" : A Winnicott enigma? *American Imago, 61* (4): 427–455.

Reeves, C. (2006). The anatomy of riddance. *Journal of Child Psychotherapy, 32* (3).

Rodman, R. (2003). *Winnicott: Life and Work*. Cambridge, MA: Perseus Publishing.

Roussillon, R. (1991). *Paradoxes et situations limites de la psychanalyse.*Paris: Presses Universitaires de France.

Roussillon, R. (1999). *Agonie, clivage et symbolisation*. Paris: Presses Universitaires de France.

Rudnytsky, P. L. (Ed.) (1993). *Transitional Objects and Potential Spaces: Literary Uses of D. W. Winnicott*. New York: Columbia University Press.

Sechehaye, M. A. (1951). *Symbolic Realisation*. New York: International Universities Press.

Stern, D. (1985). *The Interpersonal World of the Infant*. New York: Basic Books.

Widlocher, D. (1970). On Winnicott's *The Maturational Processes and the Facilitating Environment* [Review]. *International Journal of Psychoanalysis, 51*: 526–530.

Winnicott, C. (1984). Introduction. In: D. W. Winnicott, *Deprivation and Delinquency,* ed. C. Winnicott, R. Shepherd, & M. Davis. London: Tavistock; New York: Methuen.

Wright, K. (1996). *Vision and Separation*. London: Free Association Books.

《温尼科特研究》专题系列

　　《温尼科特研究》是涂鸦游戏基金会的杂志。从20世纪80年代早期以来，它与Karnac书商联合发表了温尼科特相关研究的十一卷论文，1996年被整理为一个专题系列：

1996　*The Person Who Is Me: Contemporary Perspectives on the True and False Self,* edited by Val Richards.

1997　*Fathers, Families, and the Outside World,* edited by Val Richards with Gillian Wilce.

2000　*André Green at the Squiggle Foundation*, edited by Jan Abram.

2000　*Art, Creativity, Living,* edited by Lesley Caldwell.

2003　*The Elusive Child,* edited by Lesley Caldwell.

2005　*Sex and Sexuality: Winnicottian Perspectives,* edited by Lesley Caldwell.

2007　*Winnicott and the Psychoanalytic Tradition,* edited by Lesley Caldwell.

温尼科特出版书籍列表

    以下是一份温尼科特出版书籍的完整列表。这个列表中的日期是按照温尼科特书籍的出版年份确定的。

1931a   *Clinical Notes on Disorders of Childhood.* London: Heinemann. [out of print]

1945a   *Getting to Know Your Baby.* London: Heinemann. [out of print]

1949a   *The Ordinary Devoted Mother and Her Baby* (9 broadcast talks).London: C. Brock & Co. [out of print]

1957a   *The Child and the Family.* London: Tavistock. [out of print]

1957b   *The Child and the Outside World: Studies in Developing Relationships.*London: Tavistock. [out of print]

1958a   *Collected Papers: Through Paediatrics to Psycho-Analysis.* London: Tavistock (Second edition, with preface by M. M. R. Khan, London: Hogarth and The Institute of Psycho-Analysis, 1975.)

1964a   *The Child, the Family, and the Outside World.* Harmondsworth: Penguin Books.

1965a   *The Family and Individual Development.* London: Tavistock. (Second edition, with an introduction by Martha Nussbaum, London and New York: Routledge Classics, 2006.)

1965b   *The Maturational Processes and the Facilitating Environment.* London: Hogarth.

1971a   *Playing and Reality.* London: Tavistock.

1971b   *Therapeutic Consultations in Child Psychiatry.* London: Hogarth.

1977   *The Piggle. An Account of the Psycho-Analytic Treatment of a Little Girl,* ed. Ishak Ramzy. London: Hogarth.

1984a   *Deprivation and Delinquency,* ed. Clare Winnicott, Ray Shepherd, & Madeleine

361

Davis. London: Tavistock.

1986a   *Holding and Interpretation. Fragment of an Analysis.* London: Hogarth, 1986.

1986b   *Home Is Where We Start From,* ed. Clare Winnicott, Ray Shepherd, & Madeleine Davis. Harmondsworth: Penguin.

1987a   *Babies and Their Mothers,* ed. Clare Winnicott, Ray Shepherd, & Madeleine Davis. Reading, MA: Addison-Wesley. In: 2002 (Part One: "Babies and their Mothers").

1987b   *The Spontaneous Gesture: Selected Letters,* ed. F. Robert Rodman. Cambridge, MA: Harvard University Press.

1988   *Human Nature,* ed. Christopher Bollas, Madeleine Davis, & Ray Shepherd. London: Free Association Books.

1989a   *Psycho-Analytic Explorations,* ed. Clare Winnicott, Ray Shepherd, & Madeleine Davis. Cambridge, MA: Harvard University Press.

1993a   *Talking to Parents,* ed. Clare Winnicott, Christopher Bollas, Madeleine Davis, & Ray Shepherd. Reading, MA: Addison- Wesley. In: 2002 (Part Two: Talking to Parents).

1996a   *Thinking About Children,* ed. Ray Shepherd, Jennifer Johns, & Helen Taylor Robinson. London: Karnac.

2002   *Winnicott on the Child* (with Introductions to his Works by T. Berry Brazelton, Stanley I. Greenspan, and Benjamin Spock). Cambridge, MA: Perseus Publishing.

温尼科特的文献目录

Knud Hjulmand

1.按时间排序列表

　　这个按时间顺序排列的文献清单，包含了以温尼科特为作者的所有已知发表的文献，这个清单包括了很多原创论文，按照文集的首次发表时间顺序来排列。温尼科特的原著和文献集中的所有文章都列在了下面，并给出了每篇文章在原书中的页码。我们排除了重印版和翻译版本的同一种书籍。同一年出版的书籍我们按照出版时间先后标记字母顺序（例如，1971a, 1971b），每一篇论文是按照这样的顺序排列的：（1）书籍，（2）杂志或文献集中的原始论文，（3）其他信息（综述、前言、信件等）。在每一条文献内部，顺序由标题中第一个有意义的词汇决定，我们使用的是最终的英文版本。所有较早时期的报告或写作日期都标记在了括号中。完全相同的论文或题目都只有一个条目，而通信（大多数是在1987b出版的）严格按照写作的时间顺序来排列[1]。

363

1　文献目录的较早期版本曾经发表于巴西的杂志《人性》（*Natureza Humana*）[1999, 1 (2), pp. 459–517]，也曾经被发表于本书第一版的法文翻译版[*Le Langage de Winnicott. Dictionnaire Explicatif des Termes Winnicottiens*, transl. Cléopâtre Athanassiou-Popesco (Paris: Édition Popesco, 2001), pp. 367–404]。本版文献目录拟在由Jan Abram编辑的《温尼科特精神分析作品全集》中进一步扩展。

1913a   Smith (essay). *The Fortnightly* (Leys School, Cambridge), 3 Oct.1913.

1913b   Letter to his family, 3 Nov. 1913. In: F. Robert Rodman, *Winnicott: Life and Work* (27). Cambridge, MA: Perseus Publishing, 2003.

1913c   Letter to his family, 23 Dec. 1913. In: F. Robert Rodman, *Winnicott: Life and Work* (27). Cambridge, MA: Perseus Publishing, 2003.

1914   Letter to his family, 9 May 1914. In: F. Robert Rodman, *Winnicott: Life and Work* (27–28). Cambridge, MA: Perseus Publishing, 2003.

1916a   Letter to Elizabeth Winnicott (mother), 1916 (undated). In: F. Robert Rodman, *Winnicott: Life and Work* (34). Cambridge, MA: Perseus Publishing, 2003.

1916b   Letter to his family ("my dears"), 9 Dec. 1916. In: F. Robert Rodman, *Winnicott: Life and Work* (35–36). Cambridge, MA: Perseus Publishing, 2003.

1919   Letter to Violet Winnicott (sister), 15 Nov. 1919. In: F. Robert Rodman (Ed.), *The Spontaneous Gesture. Selected Letters of D. W. Winnicott* (1987b). Cambridge, MA: Harvard University Press, 1987 (Letter 1, 1–4).

1920a   A Shropshire surgeon (poem). *St Bartholomew's Hospital Journal*, 1920, *27*.

1920b   St Bartholomew's Hospital amateur dramatic club. *St Bartholomew's Hospital Journal*, 1920, *27*.

1921a   A reminder to the binder. *St Bartholomew's Hospital Journal*, 1921, *28*.

1921b   The snag. *St Bartholomew's Hospital Journal*, 1921, *28*.

1926   & Nancy Gibbs. Varicella encephalitis and vaccinia encephalitis. *British Journal of Children's Diseases*, 1926, *23*.

1928   The only child. In: Viscountess Erleigh (Ed.), *The Mind of the Growing Child*. London: Faber, 1928 / New York: Oxford University Press, 1928.

1930a   Pathological sleeping (case history). *Proceedings of the Royal Society of Medicine*, 1930, *23*.

1930b   Short communication on enuresis. *St Bartholomew's Hospital Journal*, Apr. 1930 ("Enuresis, short communication"). In: 1996a (170–175).

1931a   *Clinical Notes on Disorders of Childhood*. London: Heinemann, 1931.

1931b   Active heart disease. In: *Clinical Notes on Disorders of Childhood*(1931a). London: Heinemann, 1931 (69–75).

1931c   Anxiety. In: *Clinical Notes on Disorders of Childhood* (1931a). London: Heinemann, 1931 (122–128).

1931d　Arthritis associated with emotional disturbance. In: *Clinical Notes on Disorders of Childhood* (1931a). London: Heinemann, 1931 (81–86).

1931e　Convulsions, fits. In: *Clinical Notes on Disorders of Childhood*(1931a). London: Heinemann, 1931 (157–171).

1931f　Disease of the nervous system. In: *Clinical Notes on Disorders of Childhood* (1931a). London: Heinemann, 1931 (129–142).

1931g　Fidgetiness. In: *Clinical Notes on Disorders of Childhood* (1931a).London: Heinemann, 1931 (87–97). In: 1958a (22–30).

1931h　Growing pains. In: *Clinical Notes on Disorders of Childhood*(1931a). London: Heinemann, 1931 (76–80).

1931i　Haemoptysis: Case for diagnosis. *Proceedings of the Royal Society of Medicine*, 1931, *24*.

1931j　The heart, with special reference to rheumatic carditis. In: *Clinical Notes on Disorders of Childhood* (1931a). London: Heinemann, 1931 (42–57).

1931k　History-taking. In: *Clinical Notes on Disorders of Childhood*(1931a). London: Heinemann, 1931 (7–21).

1931l　Masturbation. In: *Clinical Notes on Disorders of Childhood* (1931a).London: Heinemann, 1931 (183–190).

1931m　Mental defect. In: *Clinical Notes on Disorders of Childhood* (1931a).London: Heinemann, 1931 (152–156).

1931n　Micturition disturbances. In: *Clinical Notes on Disorders of Childhood* (1931a). London: Heinemann, 1931 (172–182).

1931o　The nose and throat. In: *Clinical Notes on Disorders of Childhood*(1931a). London: Heinemann, 1931 (38–41).

1931p　A note on normality and anxiety. In: *Clinical Notes on Disorders of Childhood* (1931a). London: Heinemann, 1931 (98–121). In: 1958a (3–21).

1931q　A note on temperature and the importance of charts. In: *Clinical Notes on Disorders of Childhood* (1931a). London: Heinemann, 1931 (32–37).

1931r　Pre-systolic murmur, possibly not due to mitral stenosis (case history). *Proceedings of the Royal Society of Medicine*, 1931, *24*.

1931s　Physical examination. In: *Clinical Notes on Disorders of Childhood* (1931a). London: Heinemann, 1931 (22–31).

364

1931t   The rheumatic clinic. In: *Clinical Notes on Disorders of Childhood*(1931a). London: Heinemann, 1931 (64–68).

1931u   Rheumatic fever. In: *Clinical Notes on Disorders of Childhood*(1931a). London: Heinemann, 1931 (58–63).

1931v   Speech disorders. In: *Clinical Notes on Disorders of Childhood*(1931a). London: Heinemann, 1931 (191–200).

1931w   Walking. In: *Clinical Notes on Disorders of Childhood* (1931a).London: Heinemann, 1931 (143–151).

1931x   Introduction. In: *Clinical Notes on Disorders of Childhood* (1931a).London: Heinemann, 1931 (1–6).

1933   Paper abstract, Franz Alexander, "Psychoanalysis and medicine" [in: *Mental Hygiene, 1932, Vol. 16*]. *International Journal of Psycho-Analysis*, 1933, *14*.

1934a   The difficult child. *Journal of State Medicine*, 1934, *42*.

1934b   Papular urticaria and the dynamics of skin sensation. *British Journal of Children's Diseases*, 1934, *31*. In: 1996a (157–169).

1934c   Paper abstract, Helge Lundholm, "Repression and rationalization" [in: *British Journal of Medical Psychology*, 1933, *13*]. *International Journal of Psycho-Analysis*, 1934, *15*.

1935   Paper abstract, Moses Barinbaum, "A contribution to the problem of psycho-physical relations with special reference to dermatology" [in: *Internationale Zeitschrift für Psychoanalyse*, 1934,*20*]. *International Journal of Psycho-Analysis*, 1935, *16*.

1936a   Enuresis. *British Medical Journal*, 2 May 1936.

1936b   Contribution to a discussion on enuresis. *Proceedings of the Royal Society of Medicine*, 1936, *29*. In: 1996a (151–156).

1937a   Book review, August Aichhorn, *Wayward Youth* (1925) (London: Putnam, 1936). *British Journal of Medical Psychology*, 1937, *16*.

1937b   Book review, John Rickman (Ed.), *On the Bringing Up of Children* (London: Kegan Paul, 1936). *British Journal of Medical Psychology*, 1937, *16*.

1938a   Notes on a little boy. *New Era in Home and School*, 1938, *19*. In: 1996a (102–103).

1938b   Shyness and nervous disorders in children. *New Era in Home and School*, 1938, *19*. In: 1957b (35–39), 1964a (211–215).

365

1938c　Skin changes in relation to emotional disorder. *St John's Hospital Dermatological Society Report*, 1938.

1938d　Book review, Leo Kanner, *Child Psychiatry* (Springfield, Ill.: Charles C. Thomas, 1935. London: Ballière, Tindall & Cox, 1937). *International Journal of Psycho-Analysis*, 1938, *19*. In: 1996a (191–193, part of "Three reviews of books on autism").

1938e　Letter to Mrs. Neville Chamberlain, 10 Nov. 1938. In: F. Robert Rodman (Ed.), *The Spontaneous Gesture. Selected Letters of D. W. Winnicott* (1987b). Cambridge, MA: Harvard University Press, 1987 (Letter 2, p.4).

1939a　The psychology of juvenile rheumatism. In: R. G. Gordon (Ed.), *A Survey of Child Psychiatry*. London: Oxford University Press, 1939.

1939b　& John Bowlby & Emanuel Miller. Letter to the *British Medical Journal*, 16 Dec. 1939. In: 1984a (13–14, part of "Evacuation of small children").

1940a　Children and their mothers. *New Era in Home and School,* 1940, *21*. In: 1984a (14–21, part of "Evacuation of small children").

1940b [1939]　Children in the war. *New Era in Home and School,* 1940, *21*. In:1957b (69–74), 1984a (25–30).

1940c [1939]　The deprived mother. *New Era in Home and School,* 1940, *21*. In: 1957b (75–82), 1984a (31–38).

1940d　Letter to Kate Friedlander, 8 Jan. 1940. In: F. Robert Rodman (Ed.), *The Spontaneous Gesture. Selected Letters of D. W. Winnicott* (1987b). Cambridge, MA: Harvard University Press, 1987 (Letter 3, 5–6).

1941a　On influencing and being influenced. *New Era in Home and School,* 1941, *22*. In: 1957b (35–39), 1964a (199–204).

1941b　The observation of infants in a set situation. *International Journal of Psycho-Analysis*, 1941, *22*. In: 1958a (52–69).

1941c　Book review, John Carl Flügel, *The Moral Paradox of Peace and War*(London: Watts, 1941). *New Era in Home and School,* 1941, *22*.

1941d　Book review, Susan Isaacs et al. (Eds.), *The Cambridge Evacuation Survey: A War time Study in Social Welfare and Education* (London: Methuen, 1941). *New Era in Home and School,* 1941, 22.In: 1984a (22–24).

1942a　Child department consultations. *International Journal of Psycho Analysis*, 1942, *23*.

In: 1958a (70–84).

1942b   Why children play. *New Era in Home and School,* 1942, *23.* In: 1957b (149–152), 1964a (143–146, including 1968n).

1942c   Book review, Merell P. Middlemore, *The Nursing Couple* (London: Hamish Hamilton, 1941). *International Journal of PsychoAnalysis,* 1942, *23.*

1943a   Delinquency research. *New Era in Home and School,* 1943, *24.*

1943b   Shock treatment of mental disorder. Letter to the Editor, *British Medical Journal,* 25 Dec. 1943. In: 1989a (522–523, part of "Physical therapy of mental disorder: Convulsion therapy").

1943c   Prefrontal leucotomy. Letter to the Editor, *The Lancet,* 10 Apr. 1943. In 1989a (542–543, part of "Physical therapy of mental disorder: Leucotomy").

1943d   The magistrate, the psychiatrist and the clinic (correspondence with R. North). *New Era in Home and School,* 1943, *24.*

1944a   Ocular psychoneuroses of childhood. *Transactions of the Ophthalmological Society,* 1941, *64:* "General discussion". In: 1958a (85–90).

1944b   Shock therapy. Letter to the Editor, *British Medical Journal,* 12 Feb. 1944. In: 1989a (523–525, part of "Physical therapy of mental disorder: Convulsion therapy").

1944c   Correspondence with a magistrate (letter to Roger North). *New Era in Home and School,* 1944, *25.* In: 1984a (164–167).

1944d   & Clare Britton. The problem of homeless children. *New Education Fellowship Monograph,* No.1, 1944 & *New Era in Home and School,* 1944, *25.* [In: 1957b (98–116, incorporated in "Residential management as treatment for difficult children")]. [In: 1984a (54–72, incorporated in "Residential management as treatment for difficult children")].

1945a   *Getting to Know Your Baby* (Broadcast Talks). London: Heinemann (for *The New Era in Home and School*), 1945.

1945b [1944]   Getting to know your baby. New Era in Home and School, 1945,26. In: 1945a (1–5), 1957a (7–12), 1964a (19–24).

1945c [1944]   Infant feeding. New Era in Home and School, 1945, 26. In: 1945a (12–16), 1957a (18–22), 1964a (30–34).

1945d   Primitive emotional development. *International Journal of Psycho-Analysis,* 1945, *26.* In: 1958a (145–156).

1945e [1944]　　Support for normal parents. *New Era in Home and School*, 1945,26: "Postscript". In: 1945a (25–27), 1957a (137–140), 1964a (173–176).

1945f [1944]　　Their standards and yours. *New Era in Home and School*, 1945,26. In: 1945a (21–24), 1957a (87–91), 1964a (119–123).

1945g　Thinking and the unconscious. *Liberal Magazine*, Mar. 1945. In: 1986b (169–171).

1945h　Towards an objective study of human nature. *New Era in Home and School*, 1945, *26*: "Talking about psychology". In: 1957b (125–133), 1996a (3–12).

1945i [1944]　　What about father? *New Era in Home and School*, 1945, *26*. In: 1945a (16–21), 1957a (81–86), 1964a (113–118).

1945j [1944]　　Why do babies cry? *New Era in Home and School*, 1945, *26*. In: 1945a (5–12), 1957a (43–52), 1964a (58–68).

1945k　Letter to the Editor, *British Medical Journal*, 22 Dec. 1945. In: 1987b (Letter 4, 6–7).

1946a　Educational diagnosis. *National Froebel Foundation Bulletin*, *41*.In: 1957b (29–34), 1964a (205–210).

1946b　Some psychological aspects of juvenile delinquency. *New Era in Home and School*, 1946, *27*. *Delinquency Research*, 1946, *24*. In: 1957b (181–187), 1964a (227–231: "Aspects of juvenile delinquency"), 1984a (113–119).

1946c　What do we mean by a normal child? *New Era in Home and School*, 1946, *27*. In: 1957a (100–106), 1964a (124–130).

1946d　Letter to Lord Beveridge, 15 Oct. 1946. In: F. Robert Rodman (Ed.), *The Spontaneous Gesture. Selected Letters of D. W. Winnicott* (1987b). Cambridge, MA: Harvard University Press, 1987 (Letter 5, p.8).

1946e　Letter to the Editor, *The Times*, 6 Nov. 1946. In: 1987b (Letter 6, p.9).

1946f　Letter to Ella Sharpe, 13 Nov. 1946. In: F. Robert Rodman (Ed.), *The Spontaneous Gesture. Selected Letters of D. W. Winnicott* (1987b). Cambridge, MA: Harvard University Press, 1987 (Letter 7, p.10).

1947a　The child and sex. *The Practitioner*, 1947, *158*. In: 1957b (153–166), 1964a (147–160).

1947b　Further thoughts on babies as persons. *New Era in Home and School*, 1947, *28*: "Babies are persons". In: 1957b (134–140),1964a (85–92).

1947c　Physical therapy of mental disorder. Leading article, *British Medical Journal*, 17 May 1947. In: 1989a (534–541, part of "Physical therapy of mental disorder:

367

Convulsion therapy").

1947d   Letter to *British Medical Journal*, 13 Dec. 1947.

1947e   & Clare Britton. Residential management as treatment for difficult children. *Human Relations*, 1947, *1*: "Residential management as treatment for difficult children: The evolution of a wartime hostels scheme" . In: 1957b (98–116, partly combined with 1944d), 1984a (54–72, partly combined with 1944d).

1948a [1946]   Children' s hostels in war and peace. *British Journal of Medical Psychology*, 1948, *21*. In: 1957b (117–121), 1984a (73–77).

1948b   Paediatrics and psychiatry. *British Journal of Medical Psychology*, 1948, *21*. In: 1958a (157–173).

1948c   Obituary, Susan Isaacs. *Nature*, 1948, *163*. In: 1989a (385–387).

1948d   Letter to Anna Freud, 6 July 1948. In: F. Robert Rodman (Ed.),*The Spontaneous Gesture. Selected Letters of D. W. Winnicott* (1987b). Cambridge, MA: Harvard University Press, 1987 (Letter 8, 10–12).

1949a   *The Ordinary Devoted Mother and her Baby* (Nine Broadcast Talks). London: C. A. Brock & Co., 1949.

1949b   The baby as a going concern. In: *The Ordinary Devoted Mother and her Baby* (1949a). London: C. A. Brock & Co., 1949 (7–11). In: 1957a 13–17, 1964a (25–29).

1949c   The baby as a person. In: *The Ordinary Devoted Mother and her Baby* (1949a). London: C. A. Brock & Co., 1949 (22–26). In: 1957a (33–37), 1964a (75–79).

1949d   Close-up of mother feeding baby. In: *The Ordinary Devoted Mother and her Baby* (1949a). London: C. A. Brock & Co., 1949 (27–31). In: 1957a (38–42), 1964a (45–49).

1949e   The end of the digestive process. In: *The Ordinary Devoted Mother and her Baby* (1949a). London: C. A. Brock & Co., 1949 (17–21). In: 1957a (28–32), 1964a (40–44).

1949f [1947]   Hate in the countertransference. *International Journal of Psychoanalysis*, 1949, *30*. In: 1958a (194–203).

1949g   The innate morality of the baby. In: *The Ordinary Devoted Mother and her Baby* (1949a). London: C. A. Brock & Co., 1949 (38–42). In: 1957a (59–63), 1964a (93–97).

1949h   Leucotomy. *British Medical Student' s Journal*, 1949, *3*. In: 1989a (543–547, part of "Physical therapy of mental disorder: Leucotomy").

1949i   The ordinary devoted mother and her baby. In: *The Ordinary Devoted Mother and her Baby* (1949a). London: C. A. Brock & Co., 1949 (3–6: "Introduction").

368

1949j　Sex education in schools. *Medical Press*, 1949, *222*. In: 1957b (40–44), 1964a (216–220).

1949k　Weaning. In: *The Ordinary Devoted Mother and her Baby* (1949a). London: C. A. Brock & Co., 1949 (43–47). In: 1957a (64–68), 1964a (80–84).

1949l　Where the food goes. In: *The Ordinary Devoted Mother and her Baby* (1949a). London: C. A. Brock & Co., 1949 (12–16). In: 1957a (23–27), 1964a (35–39).

1949m　The world in small doses. In: *The Ordinary Devoted Mother and her Baby* (1949a). London: C. A. Brock & Co., 1949 (32–37). In: 1957a (53–58, 1964a (69–74).

1949n　Young children and other people. *Young Children*, 1949, *1*. In: 1957a (92–99), 1964a (103–110).

1949o　Book review, Adrian Hill, *Art versus Illness* (London: George Allen and Unwin, 1948). *British Journal of Medical Psychology*, 1949, *22*. In: 1989a (555–557: "Occupational therapy").

1949p　Letter to Paul Federn, 3 Jan. 1949. In: F. Robert Rodman (Ed.), *The Spontaneous Gesture. Selected Letters of D. W. Winnicott* (1987b). Cambridge, MA: Harvard University Press, 1987 (Letter 9, p.12).

1949q　Letter to the Editor, *British Medical Journal*, 6 Jan. 1949. In: 1987b (Letter 10, 13–14).

1949r　Letter to Marjorie Stone, 14 Feb. 1949. In: F. Robert Rodman (Ed.), *The Spontaneous Gesture. Selected Letters of D. W. Winnicott* (1987b). Cambridge, MA: Harvard University Press, 1987 (Letter 11, 14–15).

1949s　Letter to Joan Riviere, 19 May 1949. In: F. Robert Rodman, *Winnicott: Life and Work* (153–155). Cambridge, MA: Perseus Publishing, 2003.

1949t　Letter to the Editor, *The Times*, 10 Aug. 1949. In: 1987b (Letter 12, 15–16).

1949u　Letter to R. S. Hazlehurst, 1 Sept. 1949. In: F. Robert Rodman(Ed.), *The Spontaneous Gesture. Selected Letters of D. W. Winnicott* (1987b). Cambridge, MA: Harvard University Press, 1987 (Letter 13, p.17).

1949v　Letter to S. H. Hodge, 1 Sept. 1949. In: F. Robert Rodman (Ed.), *The Spontaneous Gesture. Selected Letters of D. W. Winnicott* (1987b). Cambridge, MA: Harvard University Press, 1987 (Letter 14, 17–19).

1950a　Some thoughts on the meaning of the word democracy. *Human Relations*, 1950, *3*. In: 1965a (155–169), 1986b (239–259).

1950b Book review, Leopold Stein, *Infancy of Speech and the Speech of Infancy* (London: Methuen, 1949). *British Journal of Medical Psychology*, 1950, 23.

1950c Letter to Otho W. S. Fitzgerald, 3 Mar. 1950. In: F. Robert Rodman (Ed.), *The Spontaneous Gesture. Selected Letters of D. W. Winnicott* (1987b). Cambridge, MA: Harvard University Press, 1987 (Letter 15, 19–20).

1950d Letter to the Editor, *The Times* (probably) May 1950. In: F. Robert Rodman (Ed.), *The Spontaneous Gesture. Selected Letters of D. W. Winnicott* (1987b). Cambridge, MA: Harvard University Press, 1987 (Letter 16, p.21).

1950e Letter to P. D. Scott, 11 May 1950. In: F. Robert Rodman (Ed.), *The Spontaneous Gesture. Selected Letters of D. W. Winnicott* (1987b). Cambridge, MA: Harvard University Press, 1987 (Letter 17, 22–23).

1950f Letter to Hannah ("Queen") Henry, 30 Oct. 1950 (posted 31 Oct. 1950). In: F. Robert Rodman, *Winnicott: Life and Work* (67–68). Cambridge, MA: Perseus Publishing, 2003.

1951a The foundation of mental health (leading article). *British Medical Journal*, 1951, 16 June 1951. In: 1984a (168–171).

1951b *The Times* Correspondence on care of young children. *Nursery Journal*, 1951, *41*.

1951c Book review, R. R. Evans & R. MacKeith, *Infant Feeding and Feeding Difficulties* (London: Churchill). *British Journal of Medical Psychology*, 1951, *24*.

1951d Book notice, Joanna Field [= Marion Milner], *On Not Being Able to Paint* (London: Heinemann, 1950). *British Journal of Medical Psychology*, 1951, *24* ("Critical notice"). In: 1989a (390–392).

1951e Book review, Ernest Jones, *Papers on Psycho-Analysis* (5th ed., London: Ballière, 1948). *British Journal of Medical Psychology*, 1951, *24*.

1951f Review. Macy Foundation, Problems *of Infancy and Childhood. Transactions of the Third Conference* (New York, NY: Josiah Macy Jr. Foundation, 1949). *British Journal of Medical Psychology*, 1951, 24.

1951g Letter to James Strachey, 1 May 1951. In: F. Robert Rodman (Ed.), *The Spontaneous Gesture. Selected Letters of D. W. Winnicott* (1987b). Cambridge, MA: Harvard University Press, 1987 (Letter 18, p.24).

1951h Letter to *British Medical Journal*, 25 Aug. 1951.

1951i Letter to *The Lancet*, 18 Aug. 1951.

1951j　Letter to Edward Glover, 23. Oct. 1951. In: F. Robert Rodman(Ed.), *The Spontaneous Gesture. Selected Letters of D. W. Winnicott* (1987b). Cambridge, MA: Harvard University Press, 1987 (Letter 19, 24–25).

1952a [1951]　Visiting children in hospital. *Child–Family Digest*, Oct. 1952.*New Era in Home and School,* 1952, *33*. In: 1957a (121–126), 1964a(221–226).

1952b　Letter to Hanna Segal, 21 Feb. 1952. In: F. Robert Rodman (Ed.), *The Spontaneous Gesture. Selected Letters of D. W. Winnicott* (1987b). Cambridge, MA: Harvard University Press, 1987 (Letter 20, 25–27).

1952c　Letter to Augusta Bonnard, 3 Apr. 1952. In: F. Robert Rodman (Ed.), *The Spontaneous Gesture. Selected Letters of D. W. Winnicott* (1987b). Cambridge, MA: Harvard University Press, 1987 (Letter 21, p.28).

1952d　Letter to Willi Hoffer, 4 Apr. 1952. In: F. Robert Rodman (Ed.), *The Spontaneous Gesture. Selected Letters of D. W. Winnicott* (1987b). Cambridge, MA: Harvard University Press 1987 (Letter 22, 29–30).

1952e　Letter to H. Ezriel, 20 June 1952. In: F. Robert Rodman (Ed.), *The Spontaneous Gesture. Selected Letters of D. W. Winnicott* (1987b). Cambridge, MA: Harvard University Press, 1987 (Letter 23, 31–32).

1952f　Letter to Ernest Jones, 17 July 1952. In: F. Robert Rodman (Ed.), *The Spontaneous Gesture. Selected Letters of D. W. Winnicott* (1987b). Cambridge, MA: Harvard University Press 1987 (Letter 24, p.33: dated 22 July 1952).

1952g　Letter to Melanie Klein, 17 Nov. 1952. In: F. Robert Rodman (Ed.), *The Spontaneous Gesture. Selected Letters of D. W. Winnicott* (1987b). Cambridge, MA: Harvard University Press, 1987 (Letter 25, 33–38).

1952h　Letter to Roger Money-Kyrle, 27 Nov. 1952. In: F. Robert Rodman (Ed.), *The Spontaneous Gesture. Selected Letters of D. W. Winnicott* (1987b). Cambridge, MA: Harvard University Press 1987 (Letter 26, 38–43).

1953a [1952]　Psychoses and child care. *British Journal of Medical Psychology*, 1953, *26*. In: 1958a (219–228).

1953b　Symptom tolerance in paediatrics—a case history (Presidential address to the Section of Paediatrics, Royal Society of Medicine). *Proceedings of the Royal Society of Medicine*, 1953, *46*. In: 1958a (101–117).

1953c [1951]　Transitional objects and transitional phenomena. *International Journal of*

370

Psycho-Analysis, 1953, *34*. In: 1958a (229–242), 1971a(1–25).

1953d & others. The child's needs and the role of the mother in the early stages. In: *Problems in Education IX*. UNESCO, 1953. In: 1957b (14–23), 1964a (189–198: "Mother, teacher, and the child's needs").

1953e Book review, Dorothy Burlingham, *Twins: A Study of Three Pairs of Identical Twins* (London: Imago, 1952). *New Era in Home and School*, 1953, *34*. In: 1989a (408–412).

1953f Book review, John Bowlby, *Maternal Care and Mental Health*(Geneva: WHO 1951). *British Journal of Medical Psychology*, 1953,*26*. In: 1989a (423–426).

1953g Book review, Edward Glover, *Psycho-Analysis and Child Psychiatry* (London: Imago, 1953). *British Medical Journal*, Sept. 1953.

1953h Book review, John N. Rosen, *Direct Analysis* (New York: Grune & Stratton, 1953). *British Journal of Psychology*, 1953, *44*.

1953i & M. Masud R. Khan. Book review, W. R. D. Fairbairn, *Psychoanalytic Studies of the Personality* (London: Tavistock, 1952). *International Journal of Psycho-Analysis*, 1953, *34*. In: 1989a (413–422).

1953j Letter to Herbert Rosenfeld, 22 Jan. 1953. In: F. Robert Rodman (Ed.), *The Spontaneous Gesture. Selected Letters of D. W. Winnicott* (1987b). Cambridge, MA: Harvard University Press, 1987 (Letter 27, 43–46).

1953k Letter to Hanna Segal, 22 Jan. 1953. In: F. Robert Rodman (Ed.), *The Spontaneous Gesture. Selected Letters of D. W. Winnicott* (1987b). Cambridge, MA: Harvard University Press 1987 (Letter 28, p.47).

1953l Letter to Herbert Rosenfeld, 17 Feb. 1953. In: F. Robert Rodman, *Winnicott: Life and Work* (190–191). Cambridge, MA: Perseus Publishing, 2003.

1953m Letter to W. Clifford M. Scott, 19 Mar. 1953. In: F. Robert Rodman (Ed.), *The Spontaneous Gesture. Selected Letters of D. W. Winnicott* (1987b). Cambridge, MA: Harvard University Press, 1987 (Letter 29, 48–50).

1953n Letter to Esther Bick, 11 June 1953. In: F. Robert Rodman (Ed.), *The Spontaneous Gesture. Selected Letters of D. W. Winnicott* (1987b). Cambridge, MA: Harvard University Press 1987 (Letter 30, 50–52).

1953o Letter to Sylvia Payne, 7 Oct. 1953. In: F. Robert Rodman (Ed.), *The Spontaneous Gesture. Selected Letters of D. W. Winnicott* (1987b). Cambridge, MA: Harvard University Press, 1987 (Letter 31, 52–53).

1953p　Letter to David Rapaport, 9 Oct. 1953. In: F. Robert Rodman (Ed.), *The Spontaneous Gesture. Selected Letters of D. W. Winnicott* (1987b). Cambridge, MA: Harvard University Press 1987 (Letter 32, 53–54).

1953q　Letter to Hannah Ries, 27 Nov. 1953. In: F. Robert Rodman (Ed.), *The Spontaneous Gesture. Selected Letters of D. W. Winnicott* (1987b). Cambridge, MA: Harvard University Press, 1987 (Letter 33, 54–55).

1954a [1949]　Mind and its relation to the psycho-soma. *British Journal of Medical Psychology*, 1954, *27*. In: 1958a (243–254).

1954b　The needs for the under-fives. *Nursery Journal*, 1954, *44*: "The needs for the under-fives in a changing society". In: 1957b (3–13: "The needs for the under-fives in a changing society"), 1964a (179–188).

1954c　Pitfalls in adoption. *Medical Press*, 1954, *232*. In: 1957b (45–51), 1996a (128–135).

1954d [1953]　Two adopted children. *Case Conference*, 1954, *1*. In: 1957b (52–65), 1996a (113–127).

1954e　Preface to Olive Stevenson, The first treasured possession. A study of the part played by specially loved objects and toys in the lives of certain children. *Psychoanalytic Study of the Child*, 1954, *9*.

1954f　Book review, H. & R. M. Bakwin, *Clinical Management of Behavior Disorders in Children* (Philadelphia: Saunders, 1953). *British Medical Journal*, Aug. 1954.

1954g　Book review, Lydia Jackson, *Aggression and its Interpretation*(London: Methuen, 1952). *British Medical Journal*, June 1954.

1954h　Letter to W. Clifford M. Scott, 27 Jan. 1954. In: F. Robert Rodman (Ed.), *The Spontaneous Gesture. Selected Letters of D. W. Winnicott* (1987b). Cambridge, MA: Harvard University Press, 1987 (Letter 34, 56–57).

1954i　Letter to Charles F. Rycroft, 5 Feb. 1954. In: Brett Kahr (Ed.), *The Legacy of Winnicott. Essays on Infant and Child Mental Health* (156–158). London: Karnac, 2002.

1954j　Letter to *The Spectator*, 12 Feb. 1954.

1954k　Letter to W. Clifford M. Scott, 26 Feb. 1954. In: F. Robert Rodman (Ed.), *The Spontaneous Gesture. Selected Letters of D. W. Winnicott* (1987b). Cambridge, MA: Harvard University Press 1987 (Letter 35, 57–58).

1954l　Letter to Anna Freud, 18 Mar. 1954. In: F. Robert Rodman (Ed.), *The Spontaneous*

372

Gesture. Selected Letters of D. W. Winnicott (1987b). Cambridge, MA: Harvard University Press, 1987 (Letter 36, p.58).

1954m　Letter to Betty Joseph, 13 Apr. 1954. In: F. Robert Rodman (Ed.), *The Spontaneous Gesture. Selected Letters of D. W. Winnicott* (1987b). Cambridge, MA: Harvard University Press 1987 (Letter 37, 59–60).

1954n　Letter to W. Clifford M. Scott, 13 Apr. 1954. In: F. Robert Rodman (Ed.), *The Spontaneous Gesture. Selected Letters of D. W. Winnicott* (1987b). Cambridge, MA: Harvard University Press, 1987 (Letter 38, 60–634).

1954o　Letter to Sir David K. Henderson, 10 May 1954. In: F. Robert Rodman (Ed.), *The Spontaneous Gesture. Selected Letters of D. W. Winnicott* (1987b). Cambridge, MA: Harvard University Press 1987 (Letter 39, 63–65.

1954p　Letter to John Bowlby, 11 May 1954. In: F. Robert Rodman (Ed.), *The Spontaneous Gesture. Selected Letters of D. W. Winnicott* (1987b). Cambridge, MA: Harvard University Press, 1987 (Letter 40, 65–66).

1954q　Letter to Klara Frank, 20 May 1954. In: F. Robert Rodman (Ed.), *The Spontaneous Gesture. Selected Letters of D. W. Winnicott* (1987b). Cambridge, MA: Harvard University Press, 1987 (Letter 41, 67–68).

1954r　Letter to Sir David K. Henderson, 20 May 1954. In: F. Robert Rodman (Ed.), *The Spontaneous Gesture. Selected Letters of D. W. Winnicott* (1987b). Cambridge, MA: Harvard University Press, 1987 (Letter 42, 68–71).

1954s　Letter to Anna Freud & Melanie Klein, 3 June 1954. In: F. Robert Rodman (Ed.), *The Spontaneous Gesture. Selected Letters of D. W.Winnicott* (1987b). Cambridge, MA: Harvard University Press, 1987 (Letter 43, 71–74).

1954t　Letter to Michael Fordham, 11 June 1954. In: F. Robert Rodman (Ed.), *The Spontaneous Gesture. Selected Letters of D. W. Winnicott* (1987b). Cambridge, MA: Harvard University Press, 1987 (Letter 44, 74–75).

1954u　Letter to Harry Guntrip, 20 July 1954. In: F. Robert Rodman (Ed.), *The Spontaneous Gesture. Selected Letters of D. W. Winnicott* (1987b). Cambridge, MA: Harvard University Press, 1987 (Letter 45, 75–76).

1954v　Sponsored television. Letter to the Editor, *The Times*, 21 July 1954. In: 1987b (letter 46, 76–77).

1954w　Letter to Harry Guntrip, 13 Aug. 1954. In: F. Robert Rodman (Ed.), *The*

373

Spontaneous Gesture. Selected Letters of D. W. Winnicott (1987b). Cambridge, MA: Harvard University Press, 1987 (Letter 47, 77–79).

1954x　Letter to Roger Money-Kyrle, 23 Sept. 1954. In: F. Robert Rodman (Ed.), *The Spontaneous Gesture. Selected Letters of D. W. Winnicott* (1987b). Cambridge, MA: Harvard University Press, 1987 (Letter 48, 79–80).

1954y　Letter to D. Chaplin, 18 Oct. 1954. In: F. Robert Rodman (Ed.), *The Spontaneous Gesture Selected Letters of D. W. Winnicott* (1987b). Cambridge, MA: Harvard University Press, 1987 (Letter 49, 80–82).

1954z　Letter to the Editor, *The Times*, 1 Nov. 1954. In: 1987b (letter 50, 82–83).

1955a　Adopted children in adolescence (Address to Standing Conference of Societies Registered for Adoption). *Report of Residential Conference, Standing Conference of Societies Registered for Adoption*, July 1955. In: 1996a (136–148).

1955b　A case managed at home. *Case Conference*, 1955, *2*: "Childhood psychosis: A case managed at home". In: 1958a (118–126).

1955c [1954]　The depressive position in normal emotional development. *British Journal of Medical Psychology*, 1955, *28*. In: 1958a (262–277).

1955d [1954]　Metapsychological and clinical aspects of regression within the psychoanalytical set-up. *International Journal of Psycho-Analysis*, 1955, *36*. In: 1958a (278–294).

1955e [1954]　Withdrawal and regression. *Revue Française de Psychanalyse*, 1955, *19*: "Repli et régression". In: 1958a (255–261), 1986a (187–192: "Appendix").

1955f　Foreword to Joan Graham Malleson, *Any Wife or Any Husband*(1952). London: Heinemann, 1955.

1955g　Letter to Roger Money-Kyrle, 10 Feb. 1955. In: F. Robert Rodman (Ed.), *The Spontaneous Gesture. Selected Letters of D. W. Winnicott* (1987b). Cambridge, MA: Harvard University Press, 1987 (Letter 51, 84–85).

1955h　Letter to Roger Money-Kyrle, 17 Mar. 1955. In: F. Robert Rodman (Ed.), *The Spontaneous Gesture. Selected Letters of D. W. Winnicott* (1987b). Cambridge, MA: Harvard University Press, 1987 (Letter 52, p.85).

1955i　Letter to Emilio Rodrigue, 17 Mar. 1955. In: F. Robert Rodman (Ed.), *The Spontaneous Gesture. Selected Letters of D. W. Winnicott* (1987b). Cambridge, MA:

374

Harvard University Press, 1987 (Letter 53, 86–87).

1955j   Letter to Charles F. Rycroft, 21 Apr. 1955. In: F. Robert Rodman (Ed.), *The Spontaneous Gesture. Selected Letters of D. W. Winnicott* (1987b). Cambridge, MA: Harvard University Press, 1987 (Letter 54, p.87).

1955k   Letter to Michael Fordham, 26 Sept. 1955. In: F. Robert Rodman (Ed.), *The Spontaneous Gesture. Selected Letters of D. W. Winnicott* (1987b). Cambridge, MA: Harvard University Press, 1987 (Letter 55, 87–88).

1955l   Letter to Hanna Segal, 6 Oct. 1955. In: F. Robert Rodman (Ed.), *The Spontaneous Gesture. Selected Letters of D. W. Winnicott* (1987b). Cambridge, MA: Harvard University Press, 1987 (Letter 56, p.89).

1955m   Letter to Wilfred R. Bion, 7 Oct. 1955. In: F. Robert Rodman (Ed.), *The Spontaneous Gesture. Selected Letters of D. W. Winnicott* (1987b). Cambridge, MA: Harvard University Press, 1987 (Letter 57, 89–93).

1955n   Letter to Anna Freud, 18 Nov. 1955. In: F. Robert Rodman (Ed.), *The Spontaneous Gesture. Selected Letters of D. W. Winnicott* (1987b). Cambridge, MA: Harvard University Press, 1987 (Letter 58, 93–94).

1956a [1955]   Clinical varieties of transference. *International Journal of Psycho-Analysis*, 1956, *37*: "On transference". In: 1958a (295–299).

1956b   Prefrontal leucotomy. Letter to the Editor of *British Medical Journal*, 28 Jan. 1956. In: 1989a (553–554, part of "Physical therapy of mental disorder: Leucotomy").

1956c   Letter to Joan Riviere, 3 Feb. 1956. In: F. Robert Rodman (Ed.), *The Spontaneous Gesture. Selected Letters of D. W. Winnicott* (1987b). Cambridge, MA: Harvard University Press, 1987 (Letter 59, 94–97).

1956d   Letter to Enid Balint, 22 Mar. 1956. In: F. Robert Rodman (Ed.), *The Spontaneous Gesture Selected Letters of D. W. Winnicott* (1987b). Cambridge, MA: Harvard University Press, 1987 (Letter 60, 97–98).

1956e   Letter to Gabriel Casuso, 4 July 1956. In: F. Robert Rodman (Ed.), *The Spontaneous Gesture. Selected Letters of D. W. Winnicott* (1987b). Cambridge, MA: Harvard University Press, 1987 (Letter 61, 98–100).

1956f   Letter to Oliver H. Lowry, 5 July 1956. In: F. Robert Rodman (Ed.), *The Spontaneous Gesture. Selected Letters of D. W. Winnicott* (1987b). Cambridge, MA: Harvard University Press, 1987 (Letter 62, 100–103).

1956g　Letter to Charles F. Rycroft, 7 Oct. 1956. In: Brett Kahr (Ed.), *The Legacy of Winnicott. Essays on Infant and Child Mental Health* (158). London: Karnac, 2002.

1956h　Letter to Charles F. Rycroft, 17 Oct. 1956. In: Brett Kahr (Ed.), *The Legacy of Winnicott. Essays on Infant and Child Mental Health* (159). London: Karnac, 2002. *375*

1956i　Letter to J. P. M. Tizard, 23 Oct. 1956. In: F. Robert Rodman (Ed.), *The Spontaneous Gesture. Selected Letters of D. W. Winnicott* (1987b). Cambridge, MA: Harvard University Press, 1987 (Letter 63, 103–107).

1956j　Letter to Barbara Lantos, 8 Nov. 1956. In: F. Robert Rodman (Ed.), *The Spontaneous Gesture. Selected Letters of D. W. Winnicott* (1987b). Cambridge, MA: Harvard University Press, 1987 (Letter 64, 107–110).

1957a　*The Child and the Family: First Relationships.* London: Tavistock, 1957.

1957b　*The Child and the Outside World: Studies in Developing Relationships.* London: Tavistock, 1957.

1957c [1955]　On adoption. In: *The Child and the Family* (1957a). London: Tavistock, 1957 (127–130).

1957d [1939]　Aggression. In: *The Child and the Outside World* (1957b). London:Tavistock, 1957 (167–175). In: 1984a (84–92, part of "Aggression and its roots").

1957e [1945]　Breast feeding. In: *The Child and the Outside World* (1957b). London: Tavistock, 1957 (141–148). In: 1964a (50–57).

1957f　The contribution of psycho-analysis to midwifery. *Nursing Mirror*, May 1957. In: 1965a (106–113), 1987a (69–81), 2002 (56–64).

1957g [1945]　The evacuated child. In: *The Child and the Outside World* (1957b).London: Tavistock, 1957 (83–87). In: 1984a (39–43).

1957h [1955]　First experiments in independence. In: *The Child and the Family* (1957a). London: Tavistock, 1957 (131–136). In: 1964a (167–172).

1957i　Health education through broadcasting. *Mother and Child*, 1957,28. In: 1993a (1–6), 2002 (95–98).

1957j [1945]　Home again. In: *The Child and the Outside World* (1957b). London: Tavistock, 1957 (93–97). In: 1984a (49–53).

1957k [1949]　The impulse to steal. In: *The Child and the Outside World* (1957b).London: Tavistock, 1957 (176–180).

1957l [1950]　Instincts and normal difficulties. In: *The Child and the Family*(1957a).

London: Tavistock, 1957 (74–78). In: 1964a (98–102).

1957m [1950] Knowing and learning. In: *The Child and the Family* (1957a). London: Tavistock, 1957 (69–73). In: 1987a (15–21), 2002 (19–23).

1957n [1949] A man looks at motherhood. In: *The Child and the Family* (1957a).London: Tavistock, 1957 (3–6). In: 1964a (15–18).

1957o The mother's contribution to society. In: *The Child and the Family* (1957a). London: Tavistock, 1957 (141–144: "Postscript"). In: 1986b (123–127), 2002 (202–206).

1957p [1945] The only child. In: *The Child and the Family* (1957a). London: Tavistock, 1957 (107–111). In: 1964a (131–136).

1957q [1945] The return of the evacuated child. In: *The Child and the Outside World* (1957b). London: Tavistock, 1957 (88–92). In: 1984a (44–48).

1957r [1949] Stealing and telling lies. In: *The Child and the Family* (1957a).London: Tavistock, 1957 (117–120). In: 1964a (161–166).

1957s [1945] Twins. In: *The Child and the Family* (1957a). London: Tavistock, 1957 (112–116). In: 1964a (137–142).

1957t Address at meeting of the British Psycho-Analytic Society (Presidential opening address to The Ernest Jones Lecture 1957 of BPAS (8th Ernest Jones Lecture), delivered by Margaret Mead). *International Journal of Psycho-Analysis*, 1957, *38*.

1957u Letter to Anna M. Kulka, 15 Jan. 1957. In: F. Robert Rodman (Ed.), *The Spontaneous Gesture. Selected Letters of D. W. Winnicott* (1987b). Cambridge, MA: Harvard University Press, 1987 (Letter 65, 110–112).

1957v Letter to Charles F. Rycroft, 17 Feb. 1957. In: Brett Kahr (Ed.), *The Legacy of Winnicott. Essays on Infant and Child Mental Health* (159–160). London: Karnac, 2002.

1957w Letter to Thomas Main, 25 Feb. 1957. In: F. Robert Rodman (Ed.), *The Spontaneous Gesture. Selected Letters of D. W. Winnicott* (1987b). Cambridge, MA: Harvard University Press, 1987 (Letter 66, 112–114).

1957x Letter to Melanie Klein, 7 Mar. 1957. In: F. Robert Rodman (Ed.), *The Spontaneous Gesture. Selected Letters of D. W. Winnicott* (1987b). Cambridge, MA: Harvard University Press, 1987 (Letter 67, 114–115).

1957y Letter to the Editor, *The Times*, 11 Apr. 1957: "I *QUANT* STAND IT" .

376

1957za   Letter to Martin James, 17 Apr. 1957. In: F. Robert Rodman (Ed.), *The Spontaneous Gesture. Selected Letters of D. W. Winnicott* (1987b). Cambridge, MA: Harvard University Press, 1987 (Letter 68, 115–116).

1957zb   Letter to Augusta Bonnard, 1 Oct. 1957. In: F. Robert Rodman (Ed.), *The Spontaneous Gesture. Selected Letters of D. W. Winnicott* (1987b). Cambridge, MA: Harvard University Press, 1987 (Letter 69, 116–117).

1957zc   Letter to Augusta Bonnard, 7 Nov. 1957. In: F. Robert Rodman (Ed.), *The Spontaneous Gesture. Selected Letters of D. W. Winnicott* (1987b). Cambridge, MA: Harvard University Press, 1987 (Letter 70, p.117).

1958a   *Collected Papers: Through Paediatrics to Psycho-Analysis*. London: Tavistock, 1958. Second ed. (with preface by M. M. R. Khan) London: Hogarth and The Institute of Psycho-Analysis, 1975.

1958b [1950–55]   Aggression in relation to emotional development. In: *Through Paediatrics to Psycho-Analysis* (1958a). London: Tavistock, 1958 (204–218).

1958c [1956]   The antisocial tendency. In: *Through Paediatrics to Psycho-Analysis* (1958a). London: Tavistock, 1958 (306–315). In: 1984a (120–131).

1958d [1952]   Anxiety associated with insecurity. In: *Through Paediatrics to Psycho-Analysis* (1958a). London: Tavistock, 1958 (97–100).

1958e [1936]   Appetite and emotional disorder. In: *Through Paediatrics to Psycho-Analysis* (1958a). London: Tavistock, 1958 (33–51).

1958f [1949–54]   Birth memories, birth trauma, and anxiety. In: *Through Paediatrics to Psycho-Analysis* (1958a). London: Tavistock, 1958 (174–193).

1958g [1957]   The capacity to be alone. *International Journal of Psycho-Analysis*, 1958, *39*. *Psyche*, 1958, *12*: "Über die Fähigkeit, allein zu sein" .In: 1965b (29–36).

1958h   Child analysis in the latency period. *A Crinca Portuguesa*, 1958,*17*. In: 1965b (115–123).

1958i [1957]   On the contribution of direct child observation to psycho-analysis. *Revue Française de Psychanalyse*, 1958, *22*: "Discussion sur la contribution de l' observation directe de l' enfant à la psychanalyse" . In: 1965b (109–114).

1958j   The first year of life. *Medical Press*, Mar. 1958: "Modern views on the emotional

377

development in the first year of life". In: 1965a (3–14).

1958k [1935]   The manic defence. In: *Through Paediatrics to Psycho-Analysis*(1958a). London: Tavistock, 1958 (129–144).

1958l   New advances in psycho-analysis. *Tipta Yenilikler*, 1958, *4*: "Psikanalizde ilerlemeler".

1958m [1956]   Paediatrics and childhood neurosis. In: *Through Paediatrics to Psycho-Analysis* (1958a). London: Tavistock, 1958 (316–321).

1958n [1956]   Primary Maternal Preoccupation. In: *Through Paediatrics to Psycho-Analysis* (1958a). London: Tavistock, 1958 (300–305).

1958o [1956]   Psycho-analysis and the sense of guilt. In: John D. Sutherland (Ed.), *Psychoanalysis and Contemporary Thought*. London: Hogarth, 1958. In: 1965b (15–28).

1958p [1948]   Reparation in respect of mother's organized defence against depression. In: *Through Paediatrics to Psycho-Analysis* (1958a). London: Tavistock, 1958 (91–96).

1958q   Theoretical statement of the field of child psychiatry. In: A. Holzel & J. P. M. Tizard (Eds.), *Modern Trends in Paediatrics*. London: Butterworth, 1958 (part of chapter 14, "Child psychiatry"). In: 1965a (97–105).

1958r   Book review, Michael Balint, *The Doctor, His Patients and the Illness* (London: Pitman, 1957). *International Journal of Psycho-Analysis*, 1958, *39*. In: 1989a (438–442).

1958s   Obituary, Ernest Jones. *International Journal of Psycho-Analysis*, 1958, *39*. In: 1989a (393–404).

1958t   Jones, Ernest: funeral address. *International Journal of Psycho-Analysis*, 1958, *39*. In: 1989a (405–407).

1958u   Obituary, Dr. Ambrose Cyril Wilson. *International Journal of Psycho-Analysis*, 1958, *39*.

1958v   Letter to Joan Riviere, 13 June 1958. In: F. Robert Rodman (Ed.), *The Spontaneous Gesture. Selected Letters of D. W. Winnicott* (1987b). Cambridge, MA: Harvard University Press, 1987 (Letter 71, 118–119).

1958w   Letter to R. D. Laing, 18 July 1958. In: F. Robert Rodman (Ed.), *The Spontaneous Gesture Selected Letters of D. W. Winnicott* (1987b). Cambridge, MA: Harvard

University Press, 1987 (Letter 72, p.119).

1958x　Letter to Herbert Rosenfeld, 16 Oct. 1958. In: F. Robert Rodman (Ed.), *The Spontaneous Gesture. Selected Letters of D. W. Winnicott* (1987b). Cambridge, MA: Harvard University Press, 1987 (Letter 73, p.120).

1958y　Letter to Victor Smirnoff, 19 Nov. 1958. In: F. Robert Rodman (Ed.), *The Spontaneous Gesture. Selected Letters of D. W. Winnicott*(1987b). Cambridge, MA: Harvard University Press, 1987 (Letter 74, 120–124).

1959a　Obituary, Oscar Friedmann. *International Journal of Psycho-Analysis*, 1959, *40*.

1959b　Book review, Melanie Klein, *Envy and Gratitude* (London: Tavistock, 1957). *Case Conference*, 1959, *5*: "On envy". In: 1989a (443–446).

1959c　Film review, James Robertson, "Going to hospital with mother" (1958). *International Journal of Psycho-Analysis*, 1959, *40*.

1959d　Letter to Donald Meltzer, 21 May 1959. In: F. Robert Rodman (Ed.), *The Spontaneous Gesture. Selected Letters of D. W. Winnicott* (1987b). Cambridge, MA: Harvard University Press, 1987 (Letter 75, 124–125).

1959e　Letter to Elliot Jaques, 13 Oct. 1959. In: F. Robert Rodman (Ed.), *The Spontaneous Gesture. Selected Letters of D. W. Winnicott* (1987b). Cambridge, MA: Harvard University Press, 1987 (Letter 76, 125–126).

1959f　Letter to Thomas Szasz, 19 Nov. 1959. In: F. Robert Rodman (Ed.), *The Spontaneous Gesture. Selected Letters of D. W. Winnicott* (1987b). Cambridge, MA: Harvard University Press, 1987 (Letter 77, 126–127).

1960a [1959]　Countertransference. *British Journal of Medical Psychology*, 1960,*33*. In: 1965b (158–165).

1960b　String: A technique of communication. *Journal of Child Psychology and Psychiatry*, 1960, *1*: "String". In: 1965b (153–157), 1971a (15–20, part of "Transitional objects and transitional phenomena").

1960c　The theory of the parent–infant relationship. *International Journal of Psycho-Analysis*, 1960, *41*. In: 1965b (37–55).

1960d　Letter to Michael Balint, 5 Feb. 1960. In: F. Robert Rodman (Ed.), *The Spontaneous Gesture. Selected Letters of D. W. Winnicott* (1987b). Cambridge, MA: Harvard University Press, 1987 (Letter 78, 127–129).

1960e　Letter to Jacques Lacan, 11 Feb. 1960. In: F. Robert Rodman (Ed.), *The

Spontaneous Gesture. Selected Letters of D. W. Winnicott (1987b). Cambridge, MA: Harvard University Press, 1987 (Letter 79, 129–130).

1960f   Letter to A. R. Luria, 7 July 1960. In: F. Robert Rodman (Ed.), *The Spontaneous Gesture Selected Letters of D. W. Winnicott* (1987b). Cambridge, MA: Harvard University Press, 1987 (Letter 80, p.130).

1960g   Letter to Wilfred R. Bion 17 Nov. 1960. In: F. Robert Rodman (Ed.), *The Spontaneous Gesture. Selected Letters of D. W. Winnicott* (1987b). Cambridge, MA: Harvard University Press, 1987 (Letter 81, p.131).

1961a [1959]   The effect of psychotic parents on the emotional development of the child. *British Journal of Psychiatric Social Work*, 1961, *6*. In: 1965a (69–78).

1961b [1957]   Integrative and disruptive factors in family life. *Canadian Medical Association' s Journal*, 1961, Apr. In: 1965a (40–49).

1961c   Training for child psychiatry. The Paediatric Department of Psychiatry. *St Mary's Hospital Gazette*, 1961, *67*: "The Paediatric Department of Psychology". In: 1996a (227–230).

1961d   Book review, Sir James Spence, *The Purpose and Practice of Medicine* (London Oxford University Press, 1960). *British Medical Journal*, Feb. 1961.

1961e   Letter to Masud Khan, 16 June 1961. In: F. Robert Rodman (Ed.), *The Spontaneous Gesture. Selected Letters of D. W. Winnicott* (1987b). Cambridge, MA: Harvard University Press, 1987 (Letter 82, p.132).

1961f   Letter to Wilfred R. Bion, 16 Nov. 1961. In: F. Robert Rodman (Ed.), *The Spontaneous Gesture. Selected Letters of D. W. Winnicott* (1987b). Cambridge, MA: Harvard University Press, 1987 (Letter 83, p.133).

1962a [1961]   Adolescence: Struggling through the doldrums. *New Era in Home and School*, 1962, *43*: "Adolescence". In: 1965a (79–87), 1984a (145–155: "Struggling through the doldrums"). [Slightly different versions, based on same lecture]

1962b   A child psychiatry interview. *St Mary' s Hospital Gazette*, 1962,*68*. In: 1971b (105–109, case 6 "Rosemary").

1962c [1961]   The theory of the parent–infant relationship. Further remarks. *International Journal of Psycho-Analysis*, 1962, *43*. In: 1989a (73–75).

1962d   Book review, M. Bergeron, *Psychologie du premier âge* (Paris: Presses Univ., 1961).

Archives of Disease in Childhood, 1962, *37.*

1962e　Book review, E. Freud (Ed.), *Letters of Sigmund Freud 1873–1939* (London: Hogarth, 1961). *British Journal of Psychology*, 1962, *53.*In: 1989a (474–477).

1962f　Book review, Serge Lebovici & Joyce McDougall, *Un Cas de psychose infantile* (Paris: Presses Univ., 1960) [Eng. *Dialogue with Sammy*, cf. 1969l]. *Journal of Child Psychology and Psychiatry*, 1962, *3.*

1962g　Contribution to discussion. Discussion of Greenacre & Winnicott "The theory of the parent–infant relationship. Further remarks". *International Journal of Psycho-Analysis*, 1962, *43.*

1962h　Letter to Benjamin Spock, 9 Apr. 1962. In: F. Robert Rodman (Ed.), *The Spontaneous Gesture. Selected Letters of D. W. Winnicott* (1987b). Cambridge, MA: Harvard University Press, 1987 (Letter 84, 133–138).

1963a [1962]　Dependence in infant-care, in child-care, and in the psychoanalytic setting. *International Journal of Psycho-Analysis*, 1963, *44.* In: 1965b (249–259).

1963b [1962]　The development of the capacity for concern. *Bulletin of the Menninger Clinic*, 1963, *27.* In: 1965b (73–82), 1984a (100–105),2002 (215–220).

1963c　The mentally ill in your caseload. In: Joan F. S. King (Ed.), *New Thinking for Changing Needs*. London: The Association of Social Workers, 1963. In: 1965b (217–229).

1963d [1962]　Morals and education. In: W. R. Niblett (Ed.), *Moral Education in a Changing Society*. London: Faber, 1963 ("The young child at home and at school"). In: 1965b (93–105).

1963e　A psychotherapeutic consultation: a case of stammering. *A Crinca Portuguesa*, 1963, *21.* In: 1971b (110–126, case 7 "Alfred").

1963f　Regression as therapy illustrated by the case of a boy whose pathological dependence was adequately met by the parents. *British Journal of Medical Psychology*, 1963, *36.* In: 1971b (239–269, case 14, "Cecil").

1963g　Training for child psychiatry. *Journal of Child Psychology and Psychiatry*, 1963, *4.* In: 1965b (193–202).

1963h　Book review, William Goldfarb, *Childhood Schizophrenia* (Cambridge, MA: Harvard Univ. Press, 1961). *British Journal of Psychiatric Social Work*, 1963, *7.* In:

1996a (193–194).

1963i   Book review, Harold F. Searles, *The Nonhuman Environment* (New York: International Universities Press, 1960). *International Journal of Psycho-Analysis*, 1963, *44*. In: 1989a (478–481).

1963j   Letter to Ronald McKeith, 31 Jan. 1963. In: F. Robert Rodman (Ed.), *The Spontaneous Gesture. Selected Letters of D. W. Winnicott* (1987b). Cambridge, MA: Harvard University Press, 1987 (Letter 85, 138–139).

1963k   Letter to Timothy Raison, 9 Apr. 1963. In: F. Robert Rodman (Ed.), *The Spontaneous Gesture. Selected Letters of D. W. Winnicott* (1987b). Cambridge, MA: Harvard University Press, 1987 (Letter 86, 139–140).

1964a   *The Child, the Family, and the Outside World*. Harmondsworth: Penguin Books, 1964.

1964b   Deductions drawn from a psychotherapeutic interview with an adolescent. In: *Report of the 20th Child Guidance Inter-Clinic Conference, 1964*. London: The National Association for Mental Health, 1964. In: 1989a (325–340).

1964c   The newborn and his mother. *Acta Paediatrica Latina*, 1964, *17* : "The neonate and his mother". In: 1987a (35–49), 2002 (32–42).

1964d   Roots of aggression. In: *The Child, the Family, and the Outside World* (1964a). Harmondsworth: Penguin Books, 1964 (232–239). In: 1984a (92–99, part of "Aggression and its roots").

1964e [1963]   The value of depression. *British Journal of Psychiatric Social Work*, 1964, *7*. *The Observer*, 31 May 1964 ("Strength out of misery"). In: 1986b (71–79).

1964f   Youth will not sleep. *New Society*, 28 May 1964. In: 1984a (156–158).

1964g   Introduction. In: *The Child, the Family, and the Outside World* (1964a). Harmondsworth: Penguin Books, 1964 (9–11).

1964h   Book review, C. G. Jung, *Memories, Dreams, Reflections* (London: Collins and Routledge, 1963). *International Journal of Psycho-Analysis*, 1964, *45*. In: 1989a (482–492).

1964i   Book review, Hertha Riese, *Heal the Hurt Child* (Chicago: Chicago University Press, 1963). *New Society*, Jan. 1964.

1964j   Foreword, in: Margaret Torrie, *The Widow's Child*. Richmond, Surrey: Cruse Club, 1964.

1964k　Letter to the Editor, *New Society*, 23 Mar. 1964: "Love or skill?"　1987b (Letter 87, 140–142).

1964l　Letter to Renata Gaddini, 26 June 1964. *Psychoanalysis and History*, 2003, 5.

1964m　Letter to *The Observer*, 12 Oct. 1964. In: 1987b (Letter 88, 142–144).

1964n　Letter to John O. Wisdom, 26 Oct. 1964. In: F. Robert Rodman (Ed.), *The Spontaneous Gesture. Selected Letters of D. W. Winnicott* (1987b). Cambridge, MA: Harvard University Press, 1987 (Letter 89, 144–146).

1964o　Letter to the Editor, *The Observer*, 5 Nov. 1964: "All of mother" .In: 1987b (Letter 90, p.146).

1964p　Letter to Mrs. B. J. Knopf, 26 Nov. 1964. In: F. Robert Rodman (Ed.), *The Spontaneous Gesture. Selected Letters of D. W. Winnicott* (1987b). Cambridge, MA: Harvard University Press, 1987 (Letter 91, p.147).

1965a　The Family and Individual Development. London: Tavistock, 1965.

1965b　*The Maturational Processes and the Facilitating Environment: Studies in the Theory of Emotional Development*. London: Hogarth, 1965.

1965c [1957]　Advising parents. In: *The Family and Individual Development*(1965a). London: Tavistock, 1965 (114–120). In: 2002 (193–201).

1965d [1962]　The aims of psycho-analytical treatment. In: *The Maturational Processes and the Facilitating Environment* (1965b). London: Hogarth, 1965 (166–170).

1965e [1959]　Casework with mentally ill children. In: *The Family and Individual Development* (1965a). London: Tavistock, 1965 (121–131).

1965f　A child psychiatry case illustrating delayed reaction to loss. In: Max Schur (Ed.), *Drives, Affects, Behavior, Vol. 2*. New York: International Universities Press, 1965. In: 1989a (341–368).

1965g　Child therapy: A case of anti-social behaviour. In: John G. Howells (Ed.), *Modern Perspectives in Child Psychiatry*. London: Oliver & Boyd, 1965. In: 1971b (270–295, case 15 "Mark").

1965h [1959]　Classification: Is there a psycho-analytic contribution to psychiatric classification. In: *The Maturational Processes and the Facilitating Environment* (1965b). London: Hogarth, 1965 (124–139).

1965i　A clinical study of the effect of a failure of the average expectable environment on a child' s mental functioning. *International Journal of Psycho-Analysis*, 1965,

381

46. In: 1971b (64–88, case "Bob").

1965j [1963]   Communicating and not communicating leading to a study of certain opposites. In: *The Maturational Processes and the Facilitating Environment* (1965b). London: Hogarth, 1965 (179–192).

1965k [1950]   The deprived child and how he can be compensated for loss of family life. In: *The Family and Individual Development* (1965a). London: Tavistock, 1965 (132–145). In: 1984a (172–188).

1965l [1960]   The effect of psychosis on family life. In: *The Family and Individual Development* (1965a). London: Tavistock, 1965 (61–68).

1965m [1960]   Ego distortion in terms of true and false self. In: *The Maturational Processes and the Facilitating Environment* (1965b). London: Hogarth, 1965 (140–152).

1965n [1962]   Ego integration in child development. In: *The Maturational Pro-cesses and the Facilitating Environment* (1965b). London: Hogarth, 1965 (56–63).

1965o [1958]   The family affected by depressive illness in one or both parents. In: *The Family and Individual Development* (1965a). London: Tavistock, 1965 (50–60).

1965p [1960]   The family and emotional maturity. In: *The Family and Individual Development* (1965a). London: Tavistock, 1965 (88–94). In: 2002 (207–214).

1965q [1962]   The five-year-old. In: *The Family and Individual Development*(1965a). London: Tavistock, 1965 (34–39). In: 1993a (111–120: "Now they are five"), 2002 (171–177: "Now they are five").

1965r [1963]   From dependence towards independence in the development of the individual. In: *The Maturational Processes and the Facilitating Environment* (1965b). London: Hogarth, 1965 (83–92).

1965s [1955]   Group influences and the maladjusted child: The school aspect. In: *The Family and Individual Development* (1965a). London: Tavistock, 1965 (146–154). In: 1984a (189–199).

1965t [1950]   Growth and development in immaturity. In: *The Family and Individual Development* (1965a). London: Tavistock, 1965 (21–29).

1965u [1963]   Hospital care supplementing intensive psychotherapy in adolescence. In: *The Maturational Processes and the Facilitating Environment* (1965b).

382

London: Hogarth, 1965 (242–248).

1965v [1962]　A personal view of the Kleinian contribution. In: *The Maturational Processes and the Facilitating Environment* (1965b). London: Hogarth, 1965 (171–178).

1965w　The price of disregarding psychoanalytic research. In: *The Price of Mental Health. Report of the National Association for Mental Health Annual Conference.* London 1965 ("The price of disregarding research findings"). In: 1986b (172–182).

1965x [1962]　Providing for the child in health and crisis. In: *The Maturational Processes and the Facilitating Environment* (1965b). London: Hogarth, 1965 (64–72).

1965y [1963]　Psychiatric disorder in terms of infantile maturational processes. In: *The Maturational Processes and the Facilitating Environment* (1965b). London: Hogarth, 1965 (230–241).

1965za [1963]　Psychotherapy of character disorders. In: *The Maturational Processes and the Facilitating Environment* (1965b). London: Hogarth, 1965 (203–216). In: 1984a (241–255).

1965zb [1960]　The relationship of a mother to her baby at the beginning. In: *The Family and Individual Development* (1965a). London: Tavistock, 1965 (15–20).

1965zc [1960]　On security. In: *The Family and Individual Development* (1965a). London: Tavistock, 1965 (30–33). In: 1993a (87–93: "Security"),2002 (155–159: "Security").

1965zd　Preface. In: *The Family and Individual Development* (1965a). London: Tavistock, 1965 (vii).

1965ze　Introduction. In: *The Maturational Processes and the Facilitating Environment* (1965b). London: Hogarth, 1965 (9–10).

1965zf　Book review, Erik H. Erikson, *Childhood and Society* (London: Hogarth, 1965). *New Society*, 30 Sept. 1965. In: 1989a (493–494).

1965zg　Book review, H. David Kirk, *Shared Fate: A Theory of Adoption and Mental Health* (New York: The Free Press of Glencoe; London: Collier-Macmillan, 1964). *New Society*, 9 Sept. 1965.

1965zh　Last Will and Testament (dated 18 May 1965). In: Brett Kahr, *D.W. Winnicott: A Biographical Portrait* (147–148). London: Karnac, 1996.

1965zi　Letter to Humberto Nagera, 15 Feb. 1965. In: F. Robert Rodman (Ed.), *The*

Spontaneous Gesture. Selected Letters of D. W. Winnicott (1987b). Cambridge, MA: Harvard University Press, 1987 (Letter 92, 147–148).

1965zj   Letter to Michael Fordham, 24 June 1965. In: F. Robert Rodman (Ed.), *The Spontaneous Gesture. Selected Letters of D. W. Winnicott* (1987b). Cambridge, MA: Harvard University Press, 1987 (Letter 93, 148–150).

1965zk   Letter to Michael Fordham, 15 July 1965. In: F. Robert Rodman (Ed.), *The Spontaneous Gesture. Selected Letters of D. W. Winnicott* (1987b). Cambridge, MA: Harvard University Press, 1987 (Letter 94, 150–151).

1965zl   Letter to Charles Anthony Storr, 30 Sept. 1965. In: F. Robert Rodman (Ed.), *The Spontaneous Gesture. Selected Letters of D. W. Winnicott* (1987b). Cambridge, MA: Harvard University Press, 1987 (Letter 95, p.151).

1966a   Becoming deprived as a fact: a psychotherapeutic consultation. *Journal of Child Psychotherapy*, 1966, *1*. In: 1971b (315–330, case 17 "Ruth").

1966b [1965]   Comment on obsessional neurosis and "Frankie". *International Journal of Psycho-Analysis*, 1966, *47*. In: 1989a (158–160).

1966c   Dissociation revealed in a therapeutic consultation. In: Ralph Slovenko (Ed.), *Crime, Law and Corrections*. Springfield, Ill.: Charles C. Thomas, 1966: "A psychoanalytic view of the antisocial tendency". In: 1971b (220–238, case 13 "Ada"), 1984a (256–282).

1966d [1964]   Psycho-somatic illness in its positive and negative aspects. *International Journal of Psycho-Analysis*, 1966, *47*. In: 1989a (103–114, in chapter "Psycho-somatic disorder").

1966e   Discussion of Ian Alger, "The clinical handling of the analyst' s response". *Psychoanalytic Forum*, 1966, *1*.

1966f   Book review, Virginia Axline, *Dibs in Search of Self* (1964). *New Society*, 28 Apr. 1966.

1966g   Book review. Chess, Thomas, Birch, *Your Child is a Person* (London: Peter Davies, 1966). *Medical News*, Oct. 1966.

1966h   Book review, Max B. Clyne, *Absent* (London: Tavistock, 1966).*New Society*, 29 Sept. 1966.

1966i   Book review, E. M. & M. Eppel, *Adolescents and Morality* (London: Routledge & Kegan Paul, 1966). *New Society*, 15 Sept. 1966. In: 1996a (48–50, "Out of the mouths of adolescents").

1966j　Book review, Iris Goodacre, *Adoption Policy & Practice* (London: George Allen & Unwin, 1966). *New Society*, 24 Nov. 1966.

1966k　Book review, Aaron Lask, *Asthma: Attitude & Milieu* (London: Tavistock, 1966). *New Society*, 17 Nov. 1966.

1966l　Review. *Psychoanalytic Study of the Child, Vol. 20. New Society*, 19 May 1966. *British Medical Journal*, 17 Dec. 1966.

1966m　Book review, Bernard Rimland, *Infantile Autism* (New York: Appleton-Century-Crofts, 1964). *British Medical Journal*, 10 Sept. 1966. In: 1996a (195–196, part of "Three reviews of books on autism").

1966n　Letter to the Editor, *The Times*, 3 Mar. 1966: "Psychiatric care" .In: 1987b (Letter 96, 152–153).

1966o　Letter to Herbert Rosenfeld, 17 Mar. 1966. In: F. Robert Rodman (Ed.), *The Spontaneous Gesture. Selected Letters of D. W. Winnicott* (1987b). Cambridge, MA: Harvard University Press, 1987 (Letter 97, 153–154).

1966p　Letter to Hans Thorner, 17 Mar. 1966. In: F. Robert Rodman (Ed.), *The Spontaneous Gesture. Selected Letters of D. W. Winnicott* (1987b). Cambridge, MA: Harvard University Press, 1987 (Letter 98, p.154).

1966q　Letter David Holbrook, 15 Apr. 1966. In: F. Robert Rodman (Ed.), *The Spontaneous Gesture. Selected Letters of D. W. Winnicott* (1987b). Cambridge, MA: Harvard University Press, 1987 (Letter 99, p.155: "Letter to a Confidant").

1966r　Letter to Lili E. Peller, 15 Apr. 1966. In: F. Robert Rodman (Ed.), *The Spontaneous Gesture. Selected Letters of D. W. Winnicott* (1987b). Cambridge, MA: Harvard University Press, 1987 (Letter 100, 156–157).

1966s　Letter to Sylvia Payne, 26 May 1966. In: F. Robert Rodman (Ed.), *The Spontaneous Gesture. Selected Letters of D. W. Winnicott* (1987b). Cambridge, MA: Harvard University Press, 1987 (Letter 101, p.157).

1966t　Letter to Renata Gaddini, 13 Sept. 1966. *Psychoanalysis and History*, 2003, *5*.

1966u　Letter to Donald Meltzer, 25 Oct. 1966. In: F. Robert Rodman (Ed.), *The Spontaneous Gesture. Selected Letters of D. W. Winnicott* (1987b). Cambridge, MA: Harvard University Press, 1987 (Letter 102, 157–161).

1966v　Letter to Renata Gaddini, 21 Nov. 1966. *Psychoanalysis and History*, 2003, *5*.

384

1966w Letter to a patient, 13 Dec. 1966. In: F. Robert Rodman (Ed.), *The Spontaneous Gesture. Selected Letters of D. W. Winnicott* (1987b). Cambridge, MA: Harvard University Press, 1987 (Letter 103, p.162).

1966x Letter to D. N. Parfitt, 22 Dec. 1966. In: F. Robert Rodman (Ed.), *The Spontaneous Gesture. Selected Letters of D. W. Winnicott* (1987b). Cambridge, MA: Harvard University Press, 1987 (Letter 104, 162–163).

1967a Eine Kinderbeobachtung. *Psyche*, 1967, *21*.

1967b The location of cultural experience. *International Journal of Psycho-Analysis*, 1967, *48*. In: 1971a (95–103).

1967c Mirror-role of mother and family in child development. In: Peter Lomas (Ed.), *The Predicament of the Family: A Psycho-analytical Symposium*. London: Hogarth Press, 1967. In: 1971a (111–118).

1967d Winnicott' s wisdom: Hobgoblins and good habits. *Parents*, 1967, *22*.

1967e Winnicott' s wisdom: How a baby begins to feel sorry and to make amends. *Parents*, 1967, *22*.

1967f Winnicott' s wisdom: The meaning of mother love. *Parents*, 1967, *22*.

1967g Books review. A collection of Children' s Books. *New Society*, 7 Dec. 1967 ("Small things for small people").

1967h A tribute on the occasion of Willi Hoffer' s seventieth birthday.*Psyche*, 1967, *21*. In: 1989a (499–505).

1967i Book review, Eda J. LeShan, *How to Survive Parenthood* (Harmondsworth: Penguin Books, 1965). *New Society*, 26 Oct. 1967.

1967j Book review, Sheila Stewart, *A Home from Home* (London: Longmans, Green & Co. 1967). *New Society*, 18 May 1967. In: 1984a (200–201: "The persecution that wasn' t ").

1967k Book review, Helen Thomson, *The Successful Stepparent* (London: W. H. Allen, 1966). *New Society*, 13 Apr. 1967.

1967l Letter to Mrs. P. Aitken, 13 Jan. 1967. In: F. Robert Rodman (Ed.), *The Spontaneous Gesture. Selected Letters of D. W. Winnicott* (1987b). Cambridge, MA: Harvard University Press, 1987 (Letter 105, 163–164).

1967m Letter to Renata Gaddini, 9 Mar. 1967.*Psychoanalysis and History*, 2003, *5*.

1967n Letter to a colleague, 4 Sept. 1967. In: F. Robert Rodman (Ed.), *The Spontaneous*

385

Gesture Selected Letters of D. W. Winnicott (1987b). Cambridge, MA: Harvard University Press, 1987 (Letter 106, p.165).

1967o   Letter to Renata Gaddini, 4 Sept. 1967. *Psychoanalysis and History*, 2003, *5*.

1967p   Letter to Margaret Torrie, 4 Sept. 1967. In: F. Robert Rodman (Ed.), *The Spontaneous Gesture. Selected Letters of D. W. Winnicott* (1987b). Cambridge, MA: Harvard University Press, 1987 (Letter 107, 166–167).

1967q   Letter to Margaret Torrie, 5 Sept. 1967. In: F. Robert Rodman (Ed.), *The Spontaneous Gesture. Selected Letters of D. W. Winnicott* (1987b). Cambridge, MA: Harvard University Press, 1987 (Letter 108, 167–169).

1967r   Letter to Wilfred R. Bion, 5 Oct. 1967. In: F. Robert Rodman (Ed.), *The Spontaneous Gesture. Selected Letters of D. W. Winnicott* (1987b). Cambridge, MA: Harvard University Press, 1987 (Letter 109, 169–170).

1967s   Letter to Gillian Nelson, 6 Oct. 1967. In: F. Robert Rodman (Ed.), *The Spontaneous Gesture. Selected Letters of D. W. Winnicott* (1987b). Cambridge, MA: Harvard University Press, 1987 (Letter 110, 170–171).

1967t   Letter to Charles Clay Dahlberg, 24 Oct. 1967. In: F. Robert Rodman (Ed.), *The Spontaneous Gesture. Selected Letters of D. W. Winnicott* (1987b). Cambridge, MA: Harvard University Press, 1987 (Letter 111, 171–172).

1967u   Letter to Renata Gaddini, 21 Nov. 1967. *Psycho-analysis and History*, 2003, *5*.

1967v   Letter to Marjorie Spence, 23 Nov. 1967. In: F. Robert Rodman (Ed.), *The Spontaneous Gesture. Selected Letters of D. W. Winnicott* (1987b). Cambridge, MA: Harvard University Press, 1987 (Letter 112, 172–173).

1967w   Letter to Marjorie Spence, 27 Nov. 1967. In: F. Robert Rodman (Ed.), *The Spontaneous Gesture. Selected Letters of D. W. Winnicott* (1987b). Cambridge, MA: Harvard University Press, 1987 (Letter 113, 173–174).

1967x   Letter to R. S. W. Dowling, 8 Dec. 1967. In: F. Robert Rodman (Ed.), *The Spontaneous Gesture. Selected Letters of D. W. Winnicott* (1987b). Cambridge, MA: Harvard University Press, 1987 (Letter 114, 174–175).

1968a [1967]   The aetiology of infantile schizophrenia in terms of adaptive failure. *Recherches*, 1968 [special issue "Enfance aliénée", II]: "La schizophrénie infantile en termes d' échec d' adaption". In: 1996a (218–223).

1968b   Children learning. In: *The Human Family and God*. London: Christian Teamworm

386

Institute of Education, 1968. In: 1986b (142–149), 2002 (232–238).

1968c [1967]   Clinical regression compared with defence organization. In: Stanley H. Eldred & Maurice Vanderpol (Eds.), *Psychotherapy in the Designed Therapeutic Milieu*. Boston: Little, Brown and Co., 1968 (*International Psychiatry Clinics, Vol. 5*). In: 1989a (193–199: "The concept of clinical regression compared with that of defence organization").

1968d   Communication between infant and mother, and mother and infant, compared and contrasted. In: Walter G. Joffe (Ed.), *What Is Psychoanalysis*. London: The Institute of Psycho-Analysis/ Ballière, Tindall & Cassell, 1968. In: 1987a (89–103), 2002 (70–81).

1968e [1967]   Delinquency as a sign of hope. *Prison Service Journal*, 1968, 7. In: 1986b (90–100).

1968f [1967]   Environmental health in infancy. *Maternal and Child Care*, 1968, 4: "Infant feeding and emotional development". In: 1987a (59– 68), 1996a (39–41: "The bearing of emotional health on feeding problems"), 2002 (49–55).

1968g   Interrelation through cross identification. *Revista de Psicoanálisis*, 1968, *25*: "La interrelación en términos de identificaciónes cruzadas". In: 1971a (129–137, part of chapter "Interrelating apart from instinctual drive and in terms of cross-identifications").

1968h [1967]   The non-pharmacological treatment of psychosis in childhood. In: Hermann Stutte & Hubert Harbauer (Eds.), *Concilium Paedopsychiatricum*. Proceedings of the 3rd European Congress of Pedopsychiatry, Wiesbaden, 4–9 May 1967. Basel/New York: S. Karger 1968.

1968i [1967]   Playing: Its theoretical status in the clinical situation. *International Journal of Psycho-Analysis*, 1968, *49*. In: 1971a (38–52: "Playing: A theoretical statement").

1968j   Sleep refusal in children. *Medical News Magazine*. Paediatrics, July 1968. In: 1996a (42–45).

1968k [1964–68]   The squiggle game. *Voices: The Art and Science of Psychotherapy*, 1968, 4: "Squiggles". In: 1971b (42–63, case 3 "Eliza"),1989a (299–317).

1968l [1965]   The value of the therapeutic consultation. In: Emanuel Miller (Ed.), *Foundations of Child Psychiatry*. Oxford: Pergamon Press, 1968. In:

1971b (147–160, case "Ashton"), 1989a (318–324).

1968m [1967]　Note of contribution to symposium on child analysis and paediatrics. *International Journal of Psycho-Analysis*, 1968, *49*: "Note of contribution by D. W. Winnicott, London". Edited version, in: 1971b (12–27, case 1 "liro"), cf. 1971k.

1968n　Addition to "Why children play" (1942b). In: 1964a (145–146), added in 1968 reprint.

1968o　Book review, Lindy Burton, Vulnerable Children. Three Studies of Children in Conflict: Accident involved children, sexually assaulted children, and children with asthma (London: Routledge & Kegan Paul, 1968). New Society, 25 Apr. 1968.

1968p　Book review, Alec Clegg & Barbara Megson, *Children in Distress* (Harmondsworth: Penguin Books, 1968). *New Society*, 7 Nov. 1968.

1968q　Foreword, in: Barbara Dockar-Drysdale, *Therapy in Child Care.Collected Papers*. London: Longman, 1968.

1968r　Review. *Psychoanalytic Study of the Child, Vol. 22. New Society*, 16 May 1968.

1968s　Book review, Carl Ivar Sandström, *The Psychology of Childhood and Adolescence* (1961) (Harmondsworth: Penguin Books, 1968). *National Marriage Guidance Council Journal*, 1968, *11*.

1968t　Book review, Anthony Storr, *Human Aggression* (Harmondsworth: Penguin Books, 1968). *New Statesman*, 5 July 1968.

1968u　Foreword, in: Robert J. N. Tod (Ed.), *Disturbed Children*. London: Longman, 1968.

1968v　Letter to Donald Gough, 6 Mar. 1968. In: F. Robert Rodman (Ed.), *The Spontaneous Gesture. Selected Letters of D. W. Winnicott* (1987b). Cambridge, MA: Harvard University Press, 1987 (Letter 115, 176–177).

1968w　Letter to L. Joseph Stone, 18 June 1968. In: F. Robert Rodman (Ed.), *The Spontaneous Gesture. Selected Letters of D. W. Winnicott* (1987b). Cambridge, MA: Harvard University Press, 1987 (Letter 116, 177–178).

1968x　Letter to Mrs. T. [a corresponding mother], 6 Sept. 1968. *Psycho-analysis and History*, 1993, *5*.

1968y　Letter to Adam Limentani, 27 Sept. 1968. In: F. Robert Rodman (Ed.), *The Spontaneous Gesture. Selected Letters of D. W. Winnicott* (1987b). Cambridge, MA:

Harvard University Press, 1987 (Letter 117, 178–180).

1968za Letter to Renata Gaddini, 21 Oct. 1968. *Psycho-analysis and History*, 2003, 5.

1968zb Letter to Karl & Sheila Britton, 25 Nov. 1968. In: F. Robert Rodman, *Winnicott: Life and Work* (332). Cambridge, MA: Perseus Publishing, 2003.

1968zc Letter to Joyce Coles, 11 Dec. 1968. In: F. Robert Rodman, *Winnicott: Life and Work* (338). Cambridge, MA: Perseus Publishing, 2003.

388 1968zd Letter to Renata Gaddini (11 Dec. 1968). *Psychoanalysis and History*, 2003, 5.

1968ze Letter to Karl Britton, 14 Dec. 1968. In: F. Robert Rodman, *Winnicott: Life and Work* (340). Cambridge, MA: Perseus Publishing, 2003.

1968zf Letter to Joyce Coles, 14 Dec. 1968. In: F. Robert Rodman, *Winnicott: Life and Work* (340–341). Cambridge, MA: Perseus Publishing, 2003.

1969a Adolescent process and the need for personal confrontation. *Pediatrics*, 1969, 44. In: 1971a (143–150: "Death and murder in the adolescent process", part of chapter "Contemporary concepts of adolescent development and their implications for higher education"), 1986b (157–166: "Death and murder in the adolescent process", part of chapter: "Adolescent immaturity").

1969b [1968] Breast feeding as communication. *Maternal and Child Care*, 1969,5. In: 1987a (23–33), 2002 (24–31).

1969c [1968] Changing patterns—the young person, the family and society. *Proceedings of the British Student Health Association*, Newcastle 1968 (published 1969). In: 1971a (138–150: "Contemporary concepts of adolescent development and their implications for higher education"), 1986b (150–166: "Adolescent immaturity").

1969d [1965] Do progressive schools give too much freedom to the child? In:M. Ash (Ed.), *Who Are the Progressive Now?* London: Routledge & Kegan Paul, 1969: "Contribution to Conference at Dartington Hall". In: 1984a (209–213).

1969e First interview with child may start resumption of maturation.*Frontiers of Clinical Psychiatry*, 1969, 6.

1969f [1968] A link between paediatrics and child psychology: Clinical observations. *Dynamische Psychiatrie*, 1969, 2: "Eine Verbindung zwischen Kinderheilkunde und Kinderpsychologie: klinische Betrachtungen". In:

　　　　　　1996a (255–276).

1969g　Physiotherapy and human relations. *Physiotherapy*, 1969, *55*: "Human relations". In: 1989a (561–568).

1969h [1968]　Towards a theory of psychotherapy: the link with playing. *Psice*, 1969, *6*: "Verso una teoria sulla psicoterapia: il suo rapporto col gioco".

1969i [1968]　The use of an object and relating through identifications. *International Journal of Psycho-Analysis*, 1969, *50*. In: 1971a (86–94),1989a (218–227).

1969j　Book review, Anna Freud, *Indications for Child Analysis and Other Papers* (New York: International Universities Press, 1968; London: Hogarth, 1969). *New Society*, 21 Aug. 1969. In: 1989a (511–512).

1969k　Foreword, in: Dorothy E. M. Gardner, *Susan Isaacs*. London: Methuen, 1969. In: 1989a (387–389).

1969l　Preface, in: Serge Lebovici & Joyce McDougall, Dialogue with Sammy. A Psycho-Analytical Contribu*tion to the Understanding of Child Psychosis* (1960; orig. Un Cas de psychose infantile), ed.M. James. London: Hogarth, 1969.

1969m　Foreword, in: Marion Milner, *The Hands of the Living God*. London: Hogarth, 1969.　　*389*

1969n　Obituary: James Strachey 1887–1967. *International Journal of Psycho-Analysis*, 1969, *50*. In: 1989a (506–510).

1969o　Letter to Dr. Michael Rosenbluth, 3 Jan. 1969. In: F. Robert Rodman, *Winnicott: Life and Work* (343–344). Cambridge, MA: Perseus Publishing, 2003.

1969p　Letter to F. Robert Rodman, 10 Jan. 1969. In: F. Robert Rodman (Ed.), *The Spontaneous Gesture. Selected Letters of D. W. Winnicott* (1987b). Cambridge, MA: Harvard University Press, 1987 (Letter 118, 180–182).

1969q　Letter to an American correspondent, 14 Jan. 1969. In: F. Robert Rodman (Ed.), *The Spontaneous Gesture. Selected Letters of D. W. Winnicott* (1987b). Cambridge, MA: Harvard University Press, 1987 (Letter 119, 183–185).

1969r　Letter to Renata Gaddini, 19 Jan. 1969. *Psychoanalysis and History*, 2003, *5*.

1969s　Letter to Anna Freud, 20 Jan. 1969. In: F. Robert Rodman (Ed.), *The Spontaneous Gesture. Selected Letters of D. W. Winnicott* (1987b). Cambridge, MA: Harvard University Press, 1987 (Letter 120, p.185).

1969t　Letter to J. D. Collinson, 10 Mar. 1969. In: F. Robert Rodman (Ed.), *The Spontaneous Gesture. Selected Letters of D. W. Winnicott* (1987b). Cambridge, MA: Harvard

University Press, 1987 (Letter 121, 186–188).

1969u Letter to M. B. Conran, 8 May 1969. In: F. Robert Rodman (Ed.), *The Spontaneous Gesture. Selected Letters of D. W. Winnicott* (1987b). Cambridge, MA: Harvard University Press, 1987 (Letter 122, 188–191).

1969v Letter to Agnes Wilkinson, 9 June 1969. In: F. Robert Rodman (Ed.), *The Spontaneous Gesture. Selected Letters of D. W. Winnicott* (1987b). Cambridge, MA: Harvard University Press, 1987 (Letter 123, p.192).

1969w Letter to the Editor, June 1969, *Child Care News*, *87*. In: 1989a (558–60: "Behaviour therapy").

1969x Letter to William W. Sargant, 24 June 1969. In: F. Robert Rodman (Ed.), *The Spontaneous Gesture. Selected Letters of D. W. Winnicott* (1987b). Cambridge, MA: Harvard University Press, 1987 (Letter 124, 192–194).

1969y Letter to Helm Stierlin, 31 July 1969. In: F. Robert Rodman (Ed.), *The Spontaneous Gesture. Selected Letters of D. W. Winnicott* (1987b). Cambridge, MA: Harvard University Press, 1987 (Letter 125, 195–196).

1969za Letter to Robert Tod, 6 Nov. 1969. In: F. Robert Rodman (Ed.), *The Spontaneous Gesture. Selected Letters of D. W. Winnicott* (1987b). Cambridge, MA: Harvard University Press, 1987 (Letter 126, 196–197).

1969zb Letter to Renata Gaddini and Co. (Eugenio Gaddini, and their family), 15 Nov. 1969. *Psychoanalysis and History*, 2003, *5*.

1970a Dependence in child care. *Your Child*, 1970, *2*. In: 1987a (83–88), 2002 (65–69).

1970b [1969]   The mother–infant experience of mutuality. In: E. James Anthony & Therese Benedek (Eds.), *Parenthood: Its Psychology and Psychopathology*. Boston: Little, Brown & Co., 1970. In: 1989a (251–260).

1970c Early one morning. Contribution to final number. *Case Conference*, 1970, *16*.

1970d Letter to Renata Gaddini, 31 Aug. 1970. *Psychoanalysis and History*, 2003, *5*.

1971a *Playing and Reality*. London: Tavistock, 1971.

1971b *Therapeutic Consultations in Child Psychiatry*. London: Hogarth, 1971.

1971c   "Albert" aet 7 years 9 months, Case 10. In: *Therapeutic Consultations in Child Psychiatry* (1971b). London: Hogarth, 1971 (161–175).

1971d [1970]   Basis for self in body. *Nouvelle Revue de Psychanalyse*, 1971, *3*: "Le Corps et le Self" . In: 1989a (261–271).

1971e　"Charles" aet 9 years, Case 8. In: *Therapeutic Consultations in Child Psychiatry* (1971b). London: Hogarth, 1971 (129–146).

1971f [1967]　The concept of a healthy individual. In: John D. Sutherland (Ed.), *Towards Community Mental Health*. London: Tavistock, 1971. In: 1986b (21–38).

1971g　Creativity and its origins. In: *Playing and Reality* (1971a). London: Tavistock, 1971 (65–85, including 1971v).

1971h　Dreaming, fantasying and living: A case-history describing a primary dissociation. In: *Playing and Reality* (1971a). London: Tavistock, 1971 (26–37).

1971i　"George" aet 13 years, Case 21. In: *Therapeutic Consultations in Child Psychiatry* (1971b). London: Hogarth, 1971 (380–396).

1971j　"Hesta" aet 16 years 9, Case 11. In: *Therapeutic Consultations in Child Psychiatry* (1971b). London: Hogarth, 1971 (176–193).

1971k [1967]　"Iiro" aet 9 years 9 months, Case 1. In: *Therapeutic Consultations in Child Psychiatry* (1971b). London: Hogarth, 1971 (12–27). (Earlier presentation cf. 1968m).

1971l　Interrelating apart from instinctual drive and in terms of cross-identifications. In: *Playing and Reality* (1971a). London: Tavistock, 1971 (119–137).

1971m　"Jason" aet 8 years 9 months, Case 20. In: *Therapeutic Consultations in Child Psychiatry* (1971b). London: Hogarth, 1971 (344–379).

1971n　"Lily" aet 5 years, Case 19. In: *Therapeutic Consultations in Child Psychiatry* (1971b). London: Hogarth, 1971 (342–343).

1971o　"Mrs. X" aet 30 years (mother of Anna, aet 6 years), Case 18. In: *Therapeutic Consultations in Child Psychiatry* (1971b). London: Hogarth, 1971 (331–341).

1971p　"Peter" aet 13 years, Case 16. In: *Therapeutic Consultations in Child Psychiatry* (1971b). London: Hogarth, 1971 (296–314).

1971q　The place where we live. In: *Playing and Reality* (1971a). London: Tavistock, 1971 (104–110).

1971r　Playing: Creative activity and the search for the Self. In: *Playing and Reality* (1971a). London: Tavistock, 1971 (53–64).

1971s　A psychotherapeutic consultation in child psychiatry: A comparative study of the dynamic processes. In: Silvano Arieti (Ed.), *The World Biennial of Psychiatry and Psychotherapy, Vol. 1*.New York: Basic Books, 1971. In: 1971b (194–214, case 12

391   "Milton").

1971t   "Robert" aet 9 years, Case 5. In: *Therapeutic Consultations in Child Psychiatry* (1971b). London: Hogarth, 1971 (89–104).

1971u   "Robin" aet 5 years, Case 2. In: *Therapeutic Consultations in Child Psychiatry* (1971b). London: Hogarth, 1971 (28–41).

1971v [1966]   The split-off male and female elements to be found in men and women. In: *Playing and Reality* (1971a). London: Tavistock, 1971 (72–85, in chapter "Creativity and its origins" , 1971g). In: 1989a (169–183).

1971w   Introduction. In: *Playing and Reality* (1971a). London: Tavistock, 1971 (xi–xiii).

1971x   Introduction (Part One). In: *Therapeutic Consultations in Child Psychiatry* (1971b). London: Hogarth, 1971 (1–11).

1971y   Introduction (Part Two). In: *Therapeutic Consultations in Child Psychiatry* (1971b). London: Hogarth, 1971 (127–128).

1971za   Introduction (Part Three). In: *Therapeutic Consultations in Child Psychiatry* (1971b). London: Hogarth, 1971 (215–219).

1971zb   Letter to Jeannine Kalmanovitch, 7 Jan. 1971. In: Anne Clancier & Jeannine Kalmanovitch, *Le Paradoxe de Winnicott—de la naissance à la création*. Paris: Payot, 1984 [English *Winnicott and Paradox: From birth to creation*. London: Tavistock, 1987.

1971zc   Letter to Mme Jeannine Kalmanovitch, 19 Jan. 1971. *Nouvelle Revue de Psychanalyse*, 1971, *3*.

1972a [1955]   Fragment of an analysis. In: Peter L. Giovacchini (Ed.), *Tactics and Techniques in Psychoanalytic Therapy*. London: Hogarth, 1972. In: 1986a (19–186).

1972b [1969]   Mother's madness appearing in the clinical material as an egoalien factor. In: Peter L. Giovacchini (Ed.), *Tactics and Techniques in Psychoanalytic Therapy*. London: Hogarth, 1972. In: 1989a (375–382).

1972c [1968–69]   Answers to comments (on "The split-off elements male and female elements"). *Psychoanalytic Forum*, 1972, *4*. In: 1989a (189–192).

1974 [1963]   Fear of breakdown. *International Review of Psycho-Analysis*, 1974, *1*. In: 1989a (87–95).

1977 [1964–66] *The Piggle. An Account of the Psycho-Analytic Treatment of a Little Girl*. Ed.

Ishak Ramzy. London: Hogarth, 1977.

1984a　*Deprivation and Delinquency*, ed. Clare Winnicott, Ray Shepherd, & Madeleine Davis. London: Tavistock, 1984.

1984b [1966]　The absence of a sense of guilt. In: *Deprivation and Delinquency*(1984a). London: Tavistock, 1984 (106–112).

1984c [1960]　Aggression, guilt and reparation. In: *Deprivation and Delinquency* (1984a). London: Tavistock, 1984 (136–144), 1986b (80–89).

1984d [1965]　Notes made in the train. In: *Deprivation and Delinquency* (1984a).London: Tavistock, 1984 (214–219). (Part 2). In: 1989a (231–233).

1984e [1969]　*Freedom. Nouvelle Revue de Psychanalyse*, 1984, 30: "Liberté". In:1986b (228–238).

1984f [1958]　The psychology of separation. In: *Deprivation and Delinquency*(1984a). London: Tavistock, 1984 (132–135).

1984g [1970]　Residential care as therapy. In: *Deprivation and Delinquency*(1984a). London: Tavistock, 1984 (220–228).

1984h [1968]　*Sum, I am. Mathematics Teaching*, Mar. 1984. In: 1986b (55–64).

1984i [1961]　Varieties of psychotherapy. In: *Deprivation and Delinquency*(1984a). London: Tavistock, 1984 (232–240). In: 1986b (101–111).

1984j [1961]　Comments on the Report of the Committee on Punishment in Prisons and Borstals, 1961. In: *Deprivation and Delinquency* (1984a). London: Tavistock, 1984 (202–208).

1986a [1955]　*Holding and Interpretation. Fragment of an Analysis*. London: Hogarth, 1986.

1986b　*Home Is Where We Start From: Essays by a Psychoanalyst*, ed. Clare Winnicott, Ray Shepherd & Madeleine Davis. Harmondsworth: Penguin 1986.

1986c [1969]　Berlin walls. In: *Home Is Where We Start From* (1986b). Harmondsworth: Penguin 1986 (221–227).

1986d [1966]　The child in the family group. In: *Home Is Where We Start From*(1986b). Harmondsworth: Penguin 1986 (128–141). In: 2002(221–231).

1986e [1964]　The concept of the False Self. In: *Home Is Where We Start From*(1986b). Harmondsworth: Penguin 1986 (65–70).

1986f [1970]　Cure. In: *Home Is Where We Start From* (1986b). Harmondsworth: Penguin

392

1986 (112–120).

1986g [1964]   This feminism. In: *Home Is Where We Start From* (1986b). Harmondsworth: Penguin 1986 (183–194).

1986h [1970]   Living creatively. In: *Home Is Where We Start From* (1986b). Harmondsworth: Penguin 1986 (39–54).

1986i [1969]   The pill and the moon. In: *Home Is Where We Start From* (1986b). Harmondsworth: Penguin 1986 (195–209).

1986j [1970]   The place of the monarchy. In: *Home Is Where We Start From*(1986b). Harmondsworth: Penguin 1986 (260–268).

1986k [1961]   Psychoanalysis and science: Friends or relations? In: *Home Is Where We Start From* (1986b). Harmondsworth: Penguin 1986 (13–18).

1986l [1940]   Discussion of war aims. In: *Home Is Where We Start From* (1986b). Harmondsworth: Penguin 1986 (210–220).

1987a   *Babies and Their Mothers*, ed. Clare Winnicott, Ray Shepherd, & Madeleine Davis. Reading, MA: Addison-Wesley, 1987. In: 2002 (Part One: "Babies and their Mothers").

1987b   *The Spontaneous Gesture*, Selected Letters. Ed. F. Robert Rodman. Cambridge, MA: Harvard University Press, 1987.

1987c [1966]   The beginning of the individual. In: *Babies and Their Mothers*(1987a). Reading, MA: Addison-Wesley, 1987 (51–58). In: 2002(43–48).

1987d [1967]   Preliminary notes for "Communication between infant and mother, and mother and infant, compared and contrasted" [1968d]. In: *Babies and Their Mothers* (1987a). Reading, MA: Addison-Wesley, 1987 (107–109).

1987e [1966]   The ordinary devoted mother. In: *Babies and Their Mothers*(1987a). Reading, MA: Addison-Wesley, 1987 (3–14). In: 2002(11–18).

1988 [1954]   *Human Nature*, ed. Christopher Bollas, Madeleine Davis, & Ray Shepherd. London: Free Association Books, 1988.

1989a   *Psycho-Analytic Explorations*, ed. Clare Winnicott, Ray Shepherd, & Madeleine Davis. Cambridge, MA: Harvard University Press, 1989.

1989b [1966]   Absence and presence of a sense of guilt illustrated in two patients. In: *Psychoanalytic Explorations* (1989a). Cambridge, MA: Harvard University Press, 1989 (163–167).

1989c [1970]　Two further clinical examples. In: *Psychoanalytic Explorations* (1989a). Cambridge, MA: Harvard University Press, 1989 (272–283, in chapter "On the basis for self in body").

1989d [1965]　The concept of trauma in relation to the development of the individual within the family. In: *Psychoanalytic Explorations* (1989a). Cambridge, MA: Harvard University Press, 1989 (130–148).

1989e [1969]　Development of the theme of the mother's unconscious as discovered in psycho-analytic practice. In: *Psychoanalytic* Explorations (1989a). Cambridge, MA: Harvard University Press, 1989 (247–250).

1989f [1967]　D.W.W. on D.W.W. In: *Psychoanalytic Explorations* (1989a). Cambridge, MA: Harvard University Press, 1989 (569–582: "Postscript: D.W.W. on D.W.W.").

1989g [1939]　Early disillusion. In: *Psychoanalytic Explorations* (1989a). Cambridge, MA: Harvard University Press, 1989 (21–23).

1989h [1957]　Excitement in the aetiology of coronary thrombosis. In: *Psychoanalytic Explorations* (1989a). Cambridge, MA: Harvard University Press, 1989 (34–38).

1989i [1959]　The fate of the transitional object. In: *Psychoanalytic Explorations* (1989a). Cambridge, MA: Harvard University Press, 1989 (53–58).

1989j [1956]　Fragments concerning varieties of clinical confusion. In: *Psychoanalytic Explorations* (1989a). Cambridge, MA: Harvard University Press, 1989 (30–33).

1989k [1957]　Hallucination and dehallucination. In: *Psychoanalytic Explorations* (1989a). Cambridge, MA: Harvard University Press, 1989 (39–42).

1989l [1950s]　Ideas and definitions. In: *Psychoanalytic Explorations* (1989a).Cambridge, MA: Harvard University Press, 1989 (43–44).

1989m [1964]　The importance of the setting in meeting regression in psychoanalysis. In: *Psychoanalytic Explorations* (1989a). Cambridge, MA: Harvard University Press, 1989 (96–102).

1989n [1970]　Individuation. In: *Psychoanalytic Explorations* (1989a). Cambridge, MA: Harvard University Press, 1989 (284–288).

1989o [1968]　Interpretation in psycho-analysis. In: *Psychoanalytic Explorations* (1989a).

Cambridge, MA: Harvard University Press, 1989 (207–212).

1989p   Knowing and not knowing: A clinical example. In: *Psychoanalytic Explorations* (1989a). Cambridge, MA: Harvard University Press, 1989 (24–25).

1989q [1951]   Notes on the general implications of leucotomy. In: *Psychoanalytic Explorations* (1989a). Cambridge, MA: Harvard University Press, 1989 (548–552, in chapter "Physical therapy of mental disorder: Leucotomy").

1989r [1967]   Addendum to "The Location of cultural experience" [1967b]. In: *Psychoanalytic Explorations* (1989a). Cambridge, MA: Harvard University Press, 1989 (200–202).

1989s [1965]   New light on children's thinking. In: *Psychoanalytic Explorations* (1989a). Cambridge, MA: Harvard University Press, 1989 (152–157).

1989t [1963]   A note on a case involving envy. In: *Psychoanalytic Explorations* (1989a). Cambridge, MA: Harvard University Press, 1989 (76–78).

1989u   Notes on play. In: *Psychoanalytic Explorations* (1989a). Cambridge, MA: Harvard University Press, 1989 (59–63).

1989v   A note on the mother–foetus relationship. In: *Psychoanalytic Explorations* (1989a). Cambridge, MA: Harvard University Press, 1989 (161–162).

1989w [1965]   Notes on withdrawal and regression. In: *Psychoanalytic Explorations* (1989a). Cambridge, MA: Harvard University Press, 1989 (149–151).

1989x [1959]   Nothing at the centre. In: *Psychoanalytic Explorations* (1989a).Cambridge, MA: Harvard University Press, 1989 (49–52).

1989y[1963]   Perversions and pregenital fantasy. In: *Psychoanalytic Explorations* (1989a). Cambridge, MA: Harvard University Press, 1989 (79–80).

1989za[1968]   Physical and emotional disturbances in an adolescent girl. In: *Psychoanalytic Explorations* (1989a). Cambridge, MA: Harvard University Press, 1989 (369–374).

1989zb   A point in technique. In: *Psychoanalytic Explorations* (1989a).Cambridge, MA: Harvard University Press, 1989 (26–27).

1989zc [1954]   Play in the analytic situation. In: *Psychoanalytic Explorations* (1989a). Cambridge, MA: Harvard University Press, 1989 (28–29).

1989zd [1968]   Playing and culture. In: *Psychoanalytic Explorations* (1989a).Cambridge,

MA: Harvard University Press, 1989 (203–206).

1989ze [1955] Private practice. In: *Psychoanalytic Explorations* (1989a). Cambridge, MA: Harvard University Press, 1989 (291–298).

1989zf [1958] Psychogenesis of a beating fantasy. In: *Psychoanalytic Explorations* (1989a). Cambridge, MA: Harvard University Press, 1989 (45–48).

1989zg [1965] The psychology of madness: A contribution from psycho-analysis. In: *Psychoanalytic Explorations* (1989a). Cambridge, MA: Harvard University Press, 1989 (119–129).

1989zh [1961] Psycho-neurosis in childhood. In: *Psychoanalytic Explorations* (1989a). Cambridge, MA: Harvard University Press, 1989 (64–72).

1989zi [1969] Additional note on psycho-somatic disorder. In: *Psychoanalytic Explorations* (1989a). Cambridge, MA: Harvard University Press, 1989 (115–118, in chapter "Psycho-somatic disorder").

1989zj [1944] Introduction to a symposium on the psycho-analytic contribution to the theory of shock therapy. In: *Psychoanalytic Explorations* (1989a). Cambridge, MA: Harvard University Press, 1989(525–528, in chapter "Physical therapy of mental disorder: Convulsion therapy").

1989zk [1944] Kinds of psychological effect of shock therapy. In: *Psychoanalytic Explorations* (1989a). Cambridge, MA: Harvard University Press, 1989 (529–533, in chapter "Physical therapy of mental disorder: Convulsion therapy").

1989zl[1959–63] Clinical material. In: *Psychoanalytic Explorations* (1989a). Cambridge, MA: Harvard University Press, 1989 (183–188, in chapter "On the split-off male and female elements").

1989zm[1968] Thinking and symbol-formation. In: *Psychoanalytic Explorations* (1989a). Cambridge, MA: Harvard University Press, 1989 (213–216).

1989zn[1943] Treatment of mental disease by induction of fits. In: *Psychoanalytic Explorations* (1989a). Cambridge, MA: Harvard University Press, 1989 (516–521, in chapter "Physical therapy of mental disorder: Convulsion therapy").

1989zo [1963] Two notes on the use of silence. In: *Psychoanalytic Explorations* (1989a). Cambridge, MA: Harvard University Press, 1989 (81–86).

395

1989zp [1968]   Clinical illustration of "The use of an object" [1969i]. In: *Psychoanalytic Explorations* (1989a). Cambridge, MA: Harvard University Press, 1989 (235–238, in chapter: On "The Use of an Object").

1989zq [1968]   Comments on my paper "The use of an object" [1969i]. In: *Psychoanalytic Explorations* (1989a). Cambridge, MA: Harvard University Press, 1989 (238–240, in chapter: On "The Use of an Objects").

1989zr [1963]   D.W.W.'s dream related to reviewing Jung. In: *Psychoanalytic Explorations* (1989a). Cambridge, MA: Harvard University Press, 1989 (228–230), in chapter On "The Use of an Object").

1989zs [1969]   The use of an object in the context of *Moses and Monotheism*. In: *Psychoanalytic Explorations* (1989a). Cambridge, MA: Harvard University Press, 1989 (240–246, in chapter: On "The Use of an Object").

1989zt [1968]   The use of the word "Use". In: *Psychoanalytic Explorations* (1989a). Cambridge, MA: Harvard University Press, 1989 (233–235, in chapter: On "The Use of an Object").

1989zu [1965]   Commentary on Virginia Axline, *Play Therapy*. Boston: Houghton Mifflin, 1947. In: *Psychoanalytic Explorations* (1989a). Cambridge, MA: Harvard University Press, 1989 (495–498).

1989zv [1954]   Character types: The foolhardy and the cautious (Discussion of Michael Balint's "Funfairs, thrills and regressions" [in: *Thrills and Regression.*, 1959]). In: *Psychoanalytic Explorations* (1989a). Cambridge, MA: Harvard University Press, 1989 (433–437).

1989zw [1959]   Discussion of John Bowlby's "Grief and mourning in infancy" [*Psychoanalytic Study of the Child*, 1960, *15*]. In: *Psychoanalytic Explorations* (1989a). Cambridge, MA: Harvard University Press, 1989 (426–432).

1989zx [1962]   The beginnings of a formulation of an appreciation and criticism of Klein's envy statement. In: *Psychoanalytic Explorations* (1989a). Cambridge, MA: Harvard University Press, 1989 (447–457, in chapter "Melanie Klein: On her concept of envy").

1989zy [1969]   Contribution to a symposium on envy and jealousy. In: *Psychoanalytic Explorations* (1989a). Cambridge, MA: Harvard University Press, 1989 (462–464, in chapter "Melanie Klein: On her concept of envy").

1989zza [1968] Roots of aggression. In: *Psychoanalytic Explorations* (1989a). Cambridge, MA: Harvard University Press, 1989 (458–461, in chapter "Melanie Klein: On her concept of envy").

1989zzb [1960] Comments on Joseph Sandler's "On the concept of the superego" [*Psychoanalytic Study of the Child*, 1960, *15*]. In: *Psychoanalytic Explorations* (1989a). Cambridge, MA: Harvard University Press, 1989 (465–473).

1993a　*Talking to Parents*, ed. Clare Winnicott, Christopher Bollas, Madeleine Davis, & Ray Shepherd. Reading, MA: AddisonWesley, 1993. In: 2002 (Part Two: "Talking to Parents").

1993b [1969]　The building up of trust. In: *Talking to Parents* (1993a). Reading, MA: Addison-Wesley, 1993 (121–134). In: 2002 (178–187).

1993c [1962]　The development of a child's sense of right and wrong. In: *Talking to Parents* (1993a). Reading, MA: Addison-Wesley, 1993 (105–110). In: 2002 (167–170).

1993d [1961]　Feeling guilty. In: *Talking to Parents* (1993a). Reading, MA: Addison-Wesley, 1993 (95–103). In: 2002 (160–166).

1993e [1960]　Jealousy. In: *Talking to Parents* (1993a). Reading, MA: AddisonWesley, 1993 (41–64). In: 2002 (122–138).

1993f [1960]　Saying "No". In: *Talking to Parents* (1993a). Reading, MA: Addison-Wesley, 1993 (21–39). In: 2002 (108–121).

1993g [1955]　For stepparents. In: *Talking to Parents* (1993a). Reading, MA: Addison-Wesley, 1993 (7–13). In: 2002 (99–103).

1993h [1956]　What do we know about babies as cloth suckers? In: *Talking to Parents* (1993a). Reading, MA: Addison-Wesley, 1993 (15–20). In: 2002 (104–107).

1993i [1960]　What irks? In: *Talking to Parents* (1993a). Reading, MA: Addison-Wesley, 1993 (65–86). In: 2002 (139–154).

1996a　*Thinking About Children*, ed. Ray Shepherd, Jennifer Johns, & Helen Taylor Robinson. London: Karnac, 1996.

1996b [1967]　The Association for Child Psychology and Psychiatry observed as a group phenomenon. In: *Thinking About Children* (1996a). London: Karnac, 1996 (235–254).

1996c [1966]　Autism. In: *Thinking About Children* (1996a). London: Karnac, 1996 (197–

217).

1996d [1966]   On cardiac neurosis in children. In: *Thinking About Children*(1996a). London: Karnac, 1996 (179–188).

1996e [1931]   Child psychiatry: The body as affected by psychological factors. In: *Thinking About Children* (1996a). London: Karnac, 1996 (176–178).

1996f [1970]   Child psychiatry, social work and alternative care. In: *Thinking About Children* (1996a). London: Karnac, 1996 (277–281).

1996g [1959]   A clinical approach to family problems: The family. In: *Thinking About Children* (1996a). London: Karnac, 1996 (54–56).

1996h [1931]   A clinical example of symptomatology following the birth of a sibling. In: *Thinking About Children* (1996a). London: Karnac, 1996 (97–101).

1996i [1940s]   The delinquent and habitual offender. In: *Thinking About Children* (1996a). London: Karnac, 1996 (51–53).

1996j [1968]   The effect of loss on the young. In: *Thinking About Children*(1996a). London: Karnac, 1996 (46–47).

1996k [1948]   Environmental needs. The early stages: Total dependence and essential independence. In: *Thinking About Children* (1996a). London: Karnac, 1996 (29–36).

1996l [1936]   Mental hygiene of the pre-school child. In: *Thinking About Children* (1996a). London: Karnac, 1996 (59–76).

1996m   The Niffle. In: *Thinking About Children* (1996a). London: Karnac, 1996 (104–109).

1996n [1961]   Notes on the time factor in treatment. In: *Thinking About Children* (1996a). London: Karnac, 1996 (231–234).

1996o [1948]   Primary introduction to external reality: The early stages. In: *Thinking About Children* (1996a). London: Karnac, 1996 (21–28).

1996p [1936]   The teacher, the parent and the doctor. In: *Thinking About Children* (1996a). London: Karnac, 1996 (77–93).

1996q [1950]   "Yes, but how do we know it's true?". In: *Thinking About Children* (1996a). London: Karnac, 1996 (13–18).

2002   *Winnicott on the Child.* With Introductions to his Works by T. Berry Brazelton, Stanley I. Greenspan and Benjamin Spock. Cambridge, MA: Perseus Publishing, 2003.

2003a [1968]   Footnote to "The use of an object" (1969i), not found in the published version. Manuscript in the files of the New York Psychoanalytic Society. In: F. Robert Rodman, *Winnicott: Life and Work* (328). Cambridge, MA: Perseus Publishing, 2003.

2003b [1966]　Preface to Renata Gaddini's Italian translation of *The Family and Individual Development* [1965a]. *Psychoanalysis and History*, 2003,5.

2003c [1963]　The Tree (poem). In: F. Robert Rodman, *Winnicott: Life and Work* (289–291). Cambridge, MA: Perseus Publishing, 2003.

2003d [1969]　Poem (written after the American astronauts landed on the moon, 20 July 1969). In: F. Robert Rodman, *Winnicott: Life and Work* (416–417). Cambridge, MA: Perseus Publishing, 2003.

2003e　Poem (about Enoch Powell, in letter to Peter Tizard). In: F. Robert Rodman, *Winnicott: Life and Work* (393). Cambridge, MA: Perseus Publishing, 2003.

2003f　& Clare Britton (Winnicott). Poem (written after C.O. Conference at Southport). In: F. Robert Rodman, *Winnicott: Life and Work* (393). Cambridge, MA: Perseus Publishing, 2003.

398

2.按字母排序列表

　　在按照字母排序列表中，每一篇文章条目中都给出了该文章所在书籍的原始出版年份，参考的是按时间顺序的文献列表，年份被标记为粗体字（例如，1953c是大家熟悉的"过渡性客体和过渡性现象"这篇文章所在书籍的出版年份）。一般说来，只有那些被包含在温尼科特的书籍和文集中的文章被标记了出来，并给出了所在书籍中的页码。对于那些没有被收集在温尼科特文集中的文章条目，我们给出原始出版物；更多准确的文献信息可以从按时间顺序排序列表中获取。

Absence and presence of a sense of guilt illustrated in two patients. **1989b**. In: 1989a (163–167).

Absence of a sense of guilt. **1984b**. In: 1984a (106–112).

Absent, by M. B. Clyne. Book review. **1966h**. *New Society*, 29 Sept. 1966.

Account of the Psycho-Analytic Treatment of a Little Girl. **1977**. *The Piggle*. London: Hogarth, 1977.

ACPP observed as a group phenomenon. **1996b**. In: 1996a (235–254).

Active heart disease. **1931b**. In: 1931a (69–75).

 "Ada" (case). **1966c**. In: 1971b (220–238), 1984a (256–282).

Adaptive failure: The aetiology of infantile schizophrenia. **1968a**. In: 1996a (218–223).

Addendum to "The Location of cultural experience" (1967b). **1989r**. In: 1989a (200–202).

Additional note on psycho-somatic disorder. **1989zi**. In: 1989a (115–118).

Address at meeting of the British Psycho-Analytic Society. **1957t**. *International Journal of Psychoanalysis, 38*.

Adolescence. **1962a**. In: 1965a (79–87), 1984a (145–155).

Adolescence, Adopted children in. **1955a**. In: 1996a (136–148).

Adolescence: Hospital care supplementing intensive psychotherapy. **1965u**. In: 1965b (242–248).

Adolescence: Struggling through the doldrums. **1962a**. In: 1965a (79–87), 1984a (145–155).

Adolescent, Deductions drawn from a psychotherapeutic interview. **1964b**. In: 1989a (325–340).

Adolescent development and implications for higher education. **1969c** (incl. **1969a**). In: 1971a (138–150), 1986b (150–166).

Adolescent girl, Physical and emotional disturbances. **1989za**. In: 1989a (369–374).

Adolescent immaturity. **1969c** (incl. **1969a**). In: 1971a (138–150), 1986b (150–166).

Adolescents and Morality, by E. M. & M. Eppel. Book review. **1966i**. In: 1996a (48–50).

Adolescent process, Death and murder. **1969a**. In: 1971a (143–150), 1986b (157–166).

Adolescent process and the need for personal confrontation. **1969a**. In: 1971a (143–150), 1986b (157–166).

Adolescents, Out of the mouths. **1966i**. In: 1996a (48–50).

Adopted children in adolescence. **1955a**. In: 1996a (136–148).

Adopted children, Two. **1954d**. In: 1957b (52–65), 1996a (113–127).

Adoption, On. **1957c**. In: 1957a (127–130).

Adoption, Pitfalls in. **1954c**. In: 1957b (45–51), 1996a (128–135).

Adoption Policy & Practice, by I. Goodacre. Book review. **1966j**. *New Society*, 24 Nov. 1966.

Adoption, Theory of, and Mental Health, by H. D. Kirk. Book review. **1965zg**. *New Society*, 9

Sept. 1965.

Advising parents. **1965c**. In: 1965a (114–120), 2002 (193–201).

Aetiology of infantile schizophrenia in terms of adaptive failure. **1968a**. In: 1996a (218–223).

Aggression. **1957d**. In: 1957b (167–175), 1984a (84–92).

Aggression, guilt and reparation. **1984c**. In: 1984a (136–144), 1986b (80–89).

Aggression, Human, by A. Storr. Book review. **1968t**. *New Statesman*, 5 July 1968.

Aggression and its Interpretation, by L. Jackson. Book review. **1954g**. *British Medical Journal,* June 1954.

Aggression in relation to emotional development. **1958b**. In: 1958a (204–218).

Aggression and its roots. **1957d**. **1964d**. In: 1984a (84–99).

Aggression, Roots of. **1964d**. In: 1964a (232–239), 1984a (92–99).

Aggression, Roots of. **1989zza**. In: 1989a (458–461).

Aichhorn, August: *Wayward Youth. Book* review. **1937a**. *British Journal of Medical Psychology, 16.*

Aims of psycho-analytical treatment. **1965d**. In: 1965b (166–170).

Aitken, Mrs. P., letter to, 13 Jan. 1967. **1967l**. In: 1987b (163–164).

"Albert" (case). **1971c**. In: 1971b (161–175).

Alexander, Franz: "Psychoanalysis and medicine", Paper abstract. **1933**. *International Journal of Psychoanalysis, 14.*

"Alfred" (case). **1963e**. In: 1971b (110–126).

Alger, Ian: "The clinical handling of the analyst's response", Discussion of. **1966e**. *Psychoanalytic Forum, 1.*

All of mother. **1964o**. In: 1987b (146).

Alone, The capacity to be. **1958g**. In: 1965b (29–36).

Alternative care, child psychiatry and social work. **1996f**. In: 1996a (277–281).

Amateur dramatic club, St Bartholomew's. **1920b**. *St Bartholomew's Hospital Journal, 27.*

American correspondent, letter to, 14 Jan. 1969. **1969q**. In: 1987b (183–185).

Analytic situation, Play in. **1989zc**. In: 1989a (28–29).

Anna's mother, "Mrs. X" (case). **1971o**. In: 1971b (331–341).

Answers to comments, on "The split-off male and female elements". **1972c**. In: 1989a (189–192).

Anti-social behaviour, Case of. **1965g**. In: 1971b (270–295).

Antisocial tendency. **1958c**. In: 1958a (306–315), 1984a (120–131).

Antisocial tendency, Psychoanalytic view of. **1966c**. In: 1971b (220–238), 1984a (256–282).

Anxiety. **1931c**. In: 1931a (122–128).

Anxiety associated with insecurity. **1958d**. In: 1958a (97–100).

Anxiety, Birth memories, birth trauma. **1958f**. In: 1958a (174–193).

Anxiety, A note on normality and. **1931p**. In: 1931a (98–121), 1958a (3–21).

Any Wife or Any Husband, by J. G. Malleson, Foreword to. **1955f**. London: Heinemann, 1955.

Appetite and emotional disorder. **1958e**. In: 1958a (33–51).

Appreciation and criticism of Klein's envy statement. **1989zx**. In: 1989a (447– 457).

Art versus Illness, by A. Hill. Book review. **1949o**. In: 1989a (555–557).

Arthritis associated with emotional disturbance. **1931d**. In: 1931a (81–86).

"Ashton"（case). **1968l**. In: 1971b (147–160), 1989a (318–324).

Aspects of juvenile delinquency. **1946b**. In: 1957b (181–187), 1964a (227–231), 1984a (113–119).

Association for Child Psychology and Psychiatry observed as a group phenomenon. **1996b**. In: 1996a (235–254).

Asthma: Attitude & Milieu, by A. Lask. Book review. **1966k**. *New Society,* 17 Nov.1966.

Astronauts landed on the moon, Poem after. **2003d**. In: F. R. Rodman, *Winnicott, Life and Work,* 2003 (416–417).

Autism. **1996c**. In: 1996a (197–217).

Autism, Infantile, by B. Rimland. Book review. **1966m**. In: 1996a (195–196).

Autism, Three reviews of books on. **1938d**. **1963h**. **1966m**. In: 1996a (191–196).

Average expectable environment, Failure of. **1965i**. In: 1971b (64–88).

Axline, Virginia: *Dibs in Search of Self.* Book review. **1966f**. *New Society,* 28 Apr.1966.

Axline, Virginia: *Play Therapy,* Commentary on. **1989zu**. In: 1989a (495–498).

Babies and Their Mothers. **1987a**. Reading, MA: Addison-Wesley, 1987. In: 2002 (9–81).

Babies are persons. **1947b**. In: 1957b (134–140), 1964a (85–92).

Babies as persons, Further thoughts. **1947b**. In: 1957b (134–140), 1964a (85– 92).

Babies as cloth suckers, What do we know? **1993h**. In: 1993a (15–20), 2002 (104–107).

Baby begins to feel sorry and to make amends. **1967e**. *Parents*, 1967, *22*.

Baby as a going concern. **1949b**. In: 1949a (7–11), 1957a 13–17, 1964a (25–29).

Baby, relationship of mother at the beginning. **1965zb**. In: 1965a (15–20).

Baby as a person. **1949c**. In: 1949a (22–26), 1957a (33–37), 1964a (75–79). *401*

Bakwin, H. & R. M.: *Clinical Management of Behavior Disorders in Children*. Book review. **1954f**. *British Medical Journal,* Aug. 1954.

Balint, Enid, letter to, 22 Mar. 1956. **1956d**. In: 1987b (97–98).

Balint, Michael: *The Doctor, His Patients and the Illness*. Book review. **1958r**. In: 1989a (438–442).

Balint, Michael: Funfairs, thrills and regressions, Discussion of. **1989zv**. In: 1989a (433–437).

Balint, Michael, letter to, 5 Feb. 1960. **1960d**. In: 1987b (127–129).

Balint, Michael: Thrills and regressions, Discussion of. **1989zv**. In: 1989a (433–437).

Barinbaum, Moses: "A contribution to the problem of psycho-physical relations with special reference to dermatology", Paper abstract. **1935**. *International Journal of Psychoanalysis, 16*.

Basis for self in body. **1971d**. In: 1989a (261–271).

Basis for self in body: Two further clinical examples. **1989c**. In: 1989a (272–283).

Bearing of emotional health on feeding problems. **1968f**. In: 1987a (59–68), 1996a (39–41), 2002 (49–55).

Beating fantasy, Psychogenesis of. **1989zf**. In: 1989a (45–48).

Becoming deprived as a fact: a psychotherapeutic consultation. **1966a**. In: 1971b (315–330).

Beginning of the individual. **1987c**. In: 1987a (51–58), 2002 (43–48).

Beginnings of a formulation of an appreciation and criticism of Klein's envy statement. **1989zx**. In: 1989a (447–457).

Behaviour therapy. **1969w**. In: 1989a (558–60).

Bergeron, M.: *Psychologie du premier âge*. Book review. **1962d**. *Archives of Disease in Childhood, 37*.

Berlin walls. **1986c**. In: 1986b (221–227).

Beveridge, Lord, letter to, 15 Oct. 1946. **1946d**. In: 1987b (8).

Bick, Esther, letter to, 11 June1953. **1953n**. In: 1987b (50–52).

Bion, Wilfred R., letter to, 7 Oct. 1955. **1955m**. In: 1987b (89–93).

Bion, Wilfred R., letter to, 17 Nov. 1960. **1960g**. In: 1987b (131).

Bion, Wilfred R., letter to, 16 Nov. 1961. **1961f**. In: 1987b (133).

Bion, Wilfred R., letter to, 5 Oct. 1967. **1967r**. In: 1987b (169–170).

Birch, co-author with Chess, Thomas: *Your Child is a Person*. Book review. **1966g**.*Medical News*, Oct. 1966.

Birth memories, birth trauma, and anxiety. **1958f**. In: 1958a (174–193).

Birth of a sibling, Symptomatology following. **1996h**. In: 1996a (97–101).

   "Bob" (case). **1965i**. In: 1971b (64–88).

Body, Basis for self in. **1971d**. In: 1989a (261–271).

Body as affected by psychological factors. **1996e**. In: 1996a (176–178).

Bonnard, Augusta, letter to, 3 Apr. 1952. **1952c**. In: 1987b (28).

Bonnard, Augusta, letter to, 1 Oct. 1957. **1957zb**. In: 1987b (116–117).

Bonnard, Augusta, letter to, 7 Nov. 1957. **1957zc**. In: 1987b (117).

Bowlby, John: "Grief and mourning in infancy" , Discussion of. **1989zw**. In: 1989a (426–432).

Bowlby, John, letter to, 11 May 1954. **1954p**. In: 1987b (65–66).

Bowlby, John: *Maternal Care and Mental Health*. Book review. **1953f**. In: 1989a (423–426).

Bowlby, John, & Miller, Emanuel, co-authors with Winnicott: Letter to *British Medical Journal*, 16 Dec. 1939. **1939b**. In: 1984a (13–14).

Boy whose pathological dependence was adequately met by the parents. **1963f**.In: 1971b (239–269).

Breakdown, Fear of. **1974**. In: 1989a (87–95).

Breast feeding. **1957e**. In: 1957b (141–148), 1964a (50–57).

Breast feeding as communication. **1969b**. In: 1987a (23–33), 2002 (24–31).

Bringing Up of Children, On the, ed. J. Rickman. Book review. **1937b**. *British Journal of Medical Psychology*, 16.

British Medical Journal, letter to (with J. Bowlby & E. Miller), 16 Dec. 1939. **1939b**.In: 1984a (13–14).

British Medical Journal, letter to, 25 Dec. 1943. **1943b**. In: 1989a (522–523).

British Medical Journal, letter to, 12 Feb. 1944. **1944b**. In: 1989a (523–525).

British Medical Journal, letter to, 22 Dec. 1945. **1945k**. In: 1987b (6–7).

British Medical Journal, Leading article, 17 May 1947. **1947c**. In: 1989a (534–541).

British Medical Journal, letter to, 13 Dec. 1947. **1947d**.

British Medical Journal, letter to, 6 Jan. 1949. **1949q**. In: 1987b (13–14).

British Medical Journal, Leading article, 16 June 1951. **1951a**. In: 1984a (168–171).

British Medical Journal, letter to, 25 Aug. 1951. **1951h**.

British Medical Journal, letter to, 28 Jan. 1956. **1956b**. In: 1989a (553–554).

British Psycho-Analytic Society, Address at meeting of. **1957t**. *International Journal of Psychoanalysis, 38*.

Britton, Clare, co-author with Winnicott: Poem after C.O. Conference at Southport. **2003f**. In: F. R Rodman, *Winnicott, Life and Work*, 2003 (393).

Britton, Clare, co-author with Winnicott: The problem of homeless children.**1944d**. In: 1957b (98–116), 1984a (54–72).

Britton, Clare, co-author with Winnicott: Residential management as treatment for difficult children. **1947e**. In: 1957b (98–116), 1984a (54–72).

Britton, Karl & Sheila, letter to, 25 Nov. 1968. **1968zb**. In: F. R Rodman, *Winnicott, Life and Work*, 2003 (332).

Britton, Karl, letter to, 14 Dec. 1968. **1968ze**. In: F. R Rodman, *Winnicott, Life and Work*, 2003 (340).

Britton, Sheila & Karl, letter to, 25 Nov. 1968. **1968zb**. In: F. R Rodman, *Winnicott, Life and Work*, 2003 (332).

Broadcasting, Health education through. **1957i**. In: 1993a (1–6), 2002 (95–98).

Building up of trust. **1993b**. In: 1993a (121–134), 2002 (178–187).

Burlingham, Dorothy: *Twins: A Study of Three Pairs of Identical Twins*. Book review. **1953e**. In: 1989a (408–412).

Burton, Lindy: *Vulnerable Children*. Book review. **1968o**. *New Society*, 25 Apr.1968.

The Cambridge Evacuation Survey, ed. S. Isaacs et al. Book review. **1941d**. In: 1984a (22–24).

Capacity to be alone. **1958g**. In: 1965b (29–36).

Capacity for concern, The development of. **1963b**. In: 1965b (73–82), 1984a (100–105), 2002 (215–220).

Cardiac neurosis in children. **1996d**. In: 1996a (179–188).

Care of young children, Correspondence on. **1951b**. *Nursery Journal*, 1951, *41*.

Cas de psychose infantile, by S. Lebovici & J. McDougall. Book review. **1962f**.*Journal of*

Child Psychology and Psychiatry, 1962, *3.*

Cas de psychose infantile, by S. Lebovici & J. McDougall, Preface in English translation.

　　1969l. *Dialogue with Sammy.* London: Hogarth, 1969.

Case: "Ada". **1966c.** In: 1971b (220–238), 1984a (256–282).

Case: "Albert". **1971c.** In: 1971b (161–175).

Case: "Alfred". **1963e.** In: 1971b (110–126).

Case: Anna's mother, "Mrs. X". **1971o.** In: 1971b (331–341).

Case of anti-social behaviour. **1965g.** In: 1971b (270–295).

Case: "Ashton". **1968l.** In: 1971b (147–160), 1989a (318–324).

Case: "Bob". **1965i.** In: 1971b (64–88).

Case of a boy whose pathological dependence was adequately met by the parents,

　　Regression. **1963f.** In: 1971b (239–269).

Case: "Cecil". **1963f.** In: 1971b (239–269).

Case: "Charles". **1971e.** In: 1971b (129–146).

Case Conference, Contribution to. **1970c.** *Case Conference,* 1970, *16.*

Case: "Eliza". **1968k.** In: 1971b (42–63), 1989a (299–317).

Case involving envy, A note on. **1989t.** In: 1989a (76–78).

Case: "Frankie". **1966b.** In: 1989a (158–160).

Case: "Gabrielle". **1977.** *The Piggle.* London: Hogarth, 1977.

Case: "George". **1971i.** In: 1971b (380–396).

Case: "Hesta". **1971j.** In: 1971b (176–193).

Case-history describing a primary dissociation, A. **1971h.** In: 1971a (26–37).

Case history: Pathological sleeping. **1930a.** *Proceedings of the Royal Society of Medicine,*

　　23.

Case history: Pre-systolic murmur, possibly not due to mitral stenosis. **1931r.**

Proceedings of the Royal Society of Medicine, 24.

Case history: Symptom tolerance in paediatrics. **1953b.** In: 1958a (101–117).

Case: "Iiro". **1968m. 1971k.** In: 1971b (12–27).

Case illustrating delayed reaction to loss. **1965f.** In: 1989a (341–368).

Case: "Jason". **1971m.** In: 1971b (344–379).

Case: "Lily". **1971n.** In: 1971b (342–343).

Case managed at home. **1955b.** In: 1958a (118–126).

Case: "Mark". **1965g**. In: 1971b (270–295).

Case: "Milton". **1971s**. In: 1971b (194–214).

Case: "Peter". **1971p**. In: 1971b (296–314).

Case: "Piggle". **1977**. *The Piggle*. London: Hogarth, 1977.

Case: "Robert". **1971t**. In: 1971b (89–104).

Case: "Robin". **1971u**. In: 1971b (28–41).

Case: "Rosemary". **1962b**. In: 1971b (105–109).

Case: "Ruth". **1966a**. In: 1971b (315–330).

Case: "Mrs. X". **1971o**. In: 1971b (331–341).

Case of stammering. **1963e**. In: 1971b (110–126).

Casework with mentally ill children. **1965e**. In: 1965a (121–131).

Casuso, Gabriel, letter to, 4 July 1956. **1956e**. In: 1987b (98–100).

"Cecil" (case). **1963f**. In: 1971b (239–269).

Chamberlain, Mrs. Neville, letter to, 10 Nov. 1938. **1938e**. In: 1987b (4).

Changing patterns—the young person, the family and society. **1969c** (incl.**1969a**). In: 1971a (138–150), 1986b (150–166). *404*

Chaplin, D., letter to, 18 Oct. 1954. **1954y**. In: 1987b (80–82).

Character disorders, Psychotherapy of. **1965za**. In: 1965a (203–216), 1984a (241–255).

Character types: The foolhardy and the cautious, Discussion of M. Balint.**1989zv**. In: 1989a (433–437).

"Charles" (case). **1971e**. In: 1971b (129–146).

Chess, Thomas, Birch: *Your Child Is a Person*. Book review. **1966g**. *Medical News*, Oct. 1966.

Child Analysis, Indications for, by A. Freud. Book review. **1969j**. In: 1989a (511–512).

Child analysis in the latency period. **1958h**. In: 1965b (115–123).

Child analysis and paediatrics, Note of contribution. **1968m**. In: 1971b (12–27).

Child-care, Dependence in. **1963a**. In: 1965b (249–259).

Child care, Dependence in. **1970a**. In: 1987a (83–88), 2002 (65–69).

Child Care News, letter to, June 1969. **1969w**. In: 1989a (558–560).

Child care, Psychoses and. **1953a**. In: 1958a (219–228).

Child department consultations. **1942a**. In: 1958a (70–84).

Child development, Ego integration in. **1965n**. In: 1965b (56–63).

Child and the Family, The. **1957a**. London: Tavistock, 1957.

(167–170).

Childhood neurosis, Paediatrics and. **1958m**. In: 1958a (316–321).

Childhood, Psycho-neurosis in. **1989zh**. In: 1989a (64–72).

Childhood psychosis: A case managed at home. **1955b**. In: 1958a (118–126).

Childhood psychosis, The non-pharmacological treatment. **1968h**. In: H. Stutte & H. Harbauer (Eds.), *Concilium Paedopsychiatricum*. Basel: S. Karger 1968.

Childhood Schizophrenia, by W. Goldfarb. Book review. **1963h**. In: 1996a (193–194).

Childhood and Society, by E. H. Erikson. Book review. **1965zf**. In: 1989a (493– 494).

Children, Cardiac neurosis in. **1996d**. In: 1996a (179–188).

Children in Distress, by A. Clegg & B. Megson. Book review. **1968p**. *New Society*, 7 Nov. 1968.

Children learning. **1968b**. In: 1986b (142–149), 2002 (232–238).

Children and their mothers. **1940a**. In: 1984a (14–21).

Children, Thinking About. **1996a**. London: Karnac, 1996.

Children in the war. **1940b**. In: 1957b (69–74), 1984a (25–30).

Children's Books, Collection of. Book review. **1967g**. *New Society*, 7 Dec. 1967. Children's hostels in war and peace. **1948a**. In: 1957b (117–121), 1984a (73–77). Children's thinking, New light on. **1989s**. In: 1989a (152–157).

Classification: Is there a psycho-analytic contribution to psychiatric classification. **1965h**. In: 1965b (124–139).

Clegg, Alec, & Megson, Barbara: *Children in Distress*. Book review. **1968p**. *New Society*, 7 Nov. 1968.

Clinical examples: Basis for self in body. **1989c**. In: 1989a (272–283).

Clinical approach to family problems: The family. **1996g**. In: 1996a (54–56).

Clinical confusion, Fragments concerning varieties. **1989j**. In: 1989a (30–33).

Clinical example: Knowing and not knowing. **1989p**. In: 1989a (24–25).

Clinical example of symptomatology following the birth of a sibling. **1996h**.In: 1996a (97–101).

Clinical handling of the analyst's response", by I. Alger, Discussion of. **1966e**. *Psychoanalytic Forum*, 1.

Clinical illustration of "The use of an object". **1989zp**. In: 1989a (235–238).

Clinical Management of Behavior Disorders in Children, by H. & R. M. Bakwin. Book review.

1954f. *British Medical Journal*, Aug. 1954.

Clinical material (on split-off male and female elements). **1989zl**. In: 1989a (183–188).

Clinical material, Mother's madness appearing. **1972b**. In: 1989a (375–382).

Clinical Notes on Disorders of Childhood. **1931a**. London: Heinemann, 1931.

Clinical Notes on Disorders of Childhood, Introduction to. **1931x**. In: 1931a (1–6).

Clinical observations: A link between paediatrics and child psychology. **1969f**. In: 1996a (255–276).

Clinical regression compared with defence organization. **1968c**. In: 1989a (193–199).

Clinical study of the effect of a failure of the average expectable environment on a child's mental functioning, A. **1965i**. In: 1971b (64–88).

Clinical varieties of transference. **1956a**. In: 1958a (295–299).

Close-up of mother feeding baby. **1949d**. In: 1949a (27–31), 1957a (38–42), 1964a (45–49).

Clyne, Max B.: *Absent*. Book review. **1966h**. *New Society*, 29 Sept. 1966.

Coles, Joyce, letter to, 11 Dec. 1968. **1968zc**. In: F. R Rodman, *Winnicott, Life and Work*, 2003 (338).

Coles, Joyce, letter to, 14 Dec. 1968. **1968zf**. In: F. R Rodman, *Winnicott, Life and Work*, 2003 (340–341).

Colleague, A, letter to, 4 Sept. 1967. **1967n**. In: 1987b (165).

Collected Papers: Through Paediatrics to Psycho-Analysis. **1958a**. London: Tavistock, 1958.

Collection of Children's Books. Books review. **1967g**. *New Society*, 7 Dec. 1967. Collinson, J. D., letter to, 10 Mar. 1969. **1969t**. In: 1987b (186–188).

Comment on obsessional neurosis and "Frankie". **1966b**. In: 1989a (158–160).

Comments on my paper "The use of an object". **1989zq**. In: 1989a (238–240).

Comments on the *Report of the Committee on Punishment in Prisons and Borstals*.**1984j**. In: 1984a (202–208).

Communicating and not communicating leading to a study of certain opposites. **1965j**. In: 1965b (179–192).

Communication between infant and mother, and mother and infant, compared and contrasted. **1968d**. In: 1987a (89–103), 2002 (70–81).

"Communication between infant and mother, and mother and infant, compared and contrasted", Preliminary notes. **1987d**. In: 1987a (107–109), 2002 (240–242).

Communication, Breast feeding as. **1969b**. In: 1987a (23–33), 2002 (24–31).

406

Communication, A technique of: String. **1960b**. In: 1965b (153–157), 1971a (15–20).

Comparative study of the dynamic processes (child consultation). **1971s**. In: 1971b (194–214).

Compensated for loss of family life: The deprived child. **1965k**. In: 1965a (132–145), 1984a (172–188).

Concept of clinical regression compared with that of defence organization.**1968c**. In: 1989a (193–199).

Concept of the False Self. **1986e**. In: 1986b (65–70).

Concept of a healthy individual. **1971f**. In: 1986b (21–38).

"Concept of the superego", by J. Sandler, Comments on. **1989zzb**. In: 1989a (465–473).

Concept of trauma in relation to the development of the individual within the family. **1989d**. In: 1989a (130–148).

Concern, capacity for. **1963b**. In: 1965b (73–82), 1984a (100–105), 2002 (215–220).

Confidant, A, letter to, 15 Apr. 1966. **1966q**. In: 1987b (155).

Confusion, clinical, Fragments concerning varieties of. **1989j**. In: 1989a (30–33).

Conran, M. B., letter to, 8 May 1969. **1969u**. In: 1987b (188–191).

Contemporary concepts of adolescent development and their implications for higher education. **1969c** (incl. **1969a**). In: 1971a (138–150), 1986b (150–166).

407

Contribution to Conference at Dartington Hall. **1969d**. In: 1984a (209–213).

Contribution of direct child observation to psycho-analysis. **1958i**. In: 1965b (109–114).

Contribution to a discussion on enuresis. **1936b**. In: 1996a (151–156).

Contribution to discussion, of Greenacre & Winnicott, "The theory of the parent–infant relationship. Further remarks". **1962g**. *International Journal of Psychoanalysis*, 43.

Contribution to final number. **1970c**. *Case Conference*, 1970, 16.

"Contribution to the problem of psycho-physical relations with special reference to dermatology", by Moses Barinbaum, Paper abstract. **1935**. *International Journal of Psychoanalysis*, 16.

Contribution of psycho-analysis to midwifery. **1957f**. In: 1965a (106–113), 1987a (69–81), 2002 (56–64).

Contribution from psycho-analysis to the psychology of madness. **1989zg**. In: 1989a (119–129).

Contribution to symposium on child analysis and paediatrics. **1968m**. In: 1971b (12–27).

Contribution to a symposium on envy and jealousy. **1989zy**. In: 1989a (462– 464).

Convulsions, fits. **1931e**. In: 1931a (157–171).

Convulsion therapy, Physical therapy of mental disorder. **1943b**. **1944b**. **1947c.1989zj**. **1989zk**. **1989zn**. In: 1989a (515–541).

Corps et le Self. **1971d**. In: 1989a (261–271).

Correspondence Gaddini–Winnicott. **1964l**. **1966t**. **1966v**. **1967m**. **1967o**. **1967u.1968za**. **1968zd**. **1969r**. **1969zb**. **1970d**. *Psychoanalysis and History*, 2003, *5*.

Correspondence with a magistrate (Letter to Roger North). **1944c**. In: 1984a (164–167).

Correspondent, American, letter to, 14 Jan. 1969. **1969q**. In: 1987b (183–185).

Corresponding mother, letter to, 6 Sept. 1968. **1968x**. *Psychoanalysis and History*,1993, *5*.

Countertransference. **1960a**. In: 1965b (158–165).

Countertransference, Hate in. **1949f**. In: 1958a (194–203).

Creative activity and the search for the Self. **1971r**. In: 1971a (53–64).

Creatively, Living. **1986h**. In: 1986b (39–54).

Creativity and its origins. **1971g** (incl. **1971v**). In: 1971a (65–85).

Criticism and appreciation of Klein's envy statement. **1989zx**. In: 1989a (447– 457).

Cross-identifications, Interrelating apart from instinctual drive and in terms of. **1971l** (incl. **1968g**). In: 1971a (119–137).

Cross identifications, Interrelation in terms of. **1968g**. In: 1971a (129–137).

Cry: Why do babies cry? **1945j**. In: 1945a (5–12), 1957a (43–52), 1964a (58–68).

Culture, Playing and. **1989zd**. In: 1989a (203–206).

Cultural experience, The location of. **1967b**. In: 1971a (95–103).

Cure. **1986f**. In: 1986b (112–120).

Dahlberg, Charles Clay, letter to, 24 Oct. 1967. **1967t**. In: 1987b (171–172).

Dartington Hall, Contribution to Conference. **1969d**. In: 1984a (209–213).

Dartington Hall, Notes made in the train after the Conference. **1984d**. In: 1984a (214–219), 1989a (231–233).

Death and murder in the adolescent process. **1969a**. In: 1971a (143–150), 1986b (157–166).

Deductions drawn from a psychotherapeutic interview with an adolescent.**1964b**. In: 1989a (325–340).

Defence organization, compared with clinical regression. **1968c**. In: 1989a (193–199).

Definitions and ideas. **1989l**. In: 1989a (43–44).

Dehallucination and hallucination. **1989k**. In: 1989a (39–42).

Delinquency, Deprivation and. **1984a**. London: Tavistock, 1984.

Delinquency, juvenile, Some psychological aspects. **1946b**. In: 1957b (181–187), 1964a (227–231), 1984a (113–119).

Delinquency research. **1943a**. *New Era in Home and School,* 1943, *24*.

Delinquency as a sign of hope. **1968e**. In: 1986b (90–100).

Delinquent and habitual offender. **1996i**. In: 1996a (51–53).

Democracy, Some thoughts on the meaning of the word. **1950a**. In: 1965a (155–169), 1986b (239–259).

Dependence towards independence in the development of the individual.**1965r**. In: 1965b (83–92).

Dependence in child care. **1970a**. In: 1987a (83–88), 2002 (65–69).

Dependence in infant-care, in child-care, and in the psycho-analytic setting.**1963a**. In: 1965b (249–259).

Dependence, pathological, Regression as therapy. **1963f**. In: 1971b (239–269).

Dependence, total, and essential independence. **1996k**. In: 1996a (29–36).

Depression: Reparation in respect of mother's organized defence. **1958p**. In: 1958a (91–96).

Depression, The value of. **1964e**. In: 1986b (71–79).

Depressive illness in parents, The family affected. **1965o**. In: 1965a (50–60).

Depressive position in normal emotional development. **1955c**. In: 1958a (262–277).

Deprivation and Delinquency. **1984a**. London: Tavistock, 1984.

Deprived child and how he can be compensated for loss of family life. **1965k**. In: 1965a (132–145), 1984a (172–188).

Deprived as a fact: a psychotherapeutic consultation. **1966a**. In: 1971b (315–330).

Deprived mother. **1940c**. In: 1957b (75–82), 1984a (31–38).

Development of the capacity for concern. **1963b**. In: 1965b (73–82), 1984a (100–105), 2002 (215–220).

Development of a child's sense of right and wrong. **1993c**. In: 1993a (105–110), 2002 (167–170).

Development, and growth, in immaturity. **1965t**. In: 1965a (21–29).

Development of the theme of the mother's unconscious as discovered in psycho-analytic practice. **1989e**. In: 1989a (247–250).

Dialogue with Sammy, by S. Lebovici & J. McDougall, Preface in. **1969l**. *Dialogue with Sammy*. London: Hogarth, 1969.

Dialogue with Sammy, by S. Lebovici & J. McDougall (orig. French). Book review. **1962f**. *Journal of Child Psychology and Psychiatry, 3*.

Dibs in Search of Self, by V. Axline. Book review. **1966f**. *New Society*, 28 Apr.1966.

409 Digestive process, The end of. **1949e**. In: 1949a (17–21), 1957a (28–32), 1964a (40–44).

Direct Analysis, by J. Rosen. Book review. **1953h**. *British Journal of Psychology, 44*.

Direct child observation: contribution to psycho-analysis. **1958i**. In: 1965b (109–114).

Discussion sur la contribution del' observation directe de l' enfant à la psychanalyse. **1958i**. In: 1965b (109–114).

Discussion of war aims. **1986l**. In: 1986b (210–220).

Disease of the nervous system. **1931f**. In: 1931a (129–142).

Disillusion, Early. **1989g**. In: 1989a (21–23).

Dissociation, A case-history describing. **1971h**. In: 1971a (26–37).

Dissociation revealed in a therapeutic consultation. **1966c**. In: 1971b (220–238),1984a (256–282).

Disturbed Children, ed. R. J. D. Tod, Foreword in. **1968u**. London: Longman, 1968.

Do progressive schools give too much freedom to the child? **1969d**. In: 1984a (209–213).

Dockar-Drysdale, Barbara: *Therapy in Child Care,* Foreword in. **1968q**. London: Longman, 1968.

Doctor, His Patients and the Illness, by M. Balint. Book review. **1958r**. In: 1989a (438–442).

Doctor, The teacher, the parent and the. **1996p**. In: 1996a (77–93).

Dowling, R. S. W., letter to, 8 Dec. 1967. **1967x**. In: 1987b (174–175).

Dream related to reviewing Jung. **1989zr**. In: 1989a (228–230).

Dreaming, fantasying and living: A case-history describing a primary dissociation. **1971h**. In: 1971a (26–37).

D.W.W. on D.W.W. **1989f**. In: 1989a (569–582).

D.W.W.' s dream related to reviewing Jung. **1989zr**. In: 1989a (228–230).

Early disillusion. **1989g**. In: 1989a (21–23).

Early one morning. **1970c**. *Case Conference*, 1970, *16*.

Education, Morals and. **1963d**. In: 1965b (93–105).

Educational diagnosis. **1946a**. In: 1957b (29–34), 1964a (205–210).

Effect of a failure of the average expectable environment. **1965i**. In: 1971b (64–88).

Effect of loss on the young. **1996j**. In: 1996a (46–47).

Effect of psychosis on family life. **1965l**. In: 1965a (61–68).

Effect of psychotic parents on the emotional development of the child. **1961a**.In: 1965a (69–78).

Ego distortion in terms of true and false self. **1965m**. In: 1965b (140–152).

Ego integration in child development. **1965n**. In: 1965b (56–63).

Eine Kinderbeobachtung. **1967a**. *Psyche*, 1967, *21*.

Eine Verbindung zwischen Kinderheilkunde und Kinderpsychologie, klinische Betrachtungen. **1969f**. In: 1996a (255–276).

"Eliza" (case). **1968k**. In: 1971b (42–63), 1989a (299–317).

Emotional development, Aggression in relation. **1958b**. In: 1958a (204–218).

Emotional development of the child, The effect of psychotic parents. **1961a**. In:1965a (69–78).

Emotional development in the first year of life, Modern views. **1958j**. In: 1965a (3–14).

Emotional disorder, Appetite and. **1958e**. In: 1958a (33–51).

Emotional disorder, Skin changes in relation to. **1938c**. *St John's Hospital Dermatological Society Report*, 1938.

Emotional disturbances, and physical, in an adolescent girl. **1989za**. In: 1989a (369–374).

Emotional health on feeding problems, The bearing of. **1968f**. In: 1987a (59–68), 1996a (39–41), 2002 (49–55).

Emotional maturity, The family and. **1965p**. In: 1965a (88–94), 2002 (207–214).

End of the digestive process. **1949e**. In: 1949a (17–21), 1957a (28–32), 1964a (40–44).

Enuresis. **1936a**. *British Medical Journal*, 2 May 1936.

Enuresis, Contribution to a discussion. **1936b**. In: 1996a (151–156).

Enuresis, short communication. **1930b**. In: 1996a (170–175).

Environmental health in infancy. **1968f**. In: 1987a (59–68), 1996a (39–41), 2002 (49–55).

Environmental needs. The early stages: Total dependence and essential independence. **1996k**. In: 1996a (29–36).

Erikson, Erik H.: *Childhood and Society*. Book review. **1965zf**. In: 1989a (493–494).

410

Envy and Gratitude, by Melanie Klein. Book review. **1959b**. In: 1989a (443–446).

Envy and jealousy, Contribution to symposium. **1989zy**. In: 1989a (462–464).

Envy: On Klein's concept. **1959b**. **1989zx**. **1989zy**. **1989zza**. In: 1989a (443–464).

Envy, A note on a case involving. **1989t**. In: 1989a (76–78).

Envy, On (review of Klein). **1959b**. In: 1989a (443–446).

Eppel, E. M. & M.: *Adolescents and Morality*. Book review. **1966i**. In: 1996a (48–50).

Essays by a Psychoanalyst: Home Is Where We Start From. **1986b**. Harmondsworth: Penguin
    1986.

Evacuated child, The. **1957g**. In: 1957b (83–87), 1984a (39–43).

Evacuated child, The return of. **1957q**. In: 1957b (88–92), 1984a (44–48).

Evacuation of small children. **1939b**. **1940a**. In: 1984a (13–14).

Evans, R. R., & MacKeith, R.: *Infant Feeding and Feeding Difficulties*. Book review. **1951c**.
    British Journal of Medical Psychology, 24.

Evolution of a wartime hostels scheme (Residential management) (with Clare Britton).
    1947e. In: 1957b (98–116), 1984a (54–72).

Excitement in the aetiology of coronary thrombosis. **1989h**. In: 1989a (34–38).

External reality, Primary introduction. **1996o**. In: 1996a (21–28).

Ezriel, H., letter to, 20 June 1952. **1952e**. In: 1987b (31–32).

Facilitating Environment, The Maturational Processes and. **1965b**. London: Hogarth, 1965.

Failure of the average expectable environment. **1965i**. In: 1971b (64–88).

Fairbairn, W. R. D.: *Psychoanalytic Studies of the Personality*. Book review (with Masud
    Khan). **1953i**. In: 1989a (413–422).

False Self, The concept of. **1986e**. In: 1986b (65–70).

False self and true self, Ego distortion in terms of. **1965m**. In: 1965b (140–152).

Family affected by depressive illness in one or both parents. **1965o**. In: 1965a (50–60).

Family, development of the individual, and concept of trauma. **1989d**. In: 1989a (130–
411   148).

Family and emotional maturity. **1965p**. In: 1965a (88–94), 2002 (207–214).

Family group, The child in. **1986d**. In: 1986b (128–141), 2002 (221–231).

Family and Individual Development. **1965a**. London: Tavistock, 1965.

Family and Individual Development., Preface in. **1965zd**. In: 1965a (vii).

Family and Individual Development, Preface to (unpublished) Italian translation. **2003b**.

Psychoanalysis and History, 2003, *5*.

Family, letter to, 3 Nov. 1913. **1913b**. In: F. R Rodman, *Winnicott, Life and Work*, 2003 (27).

Family, letter to, 23 Dec. 1913. **1913c**. In: F. R Rodman, *Winnicott, Life and Work*, 2003 (27).

Family, letter to, 9 May 1914. **1914**. In: F. R Rodman, *Winnicott, Life and Work*, 2003 (27–28).

Family, letter to, 9 Dec. 1916. **1916b**. In: F. R Rodman, *Winnicott, Life and Work*, 2003 (35–36).

Family life, The effect of psychosis. **1965l**. In: 1965a (61–68).

Family life, Integrative and disruptive factors. **1961b**. In: 1965a (40–49).

Family life, loss of, The deprived child. **1965k**. In: 1965a (132–145), 1984a (172–188).

Family: Mirror-role in child development. **1967c**. In: 1971a (111–118).

Family problems, A clinical approach. **1996g**. In: 1996a (54–56).

Fantasy, beating, Psychogenesis of. **1989zf**. In: 1989a (45–48).

Fantasy, pregenital, Perversions and. **1989y**. In: 1989a (79–80).

Fantasying, dreaming and living. **1971h**. In: 1971a (26–37).

Fate of the transitional object. **1989i**. In: 1989a (53–58).

Father: What about father? **1945i**. In: 1945a (16–21), 1957a (81–86), 1964a (113–118).

Fear of breakdown. **1974**. In: 1989a (87–95).

Federn, Paul, letter to, 3 Jan. 1949. **1949p**. In: 1987b (12).

Feeding baby, Close-up of mother. **1949d**. In: 1949a (27–31), 1957a (38–42), 1964a (45–49).

Feeding, Breast. **1957e**. In: 1957b (141–148), 1964a (50–57).

Feeding, breasts, as communication. **1969b**. In: 1987a (23–33), 2002 (24–31).

Feeding infant and emotional development. **1968f**. In: 1987a (59–68), 1996a (39–41), 2002 (49–55).

Feeding: *Infant Feeding and Feeding Difficulties*, by R. R. Evans & R. MacKeith. Book review. **1951c**. *British Journal of Medical Psychology*, *24*.

Feeding problems, The bearing of emotional health. **1968f**. In: 1987a (59–68), 1996a (39–41), 2002 (49–55).

Feeling guilty. **1993d**. In: 1993a (95–103), 2002 (160–166).

Female and male elements to be found in men and women. **1971v**. In: 1971a (72–85), 1989a (169–183).

"Female and male elements", Answers to comments. **1972c**. In: 1989a (189–192).

Female and male elements, Clinical material. **1989zl**. In: 1989a (183–188).

Feminism. **1986g**. In: 1986b (183–194).

Fidgetiness. **1931g**. In: 1931a (87–97), 1958a (22–30).

Field, Joanna: *On Not Being Able to Paint*. Book notice. **1951d**. In: 1989a (390–392).

412   First experiments in independence. **1957h**. In: 1957a (131–136), 1964a (167–172).

First interview with child may start resumption of maturation. **1969e**. *Frontiers of Clinical Psychiatry*, 6.

First Relationships, The Child and the Family. **1957a**. London: Tavistock, 1957.

 "First treasured possession" , by Olive Stevenson, Preface to. **1954e**. *Psychoanalytic Study of the Child*, 9.

First year of life. **1958j**. In: 1965a (3–14).

Fitzgerald, Otho W. S., letter to, 3 Mar. 1950. **1950c**. In: 1987b (19–20).

Five-year-old ("Now they are five"). **1965q**. In: 1965a (34–39), 1993a (111–120), 2002 (171–177).

Flügel, John Carl: *The Moral Paradox of Peace and War*. Book review. **1941c**. *New Era in Home and School*, 1941, 22.

Food: Where the food goes. **1949l**. In: 1949a (12–16), 1957a (23–27), 1964a (35–39).

Foolhardy and the cautious, Discussion of M. Balint. **1989zv**. In: 1989a (433–437).

Footnote to "The use of an object" . **2003a**. In: F. R Rodman, *Winnicott, Life and Work*, 2003 (328).

For stepparents. **1993g**. In: 1993a (7–13), 2002 (99–103).

Fordham, Michael, letter to, 11 June 1954. **1954t**. In: 1987b (74–75).

Fordham, Michael, letter to, 26 Sept. 1955. **1955k**. In: 1987b (87–88).

Fordham, Michael, letter to, 24 June 1965. **1965zj**. In: 1987b (148–150).

Fordham, Michael, letter to, 15 July 1965. **1965zk**. In: 1987b (150–151).

Fortnightly-essay: Smith. **1913a**. *The Fortnightly* (Leys School, Cambridge), 3 Oct. 1913.

Foundation of mental health. **1951a**. In: 1984a (168–171).

Fragment of an analysis. **1972a**. In: 1986a (19–186).

Fragment of an Analysis: Holding and Interpretation. **1986a.** London: Hogarth, 1986.

Fragments concerning varieties of clinical confusion. **1989j**. In: 1989a (30–33).

Frank, Klara, letter to, 20 May 1954. **1954q**. In: 1987b (67–68).

 "Frankie" (case). **1966b**. In: 1989a (158–160).

Freedom. **1984e**. In: 1986b (228–238).

Freud, Anna: *Indications for Child Analysis and Other Papers*. Book review. **1969j**.In: 1989a (511–512).

Freud, Anna, letter to, 6 July 1948. **1948d**. In: 1987b (10–12).

Freud, Anna, letter to, 18 Mar. 1954. **1954l**. In: 1987b (58).

Freud, Anna, & Klein, Melanie, letter to, 3 June 1954. **1954s**. In: 1987b (71–74).

Freud, Anna, letter to, 18 Nov. 1955. **1955n**. In: 1987b (93–94).

Freud, Anna, letter to, 20 Jan. 1969. **1969s**. In: 1987b (185).

Freud, Ernst (Ed.): *Letters of Sigmund Freud 1873–1939*. Book review. **1962e**. In: 1989a (474–477).

Freud, Sigmund, Letters of, ed. E. Freud. Book review. **1962e**. In: 1989a (474–477).

Freud, Sigmund: *Moses and Monotheism,* and use of an object. **1989zs**. In: 1989a (240–246).

Friedlander, Kate, letter to, 8 Jan. 1940. **1940d**. In: 1987b (5–6).

Friedmann, Oscar, Obituary. **1959a**. *International Journal of Psychoanalysis*, *40*. From dependence towards independence in the development of the individual. **1965r**. In: 1965b (83–92).

Funfairs, thrills and regressions, by M. Balint, Discussion of. **1989zv**. In: 1989a (433–437).

Further remarks, to "The theory of the parent–infant relationship". **1962c**. In: 1989a (73–75).

"Further remarks to The theory of the parent–infant relationship", Discussion of. **1962g**. In: 1989a (73–75).

Further thoughts on babies as persons. **1947b**. In: 1957b (134–140), 1964a (85–92).

"Gabrielle" (case). **1977**. *The Piggle*. London: Hogarth, 1977.

Gaddini, Eugenio, letter to Gaddini family, 15 Nov. 1969. **1969zb**. *Psychoanalysis and History*, 2003, *5*.

Gaddini, Renata, Italian translation of *The Family and Individual Development* (unpublished), Winnicott's Preface to. **2003b**. *Psychoanalysis and History*, 2003,5.

Gaddini, Renata, letter to, 26 June 1964. **1964l**. *Psychoanalysis and History*, 2003,5.

Gaddini, Renata, letter to, 13 Sept. 1966. **1966t**. *Psychoanalysis and History*, 2003,5.

Gaddini, Renata, letter to, 21 Nov. 1966. **1966v**. *Psychoanalysis and History*, 2003,5.

Gaddini, Renata, letter to, 9 Mar. 1967. **1967m**. *Psychoanalysis and History*, 2003,5.

413

Gaddini, Renata, letter to, 4 Sept. 1967. **1967o**. *Psychoanalysis and History*, 2003,5.

Gaddini, Renata, letter to, 21 Nov. 1967. **1967u**. *Psychoanalysis and History*, 2003,5.

Gaddini, Renata, letter to, 21 Oct. 1968. **1968za**. *Psychoanalysis and History*, 2003, 5.

Gaddini, Renata, letter to (11 Dec. 1968). **1968zd**. *Psychoanalysis and History*, 2003,5.

Gaddini, Renata, letter to, 19 Jan. 1969. **1969r**. *Psychoanalysis and History*, 2003,5.

Gaddini, Renata, letter to Gaddini family, 15 Nov. 1969. **1969zb**. *Psychoanalysis and History*, 2003, 5.

Gaddini, Renata, letter to, 31 Aug. 1970. **1970d**. *Psychoanalysis and History*, 2003, 5.

Gardner, Dorothy E. M.: *Susan Isaacs*, Foreword in. **1969k**. In: 1989a (387–389).

General discussion: Ocular psychoneuroses of childhood. **1944a**. In: 1958a (85–90).

"George" (case). **1971i**. In: 1971b (380–396).

Getting to Know Your Baby (Broadcast Talks). **1945a**. London: Heinemann, 1945.

Getting to know your baby. **1945b**. In: 1945a (1–5), 1957a (7–12), 1964a (19– 24).

"Getting to Know Your Baby", Postscript to. **1945e**. In: 1945a (25–27), 1957a (137–140), 1964a (173–176).

Gibbs, Nancy, co-author with Winnicott: Varicella encephalitis and vaccinia encephalitis. **1926**. *British Journal of Children's Diseases*, 1926, *23*.

Glover, Edward, letter to, 23 Oct. 1951. **1951j**. In: 1987b (24–25).

Glover, Edward: *Psycho-Analysis and Child Psychiatry*. Book review. **1953g**. *British Medical Journal*, Sept. 1953.

Goldfarb, William: *Childhood Schizophrenia*. Book review. **1963h**. In: 1996a (193–194).

"Going to hospital with mother", by James Robertson, Film review. **1959c**.*International Journal of Psychoanalysis*, 40.

Goodacre, Iris: *Adoption Policy & Practice*. Book review. **1966j**. *New Society*, 24 Nov. 1966.

Gough, Donald, letter to, 6 Mar. 1968. **1968v**. In: 1987b (176–177).

Greenacre, Phyllis, & Winnicott "The theory of the parent–infant relationship. Further remarks", Discussion of. **1962g**. *International Journal of Psychoanalysis*, 1962, *43*.

"Grief and mourning in infancy", by J. Bowlby, Discussion of. **1989zw**. In: 1989a (426–432).

Group influences and the maladjusted child: The school aspect. **1965s**. In: 1965a (146–154), 1984a (189–199).

Group phenomenon, The Association for Child Psychology and Psychiatry observed as.

1996b. In: 1996a (235–254).

Growing pains. **1931h**. In: 1931a (76–80).

Growth and development in immaturity. **1965t**. In: 1965a (21–29).

Guilt, aggression and reparation. **1984c**. In: 1984a (136–144), 1986b (80–89).

Guilt, sense of, absence of. **1984b**. In: 1984a (106–112).

Guilt, sense of, Absence and presence in two patients. **1989b**. In: 1989a (163–167).

Guilt, sense of, Psycho-analysis and. **1958o**. In: 1965b (15–28).

Guilty, Feeling. **1993d**. In: 1993a (95–103), 2002 (160–166).

Guntrip, Harry, letter to, 20 July 1954. **1954u**. In: 1987b (75–76).

Guntrip, Harry, letter to, 13 Aug. 1954. **1954w**. In: 1987b (77–79).

Haemoptysis: Case for diagnosis. **1931i**. *Proceedings of the Royal Society of Medicine*, 24.

Hallucination and dehallucination. **1989k**. In: 1989a (39–42).

Hands of the Living God, by M. Milner, Foreword to. **1969m**. London: Hogarth, 1969.

Hate in the countertransference. **1949f**. In: 1958a (194–203).

Hazlehurst, R. S., letter to, 1 Sept. 1949. **1949u**. In: 1987b (17).

Heal the Hurt Child, by H. Riese. Book review. **1964i**. *New Society*, Jan. 1964.

Health education through broadcasting. **1957i**. In: 1993a (1–6), 2002 (95–98).

Health, emotional, bearing on feeding problems. **1968f**. In: 1987a (59–68), 1996a (39–41), 2002 (49–55).

Healthy individual, The concept of. **1971f**. In: 1986b (21–38).

Heart disease, Active. **1931b**. In: 1931a (69–75).

Heart, with special reference to Rheumatic carditis. **1931j**. In: 1931a (42–57). Henderson, David K., letter to, 10 May 1954. **1954o**. In: 1987b (63–65).

Henderson, David K., letter to, 20 May 1954. **1954r**. In: 1987b (68–71).

Henry, Hannah "Queen", letter to, 30 Oct. 1950. **1950f**. In: F. R Rodman, *Winnicott, Life and Work*, 2003 (67–68).

"Hesta" (case). **1971j**. In: 1971b (176–193).

Hill, Adrian: *Art versus Illness. Book* review. **1949o**. In: 1989a (555–557).

History-taking. **1931k**. In: 1931a (7–21).

Hobgoblins and good habits. **1967d**. *Parents*, 1967, 22. Hodge, S. H., letter to, 1 Sept. 1949. **1949v**. In: 1987b (17–19).

Hoffer, Willi, letter to, 4 Apr. 1952. **1952d**. In: 1987b (29–30).

Hoffer, Willi: tribute on seventieth birthday. **1967h**. In: 1989a (499–505).

Holbrook, David, letter to, 15 Apr. 1966. **1966q**. In: 1987b (155).

Holding and Interpretation. Fragment of an Analysis. **1986a.** London: Hogarth, 1986.

Holding and Interpretation, Appendix to. **1955e**. In: 1958a (255–261), 1986a (187–192).

Home again. **1957j**. In: 1957b (93–97), 1984a (49–53).

Home from Home, A, by S. Stewart. Book review. **1967j**. In: 1984a (200–201).

Home Is Where We Start From: Essays by a Psychoanalyst. **1986b**. Harmondsworth: Penguin, 1986.

Homeless children, The problem with (with Clare Britton). **1944d**. In: 1957b (98–116), 1984a (54–72).

Hope, Delinquency as a sign. **1968e**. In: 1986b (90–100).

Hospital care supplementing intensive psychotherapy in adolescence. **1965u**. In: 1965b (242–248).

Hospital, Visiting children in. **1952a**. In: 1957a (121–126), 1964a (221–226).

How a baby begins to feel sorry and to make amends. **1967e**. *Parents*, 1967,22.

How to Survive Parenthood, by E. J. LeShan. Book review. **1967i**. *New Society*, 26 Oct. 1967.

Human Aggression, by A. Storr. Book review. **1968t**. *New Statesman*, 5 July 1968.

Human Nature. **1988**. London: Free Association Books, 1988.

Human relations. **1969g**. In: 1989a (561–568).

Ideas and definitions. **1989l**. In: 1989a (43–44).

"Iiro" (case). **1968m. 1971k**. In: 1971b (12–27).

Immaturity: Growth and development. **1965t**. In: 1965a (21–29).

Importance of the setting in meeting regression in psycho-analysis. **1989m**. In: 1989a (96–102).

Impulse to steal. **1957k**. In: 1957b (176–180).

Independence, essential, and total dependence. **1996k**. In: 1996a (29–36).

Independence, First experiments. **1957h**. In: 1957a (131–136), 1964a (167–172).

Independence, From dependence towards. **1965r**. In: 1965b (83–92).

Indications for Child Analysis, by A. Freud. Book review. **1969j**. In: 1989a (511–512).

Individual, The beginning of. **1987c**. In: 1987a (51–58), 2002 (43–48).

Individual, the development of in the family, and concept of trauma. **1989d**. In: 1989a (130–148).

Individuation. **1989n**. In: 1989a (284–288).

Infancy, Environmental health in. **1968f**. In: 1987a (59–68), 1996a (39–41), 2002 (49–55).

Infancy of Speech and the Speech of Infancy, by Leopold Stein. Book review. **1950b**. *British Journal of Medical Psychology*, 23.

Infant-care, Dependence in. **1963a**. In: 1965b (249–259).

Infant feeding. **1945c**. In: 1945a (12–16), 1957a (18–22), 1964a (30–34).

Infant feeding and emotional development. **1968f**. In: 1987a (59–68), 1996a (39–41), 2002 (49–55).

Infant Feeding and Feeding Difficulties, by R. R. Evans & R. MacKeith. Book review. **1951c**. *British Journal of Medical Psychology*, 24.

Infant and mother, Communication between. **1968d**. In: 1987a (89–103), 2002 (70–81).　　*416*

Infant and mother, Communication between (1968d), Preliminary notes. **1987d**.In: 1987a (107–109), 2002 (240–242).

Infant–mother experience of mutuality. **1970b**. In: 1989a (251–260).

Infantile Autism, by B. Rimland. Book review. **1966m**. In: 1996a (195–196).

Infantile maturational processes, Psychiatric disorder in terms of. **1965y**. In:1965b (230–241).

Infantile schizophrenia, Aetiology in terms of adaptive failure. **1968a**. In: 1996a (218–223).

Infants, observation of, in a set situation. **1941b**. In: 1958a (52–69).

Influencing and being influenced. **1941a**. In: 1957b (35–39), 1964a (199–204).

Innate morality of the baby. **1949g**. In: 1949a (38–42), 1957a (59–63), 1964a (93–97).

Instincts and normal difficulties. **1957l**. In: 1957a (74–78), 1964a (98–102).

Integrative and disruptive factors in family life. **1961b**. In: 1965a (40–49).

Interpretation, Holding and. **1986a.** London: Hogarth, 1986.

Interpretation in psycho-analysis. **1989o**. In: 1989a (207–212).

Interrelating apart from instinctual drive and in terms of cross-identifications.**1971l** (incl. **1968g**). In: 1971a (119–137).

Interrelation in terms of cross identifications. **1968g**. In: 1971a (129–137).

Introduction, to *The Child, the Family, and the Outside World*. **1964g**. In: 1964a (9–11).

Introduction, to *Clinical Notes on Disorders of Childhood*. **1931x**. In: 1931a (1–6).

Introduction, to *The Maturational Processes and the Facilitating Environment*.**1965ze**. In:

1965b (9–10).

Introduction, to *The Ordinary Devoted Mother and her Baby*. **1949i**. In: 1949a (3–6).

Introduction, to *Playing and Reality*. **1971w**. In: 1971a (xi–xiii).

Introduction to a symposium on the psycho-analytic contribution to the theory of shock therapy. **1989zj**. In: 1989a (525–528).

Introductions in *Therapeutic Consultations in Child Psychiatry*, **1971x**. **1971y**. **1971za**. In: 1971b (Part One 1–11, Part Two 127–128, Part Three 215–219).

"I *QUANT* STAND IT" . **1957y**. *The Times*, 11 Apr. 1957.

Is there a psycho-analytic contribution to psychiatric classification? **1965h**. In: 1965b (124–139).

Isaacs, Susan, by D. E. M. Gardner, Foreword in. In: 1989a (387–389).

Isaacs, Susan, Obituary. **1948c**. In: 1989a (385–387).

Isaacs, Susan et al. (Eds.): *The Cambridge Evacuation Survey: A War time Study in Social Welfare and Education*. Book review. **1941d**. In: 1984a (22–24).

Jackson, Lydia: *Aggression and its Interpretation*. Book review. **1954g**. *British Medical Journal*, June 1954.

Jaques, Elliot, letter to, 13 Oct. 1959. **1959e**. In: 1987b (125–126).

James, Martin, letter to, 17 Apr. 1957. **1957za**. In: 1987b (115–116).

"Jason" (case). **1971m**. In: 1971b (344–379).

Jealousy. **1993e**. In: 1993 (41–64), 2002 (122–138).

Jealousy and Envy, Contribution to symposium. **1989zy**. In: 1989a (462–464).

Jones, Ernest, letter to, 17 July 1952. **1952f**. In: 1987b (33).

Jones, Ernest: funeral address. **1958t**. In: 1989a (405–407).

Jones, Ernest, Obituary. **1958s**. In: 1989a (393–404).

Jones, Ernest, Opening address to Jones Lecture. **1957t**. *International Journal of Psychoanalysis, 38*.

Jones, Ernest: *Papers on Psycho-Analysis*. Book review. **1951e**. *British Journal of Medical Psychology, 24*.

Joseph, Betty, letter to, 13 Apr. 1954. **1954m**. In: 1987b (59–60).

Jung, Carl Gustav, D.W.W.' s dream related to reviewing. **1989zr**. In: 1989a (228–230).

Jung, Carl Gustav: *Memories, Dreams, Reflections*. Book review. **1964h**. In: 1989a (482–492).

417

Juvenile delinquency, Some psychological aspects. **1946b**. In: 1957b (181–187), 1964a (227–231), 1984a (113–119).

Juvenile rheumatism, The psychology of. **1939a**. In: R. G. Gordon (Ed.), *A Survey of Child Psychiatry*. London: Oxford University Press, 1939.

Kalmanovitch, Jeannine, letter to, 7 Jan. 1971. **1971zb**. In: A. Clancier & J. Kalmanovitch, *Le Paradoxe de Winnicott—de la naissance à la* création. Paris: Payot, 1984 [English *Winnicott and Paradox: From birth to creation*. London: Tavistock, 1987].

Kalmanovitch, Jeannine, letter to, 19 Jan. 1971. **1971zc**. *Nouvelle Revue de Psychanalyse, 3*.

Kanner, Leo: *Child Psychiatry*. Book review. **1938d**. In: 1996a (191–193).

Khan, M. Masud R., co-author with Winnicott: W. R. D. Fairbairn, *Psychoanalytic Studies of the Personality*. Book review. **1953i**. In: 1989a (413–422).

Khan, M. Masud R., letter to, 16 June 1961. **1961e**. In: 1987b (132).

Kinderbeobachtung, Eine. **1967a**. *Psyche, 21*.

Kinds of psychological effect of shock therapy. **1989zk**. In: 1989a (529–533).

Kirk, H. David: *Shared Fate. Book* review. **1965zg**. *New Society*, 9 Sept. 1965.

Klein, Melanie: On her concept of envy. **1959b**. **1989zx**. **1989zy**. **1989zza**. In: 1989a (443–464).

Klein, Melanie: *Envy and Gratitude*. Book review. **1959b**. In: 1989a (443–446).

Klein, Melanie, letter to, 17 Nov. 1952. **1952g**. In: 1987b (33–38).

Klein, Melanie, & Freud, Anna, letter to, 3 June 1954. **1954s**. In: 1987b (71–74).

Klein, Melanie, letter to, 7 Mar. 1957. **1957x**. In: 1987b (114–115).

Klein, Melanie: Winnicott's personal view of her contribution. **1965v**. In: 1965b (171–178).

Klein's envy statement, Appreciation and criticism. **1989zx**. In: 1989a (447–457).

Kleinian contribution, A personal view. **1965v**. In: 1965b (171–178).

Knopf, Mrs. B. J., letter to, 26 Nov. 1964. **1964p**. In: 1987b (147).

Knowing and learning. **1957m**. In: 1957a (69–73),1987a (15–21), 2002 (19–23).

Knowing and not knowing: A clinical example. **1989p**. In: 1989a (24–25).

Kulka, Anna M., letter to, 15 Jan. 1957. **1957u**. In: 1987b (110–112).

Lacan, Jacques, letter to, 11 Feb. 1960. **1960e**. In: 1987b (129–130).

Laing, R. D., letter to, 18 July 1958. **1958w**. In: 1987b (119).

Lancet, letter to, 10 Apr. 1943: Prefrontal leucotomy. **1943c**. In: 1989a (542–543).

Lancet, letter to, 18 Aug. 1951. **1951i.**

Lantos, Barbara, letter to, 8 Nov. 1956. **1956j**. In: 1987b (107–110).

Lask, Aaron: *Asthma: Attitude & Milieu*. Book review. **1966k**. *New Society*, 17 Nov. 1966.

Last Will and Testament. **1965zh**. In: B. Kahr, *D. W. Winnicott, A Biographical Portrait*, 1996 (147–148).

Latency period, Child analysis in. **1958h**. In: 1965b (115–123).

Learning. Children. **1968b**. In: 1986b (142–149), 2002 (232–238).

Learning, Knowing and. **1957m**. In: 1957a (69–73), 1987a (15–21), 2002 (19–23).

Lebovici, Serge, & McDougall, Joyce: *Un Cas de psychose infantile*. Book review. **1962f**. *Journal of Child Psychology and Psychiatry, 3*.

Lebovici, Serge, & McDougall, Joyce: Dialogue with Sammy. A Psycho-Analytical Contribution to the Understanding of Child Psychosis (orig. Un Cas de psychose infantile), Preface in. **1969l**. London: Hogarth, 1969.

LeShan, Eda J.: *How to Survive Parenthood*. Book review. **1967i**. *New Society*, 26 Oct. 1967.

Letters of Sigmund Freud 1873–1939, ed. E. Freud. Book review. **1962e**. In: 1989a (474–477).

Letters of Winnicott. *The Spontaneous Gesture*. **1987b**.

Leucotomy. **1949h**. In: 1989a (543–547).

Leucotomy, Notes on the general implications. **1989q**. In: 1989a (548–552).

Leucotomy, Physical therapy of mental disorder. **1943c**. **1949h**. **1956b**. **1989q**. In: 1989a (542–554).

Leucotomy, Prefrontal. **1943c**. In: 1989a (542–543).

Leucotomy, Prefrontal. **1956b**. In: 1989a (553–554).

Leys School-essay: Smith. **1913a**. *The Fortnightly*, 3 Oct. 1913.

Liberté. **1984e**. In: 1986b (228–238).

 "Lily" (case). **1971n**. In: 1971b (342–343).

Limentani, Adam, letter to, 27 Sept. 1968. **1968y**. In: 1987b (178–180).

Link between paediatrics and child psychology: Clinical observations. **1969f**. In: 1996a (255–276).

Little boy, Notes on. 1938a. In: 1996a (102–103).

Living creatively. **1986h**. In: 1986b (39–54).

Location of cultural experience. **1967b**. In: 1971a (95–103).

 "Location of cultural experience" , Addendum. **1989r**. In: 1989a (200–202).

418

Loss: A child psychiatry case illustrating delayed reaction. **1965f**. In: 1989a (341–368).

Loss, The effect on the young,. **1996j**. In: 1996a (46–47).

Loss of family life, The deprived child. **1965k**. In: 1965a (132–145), 1984a (172–188).

Love or skill? **1964k** In: 1987b (140–142).

Lowry, Oliver H., letter to, 5 July 1956. **1956f**. In: 1987b (100–103).

Lundholm, Helge: "Repression and rationalization", Paper abstract. **1934c**. *International Journal of Psychoanalysis*, 15.

Luria, A. R., letter to, 7 July 1960. **1960f**. In: 1987b (130).

MacKeith, R, co-author with R. R. Evans.: *Infant Feeding and Feeding Difficulties*. Book review. **1951c**. *British Journal of Medical Psychology*, 24.

Macy Foundation: Problems of Infancy and Childhood, Review. **1951f**. *British Journal of Medical Psychology*, 24.

Madness, Mother's, appearing in the clinical material as an ego-alien factor. **1972b**. In: 1989a (375–382).

Madness, the psychology of: A contribution from psycho-analysis. **1989zg**. In: 1989a (119–129).

Magistrate, Correspondence with. **1944c**. In: 1984a (164–167).

Magistrate, the psychiatrist and the clinic. **1943d**. *New Era in Home and School*, 1943, 24.

Main, Thomas, letter to, 25 Feb. 1957. **1957w**. In: 1987b (112–114).

Maladjusted child, Group influences and. **1965s**. In: 1965a (146–154), 1984a (189–199).

Male and female elements to be found in men and women. **1971v**. In: 1971a (72–85), 1989a (169–183).

"Male and female elements", Answers to comments. **1972c**. In: 1989a (189–192).

Male and female elements, Clinical material. **1989zl**. In: 1989a (183–188).

Malleson, Joan Graham: *Any Wife or Any Husband*, Foreword to. **1955f**. London: Heinemann, 1955.

Man looks at motherhood. **1957n**. In: 1957a (3–6), 1964a (15–18).

Manic defence. **1958k**. In: 1958a (129–144).

"Mark" (case). **1965g**. In: 1971b (270–295).

Masturbation. **1931l**. In: 1931a (183–190).

Maternal Care and Mental Health, by John Bowlby. Book review. **1953f**. In: 1989a (423–426).

419

Maturational Processes and the Facilitating Environment, The. **1965b**. London: Hogarth, 1965.

Maturational Processes and the Facilitating Environment, The, Introduction in. **1965ze**. In: 1965b (9–10).

McDougall, Joyce, co-author with Lebovici, Serge: *Un Cas de psychose infantile*. Book review. **1962f**. *Journal of Child Psychology and Psychiatry*, 3.

McDougall, Joyce, co-author with Lebovici, Serge: *Dialogue with Sammy* (orig. *Un Cas de psychose infantile*). Preface in. **1969l**. London: Hogarth, 1969.

McKeith, Ronald, letter to, 31 Jan. 1963. **1963j**. In: 1987b (138–139).

Mead, Margaret, Opening address to lecture delivered by M. Mead. **1957t**. *International Journal of Psychoanalysis*, 38.

Meaning of mother love. **1967f**. *Parents*, 22.

Megson, Barbara, co-author with Clegg, Alec: *Children in Distress*. Book review. **1968p**. *New Society*, 7 Nov. 1968.

Meltzer, Donald, letter to, 21 May 1959. **1959d**. In: 1987b (124–125).

Meltzer, Donald, letter to, 25 Oct. 1966. **1966u**. In: 1987b (157–161).

Memories, Dreams, Reflections, by C. G. Jung. Book review. **1964h**. In: 1989a (482–492).

Mental defect. **1931m**. In: 1931a (152–156).

Mental disease, Treatment of by induction of fits. **1989zn**. In: 1989a (516–521).

Mental health, The foundation of. **1951a**. In: 1984a (168–171).

Mental hygiene of the pre-school child. **1996l**. In: 1996a (59–76).

Mentally ill children, Casework with. **1965e**. In: 1965a (121–131).

Mentally ill in your caseload. **1963c**. In: 1965b (217–229).

Metapsychological and clinical aspects of regression within the psychoanalytical set-up. **1955d**. In: 1958a (278–294).

Micturition disturbances. **1931n**. In: 1931a (172–182).

Middlemore, Merell P.: *The Nursing Couple*. Book review. **1942c**. *International Journal of Psychoanalysis*, 23.

Midwifery, The contribution of psycho-analysis to. **1957f**. In: 1965a (106–113), 1987a (69–81), 2002 (56–64).

Miller, Emanuel, & Bowlby, John, co-authors with Winnicott: Letter to the *British Medical Journal*, 16 Dec. 1939. **1939b**. In: 1984a (13–14).

"Milton" (case). **1971s**. In: 1971b (194–214).

Milner, Marion: *The Hands of the Living God*, Foreword to. **1969m**. London: Hogarth, 1969.

Milner, Marion: *On Not Being Able to Paint*. Book notice. **1951d**. In: 1989a (390–392).

Mind and its relation to the psycho-soma. **1954a**. In: 1958a (243–254).

Mirror-role of mother and family in child development. **1967c**. In: 1971a (111–118).

Modern views on the emotional development in the first year of life. **1958j**. In: 1965a (3–14).

Monarchy, Place of. **1986j**. In: 1986b (260–268).

Money-Kyrle, Roger, letter to, 27 Nov. 1952. **1952h**. In: 1987b (38–43).

Money-Kyrle, Roger, letter to, 23 Sept. 1954. **1954x**. In: 1987b (79–80).

Money-Kyrle, Roger, letter to, 10 Feb. 1955. **1955g**. In: 1987b (84–85).

Money-Kyrle, Roger, letter to, 17 Mar. 1955. **1955h**. In: 1987b (85).

Moon, Astronauts landed on, Poem after. **2003d**. In: F. R Rodman, *Winnicott, Life and Work*, 2003 (416–417).

Moon, The Pill and. **1986i**. In: 1986b (195–209).

Moral Paradox of Peace and War, by John Carl Flügel. Book review. **1941c**. *New Era in Home and School,* 22.

Morals and education. **1963d**. In: 1965b (93–105).

Morality of the baby, The innate. **1949g**. In: 1949a (38–42), 1957a (59–63), 1964a (93–97).

Moses and Monotheism, The use of an object in the context of. **1989zs**. In: 1989a (240–246).

Mother, All of. **1964o**. In: 1987b (146).

Mother and Child. A Primer of First Relationship (American title). **1957a**. *The Child and the Family*. London: Tavistock, 1957.

Mother, A corresponding, letter to, 6 Sept. 1968. **1968x**, *Psychoanalysis and History*, 1993, 5.

Mother–foetus relationship, A note on. **1989v**. In: 1989a (161–162).

Mother and infant, Communication between. **1968d**. In: 1987a (89–103), 2002 (70–81).

Mother and infant, Communication between, Preliminary notes. **1987d**. In: 1987a (107–109), 2002 (240–242).

Mother–infant experience of mutuality. **1970b**. In: 1989a (251–260).

Mother, letter to. **1916a**. Letter to Elizabeth Winnicott, 1916 (undated). In: F. R Rodman,

Winnicott, Life and Work, 2003 (34).

Mother love, The meaning of. **1967f**. *Parents*, 22.

Mother: Mirror-role in child development. **1967c**. In: 1971a (111–118).

Mother, The ordinary devoted. **1987e**. In: 1987a (3–14), 2002 (11–18).

Mother, Ordinary Devoted, and her Baby. **1949a**. London: C. Brock & Co., 1949.

Mother, Ordinary devoted and her baby (Introduction). **1949i**. In: 1949a (3–6).

Mother, relationship to her baby at the beginning. **1965zb**. In: 1965a (15–20).

Mother, teacher, and the child's needs. **1953d**. In: 1957b (14–23), 1964a (189–198).

421   *Mothers, Babies and Their*. **1987a**. Reading, MA: Addison-Wesley, 1987. In: 2002 (9–81).

Mother's contribution to society. **1957o**. In: 1957a (141–144), 1986b (123–127), 2002 (202–206).

Mother's madness appearing in the clinical material as an ego-alien factor.**1972b**. In: 1989a (375–382).

Mother's organized defence against depression, Reparation in respect of.**1958p**. In: 1958a (91–96).

Mother's unconscious discovered in psycho-analytic practice. **1989e**. In: 1989a (247–250).

Motherhood, A man looks at. **1957n**. In: 1957a (3–6), 1964a (15–18).

Mrs. T., letter to, 6 Sept. 1968. **1968x**. *Psychoanalysis and History*, 1993, 5.

"Mrs. X" (case). **1971o**. In: 1971b (331–341).

Nagera, Humberto, letter to, 15 Feb. 1965. **1965zi**. In: 1987b (147–148).

Needs for the under-fives (in a changing society). **1954b**. In: 1957b (3–13), 1964a (179–188).

Nelson, Gillian, letter to, 6 Oct. 1967. **1967s**. In: 1987b (170–171).

Neonate and his mother. **1964c**. In: 1987a (35–49), 2002 (32–42).

Nervous disorders in children, Shyness and. **1938b**. In: 1957b (35–39), 1964a (211–215).

Nervous system, Disease of. **1931f**. In: 1931a (129–142).

Neurosis, cardiac, in children. **1996d**. In: 1996a (179–188).

Neurosis in childhood. **1989zh**. In: 1989a (64–72).

New advances in psycho-analysis. **1958l**. *Tipta Yenilikler*, 1958, 4.

New light on children's thinking. **1989s**. In: 1989a (152–157).

New Society, letter to, 23 Mar. 1964. **1964k**. In: 1987b (140–142).

Newborn and his mother. **1964c**. In: 1987a (35–49), 2002 (32–42).

Niffle, The. **1996m**. In: 1996a (104–109).

Nonhuman Environment, The, by H. F. Searles. Book review. **1963i**. In: 1989a (478–481).

"No" , Saying. **1993f**. In: 1993a (21–39), 2002 (108–121).

Non-pharmacological treatment of psychosis in childhood, The. **1968h**. In:

H. Stutte & H. Harbauer (Eds.), *Concilium Paedopsychiatricum*. Basel: S. Karger 1968.Nose
   and throat. **1931o**. In: 1931a (38–41).

Normal child, What do we mean by. **1946c**. In: 1957a (100–106), 1964a (124–130).

Normal difficulties, Instincts and. **1957l**. In: 1957a (74–78), 1964a (98–102).

Normality and anxiety, A note. **1931p**. In: 1931a (98–121), 1958a (3–21).

North, Roger, Correspondence with. **1943d**. *New Era in Home and School, 24*.

North, Roger, letter to. **1944c**. In: 1984a (164–167).

Not Being Able to Paint, On, by Joanna Field. Book notice. **1951d**. In: 1989a (390–392).

Not knowing and knowing: A clinical example. **1989p**. In: 1989a (24–25).

Note on a case involving envy. **1989t**. In: 1989a (76–78).

Note of contribution to symposium on child analysis and paediatrics. **1968m**. In: 1971b
   (12–27).

Note on the mother–foetus relationship, A. **1989v**. In: 1989a (161–162).

Note on normality and anxiety. **1931p**. In: 1931a (98–121), 1958a (3–21).

Note on temperature and the importance of charts. **1931q**. In: 1931a (32–37).

Notes on the general implications of leucotomy. **1989q**. In: 1989a (548–552). *422*

Notes on a little boy. **1938a**. In: 1996a (102–103).

Notes made in the train. **1984d**. In: 1984a (214–219), 1989a (231–233).

Notes on play. **1989u**. In: 1989a (59–63).

Note on psycho-somatic disorder. **1989zi**. In: 1989a (115–118).

Notes on the time factor in treatment. **1996n**. In: 1996a (231–234).

Notes on the use of silence, Two. **1989zo**. In: 1989a (81–86).

Notes on withdrawal and regression. **1989w**. In: 1989a (149–151).

Nothing at the centre. **1989x**. In: 1989a (49–52).

Now they are five. **1965q**. In: 1965a (34–39), 1993a (111–120), 2002 (171–177).

Nursing Couple, The, by Merell P. Middlemore. Book review. **1942c**. *International Journal of
   Psychoanalysis, 23*.

Object, The use of, Clinical illustration. **1989zp**. In: 1989a (235–238).

Object, The use of, Comments on my paper. **1989zq**. In: 1989a (238–240).

Object, The use of, in the context of *Moses and Monotheism*. **1989zs**. In: 1989a (240–246).

Object, The use of, Footnote to. **2003a**. In: F. R. Rodman: *Winnicott, Life and Work*, 2003 (328).

Object, The use of, and relating through identifications. **1969i**. In: 1971a (86–94), 1989a (218–227).

Observation, A child. **1967a**. *Psyche*, 1967, *21*.

Observation of infants in a set situation. **1941b**. In: 1958a (52–69).

Observer, The, letter to, 12 Oct. 1964. **1964m**. In: 1987b (142–144).

Observer, The, letter to, 5 Nov. 1964. **1964o**. In: 1987b (146).

Obsessional neurosis, Comment on. **1966b**. In: 1989a (158–160).

Occupational therapy. **1949o**. In: 1989a (555–557).

Ocular psychoneuroses of childhood. **1944a**. In: 1958a (85–90).

On adoption. **1957c**. In: 1957a (127–130).

On the Bringing Up of Children, ed. J. Rickman. Book review. **1937b**. *British Journal of Medical Psychology*, 16.

On cardiac neurosis in children. **1996d**. In: 1996a (179–188).

"On the concept of the superego", by J. Sandler, Comments on. **1989zzb**. In: 1989a (465–473).

On the contribution of direct child observation to psycho-analysis. **1958i**. In: 1965b (109–114).

On envy (review of Klein). **1959b**. In: 1989a (443–446).

On influencing and being influenced. **1941a**. In: 1957b (35–39), 1964a (199–204).

On Not Being Able to Paint, by J. Field. Book notice. **1951d**. In: 1989a (390–392).

On security. **1965zc**. In: 1965a (30–33), 1993a (87–93), 2002 (155–159).

On transference. **1956a**. In: 1958a (295–299).

Only child. **1928**. In: V. Erleigh (Ed.), *The Mind of the Growing Child*. London: Faber, 1928.

Only child. **1957p**. In: 1957a (107–111), 1964a (131–136).

Origins of creativity. **1971g** (incl. **1971v**). In: 1971a (65–85).

Ordinary devoted mother. **1987e**. In: 1987a (3–14), 2002 (11–18).

Ordinary Devoted Mother and her Baby (Nine Broadcast Talks). **1949a**. London: C. Brock &

Co., 1949.

Ordinary Devoted Mother and her Baby, Introduction to. **1949i**. In: 1949a (3–6).

Ordinary devoted mother and her baby. **1949i**. In: 1949a (3–6).

Out of the mouths of adolescents. **1966i**. In: 1996a (48–50).

Paediatric Department of Psychology. **1961c**. In: 1996a (227–230).

Paediatrics and child analysis, Note of contribution to symposium. **1968m**. In: 1971b (12–27).

Paediatrics and child psychology, A link between. **1969f**. In: 1996a (255–276).

Paediatrics and childhood neurosis. **1958m**. In: 1958a (316–321).

Paediatrics and psychiatry. **1948b**. In: 1958a (157–173).

Paediatrics to Psycho-Analysis, Through. **1958a**. London: Tavistock, 1958.

Paediatrics, Symptom tolerance. **1953b**. In: 1958a (101–117).

Papers on Psycho-Analysis, by Ernest Jones. Book review. **1951e**. *British Journal of Medical Psychology*, 24.

Papular urticaria and the dynamics of skin sensation. **1934b**. In: 1996a (157–169).

Parent–infant relationship, The theory of. **1960c**. In: 1965b (37–55).

Parent–infant relationship, The theory of, Further remarks. **1962c**. In: 1989a (73–75).

Parent–infant relationship, The theory of, Further remarks, Discussion of. **1962g**. *International Journal of Psychoanalysis*, 43.

Parent, the teacher and the doctor. **1996p**. In: 1996a (77–93).

Parenthood, How to Survive, by E. J. LeShan. Book review. **1967i**. *New Society*, 26 Oct. 1967.

Parents, Advising. **1965c**. In: 1965a (114–120), 2002 (193–201).

Parents, Talking to. **1993a**. Reading, MA: Addison-Wesley, 1993. In: 2002 (89–187).

Parfitt, D. N., letter to, 22 Dec. 1966. **1966x**. In: 1987b (162–163).

Pathological sleeping (case history). **1930a**. *Proceedings of the Royal Society of Medicine*, 23.

Patient, A, letter to, 13 Dec. 1966. **1966w**. In: 1987b (162).

Payne, Sylvia, letter to, 7 Oct. 1953. **1953o**. In: 1987b (52–53).

Payne, Sylvia, letter to, 26 May 1966. **1966s**. In: 1987b (157).

Peller, Lili E., letter to, 15 Apr. 1966. **1966r**. In: 1987b (156–157).

Persecution that wasn' t. **1967j**. In: 1984a (200–201).

Personal view of the Kleinian contribution. **1965v**. In: 1965b (171–178).

Perversions and pregenital fantasy. **1989y**. In: 1989a (79–80).

"Peter" (case). **1971p**. In: 1971b (296–314).

Physical and emotional disturbances in an adolescent girl. **1989za**. In: 1989a (369–374).

Physical examination. **1931s**. In: 1931a (22–31).

Physical therapy of mental disorder. **1947c**. In: 1989a (534–541).

Physical therapy of mental disorder: Convulsion therapy. **1943b**. **1944b**. **1947c**. **1989zj**. **1989zk**. **1989zn** In: 1989a (515–541).

Physical therapy of mental disorder: Leucotomy. **1943c**. **1949h**. **1956b**. **1989q**. In: 1989a (542–554).

Physiotherapy and human relations. **1969g**. In: 1989a (561–568).

Piggle, The. An Account of the Psycho-Analytic Treatment of a Little Girl. **1977**. London: Hogarth, 1977.

Pill and the moon. **1986i**. In: 1986b (195–209).

Pitfalls in adoption. **1954c**. In: 1957b (45–51), 1996a (128–135).

Place of the monarchy. **1986j**. In: 1986b (260–268).

Place where we live. **1971q**. In: 1971 (104–110).

Play in the analytic situation. **1989zc**. In: 1989a (28–29).

Play, Notes on. **1989u**. In: 1989a (59–63).

Play Therapy, by V. Axline, Commentary on. **1989zu**. In: 1989a (495–498).

Play: Why children play. **1942b**. In: 1957b (149–152), 1964a (143–146, incl.1968n).

Playing: Creative activity and the search for the Self. **1971r**. In: 1971a (53–64).

Playing and culture. **1989zd**. In: 1989a (203–206).

Playing: The link with psychotherapy. **1969h**. *Psice*, 1969, 6.

Playing and Reality. **1971a**. London: Tavistock, 1971.

Playing and Reality, Introduction to. **1971w**. In: 1971a (xi–xiii).

Playing: The search for the Self. **1971r**. In: 1971a (53–64).

Playing: A theoretical statement. **1968i**. In: 1971a (38–52).

Playing: Its theoretical status in the clinical situation. **1968i**. In: 1971a (38–52).

Poem after American astronauts landed on the moon. **2003d**. In: F. R Rodman,*Winnicott, Life and Work*, 2003 (416–417).

Poem after C.O. Conference at Southport (with Clare Britton). **2003f**. In: F. R Rodman, *Winnicott, Life and Work*, 2003 (393).

Poem about Enoch Powell. **2003e**. In: F. R Rodman, *Winnicott, Life and Work*, 2003 (393).

424

Poem: A Shropshire surgeon. **1920a**. *St Bartholomew's Hospital Journal, 27.*

Poem: The Tree. **2003c**. In: F. R Rodman, *Winnicott, Life and Work*, 2003 (289–291).

Point in technique. **1989zb**. In: 1989a (26–27).

Postscript to *The Child and the Family*. **1957o**. In: 1957a (141–144), 1986b (123–127), 2002 (202–206).

Powell, Enoch, Poem about. **2003e**. In: F. R Rodman, *Winnicott, Life and Work*, 2003 (393).

Preface to Gaddini' s Italian translation of The Family and Individual Development. **2003b**. Psychoanalysis and History, 2003, 5.

Preface to *The Family and Individual Development*. **1965zd**. In: 1965a (vii).

Preface to *The Family and Individual Development*, Italian translation (unpublished). **2003b**. *Psychoanalysis and History*, 2003, *5*.

Postscript to *Getting to Know Your Baby*. **1945e**. In: 1945a (25–27), 1957a (137–140), 1964a (173–176).

Postscript to *Psychoanalytic Explorations*. **1989f**. In: 1989a (569–582).

Prefrontal leucotomy. **1943c**. In: 1989a (542–543).

Prefrontal leucotomy. **1956b**. In: 1989a (553–554).

Pregenital fantasy, Perversions and. **1989y**. In: 1989a (79–80).

Preliminary notes for "Communication between infant and mother, and mother and infant, compared and contrasted". **1987d**. In: 1987a (107–109), 2002 (240–242).

Presence and absence of a sense of guilt illustrated in two patients. **1989b**. In: 1989a (163–167).

Pre-school child, Mental hygiene of. **1996l**. In: 1996a (59–76).

Pre-systolic murmur, possibly not due to mitral stenosis (case history). **1931r**. *Proceedings of the Royal Society of Medicine, 24.*

Price of disregarding psychoanalytic research. **1965w**. In: 1986b (172–182).

Price of disregarding research findings. **1965w**. In: 1986b (172–182).

Primary introduction to external reality: The early stages. **1996o**. In: 1996a (21–28).

Primary Maternal Preoccupation.**1958n**. In: 1958a (300–305).

Primer of First Relationship, Mother and Child (American title). **1957a**. *The Child and the Family*. London: Tavistock, 1957.

Primitive emotional development. **1945d**. In: 1958a (145–156).

Prisons, Punishment in, Comments on report. **1984j**. In: 1984a (202–208).

Private practice. **1989ze**. In: 1989a (291–298).

Problem of homeless children (with Clare Britton). **1944d**. In: 1957b (98–116), 1984a (54–72).

Problems of Infancy and Childhood, by Macy Foundation, Review. **1951f**. *British Journal of Medical Psychology,* 24.

Progressive League, Talk given to: Aggression, guilt and reparation. **1984c**. In: 1984a (136–144), 1986b (80–89).

Progressive schools: do they give too much freedom to the child? **1969d**. In: 1984a (209–213).

Providing for the child in health and crisis. **1965x**. In: 1965b (64–72).

Psikanalizde ilerlemeler. **1958l**. *Tipta Yenilikler, 4.*

Psychiatric care. **1966n**. In: 1987b (152–153).

Psychiatric classification. A psycho-analytic contribution. **1965h**. In: 1965b (124–139).

Psychiatric disorder in terms of infantile maturational processes. **1965y**. In: 1965b (230–241).

Psycho-Analysis and Child Psychiatry, by Edward Glover. Book review. **1953g**. *British Medical Journal*, Sept. 1953.

Psycho-analysis: the contribution of direct child observation. **1958i**. In: 1965b (109–114).

Psycho-analysis: Contribution to psychology of madness. **1989zg**. In: 1989a (119–129).

Psycho-analysis: Importance of the setting in meeting regression. **1989m**. In: 1989a (96–102).

Psycho-analysis, Interpretation in. **1989o**. In: 1989a (207–212).

"Psychoanalysis and medicine" by Franz Alexander. Paper abstract. **1933**. *International Journal of Psychoanalysis, 14.*

Psycho-analysis to midwifery, Contribution of. **1957f**. In: 1965a (106–113), 1987a (69–81), 2002 (56–64).

Psycho-analysis: New advances. **1958l**. *Tipta Yenilikler, 4.*

Psychoanalysis and science: Friends or relations? **1986k**. In: 1986b (13–18).

Psycho-analysis and the sense of guilt. **1958o**. In: 1965b (15–28).

Psycho-analytic contribution to psychiatric classification. **1965h**. In: 1965b (124–139).

Psycho-analytic contribution to shock therapy, Symposium. **1989zj**. In: 1989a (525–528).

Psycho-Analytic Explorations. **1989a**. Cambridge, MA: Harvard University Press, 1989.

Psychoanalytic Explorations, Postscript: D.W.W. on D.W.W. **1989f**. In: 1989a (569–582).

Psycho-analytic practice, Mother' s unconscious discovered in **1989e**. In: 1989a (247–250).

Psychoanalytic research, Price of disregarding. **1965w**. In: 1986b (172–182).

Psycho-analytic setting, Dependence in. **1963a**. In: 1965b (249–259).

Psychoanalytic Studies of the Personality, by W. R. D. Fairbairn. Book review (with Masud Khan). **1953i**. In: 1989a (413–422).

Psychoanalytic Study of the Child, Vol. 20, Review **1966l**. New Society, 19 May 1966.

Psychoanalytic Study of the Child, Vol. 22, Review. **1968r**. New Society, 16 May 1968.

Psycho-Analytic Treatment of a Little Girl. **1977**. *The Piggle.* London: Hogarth, 1977.

Psychoanalytic view of the antisocial tendency. **1966c**. In: 1971b (220–238), 1984a (256–282).

Psychoanalytical set-up: Metapsychological and clinical aspects of regression.**1955d**. In: 1958a (278–294).

Psycho-analytical treatment, The aims of. **1965d**. In: 1965b (166–170).

Psychogenesis of a beating fantasy. **1989zf**. In: 1989a (45–48).

Psychological aspects of juvenile delinquency. **1946b**. In: 1957b (181–187), 1964a (227–231), 1984a (113–119).

Psychological effect of shock therapy. **1989zk**. In: 1989a (529–533).

Psychologie du premier âge, by M. Bergeron. Book review. **1962d**. *Archives of Disease in Childhood*, 37.

Psychology of Childhood and Adolescence, The, by C. I. Sandström. Book review.**1968s**. *National Marriage Guidance Council Journal, 11.*

Psychology of juvenile rheumatism. **1939a**. In: R. G. Gordon (Ed.), *A Survey of Child Psychiatry.* London: Oxford University Press, 1939.

Psychology of madness: A contribution from psycho-analysis. **1989zg**. In: 1989a (119–129).

Psychology of separation. **1984f**. In: 1984a (132–135).

Psycho-neurosis in childhood. **1989zh**. In: 1989a (64–72).

Psychoses and child care. **1953a**. In: 1958a (219–228).

Psychosis in childhood, Non-pharmacological treatment. **1968h**. In: H. Stutte & H. Harbauer (Eds.), *Concilium Paedopsychiatricum.* Basel: S. Karger 1968.

426

Psychosis: The effect on family life. **1965l**. In: 1965a (61–68).

Psycho-soma, Mind and its relation. **1954a**. In: 1958a (243–254).

Psycho-somatic disorder. **1966d**. **1989zi**. In: 1989a (103–118).

Psycho-somatic disorder, Additional note. **1989zi**. In: 1989a (115–118).

Psycho-somatic illness in its positive and negative aspects. **1966d**. In: 1989a (103–114).

Psychotherapeutic consultation: Becoming deprived as a fact. **1966a**. In: 1971b (315–330).

Psychotherapeutic consultation: a case of stammering. **1963e**. In: 1971b (110–126).

Psychotherapeutic consultation in child psychiatry: A comparative study of the dynamic processes. **1971s**. In: 1971b (194–214).

Psychotherapeutic interview with an adolescent. **1964b**. In: 1989a (325–340).

Psychotherapy in adolescence, Hospital care supplementing. **1965u**. In: 1965b (242–248).

Psychotherapy of character disorders. **1965za**. In: 1965b (203–216), 1984a (241–255).

Psychotherapy: the link with playing. **1969h**. *Psice*, 1969, *6*.

Psychotherapy, Varieties of. **1984i**. In: 1984a (232–240), 1986b (101–111).

Psychotic parents: effect on the emotional development of the child. **1961a**. In: 1965a (69–78).

Punishment in Prisons and Borstals, Comments on report. **1984j**. In: 1984a (202–208).

Purpose and Practice of Medicine The, by James Spence. Book review. **1961d**. *British Medical Journal*, Feb.1961.

Raison, Timothy, letter to, 9 Apr. 1963. **1963k**. In: 1987b (139–140).

Rapaport, David, letter to, 9 Oct. 1953. **1953p**. In: 1987b (53–54).

Regression compared with defence organization. **1968c** In: 1989a (193–199).

Regression, Metapsychological and clinical aspects. **1955d**. In: 1958a (278–294).

Regression in psycho-analysis, importance of the setting. **1989m**. In: 1989a (96–102).

Regression as therapy illustrated by the case of a boy whose pathological dependence was adequately met by the parents. **1963f**. In: 1971b (239– 269).

Regression, Withdrawal and. **1955e**. In: 1958a (255–261), 1986a (187–192).

Regression and withdrawal, Notes on. **1989w**. In: 1989a (149–151).

Relationship of a mother to her baby at the beginning. **1965zb**. In: 1965a (15–20).

Reminder to the binder. **1921a**. *St Bartholomew's Hospital Journal*, 1921, *28*.

Reparation, Aggression, Guilt. **1984c**. In: 1984a (136–144), 1986b (80–89).

Reparation in respect of mother's organized defence against depression. **1958p**.In: 1958a (91–96).

Repli et régression. **1955e**. In: 1958a (255–261), 1986a (187–192).

Report of the Committee on Punishment in Prisons and Borstals, Comments on. **1984j**. In: 1984a (202–208).

"Repression and rationalization", by H. Lundholm. Paper abstract. **1934c**. *International Journal of Psychoanalysis*, 15.

Research findings, Price of disregarding. **1965w**. In: 1986b (172–182).

Residential care as therapy. **1984g**. In: 1984a (220–228).

Residential management as treatment for difficult children (with Clare Britton). **1944d**. 1947e. In: 1957b (98–116), 1984a (54–72).

Return of the evacuated child. **1957q**. In: 1957b (88–92), 1984a (44–48).

Rheumatic carditis, The heart with special reference. **1931j**. In: 1931a (42–57).

Rheumatic clinic. **1931t**. In: 1931a (64–68).

Rheumatic fever. **1931u**. In: 1931a (58–63).

Rheumatism, juvenile, The psychology of. **1939a**. In: R. G. Gordon (Ed.), *A Survey of Child Psychiatry*. London: Oxford University Press, 1939.

Rickman, John (Ed.): *On the Bringing Up of Children*. Book review. **1937b**. *British Journal of Medical Psychology*, 16.

Ries, Hannah, letter to, 27 Nov. 1953. **1953q**. In: 1987b (54–55).

Riese, Hertha: *Heal the Hurt Child*. Book review. **1964i**. *New Society*, Jan.1964.

Right and wrong, Child's sense of. **1993c**. In: 1993a (105–110), 2002 (167–170).

Rimland, Bernard: *Infantile Autism*. Book review. **1966m**. In: 1996a (195–196).

Riviere, Joan, letter to, 19 May 1949.**1949s**. In: Robert Rodman, *Winnicott, Life and Work*, 2003 (153–155).

Riviere, Joan, letter to, 3 Feb. 1956. **1956c**. In: 1987b (94–97).

Riviere, Joan, letter to, 13 June 1958. **1958v**. In: 1987b (118–119).

"Robert" (case). **1971t**. In: 1971b (89–104).

Robertson, James: "Going to hospital with mother", Film review. **1959c**. *International Journal of Psychoanalysis*, 40.

"Robin" (case). **1971u**. In: 1971b (28–41).

Rodman, F. Robert, letter to, 10 Jan. 1969. **1969p**. In: 1987b (180–182).

Rodman, F. Robert (Ed.), *The Spontaneous Gesture, Selected Letters of D. W. Winnicott*. **1987b**. Cambridge, MA: Harvard University Press, 1987.

Rodrigue, Emilio, letter to, 17 Mar. 1955. **1955i**. In: 1987b (86–87).

Roots of aggression. **1964d**. In: 1964a (232–239), 1984a (92–99).

Roots of aggression. **1989zza**. In: 1989a (458–461).

"Rosemary"（case）. **1962b**. In: 1971b (105–109).

Rosen, John N.: *Direct Analysis*. Book review. **1953h**. *British Journal of Psychology*, 44.

Rosenbluth, Michael, letter to, 3 Jan. 1969. **1969o**. In: F. R Rodman, *Winnicott, Life and Work*, 2003 (343–344).

Rosenfeld, Herbert, letter to, 22 Jan. 1953. **1953j**. In: 1987b (43–46).

Rosenfeld, Herbert, letter to, 17 Feb. 1953. **1953l**. In: F. R Rodman, *Winnicott, Life and Work*, 2003 (190–191).

Rosenfeld, Herbert, letter to, 16 Oct. 1958. **1958x**. In: 1987b (120).

Rosenfeld, Herbert, letter to, 17 Mar. 1966. **1966o**. In: 1987b (153–154).

"Ruth"（case）. **1966a**. In: 1971b (315–330).

Rycroft, Charles F., letter to, 5 Feb. 1954. **1954i**. In: B. Kahr, *D. W. Winnicott, A Biographical Portrait*, 1996 (156–158).

Rycroft, Charles F., letter to, 21 Apr. 1955. **1955j**. In: 1987b (87).

Rycroft, Charles F., letter to, 7 Oct. 1956. **1956g**. In: B. Kahr, *D. W. Winnicott, A Biographical Portrait*, 1996 (158).

Rycroft, Charles F., letter to, 17 Oct. 1956. **1956h**. In: B. Kahr, *D. W. Winnicott, A Biographical Portrait*, 1996 (159).

Rycroft, Charles F., letter to, 17 Feb. 1957. **1957v**. In: B. Kahr, *D. W. Winnicott, A Biographical Portrait*, 1996 (159–160).

Sandler, Joseph: "On the concept of the superego", Comments on. **1989zzb**. In: 1989a (465–473).

Sandström, Carl Ivar.: *The Psychology of Childhood and Adolescence*. Book review. **1968s**. *National Marriage Guidance Council Journal, 11*.

Sargant, William W., letter to, 24 June 1969. **1969x**. In: 1987b (192–194).

Saying "No". **1993f**. In: 1993a (21–39), 2002 (108–121).

Schizophrenia, infantile, in terms of adaptive failure. **1968a**. In: 1996a (218–223).

Schizophrénie infantile en termes d'échec d'adaption, La. **1968a**. In: 1996a (218–223).

School aspect: Group influences and the maladjusted child. **1965s**. In: 1965a (146–154), 1984a (189–199).

Schools, progressive, and freedom to the child. **1969d**. In: 1984a (209–213).

Schools, Sex education in. **1949j**. In: 1957b (40–44), 1964a (216–220).

Science and psychoanalysis: Friends or relations? **1986k**. In: 1986b (13–18).

Scott, P. D., letter to, 11 May 1950. **1950e**. In: 1987b (22–23).

Scott, W. Clifford M., letter to, 19 Mar. 1953. **1953m**. In: 1987b (48–50).

Scott, W. Clifford M., letter to, 27 Jan. 1954. **1954h**. In: 1987b (56–57).

Scott, W. Clifford M., letter to, 26 Feb. 1954. **1954k**. In: 1987b (57–58).

Scott, W. Clifford M., letter to, 13 Apr. 1954. **1954n**. In: 1987b (60–63).

Search for the Self. **1971r**. In: 1971a (53–64).

Searles, Harold F.: *The Nonhuman Environment*. Book review. **1963i**. In: 1989a (478–481).

Security (On). **1965zc**. In: 1965a (30–33), 1993a (87–93), 2002 (155–159).

Segal, Hanna, letter to, 21 Feb. 1952. **1952b**. In: 1987b 25–27).

Segal, Hanna, letter to, 22 Jan. 1953. **1953k**. In: 1987b (47).

Segal, Hanna, letter to, 6 Oct. 1955. **1955l**. In: 1987b (89).

Selected Letters of Winnicott: The Spontaneous Gesture. **1987b**.

Self in body, Basis for. 1971d. In: 1989a (261–271).

Self, the search for. **1971r**. In: 1971a (53–64).

Sense of guilt, Absence of. **1984b**. In: 1984a (106–112).

Sense of guilt, Absence and presence in two patients. **1989b**. In: 1989a (163–167).

Sense of guilt, Psycho-analysis and. **1958o**. In: 1965b (15–28).

Separation, Psychology of. **1984f**. In: 1984a (132–135).

Set situation, Observation of infants in. **1941b**. In: 1958a (52–69).

Setting, importance of, in meeting regression in psycho-analysis. **1989m**. In: 1989a (96–102).

Sex, The child and. **1947a**. In: 1957b (153–166), 1964a (147–160).

Sex education in schools. **1949j**. In: 1957b (40–44), 1964a (216–220).

Shared Fate, by H. D. Kirk. Book review. **1965zg**. *New Society*, 9 Sept. 1965.

Sharpe, Ella, letter to, 13 Nov. 1946. **1946f**. In: 1987b (10).

Shock therapy. **1944b**. In: 1989a (523–525).

429

Shock therapy, Kinds of psychological effect. **1989zk**. In: 1989a (529–533).

Shock therapy, the psycho-analytic contribution to. **1989zj**. In: 1989a (525–528).

Shock treatment of mental disorder. **1943b**. In: 1989a (522–523).

Short communication on enuresis. **1930b**. In: 1996a (170–175).

Shropshire surgeon, A (Poem). **1920a**. *St Bartholomew's Hospital Journal*, 27.

Shyness and nervous disorders in children. **1938b**. In: 1957b (35–39), 1964a (211–215).

Sibling, birth of, Symptomatology following. **1996h**. In: 1996a (97–101).

Silence, Two notes on the use of. **1989zo**. In: 1989a (81–86).

Sister, letter to Violet Winnicott 15 Nov. 1919. **1919**. In: 1987b (1–4).

Skin changes in relation to emotional disorder. **1938c**. *St John's Hospital Dermatological Society Report*, 1938.

Skin sensation, Papular urticaria and the dynamics. **1934b.** In: 1996a (157–169).

Sleep, Youth will not. **1964f**. In: 1984a (156–158).

Small things for small people. **1967g**. *New Society*, 7 Dec. 1967.

Smirnoff, Victor, letter to, 19 Nov. 1958. **1958y**. In: 1987b (120–124).

Smith (essay). **1913a**. *The Fortnightly* (Leys School, Cambridge), 3 Oct. 1913.

Snag, The. **1921b**. *St Bartholomew's Hospital Journal*, 28.

Social work, child psychiatry and alternative care. **1996f**. In: 1996a (277–281).

Some psychological aspects of juvenile delinquency. **1946b**. In: 1957b (181–187),1964a (227–231), 1984a (113–119).

Some thoughts on the meaning of the word democracy. **1950a**. In: 1965a (155–169), 1986b (239–259).

Southport Conference, Poem after (with Clare Britton). **2003f**. In: F. R Rodman, *Winnicott, Life and Work*, 2003 (393).

Spectator, The, letter to, 12 Feb. 1954. **1954j**.

Speech disorders. **1931v**. In: 1931a (191–200).

Spence, James: *The Purpose and Practice of Medicine*. Book review. **1961d**. *British Medical Journal*, Feb. 1961.

Spence, Marjorie, letter to, 23 Nov. 1967. **1967v**. In: 1987b (172–173).

Spence, Marjorie, letter to, 27 Nov. 1967. **1967w**. In: 1987b (173–174).

Split-off male and female elements to be found in men and women. **1971v**. In: 1971a (72–85), 1989a (169–183).

"Split-off male and female elements", Answers to comments. **1972c**. In: 1989a (189–192).

Split-off male and female elements, Clinical material. **1989zl**. In: 1989a (183–188).

Split-off male and female elements, On the. **1971v.1972c.1989zl**. In: 1989a (168–192).

Spock, Benjamin, letter to, 9 Apr. 1962. **1962h**. In: 1987b (133–138).

Sponsored television. **1954v**. In: 1987b (76–77).

Spontaneous Gesture, The, Selected Letters of D. W. Winnicott. **1987b**. Cambridge, MA: Harvard University Press, 1987.

Squiggle game. **1968k**. In: 1971b (42–63), 1989a (299–317).

Squiggles. **1968k**. In: 1971b (42–63), 1989a (299–317).

Stammering, Case of. **1963e**. In: 1971b (110–126).

St Bartholomew' s Hospital amateur dramatic club. **1920b**. *St Bartholomew's Hospital Journal*, 27.

Steal, The impulse to. **1957k**. In: 1957b (176–180).

Stealing and telling lies. **1957r**. In: 1957a (117–120), 1964a (161–166).

Stein, Leopold: *Infancy of Speech and the Speech of Infancy*. Book review. **1950b**. *British Journal of Medical Psychology*, 23.

Stepparent, The Successful, by H. Thomson. Book review. **1967k**. *New Society*, 13 Apr. 1967.

Stepparents, For. **1993g**. In: 1993a (7–13), 2002 (99–103).

Stevenson, Olive: "The first treasured possession", Preface to. **1954e**. *Psychoanalytic Study of the Child*, 9.

Stewart, Sheila: *A Home from Home*. Book review. **1967j**. In: 1984a (200–201).

Stierlin, Helm, letter to, 31 July 1969. **1969y**. In: 1987b (195–196).

Stone, Joseph, letter to, 18 June 1968. **1968w**. In: 1987b (177–178).

Stone, Marjorie, letter to, 14 Feb. 1949. **1949r**. In: 1987b (14–15).

Storr, Anthony: *Human Aggression*. Book review. **1968t**. *New Statesman*, 5 July 1968.

Storr, Charles Anthony, letter to, 30 Sept. 1965. **1965zl**. In: 1987b (151).

Strachey, James, letter to, 1 May 1951. **1951g**. In: 1987b (24).

Strachey, James, Obituary. **1969n**. In: 1989a (506–510).

Strength out of misery. **1964e**. In: 1986b (71–79).

String: A technique of communication. **1960b**. In: 1965b (153–157), 1971a (15–20).

Struggling through the doldrums. **1962a**. In: 1965a (79–87), 1984a (145–155).

Studies in Developing Relationships, The Child and the Outside World. **1957b**. London:
Tavistock, 1957.

431

Studies in the Theory of Emotional Development, The Maturational Processes. **1965b**.
London: Hogarth, 1965.

Successful Stepparent, by H. Thomson. Book review. **1967k**. *New Society*, 13 Apr. 1967.

Sum, I am. **1984h**. In: 1986b (55–64).

"Superego, On the concept of", by J. Sandler, Comments on. **1989zzb**. In: 1989a (465–473).

Support for normal parents. **1945e**. In: 1945a (25–27), 1957a (137–140), 1964a (173–176).

Symbol-formation, Thinking and. **1989zm**. In: 1989a (213–216).

Symposium on envy and jealousy, Contribution to. **1989zy**. In: 1989a (462–464).

Symposium on psycho-analytic contribution to shock therapy. **1989zj**. In: 1989a (525–528).

Symptom tolerance in paediatrics—a case history. **1953b**. In: 1958a (101–117).

Szasz, Thomas, letter to, 19 Nov. 1959. **1959f**. In: 1987b (126–127).

T., Mrs., letter to, 6 Sept. 1968. **1968x**. *Psychoanalysis and History*, 1993, *5*.

Talking to Parents. **1993a**. Reading, MA: Addison-Wesley, 1993. In: 2002 (89–187).

Talking about psychology. **1945h**. In: 1957b (125–133), 1996a (3–12).

Teacher, the parent and the doctor. **1996p**. In: 1996a (77–93).

Technique of communication: String. **1960b**. In: 1965b (153–157), 1971a (15–20).

Technique, A point in. **1989zb**. In: 1989a (26–27).

Temperature and the importance of charts. **1931q**. In: 1931a (32–37).

Testament, Last Will. **1965zh**. In: B. Kahr, *D. W. Winnicott, A Biographical Portrait*, 1996
(147–148).

Their standards and yours. **1945f**. In: 1945a (21–24), 1957a (87–91), 1964a (119–123).

Theoretical statement of the field of child psychiatry. **1958q**. In: 1965a (97–105).

Theoretical statement/status of playing. **1968i**. In: 1971a (38–52).

Theory of the parent–infant relationship. **1960c**. In: 1965b (37–55).

"Theory of the parent–infant relationship", Further remarks. **1962c**. In: 1989a (73–75).

"Theory of the parent–infant relationship. Further remarks", Discussion of. **1962g**.
International Journal of Psychoanalysis, 43.

Theory of psychotherapy: the link with playing. **1969h**. *Psice, 6*.

Therapeutic consultation, Dissociation revealed in. **1966c.** In: 1971b (220–238), 1984a
　　(256–282).

Therapeutic consultation, The value of. **1968l.** In: 1971b (147–160), 1989a (318–324).

Therapeutic Consultations in Child Psychiatry. **1971b.** London: Hogarth, 1971.

*Therapeutic Consultations in ChildPsychiatry,*Introductions in.**1971x.1971y.1971za.** In:
　　1971b (Part One 1–11, Part Two 127–128, Part Three 215–219).

Therapy in Child Care, by B. Dockar-Drysdale, Foreword in. **1968q.** London: Longman,
　　1968.

Thinking About Children. **1996a.** London: Karnac, 1996.

Thinking, children's, New light on. **1989s.** In: 1989a (152–157).

432

Thinking and symbol-formation. **1989zm.** In: 1989a (213–216).

Thinking and the unconscious. **1945g.** In: 1986b (169–171).

This feminism. **1986g.** In: 1986b (183–194).

Thomas, co-author with Chess, Birch: *Your Child is a Person.* Book review. **1966g.** *Medical
　　News,* Oct. 1966.

Thomson, Helen: *The Successful Stepparent.* Book review. **1967k.** *New Society,* 13 Apr. 1967.

Thorner, Hans, letter to, 17 Mar. 1966. **1966p.** In: 1987b (154).

Three reviews of books on autism. **1938d. 1963h. 1966m.** In: 1996a (191–196).

Thrills and regressions, by M. Balint, Discussion of. **1989zv.** In: 1989a (433–437).

Through Paediatrics to Psycho-Analysis. **1958a.** London: Tavistock, 1958.

Time factor in treatment, Notes on. **1996n.** In: 1996a (231–234).

Times, The, letter to, 6 Nov. 1946. **1946e.** In: 1987b (9).

Times, The, letter to, 10 Aug. 1949. **1949t.** In: 1987b (15–16).

Times, The, letter to (probably) May 1950. **1950d.** In: 1987b (21).

Times Correspondence on care of young children. **1951b.** *Nursery Journal, 41.*

Times, The, letter to, 21 July 1954. **1954v.** In: 1987b (76–77).

Times, The, letter to, 1 Nov. 1954. **1954z.** In: 1987b (82–83).

Times, The, letter to, 11 Apr. 1957. **1957y.**

Times, The, letter to, 3 Mar. 1966. **1966n.** In: 1987b (152–153).

Tizard, J. P. M., letter to, 23 Oct. 1956. **1956i.** In: 1987b (103–107).

Tizard, Peter, poem (about Enoch Powell) in letter to. **2003e.** In: F. R Rodman,*Winnicott,
　　Life and Work,* 2003 (393).

Tod, Robert J. N. (Ed.), *Disturbed Children*, Foreword in. **1968u**. London: Longman, 1968.

Tod, Robert, letter to, 6 Nov. 1969. **1969za**. In: 1987b (196–197).

Torrie, Margaret, letter to, 4 Sept. 1967. **1967p**. In: 1987b (166–167).

Torrie, Margaret, letter to, 5 Sept. 1967. **1967q**. In: 1987b (167–169).

Torrie, Margaret: *The Widow's Child*, Foreword to. **1964j**. Richmond, Surrey: Cruse Club, 1964.

Towards an objective study of human nature. **1945h**. In: 1957b (125–133), 1996a (3–12).

Towards a theory of psychotherapy: the link with playing. **1969h**. *Psice*, 1969,6.

Throat, The nose and. **1931o**. In: 1931a (38–41).

Train, Notes made in. **1984d**. In: 1984a (214–219), 1989a (231–233).

Training for child psychiatry. **1961c**. In: 1996a (227–230).

Training for child psychiatry. **1963g**. In: 1965b (193–202).

Transference, On (clinical varieties). **1956a**. In: 1958a (295–299).

Transitional object, The Fate of. **1989i**. In: 1989a (53–58).

Transitional objects and transitional phenomena. **1953c**. In: 1958a (229–242), 1971a (1–25).

Trauma, The concept of in relation to the development of the individual within the family. **1989d**. In: 1989a (130–148).

Treatment of mental disease by induction of fits. **1989zn**. In: 1989a (516–521).

Treatment, Notes on the time factor. **1996n**. In: 1996a (231–234).

Tree, The (poem). **2003c**. In: F. R. Rodman, *Winnicott, Life and Work*, 2003 (289–291).

Tribute on the occasion of Willi Hoffer's seventieth birthday. **1967h**. In: 1989a (499–505).

True and false self, Ego distortion in terms of. **1965m**. In: 1965b (140–152).

Trust, Building up of. **1993b**. In: 1993a (121–134), 2002 (178–187).

Twins. **1957s**. In: 1957a (112–116), 1964a (137–142).

Twins, by Dorothy Burlingham. Book review. **1953e**. In: 1989a (408–412).

Two adopted children. **1954d**. In: 1957b (52–65), 1996a (113–127).

Two further clinical examples. **1989c**. In: 1989a (272–283).

Two notes on the use of silence. **1989zo**. In: 1989a (81–86).

Über die Fähigkeit, allein zu sein. **1958g**. In: 1965b (29–36).

Unconscious, Mother's, discovered in psycho-analytic practice. **1989e**. In: 1989a (247–250).

433

Unconscious, Thinking and. **1945g**. In: 1986b (169–171).

"Use of an object", Clinical illustration. **1989zp**. In: 1989a (235–238).

"Use of an object", Comments on my paper. **1989zq**. In: 1989a (238–240).

Use of an object in the context of *Moses and Monotheism*. **1989zs**. In: 1989a (240–246).

"Use of an object", Footnote. **2003a**. In: F. R. Rodman, *Winnicott, Life and Work*, 2003 (328).

"Use of an object", On. **1969i**. **1984d 1989zp**. **1989zq**. **1989zr**. **1989zs**. **1989zt**. In: 1989a (217–246).

Use of an object and relating through identifications. **1969i**. In: 1971a (86–94), 1989a (218–227).

Use of silence, Two notes. **1989zo**. In: 1989a (81–86).

Use of the word "Use". **1989zt**. In: 1989a (233–235).

Value of depression. **1964e**. In: 1986b (71–79).

Value of the therapeutic consultation. **1968l**. In: 1971b (147–160), 1989a (318–324).

Varicella encephalitis and vaccinia encephalitis (with Nancy Gibbs). **1926**. *British Journal of Children's Diseases, 23*.

Varieties of clinical confusion. Fragments concerning. **1989j**. In: 1989a (30–33).

Varieties of psychotherapy. **1984i**. In: 1984a (232–240), 1986b (101–111).

Varieties of transference. **1956a**. In: 1958a (295–299).

Verbindung zwischen Kinderheilkunde und Kinderpsychologie, klinische Betrachtungen, Eine. **1969f**. In: 1996a (255–276).

Verso una teoria sulla psicoterapia: il suo rapporto col gioco. **1969h**. *Psice, 6*.

Visiting children in hospital. **1952a**. In: 1957a (121–126), 1964a (221–226).

Vulnerable Children, by L. Burton. Book review. **1968o**. *New Society*, 25 Apr.1968.

Walking. **1931w**. In: 1931a (143–151).

War aims, Discussion of. **1986l**. In: 1986b (210–220).

War, Children in. **1940b**. In: 1957b (69–74), 1984a (25–30).

War and peace, Children' s hostels in. **1948a**. In: 1957b (117–121), 1984a (73–77).

Wartime hostels scheme, Evolution (with Clare Britton). **1947e**. In: 1957b (98–116), 1984a (54–72).

War time Study in Social Welfare and Education. Book review. **1941d**. In: 1984a (22–24).

Wayward Youth by August Aichhorn. Book review. **1937a**. *British Journal of Medical*

434   Psychology, 16.

Weaning. **1949k**. In: 1949a (43–47), 1957a (64–68), 1964a (80–84).

What about father? **1945i**. In: 1945a (16–21), 1957a (81–86), 1964a (113–118).

What irks? **1993i**. In: 1993a (65–86), 2002 (139–154).

What do we know about babies as cloth suckers? **1993h**. In: 1993a (15–20), 2002 (104–107).

What do we mean by a normal child? **1946c**. In: 1957a (100–106), 1964a (124–130).

Where the food goes. **1949l**. In: 1949a (12–16), 1957a (23–27), 1964a (35–39).

Why do babies cry? **1945j**. In: 1945a (5–12), 1957a (43–52), 1964a (58–68).

Why children play. **1942b**. In: 1957b (149–152), 1964a (143–146, incl. 1968n).

Widow's Child, The, by M. Torrie, Foreword to. **1964j**. Richmond, Surrey: Cruse Club, 1964.

Wife or Any Husband, Any, by J. G. Malleson, Foreword to. **1955f**. London: Heinemann, 1955.

Wilkinson, Agnes, letter to, 9 June 1969. **1969v**. In: 1987b (192).

Wilson, Dr. Ambrose Cyril, Obituary. **1958u**. *International Journal of Psychoanalysis*, 39.

Winnicott on the Child. **2002**. Cambridge, MA: Perseus Publishing, 2002.

Winnicott, Clare (Britton, Clare), co-author with DW Winnicott: Poem after C.O. Conference at Southport. **2003f**. In: F. R. Rodman, *Winnicott, Life and Work,* 2003 (393).

Winnicott, Clare (Britton, Clare), co-author with DW Winnicott: The problem of homeless children. **1944d**. In: 1957b (98–116), 1984a (54–72).

Winnicott, Clare (Britton, Clare), co-author with Winnicott: Residential management as treatment for difficult children. **1947e**. In: 1957b (98–116), 1984a (54–72).

Winnicott, Elizabeth (DWW' s mother), letter to, 1916 (undated). **1916a**. In: F. R. Rodman, *Winnicott, Life and Work,* 2003 (34).

Winnicott–Gaddini Letters. **1964l**. **1966t**. **1966v**. **1967m**. **1967o**. **1967u**. **1968za**. **1968zd**. **1969r**. **1969zb**. **1970d**. *Psychoanalysis and History*, 2003, 5.

Winnicott, Violet (DWW' s sister), letter to, 15 Nov. 1919. **1919**. In: 1987b (1–4).

Winnicott on Winnicott: D.W.W. on D.W.W. **1989f**. In: 1989a (569–582).

Winnicott' s dream related to reviewing Jung. **1989zr**. In: 1989a (228–230).

Winnicott's letters, Selection of. The Spontaneous Gesture. **1987b**.

Winnicott' s wisdom: Hobgoblins and good habits. **1967d**. *Parents*, 22.

Winnicott's wisdom: How a baby begins to feel sorry and to make amends.**1967e**.
　　Parents, 22.

Winnicott's wisdom: The meaning of mother love. **1967f**. *Parents*, 22.

Wisdom, John O., letter to, 26 Oct. 1964. **1964n**. In: 1987b (144–146).

Withdrawal and regression. **1955e**. In: 1958a (255–261), 1986a (187–192).

Withdrawal and regression, Notes on. **1989w**. In: 1989a (149–151).

World in small doses. **1949m**. In: 1949a (32–37), 1957a (53–58), 1964a (69–74).

"X, Mrs." (case). **1971o**. In: 1971b (331–341).

"Yes, but how do we know it's true?". **1996q**. In: 1996a (13–18).

Young child at home and at school. **1963d**. In: 1965b (93–105).

Young children and other people. **1949n**. In: 1957a (92–99), 1964a (103–110).

Your Child is a Person, by Chess, Thomas, Birch. Book review. **1966g**. *Medical News*, Oct.
　　1966.

Youth will not sleep. **1964f**. In: 1984a (156–158).

（赵丞智翻译　整理）

索引

437

F ────────────────

443

445

446

447

448

449

Z ————————————

（赵丞智　翻译）

版权致谢

本书内容节选自温尼科特的以下著作：

图书在版编目（CIP）数据

温尼科特的语言/（英）简·艾布拉姆（Jan Abram）编；
赵丞智等译. -- 重庆：重庆大学出版社，2021.11（2023.4重印）
（西方心理学大师译丛）
书名原文：THE LANGUAGE OF WINNICOTT:A Dictionary of
Winnicott's Use of Words
ISBN 978-7-5689-2988-2

Ⅰ.①温… Ⅱ.①简… ②赵… Ⅲ.①儿童心理学②
儿童教育—家庭教育 Ⅳ.①B844.1②G782

中国版本图书馆CIP数据核字（2021）第200678号

温尼科特的语言
WENNIKETE DE YUYAN

〔英〕简·艾布拉姆 （Jan Abram） 编

赵丞智 王晶 魏晨曦 郝伟杰 译

赵丞智 主审

鹿鸣心理策划人：王 斌
策划编辑：敬 京
责任编辑：敬 京
责任校对：关德强
责任印制：赵 晟
＊
重庆大学出版社出版发行
出版人：饶帮华
社址：重庆市沙坪坝区大学城西路21号
邮编：401331
电话：（023）88617190 88617185（中小学）
传真：（023）88617186 88617166
网址：http://www.cqup.com.cn
邮箱：fxk@cqup.com.cn（营销中心）
全国新华书店经销
印刷：重庆升光电力印务有限公司
＊
开本：787mm×1092mm 1/16 印张：43 字数：574千
2022年1月第1版 2023年4月第3次印刷
ISBN 978-7-5689-2988-2 定价：168.00元